2016年工信部绿色制造系统集成项目
——白羽肉鸡食品链绿色设计平台建设项目

白羽肉鸡绿色制造标准体系
——辽宁白羽肉鸡食品链绿色制造项目标准体系建设集成

■ 朱国兴／主编

辽宁大学出版社
Liaoning University Press

图书在版编目（CIP）数据

白羽肉鸡绿色制造标准体系：辽宁白羽肉鸡食品链绿色制造项目标准体系建设集成/朱国兴主编．—沈阳：辽宁大学出版社，2018.10
ISBN 978-7-5610-9453-2

Ⅰ.①白… Ⅱ.①朱… Ⅲ.①肉鸡－饲养管理－标准体系－辽宁 Ⅳ.①S831.92-65

中国版本图书馆CIP数据核字（2018）第212023号

白羽肉鸡绿色制造标准体系
BAIYU ROUJI LÜSE ZHIZAO BIAOZHUN TIXI

| 出 版 者：辽宁大学出版社有限责任公司 |
| （地址：沈阳市皇姑区崇山中路66号　邮政编码：110036） |
| 印 刷 者：沈阳文彩印务有限公司 |
| 发 行 者：辽宁大学出版社有限责任公司 |
| 幅面尺寸：185mm×260mm |
| 印　　张：20.25 |
| 字　　数：505千字 |
| 出版时间：2018年10月第1版 |
| 印刷时间：2018年10月第1次印刷 |
| 责任编辑：窦重山 |
| 封面设计：韩　实 |
| 责任校对：齐　悦 |

书　　号：ISBN 978-7-5610-9453-2
定　　价：78.00元

联系电话：024-86864613
邮购热线：024-86830665
网　　址：http://press.lnu.edu.cn
电子邮件：lnupress@vip.163.com

编辑委员会

主　编：朱国兴
副主编：于　洋　　周孝峰　　肖爱波　　李洪根　　王昕陟
　　　　林淑敏
编　者：林　梅　　贾　芳　　张晓磊　　杨东利　　初　雷
　　　　孔冬冬　　田　颖　　张志遥　　刘映雪　　翁维镇
　　　　张建华　　汲全柱　　张岩彬　　张　波　　李　勇
　　　　安东锋　　张庆治　　李长江　　孙宝成　　高景旭
　　　　邵金凯　　刘忠义　　张新滨　　于海洋　　吕仁强
　　　　冯文双　　何　欣　　王　虎　　卞大伟　　金艳华
　　　　张　鹏　　李凤元　　李　波　　段亚良　　程　屹
　　　　刘　伟　　信　佳　　李　璐　　屈　楠　　张莉力
　　　　吴汉东　　查恩辉　　孟　鑫　　郭雪松　　王　会
　　　　张　振

目 录

第一章 种鸡饲养 ... 1

- 第一节 肉种鸡场建设技术规范 ... 1
- 第二节 肉种鸡场供水系统建设规范 ... 4
- 第三节 肉种鸡培育期饲养管理技术规程 ... 8
- 第四节 肉种鸡产蛋期饲养管理技术规程 ... 14
- 第五节 肉种鸡种蛋管理技术规程 ... 19
- 第六节 肉种鸡人工授精技术规程 ... 21
- 第七节 肉种鸡舍环境控制技术规程 ... 23
- 第八节 肉种鸡场卫生防疫技术规程 ... 26
- 第九节 肉种鸡场消毒技术规程 ... 29
- 第十节 肉种鸡场粪污处理技术规程 ... 32
- 第十一节 病死及病害动物无害化处理技术规范（农医发〔2017〕25号）... 34
- 第十二节 肉种鸡场兽药使用管理技术规范 ... 40
- 第十三节 肉种鸡场饲料和饲料添加剂管理规范 ... 42
- 第十四节 肉种鸡场饮水管理技术规程 ... 43
- 第十五节 安全生产管理规范 ... 44
- 第十六节 肉种鸡场发电机设备管理技术规范 ... 45
- 第十七节 肉种鸡场员工管理规范 ... 47
- 第十八节 肉种鸡场档案管理规范 ... 49
- 第十九节 肉种鸡场自检管理规范 ... 51

第二章 种蛋孵化 ... 53

- 第一节 孵化场建设规范 ... 53
- 第二节 节能孵化设备建设规范 ... 54
- 第三节 种蛋交接与预处理技术规程 ... 55
- 第四节 孵化场种蛋贮存技术规范 ... 56
- 第五节 孵化操作技术规程 ... 57

  第六节 胚胎质量监测技术规范 …………………………………………………… 60

  第七节 孵化车间环境控制技术规程 …………………………………………… 62

  第八节 孵化场初生肉鸡雏预处理技术规程 …………………………………… 64

  第九节 商品雏鸡包装运输技术规程 …………………………………………… 68

  第十节 商品肉鸡孵化场卫生防疫技术规程 …………………………………… 69

  第十一节 孵化场消毒技术规程 ………………………………………………… 72

  第十二节 孵化场废弃物无害化处理技术规程 ………………………………… 74

  第十三节 孵化场安全生产管理规范 …………………………………………… 74

  第十四节 孵化场员工管理规范 ………………………………………………… 76

  第十五节 发电设备操作管理规范 ……………………………………………… 78

  第十六节 孵化设备管理规范 …………………………………………………… 81

  第十七节 孵化场档案管理规范 ………………………………………………… 82

  第十八节 孵化场自检管理规范 ………………………………………………… 83

第三章 肉鸡饲养 ……………………………………………………………………… 86

  第一节 标准化立体笼养商品肉鸡场建设规范 …………………………………… 86

  第二节 肉鸡场供水系统建设技术规范 ………………………………………… 89

  第三节 立体笼养商品肉鸡饲养管理技术规程 …………………………………… 92

  第四节 商品肉鸡舍环境控制技术规范 ………………………………………… 99

  第五节 商品肉鸡出栏运输管理规范 …………………………………………… 101

  第六节 商品肉鸡场卫生防疫技术规程 ………………………………………… 102

  第七节 商品肉鸡免疫监测预警技术规程 ……………………………………… 105

  第八节 商品肉鸡场消毒技术规程 ……………………………………………… 109

  第九节 商品肉鸡场粪污不落地处理技术规程 ………………………………… 113

  第十节 商品肉鸡场兽药使用技术规范 ………………………………………… 115

  第十一节 商品肉鸡场饲料和饲料添加剂管理规范 …………………………… 117

  第十二节 商品肉鸡场饮水管理技术规范 …………………………………… 118

  第十三节 安全生产管理规范 ………………………………………………… 119

  第十四节 商品肉鸡场员工管理规范 ………………………………………… 120

  第十五节 商品肉鸡场发电机设备管理规范 ………………………………… 123

  第十六节 商品肉鸡场档案管理规程 ………………………………………… 124

  第十七节 肉鸡场自检管理规范 ……………………………………………… 126

第四章 饲料加工 ……………………………………………………………………… 128

  第一节 散装饲料运输车管理技术规范 ………………………………………… 128

第二节　安全生产管理规范 …………………………………………………… 130
　　第三节　操作人员管理规范 …………………………………………………… 152
　　第四节　留样观察管理规程 …………………………………………………… 155
　　第五节　白羽肉鸡无抗饲料生产技术规程 …………………………………… 157
　　第六节　现场质量巡查管理规程 ……………………………………………… 161
　　第七节　原料采购验收管理规程 ……………………………………………… 168
　　第八节　原料仓储管理规程 …………………………………………………… 173
　　第九节　长期库存原料质量监控管理规程 …………………………………… 177
　　第十节　自检管理规范 ………………………………………………………… 179
　　第十一节　员工培训管理规范 ………………………………………………… 182
　　第十二节　文书档案管理规范 ………………………………………………… 185

第五章　总部兽药管理 ……………………………………………………………… 189
　　第一节　兽药经营仓储设施设备建设规范 …………………………………… 189
　　第二节　兽药经营采购验收管理技术规范 …………………………………… 191
　　第三节　兽药经营贮藏运输管理技术规范 …………………………………… 194
　　第四节　兽药经营安全生产管理规范 ………………………………………… 196
　　第五节　兽药经营操作人员管理规范 ………………………………………… 209
　　第六节　兽药经营自检管理规范 ……………………………………………… 213
　　第七节　兽药经营档案管理规范 ……………………………………………… 217

第六章　屠宰加工 …………………………………………………………………… 220
　　第一节　白羽肉鸡福利屠宰技术规范 ………………………………………… 220
　　第二节　白羽肉鸡屠宰加工车间环境控制技术规程 ………………………… 224
　　第三节　白羽肉鸡屠宰和肉类制品加工设备鉴定细则 ……………………… 228
　　第四节　白羽肉鸡屠宰加工设备通用细则 …………………………………… 232
　　第五节　白羽肉鸡胴体分割分级操作技术规程 ……………………………… 241
　　第六节　白羽肉鸡鲜、冻鸡肉加工技术规程 ………………………………… 246
　　第七节　速冻调理白羽肉鸡产品加工技术规程 ……………………………… 256
　　第八节　白羽肉鸡羽毛羽绒水浸取液 pH 值的测定 ………………………… 262
　　第九节　白羽肉鸡羽绒羽毛检验操作规程 …………………………………… 264
　　第十节　饲料用白羽肉鸡水解羽毛粉加工技术操作规程 …………………… 267
　　第十一节　白羽肉鸡屠宰工序操作技术规程 ………………………………… 271
　　第十二节　白羽肉鸡屠宰加工卫生规范 ……………………………………… 273
　　第十三节　白羽肉鸡屠宰加工卫生辅助设施设备管理规范 ………………… 280

第十四节 白羽肉鸡屠宰加工废水处理技术规程……………………………………… 283

第十五节 白羽肉鸡屠宰加工卫生管理规程…………………………………………… 284

第十六节 白羽肉鸡屠宰检疫技术规范………………………………………………… 285

第十七节 白羽肉鸡产品质量分级标准………………………………………………… 288

第十八节 白羽肉鸡肉质评定操作技术规程…………………………………………… 292

第十九节 白羽肉鸡屠宰加工安全生产管理规范……………………………………… 295

第二十节 白羽肉鸡屠宰操作规程……………………………………………………… 301

第二十一节 白羽肉鸡产品包装储存运输管理规范…………………………………… 304

第二十二节 白羽肉鸡屠宰加工车间操作工自检管理规范…………………………… 305

第二十三节 白羽肉鸡档案管理工作规范……………………………………………… 306

第七章 市场销售……………………………………………………………………… 309

第一节 白羽肉鸡的禽肉冷链运输管理技术规范……………………………………… 309

第二节 白羽肉鸡产品追溯制度………………………………………………………… 311

第一章 种鸡饲养

第一节 肉种鸡场建设技术规范

1 范围

本标准规定了肉种鸡场的建设的基本要求与建设工艺。

适用于新建和改（扩）建的标准化肉种鸡场。

2 规范性引用文件

下列文件对于本文件的应用是必不可少的。凡是注日期的引用文件，仅所注日期的版本适用于本文件。凡是不注日期的引用文件，其最新版本（包括所有的修改单）适用于本文件。

GB 5749 生活饮用水卫生标准

GB 7959 粪便无害化卫生标准

GB 16548－2006 病害动物和病害动物产品生物安全处理规程

GB 畜禽养殖业污染物排放标准

HJ/T 81 畜禽养殖企业污染物防治技术规范

NY/T 388 畜禽场环境质量标准

农业部令 2010 年第 7 号动物防疫条件审查办法

《中华人民共和国畜牧法》

3 术语和定义

下列术语和定义适用于本标准。

3.1 封闭式鸡舍：鸡舍四面无窗或设可控小窗，杜绝光照，采用人工光照、机械通风的鸡舍。

3.2 开放式鸡舍：窗式或者卷帘的鸡舍，靠自然光进行采光为主，人工补光为辅，自然通风。

3.3 平养：将种鸡饲养在平面上，分地面平养和网上平养。

3.4 笼养：将种鸡饲养在笼内。

4 建设规模

种鸡场的建设应根据技术和管理水平等综合因素确定。规模分大型、中型、小型。

5 建场条件

5.1 场址应选择在地势较高、干燥平坦、交通便利、背风向阳、排水良好的地方，尽可能不占或少占耕地。山区建场应选在稍平缓的坡上，坡面向阳，鸡场总坡度不超过25度，建筑区坡度应在20度以内。

5.2 场址水源充足，水质良好，符合 GB 5749 规定。

5.3 应保证场区内供电稳定可靠，确保充足用电量。

5.4 满足建设工程所需要的水文地质和工程地质条件。

5.5 场址选址应符合《动物防疫条件审查办法》（农业部令 2010 年第 7 号）的相关规定。

5.6 不得在水源保护区、旅游区、自然保护区、畜禽疫病常发区和山谷洼地等易受洪涝威胁的地段建场。

6 规划与布局

6.1 原则：建设布局合理，便于防火和防疫，在满足当前生产的前提下尽量节约土地，同时要综合考虑将来扩建和改建的可能性。

6.2 面积：根据设计饲养量定总建筑面积。

7 分区

7.1 建筑设施按生活区、生产区和隔离区布置。各功能区应保持一定距离，且界限分明、联系方便。生产区和生活区之间应设置大门、消毒池和消毒室。

7.2 生产管理区设在场区常年主导风向上风处及地势较高处，并设主大门和消毒池。

7.3 生产区主要包括孵化室、育雏舍、育成舍、产蛋舍，处在生产管理区常年主导风向的下风向。各区之间应保持一定距离，孵化室应位于整个生产区的上风向，与所有鸡舍相隔一定距离，宜设在整个种鸡场之外。

7.4 隔离区设在生活管理区和生产区的下风向及地势较低处，主要包括兽医室、隔离鸡舍，以及病死鸡焚烧处理与粪便污水处理设施等。病死鸡焚烧处理与粪便污水处理设施设在整个场区的最下风处。

7.5 道路：设专道与外界相通。场区内设净道与污道，两者严格分开，不得交叉和混用。

7.6 绿化：区与区之间、舍与舍之间，根据鸡舍条件和通风换气等要求建立绿化隔离带。

8 工艺与设施

8.1 工艺确定原则：

8.1.1 符合肉种鸡父母代场饲养管理技术的要求。

8.1.2 有利于种鸡场的卫生防疫和粪污的无害化处理及排放。

8.1.3 有利于节水、节能、提高劳动生产效率。

8.2 饲养工艺：肉种鸡采用平养或笼养工艺，饲养阶段分一段式（育雏、育成、产蛋在同一鸡舍）或二段式（育雏、育成为一阶段，然后转到产蛋舍）饲养。

8.3 设施配备原则：

8.3.1 设施应满足种鸡饲养管理技术和生产的要求。

8.3.2 经济实用，便于清洗消毒，安全卫生。

8.3.3 选用性能可靠的配套定型产品。

8.3.4 有利于减少鸡群的应激反应。

8.3.5 有利于控制鸡舍环境，便于观察和处理鸡舍环境。

9 鸡舍建筑

9.1 建筑形式：封闭式鸡舍。

9.2 朝向：根据鸡舍的采光、保温、通风及当地的主风向确定。

9.3 建筑规格：鸡舍檐高不低于 2.6m。封闭式鸡舍在入口处两侧的墙留进风口并安装水帘，另一端山墙上安装风机。风机与进风口的大小根据换气时间或饲养鸡数确定。

9.4 建筑面积：每只肉用种鸡占地面积主要取决于饲养密度，肉用种鸡饲养密度参考各品种饲养手册，一般平养 4~5 只/m^2、笼养 7~8 只/m^2。

9.5 内部设施：

9.5.1 内部建筑：鸡舍墙壁、地面和屋顶的设计应便于冲洗和消毒。墙壁和屋顶应用防水材料制成，且要求保温性能良好。鸡舍应铺设水泥地面。舍内与舍外地面应有一定高度，且舍内应设排水孔，以便污水顺利排出。

9.5.2 内部设备：应选用通用性强，高效低能、便于操作和维修的定型产品。设备要求无毒害、耐腐蚀、易除尘、结实耐用、配件齐全、便于维修。鸡舍应安装防护网，防止飞鸟飞入。

9.5.2.1 育雏育成设备：主要有育雏育成笼、底网、热风炉、饮水器、育雏料盘、断喙器、吃料槽、风机等。

9.5.2.2 产蛋鸡舍饲养设备：主要有母鸡笼、公鸡笼、产蛋箱、捡蛋车、光照控制器、风机与降温设备等。

9.6 配套设备：

9.6.1 饲料设备设施：机械化喂料设备、人工喂料。

9.6.2 控温设备：加温设备（热风炉、保温伞、温控器等）；降温设备（风机、湿帘、控制系统等）。

9.6.3 消毒设施：消毒池、消毒间、消毒器械。

9.6.4 兽医室：应设在隔离区内，应有必要的检验测定设备。

9.6.5 供排水设施：供水设施应坚固且不漏水，采用生产、生活、消防合一的供水系统。排水系统应实行雨水与污水收集输送系统分离。

9.6.6 供电设施：采用当地电网供电，供配电系统应保障人身、设备安全、供电可靠、电力负荷为二级。

10 卫生防疫

10.1 鸡舍四周建有围墙、防疫沟，并有绿化隔离带，鸡场大门和后门入口处设有强制消毒设施。

10.2 生产区和生活管理区应严格隔离，在生产区入口处设人员淋浴更衣消毒室，在鸡舍门口设消毒池、洗手盆。

11 消防

11.1 应采用经济合理，安全可靠的消防措施，符合 GBJ 39 的规定。

11.2 消防通道可利用场内道路，紧急状态时能与场外公路相通。

12 环境保护

12.1 环境卫生：

12.1.1 新建鸡场应进行环境评估，符合 NY/T 388 的规定。

12.1.2 采用废弃物减量化、无害化、资源化处理的生产工艺。

12.2 粪便污水处理：

12.2.1 鸡场应设有粪便储存和处理设施，处理过的粪便符合 GB 18596 和 GB 7959 的规定再运出场外。

12.2.2 鸡场的污水治理参照 HJ/T 81 的规定，排放符合 GB 18596 的规定或者零排放。

12.3 病死鸡尸体处理：应符合 GB 16548 的规定。

12.4 空气质量：场区内空气质量应符合 NY/T 388 的规定。

第二节　肉种鸡场供水系统建设规范

1 范围

本规范规定了标准化肉种鸡场供水系统建设内容、选址、布局、技术参数、卫生指标等基本要求。

本规范适用于标准化肉种鸡场。

2 用规范性引用文件

下列文件对于本文件的应用是必不可少的。凡是注日期的引用文件，仅所注日期的版本适用于本文件。凡是不注日期的引用文件，其最新版本（包括所有的修改单）适用于本文件。

GB 5749 生活饮用水卫生标准

NY 5027—2008 无公害食品畜禽饮用水水质标准

《中华人民共和国动物防疫法》（2007 年主席令第 71 号）

《中华人民共和国环境保护法》
《中华人民共和国动物防疫法》
《中华人民共和国水污染防治法》
《畜禽养殖污染防治管理办法》
《中华人民共和国畜牧法》

3　选址

供水系统应选择在场内净区，水源充足，水质符合 NY 5027－208 规定。

4　水定额和水压

4.1　场区给水设计，应根据下列用水量确定。

4.1.1　宿舍、办公室、食堂、浴室用水量。

4.1.2　绿化用水量应根据气候条件、植物种类、土壤理化性状、浇灌方式和管理制度等因素综合确定。当无相关资料时，绿化浇灌用水定额可按浇灌面积每天每平方米1～3升计算。多雨地区适当减少，干旱地区可酌情增加。

4.1.3　消毒设施用水量。

4.1.4　鸡舍饮水用水量，应根据存栏鸡数计算，一般成年鸡夏秋季每日饮水量按500克计算，冬春季按350克计算．

4.1.5　孵化用水量。

4.1.6　消防用水量。消防用水量和水压，以及火灾延续时间，应按现行的国家标准《建筑设计防火规范》GB 50016 确定。

4.1.7　未预见用水量及管网漏失水量，可按最高日用水量的10%～15%计。

5　水质和防水质污染

5.1　场区用水系统的水质应符合现行国家标准《生活饮用水卫生标准》GB 5749 的要求。

5.2　雨水等非场区用水管道严禁与场区引用水管道连接。

5.3　场区饮用水不得因管道内产生虹吸、背压回流而受污染。

5.4　卫生器具、用水设备和构筑物等的生活饮用水管配件出水口应符合下列规定。

5.4.1　出水口不得被任何液体或杂质所淹没。

5.4.2　出水口高出承接用水容器溢流边缘的最小空气间隙，不得小于出水口直径的2.5倍。

5.5　场区饮用水水池（箱）的进水管口的最低点高出溢流边缘的空气间隙应等于进水管管径，但最小不应小于25mm，最大可不大于150mm。当进水管从最高水位以上进入水池，管口为淹没出流时，应采取真空破坏器等防虹吸回流措施。

5.6　埋地式生活饮用水贮水池周围 10m 以内，不得有化粪池、污水处理构筑物、渗水井、垃圾堆放点等污染源，周围 2m 以内不得有污水管和污染物。当达不到此要求时，应采取防污染的措施。

5.7　建筑物内的生活饮用水水池（箱）应采用独立结构形式，不得利用建筑物的本体结构作为水池（箱）的壁板、底板及顶盖。生活饮用水水池（箱）与其他用水水池（箱）并列设置时，应有各自独立的分隔墙。

5.8 饮用水水池（箱）的构造和配管应符合下列规定

5.8.1 入孔、通气管、溢流管应有防止生物进入水池（箱）的措施。

5.8.2 进水管宜在水池（箱）的溢流水位以上接入。

5.8.3 进出水管布置不得产生水流短路，必要时应设导流装置。

5.8.4 不得接纳消防管道试压水、泄压水等回流水或溢流水。

5.8.5 水池（箱）材质、衬砌材料和内壁涂料，不得影响水质。

5.8.6 当饮用水水池（箱）内的贮水48h内不能得到更新时，应设置水消毒处理装置。

6 系统选择

6.1 供水系统其水量应满足场区内全部用水的要求，其水压应满足最不利配水点的水压要求。

6.2 场区给水系统设计应综合利用各种水资源，宜实行分质供水，充分利用再生水、雨水等非传统水源，优先采用循环和重复利用给水系统。

6.3 加压给水系统，应根据场区的规模、建筑高度和建筑物的分布等因素确定加压水压。

6.4 建筑高度不超过100m的建筑的供水系统，宜采用垂直分区并联供水或分区减压的供水方式，建筑高度超过100m的建筑，宜采用垂直串联供水方式。

7 管材、附件和水表

7.1 供水系统采用的管材和管件，应符合国家现行有关产品标准的要求。管材和管件的工作压力不得大于产品标准公称压力或标称的允许工作压力。

7.2 埋地供水管道采用的管材应具有耐腐蚀和承受相应地面荷载的能力。可采用塑料给水管、有衬里的铸铁给水管、经可靠防腐处理的钢管。管内壁的防腐材料，应符合现行的国家有关卫生标准的要求。

7.3 室内的供水管道，应选用耐腐蚀和安装连接方便可靠的管材，可采用塑料或树脂给水管、塑料和金属复合管、铜管、不锈钢管及经可靠防腐处理的钢管。

7.4 供水管道上使用的各类阀门的材质，应耐腐蚀和耐压。根据管径大小和所承受压力的等级及使用温度，可采用全铜、全不锈钢、铁壳铜芯和全塑阀门等。

7.5 给水管道的下列管段上应设置止回阀。

7.5.1 直接从城镇给水管网接入小区或建筑物的引入管上。但装有倒流防止器的管段，不需再装止回阀。

7.5.2 密闭的水加热器或用水设备的进水管上。

7.5.3 水泵出水管上。

7.5.4 进出水管合用一条管道的水箱、水塔和高地水池的出水管段上。

7.6 水表应装设在观察方便、不冻结、不被任何液体及杂质所淹没和不易受外力损坏之处。

8 设计及建设要求

8.1 水处理设施。

8.1.1 爆氧池与蓄水池：一般爆氧池的容积为蓄水池的二倍，蓄水池容积为0.5kg/羽，水池下卧到地下防止胀裂，做防水处理，同时注意池水与外界的间隔避免二次污染。屋内留有供暖设施避免冬季冻胀。

8.1.2 过滤罐及工艺流程：

8.1.2.1 沉淀工艺通常包括混凝、沉淀和过滤。处理对象主要是水中悬浮物和胶体杂质。原水加药后，经混凝使水中悬浮物和胶体形成大颗粒絮凝体，而后通过沉淀池进行重力分离。过滤是利用粒状滤料截留水中杂质的构筑物，常置于混凝和沉淀构筑物之后，用以进一步降低水的浑浊度。

8.1.2.2 除异味的方法取决于水中臭和味的来源。对于水中有机物所产生的臭和味用活性炭吸附或氧化法去除；对于溶解性气体或挥发性有机物所产生的臭和味可采用曝气法去除；因藻类繁殖而产生的臭和味也可在水中投加除藻药剂；因溶解盐类所产生的臭和味可采用适当的除盐措施等。

8.1.2.3 当地下水中的铁、锰的含量超过饮用卫生标准时，需采用除铁、锰措施。常用的除铁、锰方法是自然氧化法和接触经法。前者通常设置曝气装置、氧化反应池和砂滤池，后者通常设置暴气装置和接触氧化滤池，使铁、锰分别转变成三价铁和四价锰沉淀物而去除。

当水中含氟量超1.0mg/L时，需采用除氟措施。除氟方法基本上分为成两类：一是投入硫酸铝、氯化铝或碱式氯化铝等使氟化物产生沉淀，二是利用活性氧化铝或磷酸三钙等进行吸附交换。

8.1.2.4 反渗透净化系统：反渗透所用的设备，主要是中空纤维式或卷式的膜分离设备。反渗透膜能截留水中的各种无机离子、胶体物质和大分子溶质，从而取得净制的水。也可用于大分子有机物溶液的预浓缩。鸡场可根据本场水质实际需要选用。

8.1.2.5 过滤控制系统：控制系统要考虑到操作简单易行，目前多采用电磁开关设计，主要有故障率低、可操作性强、可以自动控制等优点。

8.2 供水管路：供水管路应采用与井泵相匹配的管径，要做分水缸处理，单栋单供，避免供水不均现象的出现。

8.2.1 外供水管路：考虑到冬季气温低的特性为防止水管冻胀，采用外供水管道深埋冻层以下并作保温处理。

8.2.2 舍内供水主管线：一般选用1.2寸树脂管内外光滑不利于脏物附着，舍内管线入口要有pp棉过滤器。

8.2.3 舍内供水分管线：每条水线头端要有调压阀；以满足不同日龄鸡的饮用需要，水线采用2×2方管水线，壁厚能阻断阳光的照射，乳头选用双封锥阀标准为可以360度出水，侧击最大出水量为50mL/min，顶击出水量不低于120mL/min。不加接水杯利于整条管线全封闭到鸡只口中。

9 地下部分重要供水设施应设明显标志，供水系统设计图纸等档案材料应存档保存

第三节 肉种鸡培育期饲养管理技术规程

1 范围

本标准规定了培育高成活率、高均匀度、体格健壮、能按时开产后备鸡群的技术操作要求。

本标准适用于标准化父母代肉种鸡场。

2 名词术语

2.1 育雏期：从雏鸡出壳到 4 周龄这段时期。

2.2 育成期：从第 5 周开始到光刺激（约 21~22 周龄）这段时期。

2.3 开放式鸡舍：鸡舍设用于通风和采光的窗户，以自然光照为主，人工补充光照为辅。

2.4 遮光（封闭）式鸡舍：鸡舍无窗户或只设可控小窗户，采用人工光照，机械通风。

2.5 全进全出：同一鸡舍或同一鸡场只养同一日龄的鸡，同时进场、同时出场的饲养方式。

2.6 均匀度：指鸡群生长发育的均匀程度。一般以体重均匀度作为衡量指标，按照平均体重±10％范围内鸡只数量占称重鸡只总数的百分比来表示。

3 目标与原则

3.1 要达到育雏育成期的管理目的，必须保证良好的鸡舍环境和科学的饲喂程序及准确喂料量，并获得标准体重和良好的均匀度，达到体成熟和性成熟完美结合。

3.2 公母鸡育成期的管理原则基本相同，但公鸡需更加精细管理。各阶段培育指标及营养供给标准参见各品种饲养管理指南（手册）。

3.3 从 1 日龄到混群时（20~22 周龄），实行公母鸡分开饲养（笼养全程分开）。采用全进全出饲养方式。

3.4 所有人员都应进行岗前培训。

4 育雏期（0~4 周龄）管理

4.1 雏鸡到达前的准备：

4.1.1 根据种鸡的品种不同制定合理的饲养程序。

4.1.2 鸡舍内的各种设备、用具和垫料要彻底消毒，并确认相关电器和设备能正常使用。若采用熏蒸消毒法，应将福尔马林气味排放干净。对于雏鸡入舍前仍有福尔马林残留的鸡舍，可通过提高鸡舍温度（37℃以上）和湿度（75％左右）的方法加快其挥发，或

在鸡舍内喷洒适量氨水中和。

4.1.3　鸡舍预温（冬季提前5天，春季、秋季提前3天，夏季提前2天），以保证雏鸡入舍后的舍温不低于32℃（平养是垫料温度）。同时对鸡舍内相关设备试运行，尤其是供暖和通风设备，以保证设备的正常运行。

4.1.4　平养垫料厚度要保持在10～15cm，以保证垫料的保温性能，同时要保持垫料平整。便于雏鸡快速找到水、饲料。

4.1.5　进鸡前，需要确认鸡舍的进风和排风设置是否满足最小通风量的要求，在保证温度的前提下进行适量的通风。注意不能有贼风，要保持整栋鸡舍的温度均衡。

4.1.6　雏鸡到达前12小时，整舍升温鸡背高度的室温应该达到32℃，同时将干净的饮水放置在鸡舍内进行预温至26℃～28℃，或者前三天烧开水放凉，以保证雏鸡入舍后能及时喝到适宜温度的饮水，减少应激和拉稀。

4.1.7　平养育雏围栏大小应与鸡数相匹配，每个围栏内的鸡数以800～1000只为宜，笼养25只/笼。要保证雏鸡在围栏内有足够的活动区域和合适的温度区域，注意平养打围栏、笼养放雏鸡的鸡笼应躲开热源或散热口。

4.1.8　鸡舍门口设脚踏消毒盆或消毒池，及时更换消毒液以保证消毒效果。必须保证人员踩踏时双脚均能踏进消毒盆或池内，消毒液面要能没过鞋面。

4.1.9　雏鸡入舍前，提前一小时围栏、笼内加水加料。在摆放饮水器和料盘时，要注意雏鸡在1米的范围内必须能够找到饮水和饲料。

4.2　雏鸡到场后交接管理：

4.2.1　运雏车到场后要仔细消毒，查看运雏记录和发鸡单、消毒检疫单、合格证、记录雏鸡数量、盒数确定分舍和分围栏方案。

4.2.2　对于不同来源的雏鸡，尽可能将相同来源的种雏安排在同一栋（或同一围栏）饲养，并依据雏鸡的生长发育情况适时调整饲养方案，这样有助于提高育成期的均匀度。

4.2.3　搬运鸡雏：雏鸡盒均应水平放置，舍内的摆放高度不要超过2盒，搬运与摆放分工负责，在最短时间内放入围栏（育雏笼）。

4.2.4　抽查鸡盒内的鸡数是否准确。

4.2.5　对雏鸡进行入舍体重的抽样称重，并以此作为7日龄体重达标与否的参考数据。

4.2.6　为避免早期感染减少应激，饮水中添加抗生素、多种维生素，每次应2小时内饮完。

4.3　雏鸡入舍后的饲养管理：

4.3.1　雏鸡入舍后，要注意密切观察鸡群的活动表现和分布情况，观察其饮水和采食的情况，引导小鸡喝水、吃料。

4.3.2　进雏2小时后，鸡雏开水率达到95％以上；进雏4小时后，鸡雏开食率达到95％以上，逐栏逐只检查雏鸡的嗉囊情况，将其中未能有效饮水和采食的雏鸡挑出单独饲养。

4.3.3　围栏内的垫料要保持平整，料盘和饮水器要放置均匀且水平，以便于雏鸡的采食和饮水。围栏内不要留死角（料盘和料盘之间、料盘和围栏板之间、围栏板和围栏板之间，等等），以免因雏鸡拥挤而造成死伤。

4.3.4 对饲料和饮水的添加应遵循"少量多次"的原则。一般 4 个小时更换一次饮水和饲料，但须做到光照时间内有料和水。

4.3.5 对 1 周内的雏鸡，要注意控制好栏内的密度，依据雏鸡的生长和栏内的温度情况，结合环境的要求，适时扩栏和并栏。

4.4 喂饲管理：

4.4.1 育雏期应使用高质量的全价颗粒破碎料。饲料应存放于清洁、凉爽和通风处。请勿将饲料存放于鸡舍内的高温条件下。

4.4.2 料盘应放置水平。料盘放置不水平时（尤其是开食盘），会造成饲料堆积在料盘的低处，这样既减少了雏鸡的采食面积，也容易造成饲料浪费。

4.4.3 为减少饲料浪费，在开食盘内加料尽量不要超过盘高的 1/3，开食盘要尽快过渡到料槽或料桶。

4.4.4 及时清理料盘中的垫料和鸡粪，保持饲料的清洁卫生。

4.4.5 原则上肉种鸡为全期限制饲喂。一般在母鸡 7 日龄内、公鸡 14 日龄内自由采食，然后采取限制饲喂（参见各品种饲养管理手册中限饲程序）。自由采食时，加料应遵循"少量多次"的原则，但要避免料盘无料情况。若公鸡体重不达标，可自由采食至 3～4 周龄，用光照时间控制全天采食量，直至达标。

4.5 饮水管理：

4.5.1 饮水质量应符合 NY 5027－2008 要求。

4.5.2 雏鸡入舍后，前三天的饮水最好都能提前预温，且饮水中添加适量抗生素，以减少雏鸡的腹泻现象，避免和减少早期感染。

4.5.3 为保持真空饮水器水平，一般在饮水器下面垫一块砖。随着雏鸡的生长，及时提高砖块的高度，以保证饮水卫生。

4.5.4 尽早使用水线饮水，提倡雏鸡到场即使用水线。根据雏鸡的生长日龄和生长状况，及时调整好水线的高度，以鸡只自然站立伸颈饮水为宜。

4.5.5 要保持水线的水平状态，水线乳头应竖直向下。经常检查水线乳头的压力大小和供水情况，避免出现水压过高、过低、堵塞和无水的情况。

4.5.6 定期冲洗消毒水线，尤其是在水线中添加药物以后。冲洗时，要保持一定的水流压力和水流速度以保证冲洗效果。

4.6 温度管理：

1～3 日龄舍内环境温度要求 33℃～35℃，以后每周下降 2℃～3℃，直至 24℃相对恒定。最重要的温度管理原则是"看鸡施温"，即通过观察雏鸡的行为表现来判断温度是否合适。雏鸡均匀分布则适宜，聚堆则温度低或贼风，多数张口喘息大量饮水则过高。

4.7 通风管理：

4.7.1 雏鸡入舍后，在保证温度的前提下，适量的通风有利于雏鸡的健康发育，不要片面强调前 3 天的保温，而忽视适量通风的重要性。

4.7.2 在育雏期的通风管理中，控制好进风口的大小和遮挡，避免冷空气直接吹到雏鸡身上，这一点在寒冷季节时尤为重要。

4.7.3 随着雏鸡的生长，其对通风换气的要求也越来越高，因而要逐渐加强对通风设备的管理，包括对进出风口的调整，要尽量避免鸡舍两端的温差过大。

4.7.4 在育雏期间，尤其是在寒冷季节和第一周龄，保温和通风是相互矛盾和制约的，但无论何时，都必须加强鸡舍的保温和供暖管理，确保鸡舍的最小通风量，以保证鸡舍内有足够的新鲜空气（氧气），满足雏鸡健康生长和发育的需求。

4.8 湿度管理：育雏前10天应避免湿度过低导致干燥扬尘，尤其前3天相对湿度应保持在70%左右，以后注意控制湿度，避免湿度过大导致空气污浊。育雏期相对湿度最好保持在55%～65%。

4.9 光照管理：

遮光鸡舍：前2～3天每天23小时光照，并给予较高的光照强度。以后逐渐减少光照并降低光照强度，10日龄后、最迟于21日龄开始，光照时间恒定为每天8小时，强度为10～20勒克斯。

开放鸡舍：根据顺逆季调整光照时间。顺季（出雏时间9月份至次年2月份）应适当控制光照，防止提早开产；逆季（出雏时间3月份至8月份）则应通过人工光照，防止推迟开产。具体请参照各品种饲养管理手册。

4.10 垫料管理（平养）：

4.10.1 雏鸡入舍时，要保持围栏内垫料的平整，便于雏鸡的活动、采食和饮水。

4.10.2 要注意观察垫料的状况，尤其是料盘和饮水器周围雏鸡活动较多的区域。要注意及时翻松垫料，清理鸡粪和遗洒的饲料，避免垫料结块和发霉。

4.11 断喙管理：

最好选用红外线技术断喙。人工切喙一般在6～7日龄进行，要求断后上下喙纵切面整齐一致，切面位置以不超过喙尖至鼻孔的1/3为宜。

4.12 体重与均匀度管理：

4.12.1 应从1日龄开始每周实施抽样监测体重，1日龄、1周龄、2周龄采取群体抽样称重，3周龄（21日龄）开始随机抽样的鸡只应个体称重。

4.12.2 确保每周达到相应的标准体重和周增重，在4周龄前须达到标准体重。

4.12.3 应该在3～4周龄之间进行全群称重分群，将20%～25%最小的鸡挑选放在单独的围栏内饲养，或分成大、中、小三类鸡群饲养，并根据鸡群体重的大小调整喂料量，保证在未来4～5周全部调整到标准体重。

4.12.4 分群的参考标准如下：

小鸡：低于当周当日体重标准90%的鸡只；

大鸡：高于当周当日体重标准110%的鸡只；

中鸡：大小鸡范围内的鸡只。

5 育成阶段管理

5.1 基本要求：

5.1.1 在70日龄（10周龄）前使全群达到体重标准，体重略低于体重标准应随时通过增加料量使体重达标，但原则上不要超重。

5.1.2 11～15周龄阶段的主要目标是体重和体型的控制。应使种鸡按体重标准生长，不管体重是否已经超标，都应遵循标准的周增重。

5.1.3 从16周开始至20周龄，务必保证每周按标准持续增重，宁多勿少，20周龄比15周龄体重增幅应达到45%左右。

5.1.4 控制父母代种鸡整个育雏育成期的生长发育，以期发挥最佳的种鸡生产潜力。通过有效的控制饲料量和饲料分布，使鸡群达到体重标准并保持良好的均匀度。

5.1.5 控制父母代种鸡群骨架的均匀良好发育，通过育成前期（10周龄前）有效的分群（栏）管理与调控营养供给，使鸡群达到体重与骨架均保持良好的均匀度。

5.1.6 避免一次订购过多的饲料，一般每次进料的总量不超过1周的耗料量。

5.2 体重控制：

5.2.1 每周周末定时、定点空腹称重，抽样比例母鸡5%~10%、公鸡5%以上，检测鸡群体重和均匀度，据此确定下周供料量。具体要求参见各品种育成期体重和料量推荐表。

5.2.2 12周龄前，根据每周增重和均匀度情况，通过分群（栏）饲养、料量控制等措施，确保种鸡体重按标准均匀持续增长，要求至少在9~10周龄全部达到体重标准。

5.2.3 12周龄前，对于体重不足的鸡群，应通过延长育雏料饲喂时间（前期）或适当提前增加料量，直至体重逐渐恢复到标准为止。推荐种鸡体重每低50克，在恢复到正常加料水平之前，每只鸡每天应额外增加13千卡的能量，才能在1周内恢复到标准体重。对于体重超标的鸡群，可通过减少下周所要增加的料量或推延下一步的增料时间纠正，但不允许降低当前饲喂料量的水平。

5.2.4 确保12周龄以后种鸡的每周增重不低于手册中的每周增重水平，尤其16周龄开始，无论体重是否达标，都应确保每周连续不断的料量和体重增长幅度，发现问题立即纠正。

5.3 加料方案：

5.3.1 12周龄前，应根据体重及均匀度情况按推荐体重与料量标准采取个性化加料方案。12周龄后，无论体重大小，都要按比例增加饲料，尤其是16周开始，料量增加幅度加大。

5.3.2 为了满足种鸡产蛋营养的储备，可以考虑从19周龄开始，将育成料换成预产料，以满足种母鸡接近性成熟时增加营养的需要。对于发育良好的鸡群，也可在种鸡接近开产时直接从育成料过渡到产蛋料。

5.3.3 鸡场技术人员必须注意，应及时补偿各生长阶段各种饲料之间能量与蛋白的变化，如育成料、预产料或饲料配方调整等。

5.4 均匀度管理：

5.4.1 应提供充足的料位和水位，快速均匀的饲料分布（布料时间控制在3分钟），并确保鸡群的健康。

5.4.2 采取随机抽样称重，且能真实反映鸡群生长发育状况，每群（栏）鸡只数量准确。

5.4.3 适当的限饲程序有利于提高均匀度，如隔日限饲或4/3限饲方案。

5.4.4 种鸡在5周龄左右再分群1次。将鸡群分成大、中、小三类鸡群饲养，并根据鸡群体重的大小调整喂料量，要在未来3~4周全部调整到标准体重，至少要在9~10周龄全部达到体重标准。若均匀度太差，也可在9周龄前现分群1次补救。但10周龄后不再进行分栏工作。

5.4.5 分群后需要对大、中、小鸡群进行重新称重并计算平均体重，并将实际体重标注到体重曲线当中，按照9～10周龄全部达到手册体重标准的原则，将分栏的平均体重与9或10周龄的标准体重新连线，这就是这个鸡群未来4～5周需要增长的新的体重标准。据此调整每周供料量。

5.4.6 良好的均匀度全期都应保持在85%以上。

5.5 限饲程序：

5.5.1 在确保种鸡能同时采食相同料量的前提下，肉种鸡最理想的饲喂方法是每日限饲。

5.5.2 在无法达到5.5.1的条件，则须选择将每周应供饲料总量，集中分配到几个"饲喂日"供给鸡群。一般采取5/2（每周饲喂5天、停料2天）、4/3（每周饲喂4天、停料3天）或隔日制饲喂方案。

5.5.3 每周停料日应合理分配，不能连续超过1天。如5/2制一般以周四和周日为停料日，其余为喂料日。喂料日最大日料量不能超过产蛋期母鸡高峰料量。

5.5.4 制定限饲程序时，应将每周龄末称重日设在停料日。

5.5.5 喂料日应先供水，后上料，停料日可以适当限水。

5.5.6 要特别注意，当饲喂制度改为每日饲喂时，饲料转化率会显著提高，种鸡更容易增重，精确计算料量的供给，应防止超重。

5.6 转群管理：

5.6.1 转群时间为10～12周龄或是20～21周龄。

5.6.2 转群前对运输车辆和人员进行彻底消毒，并做好新舍设备及环境准备工作。

5.6.3 转群时先转公鸡，转群后每只种鸡的采食料位要保证15厘米，笼养的应直接将每笼位装2只，转群次日每只鸡料量增加2～3克。

5.6.4 为了减少种鸡的应激，转群最好在夜间、鸡只空腹时进行，转群后也要注意育成舍和产蛋舍之间的光照程序的相互衔接，不做任何改变。

5.6.5 转鸡前后1～2天投放多种维生素，转群前后1周尽量不要免疫。

5.7 种公鸡特殊管理：

5.7.1 种公鸡饲养管理和注意事项与母鸡基本相同，目标是让种公鸡按体重标准曲线生长，使种公鸡与母鸡同步均匀协调地达到性成熟。

5.7.2 必须每周触摸评估种公鸡的何况，确保公鸡消耗正确的料量。出现丰满度下降或肌肉变软都表明料量的不足或饲料分配不均匀。

5.7.3 在6周龄时进行第一次选种，选择健康活泼、胸部丰满、腿粗壮结实、外貌合格留种；转入产蛋舍时进行第二次选种，选留体重均匀、无生理缺陷、双腿健壮、脚趾笔直、羽毛丰满、体态雄伟直立、肌肉结实留种，将发育差、畸形等明显不合格公鸡淘汰，平养还应淘汰那些过于凶猛的公鸡。

5.7.4 公鸡最终留种数一般平养鸡应为母鸡数的9%～10%，笼养减半。

5.8 环境管理：参见育雏期及各品种饲养指南。

6 产蛋前准备工作

第一次加光后种鸡的生理变化剧烈，抵抗力也比较低，产蛋前鸡舍需要做大量的准备工作，这些工作需要在23周龄之前完成。例如，安装产蛋箱、铺装产蛋箱垫料、更换地面垫料、产蛋期间供暖通风设备的维护保养和调试、灯泡的更换、种蛋熏蒸消毒设备的准备种蛋库的清洁消毒等大量工作，要尽量减少对鸡群的应激。

7 培育期其他管理参见本书相应章节

第四节 肉种鸡产蛋期饲养管理技术规程

1 范围

本规程规定了肉种鸡场产蛋期饲养管理基本要求。
本规程适用于标准化肉种鸡场。

2 名词与术语

2.1 产蛋期：指种鸡产蛋率达到5％始至淘汰止的时期。

3 产蛋期环境控制

3.1 不同季节鸡舍温度与通风：夏季：要注意提供清凉干净的饮水。采用纵向通风降低舍内温度，通过适当增加风机数量，鸡舍做挡风帘降低横截面积来增加风速快速降温。水帘的使用要注意使用条件，高温低湿的气候条件下，使用水帘有利于降低舍内温度，在高温高湿的气候条件下使用水帘，会加剧热应激，当温度华氏度＋湿度超过155时会造成鸡群的热应激，超过165时会造成鸡只的死亡。

冬季：在保证鸡舍的温度的前提下保证鸡舍的最小通风量。

3.2 光照管理：

3.2.1 加光时机：22周末要对鸡群的整个生长期的表现进行一个评估：检查母鸡的胸形、换羽情况、肉髯和颜面颜色、耻骨的开放程度，以及脂肪的累积，只有鸡群中90％以上的鸡只已经达到合适的标准才能进行首次加光。建议计算累积能量/蛋白的方法只能作为决定加光的时机参考条件。

3.2.2 加光标准：胸肉为U型、主羽更换7～8根、肉髯鸡冠颜色变红、耻骨开放度4cm或2根手指、耻骨有脂肪积累。

3.2.3 光照方案见附录A。

4 饮水管理

产蛋期原则上自由饮水，笼养种鸡在人工授精前根据情况可适当控水2小时。饮水质量应符合NY 5027－2008的要求。

5 母鸡饲料与体重管理

5.1 饲料供给：

5.1.1 高峰前饲料增加程序：光照刺激到产蛋开始，要根据体重来饲养。当种鸡在适宜的情况下接受光照刺激之后，通常要求小幅增加饲料量（2～3克/只/日），在产蛋率达到5％前，要按照体重情况来决定饲料量，产蛋率达到5％以后，要根据产蛋率确定饲料量。产蛋率每增加5个百分点就要相应增加饲料量，具体加料办法本着前期（产蛋5％～25％）慢，中期（产蛋率25％～45％）稍快，后期（产蛋率45％～65％）更快的原则添加，通过此程序可以有效地控制开产到高峰期间鸡群的体重增长。具体参见附录B。公鸡料量标准参考相应品种饲养管理手册。

5.1.2 饲料供给标准：可以通过以下几个方面判断产蛋期间给料量是否合适。

一是鸡群周增重是否与标准一致。周增重低于标准判断为料量不够，周增重高于标准判断为料量过高。

二是依据蛋重的变化。对每天上午第二次采集的种蛋进行抽样称重，每周称重次数不少于两次。蛋重增加低标准判断为有可能料量不够，蛋重增加超标准判断为有可能料量过高。

三是采食时间的判断。采食时间以自动料线启动至料槽、料盘剩下少量粉末为标准。正常采食时间为颗粒料2.5～3小时、粉料3～4小时。采食时间缩短判断为料量不够，采食时间延长判断为料量过高。

5.1.3 高峰后减料程序：如果产蛋率在高峰时连续5天没有再上升就认为已经达到高峰产蛋了。此时为了保持产蛋的稳定持续，必须据实际情况减料。通常此时蛋重增加较快，所以减料前还应对母鸡体重进行监测，如果体重适宜且增速较慢，则应推迟减料。一般在产蛋高峰过后4周左右时开始减料。

在减料的第一周，通常减少1～2克，以后每周减少0.5～1克。直至累计比高峰料量减少10％左右。

在制定减料计划时应该考虑以下几点：

（1）高峰产蛋率的高低。如果一个鸡群的高峰产蛋率很高，减料太快会对产蛋造成影响。相反，如果鸡群的高峰产蛋率很低，就应该较快地减料。

（2）笼养鸡群减料更应该速度放慢，因为其在做人工授精时将停产鸡只挑出。

（3）高峰饲料量。如果饲料已经达到445～455大卡/只/日，高峰后减料的速度应该比只达到440～445大卡/只/日的鸡群更快。

（4）母鸡体重。

（5）采食时间。要注意很多因素可以影响采食时间：饲料的颗粒类型、饲料原料、环境温度高低、饮水方式、喂料方式和供料速度、疾病等。

整个产蛋期的管理主要根据鸡群的产蛋情况、体重情况来增减料量。参见相应品种的饲养管理技术手册。

5.1.4 饲料供给注意事项：为了维持产蛋的稳定，要尽量避免变换饲料的配方；如果采食时间突然改变就意味着问题，要及时调查；40～45周龄时根据产蛋率及体重情况适时更换产蛋后期料；检查喂料器是否有破漏的地方或产生溢出，饲料厚度不要超过料槽高度的1/3，喂料时必须有工人在场，保持料线均匀布料。

5.2 体重控制：高峰产蛋率由均匀度、体重和育成阶段的饲喂方案决定。从开产到高峰产蛋，有良好生产性能的母鸡，一般情况下，体重应该增加18%～20%。在产蛋期的前4周，每周增长100克是最理想的，在高峰期减少到每周增长40克，一般40周后每周增重减少到15～20克。

6 种蛋管理

6.1 种蛋收集：

6.1.1 收集和包装的工作人员应清洗和消毒双手。

6.1.2 种蛋产出后应及时收集、消毒和冷却。每天应至少收集4次，并与鸡群的产蛋模式相吻合。

6.1.3 合理分配每次收集种蛋的时间，要求前两次每次收集种蛋的数量应为当日总蛋数的30%，后两次每次收集当日总蛋数的15%～20%。注意每次收集种蛋数量不能超过日总蛋数的30%。

6.1.4 脏蛋和地面蛋须单独收集和存放，不得与干净蛋混合。发病鸡舍的鸡蛋不得入种蛋库，单独存放，由技术人员确定处理方案。

6.2 种蛋挑选：

6.2.1 发生传染性疫病的鸡蛋不能作为种蛋。

6.2.2 蛋形要求卵圆、大小头分明、表面光滑清净、蛋壳致密均匀、色泽符合本品种特点。过长、过圆、破蛋、脏蛋、沙皮蛋、畸形蛋等应挑出。如果种蛋上只有少量的粪便或垫料，可用木制刮板、洁净干燥抹布擦净，不得砂纸打磨或清洗。

6.2.3 种蛋蛋重55～70克为宜。如果特殊需要，也不得小于50克。

6.3 种蛋消毒：鸡舍设消毒间，拣蛋后立即消毒。一般用福尔马林熏蒸方法消毒：每立方米空间42毫升福尔马林＋21克高锰酸钾配比，密封熏蒸20分钟后，用排气扇将气体排尽为止。熏蒸室适宜温度24℃以上，相对湿度75%以上。熏蒸桶应距种蛋至少0.5米远。

6.4 种蛋贮存：种蛋消毒后冷却至19℃～20℃后入蛋库。蛋库只能专门用于贮存种蛋。蛋库内以温度18℃、湿度75%为宜。种蛋一经入库，蛋库的温度与湿度就应始终保持稳定。50周龄前鸡群种蛋贮存期以3～5天为宜，50周龄以后鸡群种蛋贮存时间以2～4天为宜。

7 公鸡管理

7.1 产蛋期公鸡饲养管理要点：

7.1.1 平养每只公鸡料位以18厘米为宜，饲喂时能够精确而快速地均匀布料，并确保公母分饲；笼养每只公鸡单独1笼位。

7.1.2 平养混群后每周至少监测公鸡体重2次，直至公鸡无法从母鸡饲喂器中偷吃饲料为止。

7.1.3 要保证公鸡目标周增重，30周龄后平均每周增加15～20克，不允许出现种公鸡体重下降情况。

7.1.4 使用产蛋期公鸡专用饲料。整个饲养期公鸡饲料量都应少量持续增加，40周龄后参考推荐料量每2周少量增加1次。

7.1.5 每周评估监测整个鸡群及个体公鸡状况，平养时如果出现过度交配现象，应适当淘汰公鸡、调整公鸡比例。出现较多母鸡因配种损伤时，应及时淘汰体重过大的种公鸡，过度交配时应首先淘汰那些活力体况差、肛门颜色浅的公鸡。

7.1.6 经常观察公鸡的机敏性、活力、肌肉丰满度、羽毛状况、吃料时间和肛门颜色等，出现异常及时处理。

7.2 公母比例：

7.2.1 平养：为了维持良好的受精率，每群种鸡需要配备最佳数量具有高繁殖能力的种公鸡。首先整个培育期要经过几次选种过程，淘汰病弱及过于强势公鸡。各时期公母比例参见附录C。

7.2.2 笼养：笼养产蛋期公母比例一般为1：25左右，选择雄性强、体质健壮、精液质量好、无恶癖公鸡留种。

8 注意事项

8.1 母鸡注意要点：

8.1.1 从22～23周龄开始，育成料转换为产蛋前期料。

8.1.2 23～25周龄期间属于开产阶段，要尽量避免惊扰鸡群。一些必需的操作，如疫苗接种等应在此前完成。

8.1.3 平养鸡在开产前的3～4周，要提早安置好产蛋箱和训练母鸡进产蛋箱内产蛋。产蛋箱应安置在光线较暗且通风良好、比较僻静的地方，箱内的垫料要松软。

8.1.4 在开产后的3～4周（约27～28周龄）饲喂量应达最大量。

8.1.5 母鸡体重始终保持在目标之内。每周监测体重、均匀度和增重速度，最迟从10%产蛋率开始每天称重并记录蛋重，当蛋重、产蛋率、体重增加不足或过快时，应尽快采取提前或延后增料的措施。

8.1.6 产蛋高峰后的4～5周，饲喂量一般不要减少，应保持与高峰期需要量相当。当产蛋率下降到80%左右时，应开始逐渐减少饲喂量，防止超重。每次减料时，应观察鸡群的反应，任何产蛋率的异常下降，都需要立即恢复到原来的饲喂量。遇有恶劣天气变化时不要减料。

8.2 公鸡注意要点：

8.2.1 平养时产蛋期公鸡与母鸡同栏分槽饲喂。

8.2.2 转入种鸡舍时公鸡要比母鸡提早4～5小时转入。

8.2.3 公鸡料槽距地面约41～46厘米，并随公鸡背高调整，以母鸡吃不到、公鸡立起脚能采食为宜。

8.2.4 要求有足够的料位和场地，确保公鸡在同一时间内都能吃到饲料。

8.2.5 公鸡的饲喂量特别重要，原则是在保持公鸡良好的种用性能的情况下尽量少喂，喂量以能维持最低标准为原则，但不允许明显失重。

9 种鸡的生产指标与营养标准

参考各品种生产指南。

10 统计记录

种鸡场应建立完善的各项生产记录，根据原始记录，定期进行统计、分析总结、改进或推广，用于指导生产。档案记录和管理要符合 NY 10 的规定及本公司有关档案的制度要求。

11 其他

参见本书其他章节、公司或种鸡场的相关标准和制度要求，以及各品种饲养管理指南（手册）。

附录 A

光照管理（密闭鸡舍）

日龄	周龄	15 小时光照原则
1～14	1～2	将光照从第一天 24h 降到第 9 天的 8h
15～154	3～22	8h
155～172	23～24	12h
173～182	25～26	14h
产蛋率大于 50%	27～28	15h
大于 196	大于 28	15h

附录 B

高峰前饲料供给

日产蛋率%	增料（克）	给料（克/日/只）	日能量（千卡/日/只）	日蛋白量（克/只）
开产前	每周 2 克增加	116 *		
5	2～2.5	118	337	19
10	2～2.5	120	343	19
15	2～2.5	122	349	20
20	2～2.5	124	355	20
25	2～2.5	127	363	20

续表

日产蛋率%	增料（克）	给料（克/日/只）	日能量（千卡/日/只）	日蛋白量（克/只）
30	3	130	372	21
35	3	133	380	21
40	4	137	389	22
45	4	141	400	22
50	4	145	412	23
55	4	149	423	24
60	5	154	438	24
65	5	158～162	452	25

附录 C

公母比例（平养）

周龄	种公鸡数量/100 只种母鸡
20～22	11.5～11.0
30	10.5～10
35	10～9.5
40	9.5～9
45～50	9～8.5
60	8.5～8

第五节 肉种鸡种蛋管理技术规程

1 范围

本标准规定了肉种鸡场种蛋收集、处理、保存等环节技术操作基本要求。
本标准适用于标准化肉种鸡场。

2 手工集蛋要求

2.1 集蛋前的准备工作：

2.1.1 洗净双手，并在蛋车上悬挂酒精或其他适宜消毒液喷壶。

2.1.2 准备齐全消毒好的种蛋蛋盘、淘汰蛋蛋盘和铅笔。

2.2 收集鸡蛋：

2.2.1 每天至少集蛋4次，一般要求上午收集全天量的80%。
2.2.2 用规定颜色的种蛋盘到栏内集蛋。
2.2.3 种蛋盘放在小臂上，蛋盘一端抵在臂弯，蛋盘另一端握在手中，手心朝上。
2.2.4 从栏内一端逐片产蛋箱、逐个产蛋窝收集鸡蛋，有鸡的蛋窝，要摸取鸡身下的鸡蛋。鸡蛋放置在蛋盘内要求大头朝上。
2.2.5 将收集到的鸡蛋当即逐个检查判断，符合种蛋质量标准的鸡蛋放在种蛋盘，淘汰蛋放在淘汰蛋盘。
2.2.6 往蛋车上码放种蛋时，满盘的种蛋不超过8盘，不满盘的种蛋不超过9盘。
2.2.7 床蛋、地面蛋不与种蛋一起收集，应单独进行收集。集蛋时禁止清理蛋窝内鸡粪。
2.2.8 每收集一盘种蛋，用酒精对手进行一遍消毒。
2.2.9 笼养种鸡集蛋方法及要求与平养基本相同，只是种蛋收集前的位置不同。
2.3 标记种蛋：按场、栋号、日期标记种蛋，并按要求用不同颜色笔画线，以区别不同场、舍的种蛋。淘汰蛋收集完毕后，将不合格的鸡蛋放在纸蛋盘中以便区别于合格种蛋。
2.4 擦蛋方法：表面干净的种蛋，直接放入种蛋盘，不再做任何清理。原则上蛋表面受粪便污染则不能做种蛋，但如果面积较小，且判断为正常粪便时可经处理后做种蛋用。处理要求如下：
2.4.1 只能用小刀或刀片清理种蛋表面的鸡粪和污染物，刀片用完后擦拭消毒。
2.4.2 严禁员工使用湿布、水或酒精擦拭种蛋。

3 种蛋搬运要求

3.1 种蛋的搬运：
3.1.1 每次搬种蛋时，首先要检查种蛋盘，特别是种蛋盘的四个支柱是否齐全，四个支柱的位置是否放的合适。
3.1.2 每次搬种蛋，满盘的种蛋不超过8盘，不满盘的种蛋不超过9盘。
3.1.3 搬种蛋时，双手放在种蛋盘正中间的位置，轻轻搬起，将种蛋盘靠在胸部。
3.1.4 种蛋的搬运必须小心，避免打碎种蛋。
3.2 种蛋的运输：
3.2.1 种蛋被放入蛋车时，首先放入的种蛋，蛋盘要紧靠蛋车的车厢板，相邻的蛋盘要靠紧，后面放入的种蛋，蛋盘依次和前面放入的靠紧，以防种蛋运输过程中歪倒。
3.2.2 种蛋被装入蛋车完毕，关上并扣牢保温车厢的门。
3.2.3 运输过程中，司机要注意车速和选择平坦的路面行驶，以减少车体的颠簸。

4 种蛋的交接

4.1 鸡舍与蛋库的交接，种蛋负责人与饲养员核对交接种蛋数，填写《种蛋交接表》。
4.2 司机与孵化场的交接，司机将种蛋运输至孵化场后，与孵化场核对交接种蛋数，填写《种蛋交接表》。

4.3 司机与蛋库的交接，司机先与鸡场统计核对运蛋数量，蛋库管理员收到淘汰蛋后与《淘汰蛋交接单》核对。

4.4 《种蛋交接表》《淘汰蛋交接单》交鸡场办公室存档保存。

5 种蛋熏蒸及保存的工作要求

5.1 种蛋送到操作间后，先进行种蛋的进一步清理、分级和标识，然后用三倍量福尔马林对种蛋进行熏蒸消毒20分钟。

5.2 清洁用于熏蒸反应的容器。

5.3 向容器中加入定量的高锰酸钾。

5.4 向容器中加入定量的水。

5.5 溶解高锰酸钾。

5.6 向容器中加入福尔马林，迅速关闭反应室的门。

5.7 种蛋熏蒸时间达到要求后，立即搬出种蛋，并排出反应室的气体。

5.8 熏蒸消毒用药及配比浓度参见《鸡场消毒药品使用管理办法》。

5.9 所用的纸蛋盘每次在蛋库熏蒸前都要打开包装，将纸蛋盘分散开，做到消毒彻底。

5.10 种蛋收集消毒后应尽快放入蛋库保存，避免长时间在鸡舍保存。

5.11 种鸡场蛋库贮存管理

种蛋贮存时应做好品种的标记工作。不同品种、不同批次、不同周龄，不同鸡舍的种蛋应区分存放。

5.11.1 种蛋应在消毒后再存放于蛋库，蛋库内不能存放其他杂物。

5.11.2 蛋库地面要有跺板，防止种蛋受凉。

5.11.3 种蛋存放应与墙壁保持最少20厘米距离。

5.11.4 蛋库温度应保持在19℃±1℃最佳，相对湿度应保持在60%～80%，75%最佳。配备卡片式温湿度记录仪。

第六节 肉种鸡人工授精技术规程

1 范围

本标准规定了肉种鸡人工授精的器具用品准备，种公鸡选择与训练，采精，精液质量检查，精液稀释输精和器具清洗，消毒技术操作要求。

本标准适合于标准化肉种鸡场（笼养）。

2 器具用品准备

2.1 器具用品：集精杯（瓶）、保温杯、输精器（胶头滴管或输精枪）消毒锅或消毒柜、剪子、脱脂棉等。注意使用输精滴管时，吸嘴不能太尖或有毛刺，有毛刺的可用酒精灯灼烧光滑。

2.2 器具消毒：将集精杯、输精器等器具清洗干净，放入消毒锅或消毒柜消毒20～30分钟，烘干备用。每使用一段时间还应在沸水中煮沸消毒以去除水垢。

3 公鸡准备

进入人工授精期前，用剪子吧公鸡肛门附近的羽毛剪光，以不影响采精者视线和妨碍收集精液为度。同时开始训练公鸡，建立条件反射。

4 人员准备

人工授精2～3人为一组，一般1人输精、1～2人翻肛。人员经培训能熟练掌握采精、输精技术，有责任心，人鸡亲和。工作前应做好防护及清水洗手。

5 采精

5.1 抓鸡：采精者从公鸡笼中把公鸡抓出来，根据习惯选择左右手抓鸡，把公鸡放在料槽上固定住达到固定的目的。

5.2 按摩：接精者拿好接精瓶后，采精者即开始按摩、采精操作。右手从背部靠翼基处向背腰部至尾根处由轻至重来回按摩。刺激公鸡将尾翼翘起。当看到公鸡尾部向上翘起，肛门也向外翻出时，右手迅速向尾下方用拇指与食指跨捏在耻骨间肛门两侧，轻柔快捷的挤压。

5.3 采精：看到公鸡肛门明显外翻，有射精动作并随着乳白色的精液排出时，接精者拿好接精瓶和脱脂棉，遇见肛门有粪便用脱脂棉擦干净。输精瓶贴向外翻的肛门，接收外流的精液。公鸡排精时，右手一定要捏紧肛门两侧不能放松，否则精液排出不完全，影响采精质量，影响以后公鸡性能。精液排完即可松开手，轻轻放回笼里，接着换另一只公鸡。采精顺序应相对固定，建立良好条件反射。留心一些性反射较快的鸡，每天要先采这部分鸡。发病的公鸡应单独饲养，不得采精。

5.4 精液要求：正常精液是乳白色，似牛奶，不透明。带血、有粪、尿酸盐发黄、颜色浅精液弃用。

6 输精技术

6.1 采好的精液装在输精瓶里，握在左手手心用大拇指盖住瓶口以保持温度不低于25℃，防止污物的落入。

6.2 用左手食指中指夹住脱脂棉，每输完一只母鸡输精管要用消毒脱脂棉擦拭一下管尖，以防污染。

6.3 一般用原精输精。第一次输精量加倍，以后每次吸取0.025mL（精液柱长度约1cm）的精液即可，吸好精液注意用拇指食指控制精液在输精管中的位置，要保证精液在输精管的最前端，并无气泡或气沫。

6.4 每次采精后要求在30分钟内输完，每行鸡至少换三个输精管，每做完一次换一个输精瓶。管与瓶污染后必须马上更换。

6.5 翻肛——输精操作技术：

6.5.1 负责翻肛的人员用左（右）手把母鸡双腿抓紧，把母鸡拉出笼门，尾部朝笼外头部朝笼内，胸后部贴于笼门下缘。另一只手拇指与食指分开呈八字紧贴母鸡肛门上下方。使劲向外张开肛门并用拇指向肛门方向抵压左腹部，母鸡产生腹压肛门自然会向外翻出。

6.5.2 抓鸡腿的手一定要把双腿并拢抓紧。翻肛时不能大力抵压腹部，并要注意不要按压右侧，否则会有粪便喷溅到人身上或污染肛门及输精管。不论是两人一组还是三人一组的授精组合，授精员都应站在翻肛人员的右边完成输精。

6.5.3 当母鸡的肛门向外翻出，看到粉红色的阴道口时，活动固定阴道的手指以使其摆正，使外翻的阴道口位置固定不变。这时输精人员将吸有定量精液的吸管，插入阴道子宫口，插入的深度以看不见所吸精液为度（1.5～2cm）随即把精液轻轻输入。与此同时，翻肛者把手离开肛门，阴道与肛门即向内收缩，输精者把吸管抽出，精液就留在母鸡阴道内，然后放开母鸡回笼。

7 注意事项

7.1 将公鸡从笼内抓出时动作要轻，防止公鸡过分挣扎，精液自动流失。采精人员相对固定。

7.2 输精时的力度应与吸精时的力度相同，输精过程中输精管内精液中不可带有气泡或空气柱，更不可带有羽屑、粪便、血液等杂物。

7.3 从采精到精液完全使用，即输精时间原则上不得超过30分钟。

7.4 尽量减少输卵管在外界暴露时间，同时避免精液吸出后等待翻肛人员。

7.5 翻肛人员抓鸡动作要轻柔，最大限度降低鸡只应激，防止将输卵管内的蛋挤破，造成输卵管炎或腹膜炎。翻肛员给母鸡腹部加压力时，一定要着力于腹部左侧。

7.6 吸取精液时，应尽量在精液水平表面吸取，避免将滴管插入精液深部。忌人为搅动精液，如有必要，可轻柔慢慢上下翻转2次即可。

7.7 输精完毕后，翻肛人员必须看精液是否带出，外流的进行补输，同时忌推鸡只腹部，防止造成腹压，精液外流。

7.8 输精一般在午后3时左右开始。输精时如遇子宫内有将产鸡蛋时应暂不输精，做上标记，待母鸡产蛋后补输。

7.9 公鸡以隔日采精或连采2天休1天采精制度为宜，母鸡以每4～5天一个轮回为宜。每次输入的有效精子数应达0.6亿～1亿，产蛋高峰期每次输入原精液0.025mL，末期以0.05mL原精液为宜。

7.10 发病的公鸡和母鸡不得采精和输精。

7.11 严格执行灭菌、消毒制度，防止相互感染。

第七节 肉种鸡舍环境控制技术规程

1 范围

本标准规定肉种鸡舍环境控制的基本要求和技术操作要求。
本标准适用于标准化肉种鸡场养殖生产。

2 温度

2.1 温度管理原则：

2.1.1 熟知不同日龄的目标温度。

2.1.2 测定位置为鸡背高度。

2.1.3 减少温差，最好控制在2℃以内。

2.1.4 调整温度设置必须观察鸡群反应，特别注意风冷效应的影响。

2.1.5 通风和保温发生矛盾时，应确保通风，保持目标温度下限甚至更低。

2.2 冬季温度控制细节：

2.2.1 采用间歇性通风模式。

2.2.2 在满足目标温度的前提下，适当加大通风量。

2.2.3 冬季预温管理：

2.2.3.1 提前5天预温。

2.2.3.2 进鸡前24小时达到目标温度。

2.2.3.3 对于育雏舍，垫料、墙壁等设施温度应达到28℃～30℃。

2.3 夏季温度控制细节：

2.3.1 纵向通风时注意风冷效应。

2.3.2 纵向通风开启湿帘时，根据鸡舍长度、饲养密度确定风速。

2.3.3 高温季节温度控制：

2.3.3.1 温度补偿原则，如果白天超温，夜间可降低目标温度，释放多余热量。

2.3.3.2 稳定风速原则。晚上温度降低时不要调低风速，减少应激。

3 湿度

3.1 适宜湿度：前期：60％～70％，中后期：50％～70％。注意育雏前期湿度不宜低于55％，以后应控制湿度不超过70％。

3.2 湿度控制的意义：

3.2.1 为鸡群生长提供适宜的湿度环境。

3.2.2 降低氨气等有害气体的产生量，缓解通风与保温的矛盾。

3.3 鸡舍环境中水分的控制：

3.3.1 冬季鸡舍湿度不超过60％。

3.3.2 前期良好的管理可以确保后期环境易控。

4 通风控制

4.1 通风的目的：

4.1.1 补充新鲜空气。

4.1.2 调节温度、湿度。

4.1.3 降低有害气体浓度。具体指标见附录A。

4.1.4 鸡舍环境均匀。

4.2 通风模式（横向通风、过渡通风、纵向通风）：

4.2.1 横向通风（最小通风模式）：

4.2.1.1 适用范围：寒冷季节和育雏期间，不需排出多余热量。

4.2.1.2 目的：补充新鲜空气，为鸡群提供适宜的环境。

4.2.1.3 最小通风模式管理细节：获得最小通风的关键是舍内形成一定的负压，便于舍外空气通过进风口进入舍内，鸡舍密闭性、保温隔热性要好。

要求气流方向不得有障碍物，进入的鸡舍的冷空气与舍内的热空气在鸡群上方混合。进风口在鸡舍周围均匀分布，开启的数量、大小与风机排风量匹配。进风口开启大小要一致，根据静态压力调整开口大小，通过进风口的风速要相同。面积小，进风量小，舍内负压则高，进风口面积大，进风量大，舍内负压低，环境均匀度降低。

4.2.2 过渡通风：

4.2.2.1 使用范围：当最小通风无法满足鸡舍环境需求，需要排除多余热量时使用。

4.2.2.2 与最小通风相同点：要求从侧墙进风口进风，纵向进风口关闭，风不直接吹鸡。

4.2.2.3 与最小通风不同点：开启风机数量增加，通风量增大。

4.2.3 纵向通风：

4.2.3.1 适用范围：高温季节。

4.2.3.2 目的：排除多余热量，蒸发制冷降低实际温度。

4.2.3.3 纵向通风管理细节：首先考虑风冷效应。影响风冷效应的因素、不同周龄有不同的风冷效应。然后考虑风冷效果。风速≥2.5m/s效果最佳，温度＝32℃时效果变差，温度≥38℃时完全失效。纵向通风只有在温度≥28℃、湿度≤70%时使用，湿度＞70%，只会增加湿度，不会降低温度。

附录 A

鸡舍内空气良好状态质量标准

氧气	＞19.65%
二氧化碳	＜0.3%（3000ppm）
一氧化碳	＜10ppm
氨气	＜10ppm
相对湿度	50%～65%
可吸入性灰尘	＜3.4mg/m³

第八节 肉种鸡场卫生防疫技术规程

1 范围

本标准规定了肉种鸡养殖过程中的免疫、疫病监测、检疫、消毒、隔离、无害化处理的技术操作要求。

本标准适用于标准化肉种鸡场养殖生产。

2 规范性引用文件

下列文件对于本文件的应用是必不可少的。凡是注日期的引用文件，仅所注日期的版本适用于本文件。凡是不注日期的引用文件，其最新版本（包括所有的修改单）适用于本文件。

GB 16549 畜禽产地检疫规范

GB 16567 种畜禽调运检疫技术规范

GB 16548—2006 病害动物和病害动物产品生物安全处理规程

GB/T 16569 畜禽产品消毒规范

NY/T 472—2013 绿色食品 兽药使用准则

NY/T 1168—2006 畜禽粪便无害化处理技术规范

《病死及病害动物无害化处理技术规范》农医发〔2017〕25 号

《一、二、三类动物疫病病种名录》（中华人民共和国农业部公告第 1125 号）

《农业部关于印发〈高致病性禽流感防治技术规范〉等 14 个动物疫病防治技术规范的通知》农医发〔2007〕12 号

《中华人民共和国兽药典》农业部公告第 2438 号

《中华人民共和国畜牧法》

《中华人民共和国动物防疫法》

3 原则

严格执行国家和地方政府制定的动物防疫法及有关畜禽防疫卫生条例。

4 种鸡的引进和调出

4.1 种鸡引进：

4.1.1 引进的雏鸡应来自非疫区和有《种畜禽生产经营许可证》的高代次种鸡场，有种鸡系谱档案及动物检疫证明。

4.1.2 提供雏鸡的父母代种鸡场或专业孵化场应有畜牧兽医主管部门颁发的《种畜禽生产经营许可证》。

4.1.3 做好运鸡车辆、用具的消毒，防止病原跨区传播。

4.1.4 引进的种鸡应隔离 15 天以上，经检疫确认无病后方可入场饲养。

4.1.5 跨省引种应经省级动物卫生监督机构审核，批准。

4.2 种鸡调出：调出的种鸡应按《动物检疫管理办法》的规定，向所在地动物卫生监督机构申报检疫，凭动物检疫合格证调运。

5 种鸡的免疫

5.1 应按兽医主管部门强制免疫计划实施强制免疫，应免率达100%。

5.2 根据《中华人民共和国动物防疫法》及其配套法规的规定，结合当地的实际情况，有选择地进行疫病的预防接种工作。

5.3 使用疫苗应符合《中华人民共和国兽用生物制品质量标准》及《兽用生物制品经营管理办法》的规定，不得使用过期、保藏不善或包装破损的疫苗。

6 疫病监测

按照《中华人民共和国动物防疫法》及国家、省有关疫情监测计划的规定，种鸡场应配合兽医主管部门做好疫病监测工作。

7 阻断病源的传入和传播

7.1 鸡场出入口，设消毒池，池内保持有效消毒液（3%烧碱）。保证进出人员及车辆消毒工作。消毒液每2～3天更换1次。

7.2 任何其他禽及其禽产品不得带入生产区。

7.3 饲养员每天要保持环境清洁卫生，不得在不同鸡群间串舍。

7.4 生产区、生活区道路一周消毒一次。

7.5 任何外来人员在得到批准后方可进入生产区，进入前必须消毒、沐浴、更衣，穿全封闭一次性工作服，在技术员的陪同下进入。

7.6 场内兽医人员不得对外开展诊疗活动。

7.7 生产人员不得随意离开生产区，在生产区穿工作服和胶靴，工作服应保持清洁，定期消毒。

8 场区消毒

8.1 非生产区：

8.1.1 进场人员必须踩踏消毒垫，消毒垫应保持消毒液浸润。

8.1.2 外来车辆禁止入场，本单位车辆须全面喷洒消毒后方可进入。

8.1.3 场区内无杂草、垃圾及杂物堆放，每月至少对场区地面消毒3次。

8.2 生产区：

8.2.1 工作人员及经许可人员进入生产区前应洗澡、更衣。

8.2.2 生产区入口消毒池应保持有效消毒液浓度，每2～3天更换1次。

8.2.3 生产区内道路、鸡舍周围、场区周围及料车、蛋车每天消毒1次，每次进出鸡后，对道路、装卸场地、进出口、装卸工具等进行消毒，防止疫病交叉感染。

8.3 鸡舍：

8.3.1 空舍消毒：清空后用高压水枪冲洗天花板、墙壁和地面，待鸡舍干燥后对笼具、地面、粪沟等耐火设施进行火焰喷射消毒，再用消毒液对鸡舍全面喷洒消毒，关闭门窗后用 42mL/m³ 福尔马林和 21g/m³ 高锰酸钾进行封闭熏蒸消毒 24 小时，对鸡舍周围环境至少 5 米范围内撒生石灰或 3‰ 火碱水消毒。

8.3.2 鸡舍入口消毒：鸡舍门口摆放消毒垫或消毒盘，进入鸡舍前踩踏消毒垫、洗手并换穿舍内专用鞋。

8.3.3 带鸡消毒：每周带鸡喷雾消毒 2 次，疫病期每日消毒 1 次（但避免用刺激性强的消毒剂），活苗免疫前后 3 天禁止消毒。

8.3.4 工具及其他器具消毒：每天下班前熏蒸消毒 30 分钟。

8.3.5 每天集中收集种蛋 4 次，每次收集挑选后放在指定的熏蒸间熏蒸消毒 20 分钟。

8.4 其他：

8.4.1 每次空栏时用除垢剂对饮水管彻底除垢，存栏时定期对饮水管进行消毒。

8.4.2 疫苗空瓶应集中回收进行生物安全处理。

8.4.3 病死鸡等按 GB 16548 的规定处理。

8.4.4 畜禽粪便等应按 NY/T 1168－2006 的规定处理。

9 严格淘汰

9.1 饲养员每天观察鸡群，及时淘汰病残鸡。

9.2 经技术员同意后，饲养员方可按规定对淘汰鸡进行无害处理。

10 传染病应急措施

发生动物疫情或疑似疫情时，应按《中华人民共和国动物防疫法》等法律法规报告和处置。

10.1 当鸡群发生疑似传染病时，立即采取隔离措施，同时向上级主管部门报告并尽快加以确诊。

10.2 当场内或附近出现烈性传染病或疑似烈性传染病病例时，立即采取隔离封锁，并向上级主管部门报告。

10.3 鸡场发生传染病后，如实填报疾病报表，该次传染终结后，提出专题总结报告留档并报上级主管部门。

10.4 决不调出或出售传染病患鸡和隔离封锁解除之前的健康鸡。

11 防疫保健

11.1 保健中心制定鸡群防疫计划的实施。免疫计划以保健中心发的程序为准。

11.2 对场内职工及其家属进行兽医防疫规程宣传教育。

11.3 定期检查饮水卫生及饲料的加工、贮运是否符合卫生防疫要求。

11.4 定期检查鸡舍、用具、隔离舍、鸡场环境卫生与消毒情况。

11.5 技术员每天的诊疗情况有台账记录。详细记录兽医诊断、处方、免疫等内容。

11.6 保健工作遵照 NY/T 472－2006 兽药使用准则以及有关的法律法规。

11.7 配合检疫部门每年两次鸡群新城疫、禽流感等检测。

11.8 妥善保管各种检测报告书，省级检测报告书保存期为三年，市级检测报告书保存期为两年。

11.9 加强医疗器械管理，必须先消毒后使用。医疗器械及设备有保管员保管，如有缺损在一个星期内补购或维修，确保随时可用状态。

12 档案记录

做好免疫、消毒、用药等防疫相关记录，存档并妥善保管。

第九节 肉种鸡场消毒技术规程

1 范围

本规范规定了笼养快大肉种鸡场的消毒设施、消毒剂选择、消毒方法、消毒制度、注意事项及记录等技术要求。

本规范适用于标准化父母代肉种鸡场的消毒。

2 规范性引用文件

下列文件对于本文件的应用是必不可少的。凡是注日期的引用文件，仅所注日期的版本适用于本文件。凡是不注日期的引用文件，其最新版本（包括所有的修改单）适用于本文件。

GB/T 16569 畜禽产品消毒规范

GB/T 25886－2010 养鸡场带鸡消毒技术要求

《中华人民共和国畜牧法》

《中华人民共和国兽药典》2005版

《中华人民共和国动物防疫法》

3 术语和定义

下列术语和定义适用于本文件。

3.1 消毒：是指用化学或物理的方法杀死病原微生物、但不一定能杀死细菌芽孢的方法。

3.2 带鸡消毒：鸡舍内在鸡只存在的条件下，用一定浓度的消毒剂对舍内鸡只、空气、饲具及环境进行消毒。

4 消毒设施

4.1 鸡场大门口设置消毒池、消毒间。消毒池为防渗硬质混凝土结构，与大门等宽，长度一般为6米，深度为0.3米。消毒间设置紫外线灯，地面设有消毒槽或垫。

4.2 生产区入口设置消毒池、消毒间。消毒池长宽深与本场运输工具相匹配。消毒间须具有喷雾消毒设备或紫外线灯及更衣换鞋设施，推荐沐浴室。

4.3 每栋鸡舍入口处设置消毒池或消毒垫。

4.4 配备喷雾消毒机等消毒设备及器具。

5 消毒剂选择

消毒剂应符合《中华人民共和国兽药典》的规定，选择广谱、高效、杀菌作用强、刺激性小、腐蚀性弱的品种，对人鸡安全，鸡体内不会产生有害蓄积。常用消毒药及使用方法按相关规定及药品说明书执行。

6 消毒操作要求

6.1 环境消毒：

6.1.1 定期对鸡场内主要道路进行彻底消毒，每周用2%～3%火碱水喷洒或撒生石灰粉消毒1次。进鸡前、出栏后应立即消毒。

6.1.2 搞好场区的环境卫生工作，及时清理垃圾杂物，场区周围及场内污水池、清粪口等至少半月消毒1次。

6.1.3 定期更换消毒池消毒液，保持有效浓度。鸡舍门前的消毒槽、垫应经常保持适量的有效浓度消毒液。

6.2 人员消毒：

6.2.1 进场人员消毒：经批准进场人员（含场内员工）须按照规定的操作流程进行消毒、洗澡、更衣后方可入场，随身携带的必要小物件也须消毒处理。在办公区门口处踏消毒盆、更换场内拖鞋，消毒双手后进入办公区内；在消毒通道将衣物存放在衣柜内，随身携带必要小物件进行消毒处理，然后通过消毒通道进行喷雾消毒、淋浴20分钟后更换工作服，进入生活区；进入生产区须消毒双手，更换场内工作靴，进入鸡舍时双脚踏第一消毒盆进入操作间，踏第二个消毒盆后进入鸡舍内。

6.2.2 场内人员消毒：检查巡视鸡舍的管理及技术人员进出不同鸡舍，应换不同的橡胶长靴，并洗手消毒，工作服、鞋帽每天下班后挂于消毒更衣室内紫外线照射消毒。饲养人员保持个人卫生，除遵守常规消毒制度外，操作前或接触病死鸡后须立即洗手消毒。

6.2.3 人员出场消毒：双脚踏第二消毒盆后进入操作间，消毒双手后，再踏第一消毒盆后离舍。进入生活办公区消毒双手、更换拖鞋、淋浴后更换自己的衣服，取个人物品，门厅更换个人鞋后离场。

6.3 车辆消毒：外来车辆生产期间原则上不允许进入，确须进场需报场长同意消毒后方可进场。车辆要经过汽车消毒池进入场区，消毒池消毒药为复合酚（1∶100），进入生产区前在车辆消毒通道对表厢、底盘、轮胎等外表面进行喷雾消毒，由专人监督洗消过程并做好进场车辆的登记记录。

6.4 鸡舍消毒：

6.4.1 新舍消毒：清扫干净后自上而下喷雾消毒，清洗消毒饲喂设备。消毒药通常选用酸类或季铵盐类。

6.4.2 排空舍消毒：先对鸡舍进行彻底清扫，然后用高压水枪按照自上而下由里及外的顺序进行冲洗，不留死角。待干燥后选择不同类型的消毒药进行3次喷雾消毒。第一次使用碱性消毒药,隔日后选用表面活性剂类、卤素类等消毒药,喷雾消毒干燥后进行第三次消毒,通常用福尔马林熏蒸。耐高温的重点部位及用具用火焰消毒。

6.4.3　带鸡消毒：具体操作方法的按照GB/T 25886－2010要求进行。

6.5　配套设施及用具消毒：

6.5.1　库房及操作间消毒：工作间每天打扫干净,不留死角。然后用拖布将地面拖干净,做到没有灰尘、没有污物。消毒盆内消毒液及时更换,使用消毒液为1：200卫可浩普。用1：200卫可浩普对地面及墙壁等喷雾消毒,要求表面打湿。库房每月清扫消毒1次,另在出栏栋舍熏蒸消毒的同时,一并对库房进行消毒。

6.5.2　工作服清洁消毒：每天员工洗澡后,把工作服、浴巾等物品分类放到指定的储物桶内,由洗消员收集于消毒桶内,消毒液浸泡30分钟,然后用洗衣机进行清洗甩干,挂到户外阳光下晒干（隔离人员的要单独晒干）,并根据工作服编号放回更衣室衣柜。

6.5.3　集粪房清洁消毒：集粪房内粪便必须在出粪当天及时清理,周围清洁,无杂物、无粪便、无毛屑等,运粪车辆需采取防扬散、防流失、防渗漏等预防措施,集粪房附近环境及污道需3倍量消毒,脏区作为除蝇重点区域每月两次除蝇。

6.5.4　其他区域清洁消毒：包括办公室、洗消房、消毒通道、宿舍、厨房等区域参照操作间消毒程序,每天进行清洁消毒。来访人员离开后,其涉及区域及时消毒。病死鸡剖诊室除每天常规消毒外,应定期进行熏蒸消毒。

6.5.5　用具清洁消毒：舍内外用具应分开,特殊需要舍外工具须消毒后方能舍内应用。水箱、水线内部、料槽等饮饲设备应定期清洁消毒。免疫器具每次使用前后均应煮沸半小时消毒。

7　注意事项

7.1　消毒前应清除消毒对象表面的有机物,掌握好消毒剂的特性、浓度、剂量、作用时间。

7.2　不同消毒药品不能混合使用,消毒剂应定期轮换使用。

7.3　熏蒸消毒时应注意人身安全,在确保消毒效果的前提下尽量选用污染程度小的消毒药。

7.4　随时掌握外周疫情动态,按疫病流行情况及鸡群状况灵活掌握消毒频度。

8　消毒记录

消毒记录包括消毒日期、消毒对象、消毒剂名称、消毒浓度、消毒方法、消毒人员签字等内容,要求保存2年以上。

第十节 肉种鸡场粪污处理技术规程

1 范围

本标准规定了粪污无害化处理设施（场）建设、粪污收集、贮存、无害化处理与利用及监督管理的基本技术操作要求。

本规范适用于标准化肉种鸡场。

2 规范性引用文件

下列文件对于本文件的应用是必不可少的。凡是注日期的引用文件，仅所注日期的版本适用于本文件。凡是不注日期的引用文件，其最新版本（包括所有的修改单）适用于本文件。

GB 18596 畜禽养殖业污染物排放标准

GB/T 25246－2010 畜禽粪便还田技术规范

NY/T 1169－2006 畜禽场环境污染控制技术规范

HJ/T 81－2001 畜禽养殖业污染防治技术规范

GB 18877 有机－无机复混肥料

GB 7959－2012 粪便无害化卫生标准

GB 5084－92 农田灌溉水质标准

HJ 497－2009 畜禽养殖业污染治理工程技术规范

NY 525 有机肥料

NY/T 1168－2006 畜禽粪便无害化处理技术规范

NY/T 682 畜禽场场区设计技术规范

国办发〔2017〕48号《关于加快推进畜禽养殖废弃物资源化利用的意见》

《中华人民共和国畜牧法》

3 术语和定义

下列术语和定义适用于本文件。

3.1 粪污：肉鸡养殖过程中产生的粪及污水等。

3.2 堆肥：将粪污等有机固体废物集中堆放并在微生物作用下使有机物发生生物降解，形成一种类似腐殖质土壤物质的过程。

3.3 无害化处理：利用物理、化学、生物等方法处理畜禽粪污、相关产品或病死畜禽尸体，消灭其所携带的病原菌、寄生虫等，消除其危害的过程。

3.4 畜禽粪便处理场：专业从事畜禽粪便处理、加工的企业、专业户。

4 基本要求

4.1 鸡场必须配置粪污处理设施或指定的专业畜禽粪便处理场。

4.2 不得在《中华人民共和国畜牧法》禁止的区域建造畜禽粪便处理场。临近禁建区域的粪污处理场所，应设在该地区常年主导风向的下风向或侧风向处，场界与禁建区域最小间距 500m。

4.3 粪污处理区或收集区应位于养殖场下风向或侧风向，并与生活区及生活管理区间距 100m 以上。距各类功能地表水源 400m 以上。

4.4 设置在鸡场内的粪便处理设施及畜禽粪便处理场设计及建设布局符合 NY/T 1168—2006 和 NY/T 682 的相关规定。

4.5 未经无害化处理的粪污不得直接施入农田。

5 粪污收集与贮存

5.1 粪污收集：

5.1.1 采取干式清粪工艺。笼养每日清理粪渣 1 次，平养育成期末和产蛋期末各清理 1 次。通过专用清粪车经污道直接运输至粪污贮存设施内。清粪车须采取防扬散、防流失、防渗漏等相应预防措施，清粪、运输整个过程粪便与地面呈隔离状态，一站式到达。污水单独清理。

5.2 粪污贮存：

5.2.1 粪污贮存设施容积应与养殖量相匹配，要求设防雨棚和水泥硬化等防雨防渗漏措施，做到顶棚防雨淋、地面防渗漏、四周防流失。一般在满足最小容量的基础上，将设施高度或深度增加 0.5m。

5.2.2 贮存过程中不应产生二次污染，其恶臭及污染物排放应符合 GB 18596 的规定。

5.2.3 粪污贮存设施应设置明显标志和围墙等防护措施，保证人畜安全。

6 粪污无害化处理

6.1 固体粪便处理：收集的鸡粪和稻壳等辅料按照一定比例混合后，堆肥、腐熟生产颗粒有机肥。发酵温度 45℃以上，持续时间至少 14 天。粪便堆肥无害化处理卫生学要求见附录 A。

6.2 污水处理：污水经由三级沉淀处理后，污水厌氧发酵集中收集还田利用，干物质则由吸污车统一进行回收处理。相关要求与标准按 NY/T 1169—2006 和 HJ/T 81—2001 规定执行。

6.3 排放要求：粪污经堆肥发酵等处理后，其恶臭及污染物排放应符合 GB 18596、NY/T 1168—2006 及 HJ 497—2009 的相关规定。畜禽粪污处理场场区臭气浓度应符合 GB 18596 的规定。

7 粪污利用

7.1 发酵后粪渣用于有机肥或复合肥原料时，应符合 GB 18877 及 NY 525 的相关规定。

7.2 用于直接农田利用的，应符合 GB 5084-92 的相关规定。

7.3 利用鸡粪提取其他生物制品或进行其他类型的资源回收利用时，应避免二次污染。

8 监督与管理

8.1 鸡场、畜禽粪便处理场，应按照当地农业和环境保护行政主管部门要求，定期报告相关情况，自觉接受监督与检测。

8.2 粪污经无害化处理排放时，应按照国家环境保护总局有关规定执行，在排污口设置明显标志。

附录 A

粪便堆肥无害化卫生学要求

项目	卫生标准
蛔虫卵	死亡率≥95%
粪大肠杆菌群数	粪大肠杆菌群数 ≤ 10^5 个/千克
苍蝇	有效控制苍蝇滋生，堆体周围没有活的蛆、蛹或新羽化的成蝇

第十一节 病死及病害动物无害化处理技术规范
（农医发〔2017〕25号）

为贯彻落实《中华人民共和国动物防疫法》《畜禽规模养殖污染防治条例》等有关法律法规，防止动物疫病传播扩散，保障动物产品质量安全，规范病死及病害动物和相关动物产品无害化处理操作技术，制定本规范。

1 适用范围

本规范适用于国家规定的染疫动物及其产品、病死或者死因不明的动物尸体，屠宰前确认的病害动物、屠宰过程中经检疫或肉品品质检验确认为不可食用的动物产品，以及其他应当进行无害化处理的动物及动物产品。

本规范规定了病死及病害动物和相关动物产品无害化处理的技术工艺和操作注意事项，处理过程中病死及病害动物和相关动物产品的包装、暂存、转运、人员防护和记录等要求。

2 引用规范和标准

GB 19217 医疗废物转运车技术要求（试行）

GB 18484 危险废物焚烧污染控制标准
GB 18597 危险废物贮存污染控制标准
GB 16297 大气污染物综合排放标准
GB 14554 恶臭污染物排放标准
GB 8978 污水综合排放标准
GB 5085.3 危险废物鉴别标准
GB/T 16569 畜禽产品消毒规范
GB 19218 医疗废物焚烧炉技术要求（试行）
GB/T 19923 城市污水再生利用　工业用水水质

当上述标准和文件被修订时，应使用其最新版本。

3　术语和定义

3.1　无害化处理：本规范所称无害化处理，是指用物理、化学等方法处理病死及病害动物和相关动物产品，消灭其所携带的病原体，消除危害的过程。

3.2　焚烧法：在焚烧容器内，使病死及病害动物和相关动物产品在富氧或无氧条件下进行氧化反应或热解反应的方法。

3.3　化制法：在密闭的高压容器内，通过向容器夹层或容器内通入高温饱和蒸汽，在干热、压力或蒸汽、压力的作用下，处理病死及病害动物和相关动物产品的方法。

3.4　高温法：在常压状态下，在封闭系统内利用高温处理病死及病害动物和相关动物产品的方法。

3.5　深埋法：按照相关规定，将病死及病害动物和相关动物产品投入深埋坑中，并覆盖、消毒，处理病死及病害动物和相关动物产品的方法。

3.6　硫酸分解法：在密闭的容器内，将病死及病害动物和相关动物产品用硫酸在一定条件下进行分解的方法。

4　病死及病害动物和相关动物产品的处理

4.1　焚烧法：

4.1.1　适用对象：国家规定的染疫动物及其产品、病死或者死因不明的动物尸体，屠宰前确认的病害动物、屠宰过程中经检疫或肉品品质检验确认为不可食用的动物产品，以及其他应当进行无害化处理的动物及动物产品。

4.1.2　直接焚烧法：

4.1.2.1　技术工艺：

4.1.2.1.1　可视情况对病死及病害动物和相关动物产品进行破碎等预处理。

4.1.2.1.2　将病死及病害动物和相关动物产品或破碎产物，投至焚烧炉本体燃烧室，经充分氧化、热解，产生的高温烟气进入二次燃烧室继续燃烧，产生的炉渣经出渣机排出。

4.1.2.1.3　燃烧室温度应≥850℃。燃烧所产生的烟气从最后的助燃空气喷射口或燃烧器出口到换热面或烟道冷风引射口之间的停留时间应≥2s。焚烧炉出口烟气中氧含量应为6%～10%（干气）。

4.1.2.1.4 二次燃烧室出口烟气经余热利用系统、烟气净化系统处理，达到 GB 16297 要求后排放。

4.1.2.1.5 焚烧炉渣与除尘设备收集的焚烧飞灰应分别收集、贮存和运输。焚烧炉渣按一般固体废物处理或作资源化利用；焚烧飞灰和其他尾气净化装置收集的固体废物需按 GB 5085.3 要求作危险废物鉴定，如属于危险废物，则按 GB 18484 和 GB 18597 要求处理。

4.1.2.2 操作注意事项：

4.1.2.2.1 严格控制焚烧进料频率和重量，使病死及病害动物和相关动物产品能够充分与空气接触，保证完全燃烧。

4.1.2.2.2 燃烧室内应保持负压状态，避免焚烧过程中发生烟气泄露。

4.1.2.2.3 二次燃烧室顶部设紧急排放烟囱，应急时开启。

4.1.2.2.4 烟气净化系统，包括急冷塔、引风机等设施。

4.1.3 炭化焚烧法：

4.1.3.1 技术工艺：

4.1.3.1.1 病死及病害动物和相关动物产品投至热解炭化室，在无氧情况下经充分热解，产生的热解烟气进入二次燃烧室继续燃烧，产生的固体炭化物残渣经热解炭化室排出。

4.1.3.1.2 热解温度应≥600℃，二次燃烧室温度≥850℃，焚烧后烟气在850℃以上停留时间≥2s。

4.1.3.1.3 烟气经过热解炭化室热能回收后，降至600℃左右，经烟气净化系统处理，达到 GB 16297 要求后排放。

4.1.3.2 操作注意事项：

4.1.3.2.1 应检查热解炭化系统的炉门密封性，以保证热解炭化室的隔氧状态。

4.1.3.2.2 应定期检查和清理热解气输出管道，以免发生阻塞。

4.1.3.2.3 热解炭化室顶部需设置与大气相连的防爆口，热解炭化室内压力过大时可自动开启泄压。

4.1.3.2.4 应根据处理物种类、体积等严格控制热解的温度、升温速度及物料在热解炭化室里的停留时间。

4.2 化制法：

4.2.1 适用对象：不得用于患有炭疽等芽孢杆菌类疫病，以及牛海绵状脑病、痒病的染疫动物及产品、组织的处理。其他适用对象同 4.1.1。

4.2.2 干化法：

4.2.2.1 技术工艺：

4.2.2.1.1 可视情况对病死及病害动物和相关动物产品进行破碎等预处理。

4.2.2.1.2 病死及病害动物和相关动物产品或破碎产物输送入高温高压灭菌容器。

4.2.2.1.3 处理物中心温度≥140℃，压力≥0.5MPa（绝对压力），时间≥4h（具体处理时间随处理物种类和体积大小而设定）。

4.2.2.1.4 加热烘干产生的热蒸汽经废气处理系统后排出。

4.2.2.1.5 加热烘干产生的动物尸体残渣传输至压榨系统处理。

4.2.2.2 操作注意事项：

4.2.2.2.1 搅拌系统的工作时间应以烘干剩余物基本不含水分为宜，根据处理物量的多少，适当延长或缩短搅拌时间。

4.2.2.2.2 应使用合理的污水处理系统，有效去除有机物、氨氮，达到GB 8978要求。

4.2.2.2.3 应使用合理的废气处理系统，有效吸收处理过程中动物尸体腐败产生的恶臭气体，达到GB 16297要求后排放。

4.2.2.2.4 高温高压灭菌容器操作人员应符合相关专业要求，持证上岗。

4.2.2.2.5 处理结束后，需对墙面、地面及其相关工具进行彻底清洗消毒。

4.2.3 湿化法：

4.2.3.1 技术工艺：

4.2.3.1.1 可视情况对病死及病害动物和相关动物产品进行破碎预处理。

4.2.3.1.2 将病死及病害动物和相关动物产品或破碎产物送入高温高压容器，总质量不得超过容器总承受力的五分之四。

4.2.3.1.3 处理物中心温度≥135℃，压力≥0.3MPa（绝对压力），处理时间≥30min（具体处理时间随处理物种类和体积大小而设定）。

4.2.3.1.4 高温高压结束后，对处理产物进行初次固液分离。

4.2.3.1.5 固体物经破碎处理后，送入烘干系统；液体部分送入油水分离系统处理。

4.2.3.2 操作注意事项：

4.2.3.2.1 高温高压容器操作人员应符合相关专业要求，持证上岗。

4.2.3.2.2 处理结束后，需对墙面、地面及其相关工具进行彻底清洗消毒。

4.2.3.2.3 冷凝排放水应冷却后排放，产生的废水应经污水处理系统处理，达到GB 8978要求。

4.2.3.2.4 处理车间废气应通过安装自动喷淋消毒系统、排风系统和高效微粒空气过滤器（HEPA过滤器）等进行处理，达到GB 16297要求后排放。

4.3 高温法：

4.3.1 适用对象同4.2.1。

4.3.2 技术工艺：

4.3.2.1 可视情况对病死及病害动物和相关动物产品进行破碎等预处理。处理物或破碎产物体积（长×宽×高）≤125cm³（5cm×5cm×5cm）。

4.3.2.2 向容器内输入油脂，容器夹层经导热油或其他介质加热。

4.3.2.3 将病死及病害动物和相关动物产品或破碎产物输送入容器内，与油脂混合。常压状态下，维持容器内部温度≥180℃，持续时间≥2.5h（具体处理时间随处理物种类和体积大小而设定）。

4.3.2.4 加热产生的热蒸汽经废气处理系统后排出。

4.3.2.5 加热产生的动物尸体残渣传输至压榨系统处理。

4.3.3 操作注意事项同4.2.2.2。

4.4 深埋法：

4.4.1 适用对象：发生动物疫情或自然灾害等突发事件时病死及病害动物的应急处

理，以及边远和交通不便地区零星病死畜禽的处理。不得用于患有炭疽等芽孢杆菌类疫病，以及牛海绵状脑病、痒病的染疫动物及产品、组织的处理。

4.4.2 选址要求：

4.4.2.1 应选择地势高燥，处于下风向的地点。

4.4.2.2 应远离学校、公共场所、居民住宅区、村庄、动物饲养和屠宰场所、饮用水源地、河流等地区。

4.4.3 技术工艺：

4.4.3.1 深埋坑体容积以实际处理动物尸体及相关动物产品数量确定。

4.4.3.2 深埋坑底应高出地下水位1.5m以上，要防渗、防漏。

4.4.3.3 坑底洒一层厚度为2～5cm的生石灰或漂白粉等消毒药。

4.4.3.4 将动物尸体及相关动物产品投入坑内，最上层距离地表1.5m以上。

4.4.3.5 生石灰或漂白粉等消毒药消毒。

4.4.3.6 覆盖距地表20～30cm，厚度不少于1～1.2m的覆土。

4.4.4 操作注意事项：

4.4.4.1 深埋覆土不要太实，以免腐败产气造成气泡冒出和液体渗漏。

4.4.4.2 深埋后，在深埋处设置警示标识。

4.4.4.3 深埋后，第一周内应每日巡查1次，第二周起应每周巡查1次，连续巡查3个月，深埋坑塌陷处应及时加盖覆土。

4.4.4.4 深埋后，立即用氯制剂、漂白粉或生石灰等消毒药对深埋场所进行1次彻底消毒。第一周内应每日消毒1次，第二周起应每周消毒1次，连续消毒三周以上。

4.5 化学处理法：

4.5.1 硫酸分解法：

4.5.1.1 适用对象同4.2.1。

4.5.1.2 技术工艺：

4.5.1.2.1 可视情况对病死及病害动物和相关动物产品进行破碎等预处理。

4.5.1.2.2 将病死及病害动物和相关动物产品或破碎产物，投至耐酸的水解罐中，按每吨处理物加入水150～300kg，后加入98%的浓硫酸300～400kg（具体加入水和浓硫酸量随处理物的含水量而设定）。

4.5.1.2.3 密闭水解罐，加热使水解罐内升至100℃～108℃，维持压力≥0.15MPa，反应时间≥4h，至罐体内的病死及病害动物和相关动物产品完全分解为液态。

4.5.1.3 操作注意事项：

4.5.1.3.1 处理中使用的强酸应按国家危险化学品安全管理、易制毒化学品管理有关规定执行，操作人员应做好个人防护。

4.5.1.3.2 水解过程中要先将水加入到耐酸的水解罐中，然后加入浓硫酸。

4.5.1.3.3 控制处理物总体积不得超过容器容量的70%。

4.5.1.3.4 酸解反应的容器及储存酸解液的容器均要求耐强酸。

4.5.2 化学消毒法：

4.5.2.1 适用对象：适用于被病原微生物污染或可疑被污染的动物皮毛消毒。

4.5.2.2 盐酸食盐溶液消毒法：

4.5.2.2.1 用2.5％盐酸溶液和15％食盐水溶液等量混合,将皮张浸泡在此溶液中,并使溶液温度保持在30℃左右,浸泡40h,1m² 的皮张用10L消毒液(或按100mL25％食盐水溶液中加入盐酸1mL配制消毒液,在室温15℃条件下浸泡48h,皮张与消毒液之比为1∶4)。

4.5.2.2.2 浸泡后捞出沥干,放入2％(或1％)氢氧化钠溶液中,以中和皮张上的酸,再用水冲洗后晾干。

4.5.2.3 过氧乙酸消毒法:

4.5.2.3.1 将皮毛放入新鲜配制的2％过氧乙酸溶液中浸泡30min。

4.5.2.3.2 将皮毛捞出,用水冲洗后晾干。

4.5.2.4 碱盐液浸泡消毒法:

4.5.2.4.1 将皮毛浸入5％碱盐液(饱和盐水内加5％氢氧化钠)中,室温(18℃～25℃)浸泡24h,并随时加以搅拌。

4.5.2.4.2 取出皮毛挂起,待碱盐液流净,放入5％盐酸液内浸泡,使皮上的酸碱中和。

4.5.2.4.3 将皮毛捞出,用水冲洗后晾干。

5 收集转运要求

5.1 包装:

5.1.1 包装材料应符合密闭、防水、防渗、防破损、耐腐蚀等要求。

5.1.2 包装材料的容积、尺寸和数量应与需处理病死及病害动物和相关动物产品的体积、数量相匹配。

5.1.3 包装后应进行密封。

5.1.4 使用后,一次性包装材料应作销毁处理,可循环使用的包装材料应进行清洗消毒。

5.2 暂存:

5.2.1 采用冷冻或冷藏方式进行暂存,防止无害化处理前病死及病害动物和相关动物产品腐败。

5.2.2 暂存场所应能防水、防渗、防鼠、防盗,易于清洗和消毒。

5.2.3 暂存场所应设置明显警示标识。

5.2.4 应定期对暂存场所及周边环境进行清洗消毒。

5.3 转运:

5.3.1 可选择符合GB 19217条件的车辆或专用封闭厢式运载车辆。车厢四壁及底部应使用耐腐蚀材料,并采取防渗措施。

5.3.2 专用转运车辆应加施明显标识,并加装车载定位系统,记录转运时间和路径等信息。

5.3.3 车辆驶离暂存、养殖等场所前,应对车轮及车厢外部进行消毒。

5.3.4 转运车辆应尽量避免进入人口密集区。

5.3.5 若转运途中发生渗漏,应重新包装、消毒后运输。

5.3.6 卸载后,应对转运车辆及相关工具等进行彻底清洗、消毒。

6 其他要求

6.1 人员防护：

6.1.1 病死及病害动物和相关动物产品的收集、暂存、转运、无害化处理操作的工作人员应经过专门培训，掌握相应的动物防疫知识。

6.1.2 工作人员在操作过程中应穿戴防护服、口罩、护目镜、胶鞋及手套等防护用具。

6.1.3 工作人员应使用专用的收集工具、包装用品、转运工具、清洗工具、消毒器材等。

6.1.4 工作完毕后，应对一次性防护用品作销毁处理，对循环使用的防护用品消毒处理。

6.2 记录要求：

6.2.1 病死及病害动物和相关动物产品的收集、暂存、转运、无害化处理等环节应建有台账和记录。有条件的地方应保存转运车辆行车信息和相关环节视频记录。

6.2.2 台账和记录：

6.2.2.1 暂存环节：

6.2.2.1.1 接收台账和记录应包括病死及病害动物和相关动物产品来源场（户）、种类、数量、动物标识号、死亡原因、消毒方法、收集时间、经办人员等。

6.2.2.1.2 运出台账和记录应包括运输人员、联系方式、转运时间、车牌号、病死及病害动物和相关动物产品种类、数量、动物标识号、消毒方法、转运目的地，以及经办人员等。

6.2.2.2 处理环节：

6.2.2.2.1 接收台账和记录应包括病死及病害动物和相关动物产品来源、种类、数量、动物标识号、转运人员、联系方式、车牌号、接收时间及经手人员等。

6.2.2.2.2 处理台账和记录应包括处理时间、处理方式、处理数量及操作人员等。

6.2.3 涉及病死及病害动物和相关动物产品无害化处理的台账和记录至少要保存两年。

第十二节 肉种鸡场兽药使用管理技术规范

1 范围

本规范规定了肉种鸡场兽药使用控制的技术原则和措施。

本规范适用于标准化肉种鸡场生产。

2 规范性引用文件

下列文件对于本文件的应用是必不可少的。凡是注日期的引用文件，仅所注日期的版本适用于本文件。凡是不注日期的引用文件，其最新版本（包括所有的修改单）适用于本

文件。

《禁用药物名录》国家质检总局和外经贸部 2002 年第 37 号公告

《部分国家及地区明令禁用或重点监控的兽药及其他化合物清单》中华人民共和国农业部公告第 265 号公告

《食品动物禁用的兽药及其他化合物清单》中华人民共和国农业部公告第 193 号公告

《兽药地方标准废止目录》中华人民共和国农业部公告第 560 号公告

《兽药停药期规定》中华人民共和国农业部公告第 278 号公告

《兽药管理条例》

《中华人民共和国兽药典》

3 基本原则

坚持预防为主，治疗为辅原则，树立管理优先、少用药物的理念，通过加强日常饲养管理和科学选择免疫程序、选用生物制品，尽可能地少用兽药或不用兽药。遵守国家及农业部发布的法令法规，杜绝禽肉产品中违禁药物残留问题的发生。

4 兽药管理

4.1 所需兽药必须从合法的供货单位采购，所需兽药必须是通过 GMP 认证厂家生产的，并依法取得产品批准文号的产品。

4.2 所购进的兽药产品与标签或说明书、产品质量合格证核对无误。

4.3 兽药要分类陈列，类别标签要准确，字迹清楚。

4.4 处方药、非处方药应分柜摆放。

4.5 禁止购进和使用假劣兽药、违禁兽药。

4.6 有专人管理、出库、入库要有准确详尽的登记，每月清账一次，账务要相符。

4.7 有必要的冷藏、防污、防潮、防鼠等措施，确保所用兽药的质量。

4.8 超过有效期、变质的药品按规定处理。

5 兽药使用

5.1 所用兽药符合《中华人民共和国兽药典》《中华人民共和国兽药规范》《兽药质量标准》《兽药生物制品质量标准》《饲料药物添加剂使用规范》等相关规定。

5.2 在使用兽药时，做好诊疗记录，包括病种、品种、使用剂量、使用药品名称、使用方法、时间、休药期、使用人等。

5.3 兽药（含生物制品）的使用，必须按使用说明进行操作，必要时可根据本场情况和畜禽生理、病理等情况进行适当调节，但必须请示主管领导同意后执行。

5.4 严禁滥用、乱用抗生素类药物。

5.5 禁止使用国家禁止使用的药物。

5.6 处理好兽药使用后的注射用具、药瓶等废弃物，防止二次污染。

6 生物制品管理

6.1 疫苗室保持整洁、卫生。

6.2 按预防免疫计划采购准备疫苗，避免造成疫苗浪费。

6.3 按规定条件存放，保持疫苗（灭活苗、冻干苗2℃～8℃）。

6.4 疫苗禁止与其他物品混放，特别是畜禽产品，以免造成疫苗污染事故。

6.5 过期、破损、标识不清、非正规生产厂家的疫苗不得入库、使用。

6.6 疫苗进出库应做好日期、疫苗名称、批准文号、批号、生产单位、疫苗有效期、数量等登记，领用人和保管人签字。

6.7 领用时需用保温箱保存，无保温箱不得发放。

6.8 注意疫苗设施、设备的维护，保证冷链效果。

第十三节 肉种鸡场饲料和饲料添加剂管理规范

1 范围

本标准规定了肉种鸡场饲料及其添加剂的使用管理基本要求和技术要点。

本标准适用于标准化规模父母代肉种鸡场。

2 入库管理

配合饲料或预混料必须来自国家主管部门批准的饲料企业。饲料企业须证明其生产的饲料符合国家相关标准，并提供产品说明书和检验合格报告单。相关标准与说明书信息资料应详细记录并保存至少2年。

2.1 严格按照验收程序：饲料入库前应由专人负责检查验收。做到"三查"：一查饲料产品包装是否符合国家有关安全、卫生的规定，严禁出现人为涂改或遮挡；二查产品包装与标签标示的信息是否一致；三查产品标签信息是否完整全面，包括饲料生产许可证明文件编号、产品名称（通用名）、原料组成、产品成分分析保证值、净重或净含量、贮存条件、使用说明、注意事项、生产日期、保质期、生产企业名称及地址、产品质量标准等。验收人员对饲料的入库质量负责。

2.2 感官要求：色泽新鲜一致，禁止发酵、霉变、结块及异味、异臭的饲料原料入库；禁止被污染的饲料原料入库。

2.3 其他要求：饲料中不能加入激素、违禁药及促生长剂等，有害物质及微生物允许量应符合国家相关规定。禁止用畜禽产品及其副产品作为饲料原料。药物饲料添加剂的使用应按照中华人民共和国农业部发布的《药物饲料添加剂使用规范》执行。

3 库存管理

库管员对饲料、原料在库存期的数量，以及未按相关管理要求而引起的质量变异负责。饲料、原料按品种、规格有序整齐地堆放，以便于领用、识别、统计。做好防水、防潮、防盗、防火、防鼠等工作，防止其他动物污染或破坏饲料原料。同时保持库房隆重整洁，及时回收包装袋，定点整齐摆放。随时掌握各鸡群批次的用料进度，以保证饲料的供应。采供主管和库管员应加强与生产主管的沟通，随时掌握饲料的使用情况，制定合理的库存数量和饲料原料的月采购计划。

4　出库管理

库管员应认真记录饲料原料的领用情况和库存情况，饲料的库存低于警戒线（5天用量），库管员应及时向物资供应部门反映情况，以保证饲料的供应。生产鸡群领用饲料由料库每天上班时统一发放到各鸡舍。库管员必须到场登记各舍领取数量、品种、规格、领取人等。做到先进先出的原则，并做好出库记录，严禁将过期、变质的饲料发放使用。

5　档案管理

建立饲料及饲料添加剂使用档案，出入库均须有关人员签字，档案管理按有关规定执行。

第十四节　肉种鸡场饮水管理技术规程

1　范围

本标准规定了种鸡场技术操作要求。
本标准适用于标准化肉种鸡养殖生产。

2　水质要求

应符合《无公害食品畜禽饮用水水质》标准（NY 5027－2008）要求。

3　水处理设备的管理

3.1　蓄水池与爆氧池的管理：要在每次空舍后将蓄水池和爆氧池水放空，先进行刷洗、再用含氯制剂的消毒药品浸泡消毒。

3.2　过滤罐的管理：在养殖过程中需要至少每周进行冲洗2次，每次正洗10分钟，反洗10分钟，连续数次直到出水清澈。

3.3　舍内过滤系统的管理：过滤棉要求进行每周清洗2次，每批出栏后进行更换。

3.4　饮水管线的管理：定期进行冲洗，为保证冲洗压力需要进行单条冲洗、每条冲洗时间不低于10分钟，并用酸制剂进行浸泡，每批鸡出栏后用次氯酸钠浸泡不低于24小时。

4　工作要求

4.1　按照鸡场主管的要求调整水线高度。
4.2　检查水线减压阀开关放置位置是否正确。
4.3　检查水线减压阀压力是否合适。
4.4　检查水线乳头状况并及时修复漏水的水线乳头。
4.5　检查水线末端压力指示开关放置位置是否正确。

4.6 严格禁止水线跑水、漏水。

4.7 每周冲洗水线内部一次，隔周消毒水线内部一次。

4.8 每周擦洗水线外部一次。

4.9 每天定时记录水表读数，计算当日饮水量。发现饮水量不正常时，首先复查读数是否正确，进一步查找原因，并及时报告技术员。

4.10 按照鸡场主管的要求，对鸡群饮水进行消毒。

4.11 按照鸡场主管的要求，通过饮水给鸡群投药及免疫。

4.12 育雏前期要用水葫芦饮水，保证水量适宜，水葫芦平放、及时清理水槽内饲料等杂物。

第十五节 安全生产管理规范

1 范围

本标准规定了肉种鸡场安全生产的基本要求和管理要点。

本标准适用于标准化父母代肉种鸡场生产。

2 基本要求

全体员工必须牢固树立"安全第一"的思想，坚持预防为主的方针，杜绝违章指挥、违章操作。

2.1 每年安全教育（集中培训）不少于 2 次，每次不少于 2 小时。

2.2 新到职工，所在部门要对其进行安全教育考试合格后才能分派到有关班组。新职工所在班组的班组长要对其安全教育考核合格后才能上岗。

2.3 各部门布置生产工作任务时要布置安全工作。

2.4 严格要求操作者认真执行各项规章制度，严禁违章操作。

2.5 每月进行安全检查，对安全隐患制订整改措施。

3 防止设备事故的发生

3.1 操作人员严格按设备标准操作规程进行操作。

3.2 机器运行中，操作人员不得离开。

3.3 机器上的安全防护设备必须按要求安装，否则不得开机。

3.4 发现异常现象应停机检查。

3.5 在运行中的设备万一发生故障，必须立即关闭总电闸，防止故障漫延。

3.6 电器出现问题时必须找电工来检查维修，没有电工执照者不得从事电器维修。

4 消防安全要求

4.1 严禁明火，各部门如必须用火，需经批准。

4.2 严禁吸烟。

4.3 生产用电炉要专人看管，严禁用电炉烧水。
4.4 中途停产，或法定休息日，各部门均要关闭不用的电闸。
4.5 消防器材不得挪作他用，万一发生火警要立即关闭电闸，采取灭火措施，必要时立即打119报火警。

5 生产操作安全要求

5.1 熟练掌握养殖设备的操作规程，防止机器伤人。
5.2 免疫、消毒时注意人员自身防护，特别是熏蒸消毒时要严格按操作规程实施。
5.3 注意个人卫生，防止人禽共患病。

6 其他安全要求

6.1 职工生活用房安全牢固，防水淹、坍塌、滑坡。
6.2 鸡舍建筑严格按照施工要求做到防风、抗震、防水淹。
6.3 储粪池要有防护网，顶部加盖。
6.4 厂区内所有电线必须按照电工操作规程架设，用水、用电安全常抓不懈。

7 事故的处理程序

7.1 生产或工作现场发生事故：
7.1.1 在场人员必须立即采取有效措施，防止事故漫延造成更大损失。
7.1.2 在事故停止后，要保留现场，以便查找原因。
7.1.3 事故所在部门要立即报告事故情况。有关部门负责人立即了解事故情况后，一般事故由事故所在部门处理，重大事故必须报生产技术副总组织处理。
7.2 不论大小事故均要召开分析会：
7.2.1 一般事故由事故发生的主管部门或当事人写出书面报告，由办公室组织召开分析会。
7.2.2 无论大小事故发生都要做到"三不放过"的原则：
7.2.2.1 事故原因不清不放过；
7.2.2.2 事故当事人和其他人员没有受到教育不放过；
7.2.2.3 事故后没有制定整改措施不放过。
7.2.3 事故分析会要做好记录，以便备查。

第十六节 肉种鸡场发电机设备管理技术规范

1 范围

本标准规定了肉种鸡场发电机组技术操作要求。
适用于标准化规模父母代肉种鸡场。

2 管理制度

2.1 发电机房门平时应上锁,钥匙由工程部值班人员管理,未经过部门领导的批准,非工作人员严禁入内。

2.2 发电机房内严禁烟火,不得在房内吸烟。

2.3 工程部值班人员必须熟悉发电机的基本性能和操作方法,发电机运行时,应做好常规性的巡视检查。

2.4 发电机每半月空载试运行一次,运行时间不得超过15分钟,平时应将发电机置于自动启动状态。

2.5 平时经常检查发电机的油位、冷却水水位是否符合要求,柴油箱中的柴油储备油量应保持能满足发电机带负荷运行8小时的油量。

2.6 发电机一旦启动运行,值班人员应立即前往机房检查,启动送风机,并检查发电机各仪表指示是否正常。

2.7 严格执行发电机定期保养制度,做好发电机组运行记录和保养记录。

2.8 定期清扫发电机房,保证机房和设备的整洁,发现漏油漏水现象应及时处理。

2.9 增强防火和消防意识,确保发电机房消防设施完好齐备。

2.10 发电机应定期保养和做好运行、季度保养记录和维修记录。

3 发电机操作规程

3.1 发电机启动前必须认真检查各部分接线是否正确,各联结部分是否牢靠,电刷是否正常、压力是否符合要求,接地线是否良好。

3.2 启动前将励磁变阻器的阻值放在最大位置上,断开输出开关,有离合器的发电机组应脱开离合器。先将柴油机空载启动,运转平稳后再启动发电机。

3.3 发电机开始运转后,应随时注意有无机械杂音,异常振动等情况。确认情况正常后,调整发电机至额定转速,电压调到额定值,然后合上输出开关,向外供电。负荷应逐步增大,力求三相平衡。

3.4 运行中的发电机应密切注意发动机声音,观察各种仪表指示是否在正常范围之内。检查运转部分是否正常,发电机温升是否过高,并做好运行记录。

3.5 停车时,先减负荷,将励磁变阻器回复,使电压降到最小值,然后按顺序切断开关,最后停止柴油机运转。

3.6 移动式发电机,使用前必须将底架停放在平稳的基础上,运转时不准移动。

3.7 发电机在运转时,即使未加励磁,亦应认为带有电压。禁止在旋转着的发电机引出线上工作及用手触及转子或进行清扫。运转中的发电机不得使用帆布等物遮盖。

3.8 发电机经检修后必须仔细检查转子及定子槽间有无工具、材料及其他杂物,以免运转时损坏发电机。

3.9 一切电器设备必须可靠接地。

3.10 发电机周围禁止堆放杂物和易燃、易爆物品,除值班人员外,未经许可禁止其他人员靠近。

3.11 设有必要的消防器材,发生火灾事故时应立即停止送电,关闭发电机,并用二氧化碳或四氯化碳灭火器扑救。

4 其他

按有关设备说明书及公司有关规定执行。

第十七节 肉种鸡场员工管理规范

1 范围

本规范规定了规模化肉种鸡场各岗位员工的工作要求和注意事项。

本规范适用于标准化肉种鸡场。

2 规范性引用文件

下列文件对于本文件的应用是必不可少的。凡是注日期的引用文件，仅所注日期的版本适用于本文件。凡是不注日期的引用文件，其最新版本（包括所有的修改单）适用于本文件。

《中华人民共和国动物防疫法》（2007年主席令第71号）

《中华人民共和国畜牧法》

《中华人民共和国劳动法》

3 基本原则

实行场长负责制。建立层层管理责任制，分工明确，下级服从上级，重点工作协作进行。

4 员工招聘及培训

4.1 员工招聘：应聘者面试时，要将本场的工作性质、生产经营状况、发展目标、规章制度、岗位职责、工资待遇告知他们，并充分了解面试者的情况。让应聘者填写工作申请表，以确定应聘者能胜任什么岗位，并确定试用期，一般为3～6个月，正式录用后应签订劳动合同。工作申请表基本内容包括姓名、学历、工作简历、年龄、身体状况、通信地址、联系电话等。员工须持具有相应资质卫生部门出具的健康证明上岗。

4.2 素质要求：身体健康，遵纪守法，热爱本职工作。讲究公德，团结协作，服从领导，听从指挥，工作积极主动。生产人员至少具有初中以上的文化素质，以便能够通过培训，掌握饲养管理、疾病防治等基本技能。专业技术人员要熟练掌握基本技术要点和操作技能，具有专科以上畜牧兽医专业毕业证书，并取得中级职业资格，具有钻研进取精神和一定的管理才能。

4.3 岗位培训：技术员、饲养员在上岗前要进行培训。培训包括理论学习和实际操作，考核合格后方能上岗。在岗人员定期进行培训，以适应新的发展。采取业余课堂教育和现场指导相结合、互相参观与经验交流相结合等。要把培训作为重点工作常抓不懈，对各种规章制度的学习及技术操作规程等重点内容要反复学习，熟练掌握。

5 各岗位责任制

5.1 场长：工作职责是负责鸡场的全面工作。主持场生产例会，对副场长或生产主管的各项工作进行监督、指导，协调各部门之间的工作关系，落实和完成公司下达的全场各项经营指标。主要包括制定和完善鸡场的各项管理制度、技术操作规程；负责制定具体的工作措施，落实和完成各项任务；负责鸡场的日常工作，监控本场的生产情况、员工工作情况，及时解决出现的问题；负责编排全场的经营生产计划、物资需求计划及全场直接成本费用的监控与管理。

5.2 技术员：工作职责是在场长领导下，负责全场的饲养管理、疫病防治技术工作。负责指导饲养人员严格按相关技术规范、管理制度及每周工作日程进行生产活动；负责养殖档案管理及全场生产报表；负责场各种规章制度实施的监督指导工作；每日观察鸡的生长情况，对鸡病做到早预防、早发现、早治疗。对异常鸡和死鸡进行解剖以确定病情，遇到无法确定情况应立即按程序报公司，公司应将确定的情况及时反馈。完成副场长下达的各项工作任务。

5.3 饲养员：工作职责是按照操作规程工作，确保安全生产。严格遵守防疫制度，互相监督，按照防疫要求做好免疫工作，确保防疫有效。正确使用保养各种机械设备，保障正常运行。按照各阶段工作程序的规定饲养要求和环境设定的标准认真工作，保障鸡群生产性能的正常发挥，提高饲养管理水平。认真对本舍鸡群进行巡视检查，及时淘汰病弱残鸡，发现问题及时报告技术员，做到五查一处，即一查卫生、二查通风、三查消毒、四查鸡群动态、五查水料，及时处理病死及淘汰鸡。负责卫生区内的除草、卫生保洁和绿化工作。同时按要求认真填写记录报表。

5.4 机修工：工作职责是保证全场设备的安全运行检查与日常维护，记录运行情况，防止发生运行事故。负责保存好设备说明书及相关资料；检修设备要记录检修项目、检修责任人和检修后的验收情况，正常使用与检查维护；设备运行发生问题，有权停止设备运行，并报告场长及时组织抢修并记录。工作中要注重同其他部门之间的保持密切联系，防止因设备问题影响正常生产或造成损失。

5.5 电工：工作职责是保证场内用电及各种用电设备的正常运行。熟悉场内各种设备、机械的性能、操作技术及维修和使用注意事项；对设备及其电路要按说明书规定检查维修和保养，发现问题及时处理，排除一切隐患，保证设施及人身安全；保障配电室的安全，搞好配电室卫生及日常管理，禁止无关人员进入，防止发生意外；做好发电机的日常维护保养，定期试运行并记录，保证停电5分钟内并网发电，尽可能减少因停电给生产造成损失。工作中要注重同其他部门之间的保持密切联系，防止因供电问题影响正常生产、造成损失。

5.6 锅炉工：工作职责是保证锅炉正常运行。应熟练掌握所用炉型的操作方法，做到会使用、会维修、会保养；严格执行安全技术操作规程，持证上岗，安全第一；做好水处理，按要求定期排污，保证生产、生活需要的正常温度；遵守各项规章制度，不脱岗、不睡岗，准时交接班；认真填写运行记录，支持巡回检查，发现问题及时处理。工作中要注重同其他部门之间的保持密切联系，防止因锅炉问题影响正常生产、造成损失。

6 其他管理制度

6.1 要团结配合，服从领导指挥，工作时间不喝酒不打架，吸烟应远离易燃物品并不影响工作和环境卫生。

6.2 注重个人卫生，勤洗澡，勤修剪指甲，防止病原在身上藏匿。工作时，不吸烟，不吃东西，防止病从口入。

6.3 在工作中要注意人身安全，一旦身体的某个部位受伤，要迅速压挤出伤口内的血液，用清水把伤口冲洗干净后涂擦碘酊，再用消毒纱布包扎。注意观察，出现异常症状立即送医。

6.4 发现疑似患禽流感等疾病的鸡时，一般不进行剖检，应立即上报公司处置。对一般传染病进行剖检时，要用乳胶手套等保护用品。工作完毕后应及时全面消毒。

6.5 每年定期进行体检，尤其注意沙门氏菌病等的检查，防止交叉感染。

6.6 实行请假销假制度，有事提前请假，以便调整安排防止耽误生产。

7 劳动用工应符合《中华人民共和国劳动法》相关规定

第十八节 肉种鸡场档案管理规范

1 范围

本标准规定了种鸡场的规划、年度计划、统计资料、经营情况、人事档案、会议记录、决定、委托书、协议、合同、项目方案、通知等具有参考价值的文件资料要求。

本标准适用于集团公司所属标准化规模父母代肉种鸡场。

2 规范的制订应符合根据国家政策和法律法规，同时应结合集团公司及养殖场的实际情况

3 档案管理员的职责

档案管理由专职档案管理员负责，保证种鸡场的原始资料及单据齐全完整、安全保密和使用方便。

4 资料的收集与整理

4.1 归档资料实行"季度归档"及"年度归档"制度，即每年的四月、七月、十月、次年的一月为季度归档期，每年二月为年度归档期。

4.2 在档案资料归档期，由档案管理员分别向种鸡场主管收集应该归档的原始资料。各主管应积极配合与支持。

4.3 凡应该及时归档的资料，由档案管理员负责及时归档。

4.4 各种鸡场专用的收、发文件资料，按文件的密级确定是否归档。凡机密以上级的文件必须把原件放入档案室。

5 生产档案的管理

5.1 不同资料要分类归档。

5.2 本机构的生产档案，由办公室负责收集、整理、保管；区域的养殖技术培训、安全检查和隐患整改等资料，统一整理交由办公室保存。

5.3 存入生产档案的资料，要分类整理，按照时间先后编写页码，制作目录，不得杂乱无章。

5.4 生产档案系保密资料，其他无关人员，外界人员均不得借阅。若因工作需要查阅的，须经单位主要领导批准。查阅结束后，档案管理人员应及时收回档案室保存。

5.5 档案室应随时保持通风干燥，严防虫蛀、鼠咬，严防潮湿、水浸，严防火灾，应设防火警示标志，建立用火制度。发生火灾时，应首先将档案资料安全转移。

6 档案的借阅

6.1 总经理、副总经理借阅非密级档案可直接通过档案管理员办理借阅手续。

6.2 因工作需要，公司的其他人员需借阅非密级档案时，由部门经理办理《借阅档案申请表》送总经理办公室主任核批。

6.3 公司档案密级分为绝密、机密、秘密三个级别，绝密级档案禁止调阅，机密级档案只能在档案室阅览，不准外借；秘密级档案经审批可以借阅，但借阅时间不得超过4小时。秘密级档案的借阅必须由总经理或分管副总经理批准。总经理因公外出时可委托副总经理或总经理办公室主任审批，具体按委托书的内容执行。

6.4 档案借阅者必须做到：

6.4.1 爱护档案，保持整洁，严禁涂改。

6.4.2 注意安全保密，严禁擅自翻印、抄录、转借、遗失。

7 档案的销毁

7.1 公司任何个人或部门非经允许不得销毁档案资料。

7.2 当某些档案到了销毁期时，由档案管理员填写《档案资料销毁审批表》交总经理办公室主任审核经总经理批准后执行。

7.3 凡属于密级的档案资料必须由总经理批准方可销毁；一般的档案资料，由总经理办公室主任批准后方可销毁。

7.4 经批准销毁的档案，档案管理员须认真核对，将批准的《公司档案资料销毁审批表》和将要销毁的档案资料做好登记并归档。登记表永久保存。

7.5 在销毁公司档案资料时，必须由总经理或分管副总经理或总经理办公室主任指定专人监督销毁。

第十九节 肉种鸡场自检管理规范

1 范围

本标准规定了肉种鸡场自检管理相关规则。

本标准适用于标准化规模肉种鸡场生产。

2 自检内容与注意事项

2.1 对机构与人员、厂房与设施、设备、物料与产品、确认与验证、文件管理、生产管理、质量控制与质量保证、委托生产与委托检验、产品发运与召回等项目及上次自检整改要求的落实情况定期进行检查。

2.2 自检回避制度：各部门的负责人及其他小组成员不参与本部门的现场检查与文件检查。

3 自检频率

3.1 要视规范的执行情况和企业质量水平而定，至少每年全部检查一次；生产期间，各部门负责人可根据 GMP 实施情况对需重点检查的部门每月实行不定期检查。

3.2 必要时，出现下列情况时进行特定的自检。

3.2.1 质量投诉后（如有必要）。

3.2.2 质量管理相关事故或事件证实质量管理体系出现重大偏离。

3.2.3 重大法规环境变化，如新版 GMP 实施。

3.2.4 重大生产质量条件变化，如新项目、新车间投入使用。

3.2.5 重大经营环境变化，如企业所有权转移等。

4 自检程序

4.1 自检计划的制定：

4.1.1 质量管理部应在每年底会同其他部门，建立年度自检计划，规划第二年进行自检的次数、内容、方式和时间表。

4.1.2 特定自检计划应在质量管理部会同其他相关部门进行专门会议后，针对特定情况制定自检的内容、方式、时间表等。

4.2 自检的准备工作：质量管理部 QA 主管根据自检计划，在实施计划前进行相应的准备工作，确认是否开展自检工作。

4.3 自检小组的建立：自检小组组员由总经理、质量管理部经理、各部门负责人组成。需明确相关职责：管理层职责、质量管理部职责、自检小组组长职责、自检小组成员职责、受检部门职责。

4.4 自检检查明细的制定：应制定检查明细，为自检提供检查依据。检查明细的制定可以参考 GMP 检查细则或其他的法律法规，也可以依据本公司标准操作规程。

4.5 制订自检记录表：根据自检计划要求，制订详细的自检记录表格，包括检查人员职责、检查明细、受检部门负责人、检查情况记录等。

4.6 自检的实施：

4.6.1 准备会议：明确自检人员及分工，确认自检方案，介绍自检范围及需要关注的发生频率较高的缺陷等。注意遵循自检回避制度。

4.6.2 现场检查和文件检查：自检人员展开调查，收集检查证据，通过记录必要的信息来确认缺陷项目。

4.6.3 总结会议：邀请被检查部门人员参与，会议上需澄清所有在自检过程中发现的缺陷与实际情况，初步评估缺陷的等级，以及相应的纠正和预防措施。

4.6.4 自检实施具体要求：检查时，被检查部门的主要负责人陪同检查，听取并记录检查的问题。必要时应召开会议，分析和商讨解决问题办法，务必使相同问题在下次检查时不得重复出现。

4.7 缺陷的评估：

4.7.1 严重缺陷：可能导致潜在健康风险的，可能导致官方执行强制措施的或严重违反上市或生产许可证书的缺陷。

4.7.2 重大缺陷：可能影响成品质量的单独的或系统的GMP质量相关的缺陷。

4.7.3 次要缺陷：不影响产品质量的独立小缺陷。

4.7.4 在缺陷的确定过程中，应注意：如果发现严重或重大缺陷应列出所依据的内部和外部规定，避免个人意见和假设，发现问题应有真实证据，区分个别问题和系统问题，将发现的问题和缺陷合并组合（关联），以确定自检中的系统问题。

4.7.5 所有的缺陷项目都应按照一定的规则编号，以便追溯和索引；所有缺陷和建议（如果有的话）应另外编制缺陷列表，以便追踪相关的纠正预防措施。

4.8 纠正和预防措施的制定和执行：根据缺陷的严重程度制定相应的纠正和预防措施，指定责任人、计划完成时限等。建立一个有效的追踪程序，追踪纠正和预防措施的执行情况。

4.9 自检报告：

4.9.1 检查完毕由自查小组负责人在两个工作日内写出书面自检报告和整改通知书交总经理批准，内容至少包括自检过程中观察到的所有情况、评价的结论，以及提出纠正和预防措施的建议，自查整改通知书下发各部门，以便质量管理部跟踪整改进度和结果。

4.9.2 每次自检和整改结束，应开会讨论整改结果并写出总结报送总经理。

4.9.3 相应会议记录及自检相关记录和报告均由质量管理部留档一份。

第二章 种蛋孵化

第一节 孵化场建设规范

1 范围

本标准规定孵化场建设选址、布局、设施、设备、建设标准等基本参数及技术要求。本标准适用于年孵化量 300 万只以上孵化场建设。

2 场址选择

2.1 孵化场要建在地势较高、交通便利、水电资源充足的地方,周围环境要清静、空气新鲜,有独用的出入通道。

2.2 专业化孵化场选址应符合《动物防疫条件审查办法》的相关规定。

2.3 自养自孵的孵化场须与禽舍相隔 150 米以上。

2.4 有利于孵化废弃物的无害化处理。

3 布局与设施

3.1 建筑设施按生活管理区和生产区合理布局,两区之间有相当于围墙功能的隔离设施,生活管理区应建在生产区的上风向。

3.2 孵化工艺流程必须遵循"种蛋选择→种蛋消毒→种蛋贮存→种蛋处置(分级、码盘等)→孵化→移盘→出雏→雏禽处置(分级、鉴别、预防接种等)→雏禽存放→雏禽发放"的单向流程,不得逆转。

3.3 孵化场生产区门口必须设立车辆消毒池、消毒廊和男女更衣室。生产车间内孵化室与出壳室应严格分开,应有种蛋处置室、种蛋贮存室、孵化室、移盘室、出雏室、雏禽处置室、雏禽发放室、洗涤室等。

3.4 孵化场应设有供孵化、清洗用的水源,水质应符合 GB 5749—2006 的规定。

3.5 孵化、出雏设备应性能良好,安全可靠,配套合理。通风、换气、冲洗、发电、装载、照蛋、鉴别、免疫等辅助设备应配套到位。

3.6 生产车间内应设明沟加盖板的下水通道,与集污池相连。污水经处理后应符合 GB 18596 的规定要求。

3.7 孵化场周围设防疫隔离墙和防疫沟。

3.8 种蛋进场和雏禽出场应分别具备专用通道。

3.9 生产车间应设有专用的防鸟、防鼠设施。

4 孵化场的建筑要求

孵化室在设计和建设过程中，要区分室内的清洁区和污染区，并符合孵化工艺设施要求。

4.1 最基本的要求是保温隔热。

4.2 孵化室内墙壁有利于清洁消毒。

4.3 孵化场的天花板、墙壁、地面建筑材料要求防火、防潮、便于冲洗和消毒。地面和天花板的距离3.4～3.8米。下水道应为明沟加盖板，与集污池相连，并做到沟沟配套。

4.4 孵化室和出雏室应为无柱结构。

4.5 孵化室应坐北朝南。门高2.4米，宽1.5米，便于搬运种蛋和雏鸡。门以密封性好的推拉门为宜，窗为长方形，要能随意开关。南窗的面积可适当大些，便于采光和保温，窗的上下面都要留有活扇，以根据情况调节室内通风量，保持室内空气的整洁度。窗与地面的距离1.4～1.5米，北窗上部应留有小窗，距离地面1.7～1.9米。

4.6 孵化室与出雏室之间应建移盘室，利于移盘并有缓冲作用。

4.7 种蛋贮存室应有良好的隔热条件，空间不宜过大。

4.8 孵化室的电线布置应采用暗线，各种插座开关都要安装在不影响经常冲洗的位置，各种照明设施都要安装防水。

4.9 孵化场周围设防疫隔离墙和防疫沟；生产车间设有专用的防鸟、防鼠设施。

4.10 安装孵化机时，孵化机间距应在80厘米以上，孵化机与墙壁之间的距离不小于1.1米（以不妨碍码蛋和照盘为原则），孵化机顶部距离天花板的高度应为1～1.5米。

第二节 节能孵化设备建设规范

1 范围

本规范介绍了孵化场主要节能设备及节能生产工艺。

适用于肉种鸡孵化生产场。

2 使用超节能孵化机

2.1 节能幅度大：以192型为例，显示功率1.4千瓦，实耗功率1.2千瓦左右，节能50%左右。

2.2 孵化效果好：热水循环，孵化过程中不必考虑热量散失，加大通风量，保持箱体内的空气新鲜。加热介质是热水，温度一般不超过80℃，表面温度较低，大大降低热源对鸡蛋辐射的影响。

2.3 温控精度高：采用电脑模糊控制、专门设计的程序，既可以控制热水循环，也可以控制电加热，使机器真正具有双保险功能，在控制热水加热时，流量自动跟踪温度，热惯性降到了最小，使控温精度不低于控电加热所达到的精度。

2.4 水冷容易实现：超节能孵化设备的循环管，既可用于循环热水，也可用于循环冷水、进行冷却。

2.5 附加投资低：超节能孵化设备需配备管道锅炉，锅炉制造容易，成本低，管道无特殊要求。

3　孵化模式节能

利用变温孵化原理，采取分批入孵的方法可以有效利用种蛋散发的热量。

第三节　种蛋交接与预处理技术规程

1　范围

本标准规定种鸡场与孵化场种蛋交接及孵化场种蛋预处理技术要求。
本标准适用于肉种鸡孵化场生产。

2　种蛋交接

2.1 运种蛋车尽量选用空调车，保证种蛋运送过程中的温度。路途应避免颠簸振动，夏季减少路途停车时间，冬季应有棉被铺盖做好保暖，高温高湿天气先将种蛋从蛋库内搬出放在室温下 2 小时，防止种蛋出汗。种蛋车及外来人员进入孵化场应进行消毒。禁止吸烟。

2.2 卸种蛋时，轻拿轻放避免破蛋，种蛋车进库需要停靠在适当位置，将种蛋箱从车上搬到屋内，专人清点送蛋数量。清点无误后交接双方签字。

3　种蛋选择

3.1 选蛋前应了解供种场种蛋的情况，包括品种、周龄的大小、贮存时间等。种鸡场储存以 3～4 天为宜，不能超过 7 天。

3.2 测蛋温度：18℃左右为宜，不能超过 23℃，冬季注意保暖避免种蛋受冻，夏季避免种蛋出汗。

3.3 种蛋挑选：根据种蛋外壳质量颜色、形状、大小和洁净程度挑选。

3.3.1 合格种蛋

蛋重 55～70 克（外购种蛋克重依合同约定，以 55～65 克为宜）；蛋温 12℃～23℃；呈浅褐色、淡黄色和灰黄色；蛋形正常，能明显区分大小头，短径是长径的 74% 左右；蛋壳致密均匀，厚度适中；允许少量雀斑或沙粒；附着垫料和极少干粪蛋，处理后方可接收。

3.3.2 不合格种蛋：过大过小、过圆过长蛋；白壳、紫壳和花斑蛋；薄壳和刚壳蛋；明显的畸形蛋（波纹、皱纹、丘疹蛋和蛋形异常）；双黄蛋；破蛋（暗纹、裂缝和破碎蛋）；脏蛋（表面积 1/10 以上被污染）；水洗或湿擦蛋等。

3.3.3 具有相当风险的种蛋：受到一定污染的种蛋（如地面蛋、蛋壳表面带有血迹或蛋黄、蛋壳粗糙、白壳蛋、小蛋、轻微脏蛋、难以辨别气室位置的种蛋）应拒收。若整体在蛋壳颜色、形状等方面明显异于前几批种蛋，则考虑拒收或查明原因。

3.3.4 选蛋室的温度控制在25℃以内，同一台蛋车内的合格种蛋蛋重差异不超过±5克。

3.3.5 先整体看种蛋的品质，包括蛋重、颜色、形状、大小等，然后每只手拿三枚蛋翻过来看蛋的底部，再把合格蛋从纸托内选入孵化场的塑料托内。把破蛋、脏蛋、畸形蛋选出去，放回种鸡场的纸托内，切勿混放。

3.4 入孵前，根据种蛋来源、周龄、储存天数及温湿度情况，可不预热。如果种蛋周龄大、储存久或者出汗，可将蛋车推至孵化厅预热（23℃～24℃）4～10小时。

4 种蛋消毒

4.1 熏蒸消毒：按甲醛3倍量（每立方米42毫升甲醛＋21克高锰酸钾配比）密封熏蒸20分钟后，用排气扇将气体排尽为止。熏蒸室适宜温度在24℃以上，相对湿度在75%以上。熏蒸桶应距种蛋至少0.5米远。

4.2 弥雾消毒：采取弥雾消毒机使用化学制剂消毒种蛋。当天使用当天配制。水温应在16℃～24℃之间，但不低于蛋表温度。消毒剂应使用集团统一招标的有效消毒药，按推荐剂量和方法使用。

第四节 孵化场种蛋贮存技术规范

1 范围

本标准规定了孵化场种蛋贮存的技术要求。

本标准适用于肉种鸡孵化场生产。

2 种蛋来源

孵化场最好应有种蛋生产基地，提倡自养自孵的模式。购入种蛋须来自非疫区，对禽类重大疾病进行过强制免疫，且在免疫保护期内，种禽饲养管理技术合理，健康状况良好。提供种蛋的种禽场应持有当地畜牧部门和动物防疫监督机构颁发的《种畜禽生产经营许可证》和《动物防疫条件合格证》，并且附有当地动物防疫监督机构出具的产地检疫合格证明和运输消毒证明。

3 种蛋贮存与管理

种蛋贮存时应做好品种的标记工作。不同品种、不同批次、不同周龄，甚至不同鸡舍的种蛋应区分存放。

3.1 种鸡场蛋库贮存管理：

3.1.1 种蛋应在消毒后再存放于蛋库，蛋库内不能存放其他杂物，蛋库应定期清理消毒。

3.1.2 蛋库地面要有踩板，防止种蛋受凉。

3.1.3 种蛋存放应与墙壁保持最少20厘米距离。

3.1.4 蛋库配备温湿度记录仪，温度应保持在19℃±1℃，18℃最佳，相对湿度应保持在60%～80%，75%最佳。同时保持良好通风换气。

3.2 孵化场蛋库贮存管理：

3.2.1 蛋库应定期清洗消毒，保持整洁和空气流畅。

3.2.2 孵化场蛋库温度应保持在17℃±1℃最佳（允许在18℃±2℃，依种蛋存放时间和种鸡周龄而定），相对湿度应保持在60%～80%（最佳75%），配备卡片式温湿度记录仪。

3.2.3 贮存天数：随种鸡周龄增长贮存天数逐渐减少，存蛋累积时间最好控制在7天以内。具体参见附录A。

3.2.4 如特殊原因部分种蛋需贮存7天以上，应将蛋库温度调至16℃～18℃，相对湿度调至70%～80%。

3.2.5 种蛋入库时，应检查选蛋品质，捡出不合格蛋，纠正小头朝上及未落窝内种蛋。

附录 A

孵化场种蛋贮存时间

周龄（周）	最佳贮存天数（天）	最长天数（天）	最短天数（天）	蛋重（克）
26～32	6～5	7（26～28周）	4（29～31周）	52～60
33～44	5～4	6（32～39周）	3（40～44周）	60～65
45～54	4～3	5（45～49周）	2（50～54周）	65～70
55～66	3～2	5（55～60周）	2（61～66周）	70～72

第五节 孵化操作技术规程

1 范围

本规范规定了孵化场的设置条件、设施设备、安全卫生及生产工艺的要求。

本规范适用于肉种鸡孵化生产场。

2 规范性引用文件

下列文件对于本文件的应用是必不可少的。凡是注日期的引用文件，仅所注日期的版本适用于本文件。凡是不注日期的引用文件，其最新版本（包括所有的修改单）适用于本

文件。

  GB 18596 畜禽养殖业污染物排放标准
  GB 16549 畜禽产地检疫规范
  HJ 497 畜禽养殖业污染治理技术规范
  GB 16548 畜禽病害尸及其产品无害化处理技术规程
  GB 50052 供配电系统设计规范
  GB/T 50052—2009 企业安全生产标准化基本规范
  《中华人民共和国畜牧法》

3　术语和定义

下列术语和定义适用于本文件。

  3.1　自养自孵：指有种禽生产基地，孵化用种蛋自给，使种禽饲养、孵化、销售成为一体的孵化生产模式。

  3.2　废弃物：指孵化过程中产生的蛋壳、死胚蛋、死雏及冲洗物等。

  3.3　无害化处理：指将孵化过程中产生的废弃物，经过分类、处理，达到对人、禽无害的要求。

4　主要技术指标的计算

  4.1　受精率（％）＝受精蛋总数÷入孵蛋总数×100。

  4.2　受精蛋数包括死精蛋和活胚蛋。

  4.3　受精蛋孵化率（％）＝出壳的全部雏鸡数÷受精蛋数×100。

  4.4　出壳雏禽数包括健雏、弱残雏和死雏。

  4.5　入孵蛋孵化率（％）＝出壳的全部雏禽数÷入孵蛋数×100。

  4.6　健雏率（％）＝健雏数÷出壳的全部雏禽总数×100。

5　环境要求

  5.1　温度：孵化控制温度的方式大体上有两种，即恒温孵化和变温孵化。恒温孵化即孵化全过程始终将温度控制在一个恒定的范围内；变温孵化是依据不同的胚龄施以不同的温度，但在一定胚龄范围内温度是恒定的。温度波动超过 0.5℃时就应该调整孵化器的温度，以保证平稳的温度，避免发生事故。孵化室内的温度要求平稳，保持在 24℃～26℃为宜。

  5.2　湿度：孵化器内湿度太低，蛋内的水分蒸发，胚胎和胎膜容易粘连在一起，影响胚胎的正常发育或出雏，孵出的雏鸡干瘦、毛短，毛稍发焦并占有蛋壳膜；湿度太高，蛋内的水分不能正常蒸发，胚胎发育也会受到影响，孵出来的雏鸡肚大、无精神。一般要求孵化器内的相对湿度为 60％～80％，原则上按"两头大、中间小"的原则进行调整。孵化过程中，每小时记录湿度，以观察它的变化，若湿度过大，可减少水盘量或少添水，若湿度不够就多添水。在出雏时要及时清除水盘上的绒毛，以防蒸发面积减少，加水时水温为 45℃～50℃。孵化室内的湿度也影响到机内的湿度，因而孵化室内相对湿度最好保持在 60％～70％，湿度不够时地面洒些水，湿度过高时，加强室内通风，使水分蒸发。

5.3 空气环境：换气可以使空气保持新鲜，减少二氧化碳、补充氧气，以利胚胎正常发育。夏天，孵化器的温度容易升高，应当把进气孔和出气孔全部打开，其他季节，特别是冬季，换气要注意保持机内的温度。入孵 1～3 天，胚胎可以从蛋内得到氧气，这时可以把进气孔关上或者打开 1 小时，使机内的温度上升快并保持平稳。孵化的前 7 天，机内的胚胎处于发育前期，需要的氧气量还不算太多，可以定时换气。7 天以后胚胎长大了，或者连续孵化，机内有各期胚胎，就应打开进出气孔，实行不停地换气，特别是机内有胚胎破壳出雏的情况下，更要持续换气，否则正在破壳的胚胎或已经出雏的小鸡就会闷死。

6 翻蛋

从入蛋的第一天期，就要每天定时翻蛋，一般每小时翻蛋一次，角度以 45°为最佳。翻蛋要求平稳而均匀。

7 晾蛋

晾蛋只适用于中小孵化场或孵化器自动调节能力差的孵化场。在孵化过程中，胚胎发育到中后期，会产生大量的热，所以每天可以晾蛋 2 次。晾蛋可以更换孵化器内的空气，降低机温，排除蛋内污浊的气体，同时用较低的温度来刺激胚胎，使它发育并增强将来雏鸡对外界温度的适应能力。晾蛋的方法应根据孵化日期及季节而定。早期胚胎及寒冷季节不宜多晾，后期胚胎及热天多晾。寒冷季节晾蛋的时间过长容易使胚胎受凉，每次晾蛋的时间应为 5～15 分钟；后期胚胎发热高，热天气温也高，晾蛋的时间可以延长到 30～40 分钟，晾蛋的时间长短还可以根据蛋的温度来决定，一般可用眼皮来试温，感到微凉（30℃～35℃）就应该停止晾蛋。

注意，对于工厂化孵化，一般不建议晾蛋。

8 孵化过程中应做好的十项工作

8.1 孵化器及孵化室消毒：入孵前一周，孵化室及孵化器要清洁消毒，屋顶、地面等各角落都要清扫干净。机内刷洗干净后用高锰酸钾和福尔马林熏蒸消毒。按房间及机器体积的大小计算用量，每立方米放 7 克干锰酸钾、14 毫升福尔马林。方法是先把固体的高锰酸钾放在瓷盘中，再倒入福尔马林溶液，至有浓烟发出把房门和机门关严，一般熏蒸时间 20～30 分钟后打开门窗。

8.2 试机定温和定湿度：开始孵化前，应全面检查孵化器，看看孵化器的风扇转动和翻蛋位置是否正常，各部分的配件是否完整，电热丝是否发热，红绿指示灯是否正常。如果发现不正常，必须及时彻底修好。然后重新试温，水盘加水，使孵化器内达到需要的温度和湿度。如果孵化器工作正常，温度、湿度变化很小，符合要求，就可以开始入蛋，正式进行孵化。

8.3 种蛋的选择与消毒：孵化用的种蛋，最好是 7 天以内的新鲜蛋，保存时间最多不能超过 2 周。保存温度 10℃～20℃，最佳 16℃～18℃，保存时间长则温度低一些，反之则高一些。种蛋蛋形正常，蛋重 52～72 克，最好为 56～65 克之间。入孵前将种蛋再选择一次，把脏蛋、暗纹蛋、蛋形过长、过圆、过大、过小、沙皮、沙顶、钢皮蛋，或两头尖、腰凸的蛋挑出。选好种蛋后必须消毒才能入孵，消毒方法为烟熏消毒和消毒液喷雾消毒。种蛋码盘时一定要注意大端（气室）朝上。

8.4 验蛋：孵化过程中，为了了解胚胎发育情况，应验蛋2～3次。

8.4.1 第一次验蛋：孵化4～5天，主要检查种蛋的受精情况，入孵5天的受精蛋可见血管分布如蜘蛛网状，颜色发红，卵黄下沉。而无精蛋仍和新鲜蛋一样，卵黄悬在中央，通体透明。散黄后一般看不到血管，不规则形状的蛋黄飘悬在蛋的中线附近。死精蛋蛋内浑浊，可见有血环、血弧、血点和断了的血线。

8.4.2 第二次验蛋：孵化11～12天进行，发育良好的胚胎变大，蛋内布满血管，气室大而边界分明，而死胚蛋内显出黑影，周围血管模糊或无血管，蛋内浑浊，颜色发黄。

8.5 落盘：种蛋孵化到18～19天，将蛋移到出雏盘上叫落盘。落盘的蛋平码在出雏盘上，蛋数不可太少和太多。

8.6 捡雏：鸡蛋孵到20～21天，开始大批破壳出雏，这时每隔4～6小时捡雏一次。把脐部吸收良好、绒毛已干的小鸡拣出来。而脐部突出肿胀、鲜红光亮的和绒毛未干的软弱小鸡，应暂时留在出雏盘内，待下次再捡。

对出壳有困难的胚胎应该进行人工助产。助产时要轻轻剥离，注意血管，过干时可用温水湿润再进行剥离。一旦胚胎头部露出，预计可自行挣脱出壳时，手术即应停止，让其自行脱壳而出。

8.7 后期清理工作：鸡蛋孵化到21天，当大部分雏鸡出壳以后，就要开始进行清理工作。首先将死雏和毛胚蛋拣出，把剩下的活胚蛋并到一起，不满一盘时，可将胚胎推到雏盘内角，放在温度较高的出雏盘位置上，促其快出雏。

8.8 清洁卫生：孵完一批小鸡后，为了保持孵化器的清洁卫生，孵化器必须清扫干净，并做消毒处理。

8.9 停电时应采取的措施：孵化过程中如遇到电源中断（无备用发电机）或孵化器故障时，要采取下列各项措施。

8.9.1 已入孵10天以上，要立即把门打开，驱散积热，然后做好室内的保温工作。冬天天气较冷，应将室内温度提高的27°以上。

8.9.2 停电后要将所有孵化器开关关闭。

8.9.3 机内有入孵10天以内的种蛋，进出气孔关闭，机门可关上。

8.9.4 孵化中后期，停电后每隔15～20分钟人工转蛋一次，每隔2～3小时把机门打开半边，拨动风扇2～3分钟，以驱散机内积热，以免由于机内积热而烧死胚胎。

8.9.5 如机内有孵化17天的鸡蛋，因胚胎发热量大，闷在机内过久容易热死，应提早落盘。

第六节 胚胎质量监测技术规范

1 范围

本规程规定了孵化场入孵种蛋胚胎质量监测的技术要点。

本规程适用于肉种鸡孵化场生产。

2　监测目的

利用灯泡透视法观察胚胎发育是否正常；判断温、湿度是否得当；区分无精蛋、正常胚蛋、异常胚蛋、裂纹蛋等。通过监测了解种鸡营养及健康状况。

3　照蛋监测

3.1　孵化5天时监测（头照）：

3.1.1　正常情况：受精蛋可见血管分布如蜘蛛网状，颜色发红，卵黄下沉。而无精蛋仍和新鲜蛋一样，卵黄悬在中央，通体透明。散黄后一般看不到血管，不规则形状的蛋黄飘悬在蛋的中线附近。死精蛋蛋内浑浊，可见有血环、血弧、血点和断了的血线。

3.1.2　异常情况及原因：受精率正常，发育略快、死胚蛋增多、血管充血现象，一般是温度高；发育慢、死胎少，则一般是温度偏低；气室大，死胎多，多出现血线、血环，有时粘于壳上，散黄多、"白蛋多"，一般是保存时间过长；胚胎在小头发育，种蛋大头朝下；胚胎发育参差不齐，机内温差大、种蛋贮存时间明显不一或种蛋源于不同鸡群；破裂蛋多、胚胎大量死亡且死亡时间不集中、散黄多、气室可动，系带断裂多，一般是种蛋受冻或受到剧烈震动。

3.2　孵化11天时监测（二照）：

3.2.1　正常情况：发育良好的胚胎变大，蛋内布满血管，气室大而边界分明。而死胚蛋内显出黑影，周围血管模糊或无血管，蛋内浑浊，颜色发黄。

3.2.2　异常情况及原因：尿囊血管提前合拢，死亡率较高，说明孵化前期温度偏高，反之则是温度偏低，湿度过大或种鸡偏老；尿囊血管未合拢，小头尿囊血管充血严重，部分血管破裂，死亡率高，则是温度过高；尿囊血管未合拢，但不充血，说明温湿度过低、通风不良、翻蛋异常、种鸡偏老或营养不全；胚胎发育快慢不一，部分胚蛋血管充血，死胎偏多，则是机内温差大、局部超温，若是血管不充血，则是由于贮存时间明显不一；头位于小头，蛋大头向下；孵蛋爆裂，散发恶臭气味，则是种蛋污秽或孵化环境污染。

3.3　孵化17天时监测（三照）：

3.3.1　正常情况：照视胚蛋，全部为胎儿和卵黄的黑影，俗称"封闭"或"封门"。

3.3.2　异常情况及原因："封门"延迟，气室小，原因是温度偏低或湿度偏高；封门提前，血管充血，则是温度过高；不封门，则是温度过高或过低，翻蛋不正常，种鸡偏老，饲料营养不全或通风不良。

4　失重检查

4.1　检查方法：

4.1.1　气室观察法：采用照蛋器观察气室的大小，可估计大致的失重情况。本法要求具有一定经验的孵化师使用。

4.1.2　蛋生称量法：在孵化机中随机选一蛋种蛋，根据称量入孵前种蛋重量，与孵化某日同一蛋盘种蛋重量的差值比较，即可计算出失重率（失重占入孵前蛋重的百分率）。

4.2　失重标准：孵化20天的最佳失重率为12%～13%，每日适宜的失重范围是

0.6%～0.65%。通过调整湿度，将失重率控制在适宜的范围内，是获得良好的孵化效果的基础之一。

5 啄壳情况检查

5.1 啄壳时间：一般集中在孵化第 20 天相对恒定的某一时间，若突然某一批次较正常提前或延迟，预示着用温可能偏高或偏低。

5.2 啄口的形状与位置：啄口位置应该在蛋的中线与钝端之间，呈梅花状清洁小裂口。若在小头，说明胎位不正；若在钝端很高的位置，可能是湿度偏大；啄口若有血液流出，可能用温不当。

6 出雏情况检查

6.1 出雏高峰时间检查：一般集中在孵化第 20 天零 10 小时左右（70%出雏），每一品种有各自恒定的某一时间，若突然某一批次较正常提前或延迟，预示着用温可能偏高或偏低。

6.2 出壳鸡的检查：正常为腹大小适中，羽毛清洁、活泼好动，挣扎有力，脐带收缩良好。出现以下情况，说明孵化异常。

6.2.1 绒毛胶毛。一般为温度过高或过低，蛋贮存过长或翻蛋异常。

6.2.2 出壳拖延，软弱无力，腹大，脐收不全，胶毛，一般为用温偏低或湿度过大。

6.2.3 雏鸡干瘦，有的肠管充血并拖在外面，卵黄吸收不良，一般为整个孵化期用温过高。

6.2.4 出现无头颅，瞎眼，弯趾，鹦鹉喙，关节肿大等畸形症状，与遗传、早期高温或种鸡营养缺乏有关。

6.2.5 腿脚皱缩，腿部静脉血管突出或口内组织色深异常干燥，一般是出雏机湿度太低或在出雏机中停留时间过长而引起的脱水症状。

6.2.6 跗部色红，说明出雏困难；雏鸡喘息，说明温度过高、缺氧或传染病。

第七节 孵化车间环境控制技术规程

1 范围

本标准规定孵化场内外部环境的控制要点。
本标准适用于肉种鸡孵化场生产。

2 孵化室外部环境的控制

2.1 出入场区：进入场区的人员消毒后需按规定路线进入；对进入的车辆需用高压水枪进行喷雾消毒、登记之后同样按规定路线进入，停放在指定位置备用或进行后续操作；物品必须用福尔马林熏蒸消毒半小时方可进入场区。

2.2 出入孵化室：进入生产区人员必需洗澡消毒，换上已消毒的工作服，按指定路线进入孵化厅,进入时同样需要踩消毒盘,并用消毒液洗手。

2.3 环境卫生:每天要及时、彻底清扫,保证干净卫生,并用消毒液喷洒消毒,在消毒过程中最好轮流使用几种消毒液进行消毒,以免产生耐药性。

2.4 废弃物:废弃物包括生产和生活两大类,其中生产类废弃物主要有绒毛、蛋壳、废蛋托、破蛋和废蛋液、死雏,其中前三者由专车统一送往垃圾站处理,后面三者可用作生物肥料,对于洗涤过程中产生的废水做统一净化处理后循环利用。

3 孵化室内部环境的控制

3.1 孵化制度的确定:孵化制度的内容包括以下几方面内容:计划表的制定、种蛋管理、温度、湿度、翻蛋、凉蛋、通风换气、照蛋、落盘、出雏、清洁、数据统计方式及汇总等。每项生产流程都应有具体的流程、操作步骤、注意事项。工作开展之前对相关人员进行培训,使其规范熟练操作。

3.2 种蛋的环境管理:种蛋根据存放天数确定存放的温湿度,分舍、产蛋日期、区放置整齐,不同存放天数种蛋需分开存放。同时做好蛋库的消毒。入孵时间要随种蛋存储时间的长短而增减,对于存放时间较长的种蛋要及时做好翻蛋工作,以免蛋黄和蛋壳粘连,影响孵化率。

3.3 孵化器环境清洁管理:孵化器的日常运行、清洗和保养维护由专人负责。清洗消毒按照水清洗→晾干→消毒液清洗的顺序进行。孵化器保养过程中除去相应的常规检测和保养外,特别要注意温湿度探头的清洗和日常监测,温度探头需要用软毛刷或干净柔软的布进行擦拭,湿度探头可用酒精擦拭晾干后备用,机器彻底清洗后务必打开机门自然晾干后关闭机门待用。

3.4 孵化厅温湿度控制:正常情况下,孵化厅所需的温度为25℃～27℃,相对湿度为50%～60%,最适温度为26℃,最适相对湿度为55%。为了促进蛋白的吸收(即封门),10～18胚龄可将相对湿度从53%～57%降至50%～55%,19～21胚龄的相对湿度升为65%～70%。

3.5 孵化室及孵化器内部空气环境控制。孵化器内需要控制含量的气体主要有:氧气、二氧化碳。孵化器内氧气含量等同于空气中的含量(21%)时孵化率最高。氧气含量的测定与控制主要通过氧气测定仪来实现。二氧化碳的测定和控制主要通过二氧化碳测定仪来进行,也可以通过氧气含量推算,不允许超过规定量。孵化室各功能室空气环境控制参数参见附录A。

4 环境控制注意事项

4.1 孵化场通风换气系统的设计与安装不仅要考虑为室内提供新鲜空气和排除二氧化碳、硫化氢及其他有害气体,同时还要把温度和湿度协调好,不能顾此失彼。

4.2 各室单应独通风,将废气排出室外。至少孵化室与出雏室应各设一套单独通风系统。

4.3 温、湿度计及通风的相关技术参数见附录B。

4.4 出雏室的废气排出之前,应先通过带有消毒剂的水箱后再排出室外。

4.5 孵化场的洗涤室内以负压通风为宜,其余各室为正压通风为宜。

附录 A

孵化场各工作室每千枚种蛋空气流量

室外温度		种蛋处置室 （m³/min）	孵化室 （m³/min）	出雏室 （m³/min）	雏鸡存放室 （m³/min）
10°F	−12.2℃	0.06	0.20	0.43	0.86
40°F	4.4℃	0.06	0.23	0.48	1.14
70°F	21.2℃	0.06	0.28	0.51	1.42
100°F	37.8℃	0.06	0.34	0.71	1.70

附录 B

孵化场各室的温、湿度及通风技术参数

室别	温度（℃）	相对湿度（%）	通风
孵化室、出雏室	24℃～26℃	70%～75%	最好用机械通风
雏鸡处置室	22℃～25℃	60	有机械通风设备
种蛋处置兼预热	10℃～24℃	50%～65%	人感到舒服
种蛋贮存室	10℃～18℃	75%～80%	无特殊要求
种蛋消毒室	24℃～26℃	75%～80%	有强力排风扇
雌雄鉴别室	22℃～26℃	55%～60%	人感到舒服

第八节 孵化场初生肉鸡雏预处理技术规程

1 范围

本标准规定了商品肉鸡孵化场对初生雏鸡预处理的技术要求。

本标准适用于标准化规模肉种鸡孵化场生产。

2 规范性引用文件

下列文件对于本文件的应用是必不可少的。凡是注日期的引用文件，仅所注日期的版本适用于本文件。凡是不注日期的引用文件，其最新版本（包括所有的修改单）适用于本文件。

GB 16549 畜禽产地检疫规范

GB 16567 种畜禽调运检疫技术规范
《中华人民共和国兽药典》农业部公告第 2438 号
《中华人民共和国畜牧法》
《中华人民共和国动物防疫法》

3 初生雏质量基本要求

3.1 血缘清楚，符合本品种的配套组合要求。
3.2 健康活泼，无垂直传播传染病和烈性传染病。
3.3 初生重均匀度 85% 以上，母原抗体水平高于有关规定要求且整齐。
3.4 外貌特征符合本品种标准。
3.5 种蛋来源于健康种鸡群。

4 选雏

4.1 健雏特征：羽毛发育良好、无污浊；体重适中，初生体重 38～45g 之间为宜；精神活泼好动，叫声清脆，眼睛明亮，两脚站立稳健；蛋黄吸收良好，腹部大小适中；脐带部愈合良好、干燥，且被腹毛覆盖，无残痕；肛门也干净利落，不粘有黄白色的稀便；喙、胫和趾润泽、鲜艳，有光泽。握在手中，感到饱满温暖，挣扎有力，全身无畸形表现。

4.2 弱雏特征：精神表现一般，脐门愈合不良，摸得着小疙瘩；出雏时蛋壳上粘有血液；腹大，体重有时超过标准；脚站立不稳甚至拖地，有的翅下垂，雏显得疲惫不堪；腹部干瘪或腹大拖地；脐部有残痕或污浊潮湿，有异臭味；如果出现脱水现象，则喙、胫和趾部干瘪、无光泽。有时可见较轻的畸形，如单眼、单腿曲趾、交叉喙等。

4.3 弱雏禁止出场，按相关规定集中无害化处理。

5 存放

雏鸡捡出后要存放到 30℃～32℃ 存雏室内，保持温差相对恒定，夜间应比白天高 1℃，室内应空气新鲜，相对湿度保持在 65%～70%。雏鸡以每 100 只为一盒分放，值班员应间隔 0.5～1 小时用手轻轻拍打盒壁，防止雏鸡挤压，并观察雏鸡是否有过热张嘴现象，若有此现象应立即通风散热，保持初生雏躺卧自如。来自不同种鸡群的雏鸡单独存放并做好标记。

6 初生雏鸡免疫

雏鸡出场前进行部分必要疫苗的免疫可有效提高健康水平。主要进行新城疫、传染性支气管炎、法氏囊、马立克氏疫苗的免疫。根据免疫途径不同分为注射和喷雾免疫两种方式。

6.1 免疫前的准备：

6.1.1 免疫设施：设立一个专门的疫苗配置室，室内配备冰箱、液氮灌、操作台，其上方应安装紫外线消毒灯。操作台上摆放有电磁炉、消毒锅、恒温水浴箱、水温计、10mL 量筒、一次性注射器、酒精棉球、纸巾等。室内设有上下水。另外还应配有防护用具，如白大衣、线手套、口罩、眼镜、水靴等。

6.1.2 免疫器械：配备足够台数的疫苗自动注射机、疫苗注射操作台、疫苗自动喷雾机及能够稳定提供 0.8Mpa 压力的空气压缩机（气泵），并备足相应耗材。

6.1.3　操作人员培训：设一名专职的疫苗配置人员，同时培训好疫苗注射和喷雾免疫人员，使其熟练掌握自动免疫机器的使用及免疫。

6.1.4　免疫用水准备：免疫稀释用水要求无重金属离子、氯离子等影响疫苗效果的物质，pH 值在 6~7 之间，最好采用蒸馏水或专用稀释液。

6.2　注射免疫：

6.2.1　免疫途径及适用范围：应用于 1 日龄内初生雏鸡，免疫途径是颈皮下注射。该方法主要适用于孵化场雏鸡新城疫油苗和法氏囊、马立克氏等活毒单苗、联苗的免疫。

6.2.2　冻干苗的稀释：把冻干苗瓶小铝盖去掉，用酒精棉球消毒。待酒精蒸发后，用 10mL 一次性注射器吸取稀释液 3~5mL，注入疫苗瓶内，轻轻摇动疫苗瓶至形成混悬液，然后将混悬液抽至针筒内后，注入稀释液瓶内。再用稀释液冲洗疫苗瓶 2~3 次后注入稀释液瓶内，混合均匀后即可注射。

6.2.3　灭活疫苗（油苗）的准备：在注射油苗的前 1 天，将油苗从冷藏柜内取出，放于室温环境中预温。在油苗注射当天，轻轻摇匀油苗后，放置于 35℃的水浴中至少 30 分钟后，将油苗从水浴中取出擦干，再次轻轻摇匀即可注射。

6.2.4　疫苗的注射：

6.2.4.1　每次都选用新的一次性点滴管和针头进行注射。

6.2.4.2　在手动状态下启动自动注射器，排空疫苗管线内的气泡至可以注射疫苗。

6.2.4.3　调节进入自动操作挡，并设定好累加计数器和批计数器。

6.2.4.4　将装有未免疫鸡雏的雏箱放在自动注射机器前方疫苗注射操作台上，免疫后雏鸡箱放在自动注射机器右下方疫苗注射操作台上。

6.2.4.5　左手从未免疫鸡雏的雏箱中抓起雏鸡转到右手，右手将雏鸡放在自动注射机器的注射斜面上使其仰卧，食指轻压雏鸡颈部，使其侧面接触注射触点，出针完成一次免疫注射。然后松开手指，雏鸡沿着斜面滑入下面的雏鸡箱内。

6.2.4.6　注射过程中，每 10~15 分钟轻轻摇动疫苗瓶一次，以保证瓶内疫苗液体混合均匀，同时注意及时发现和更换有毛刺和弯针头，防止雏鸡受伤。

6.2.4.7　疫苗注射结束后，对废弃的一次性注射器、一次性点滴管、针头及剩余的疫苗放在指定的容器内统一处理；对自动注射机器按要求进行清洗消毒后，将机器集中到疫苗室内统一收藏备用；清洗干净恒温水浴箱的内壁，然后打开排水阀门，将水排干净，下次应用时重新添水。

6.3　喷雾免疫：

6.3.1　免疫途径及适用范围：应用于孵化场 1 日龄内初生雏鸡喷雾免疫，免疫途径主要是疫苗雾滴作用于雏鸡的眼内、鼻内、口腔和泄殖腔内等处的皮肤黏膜、呼吸道黏膜、消化道黏膜，起到局部免疫作用，同时又能刺激机体产生循环抗体。该方法主要适用于孵化场雏鸡传染性支气管炎、新城疫等活毒单苗、联苗的免疫。

6.3.2　喷雾免疫前的准备：将 1 日龄喷雾免疫机放置在一个安全、静风、避光的地方固定好。根据鸡雏箱的外框尺寸调节喷雾免疫机左右限位轨道的位置，使鸡雏箱的中心与喷嘴的左右中心重合。调整喷雾免疫机后部限位板的位置，使鸡雏箱的中心与前后的中心重合，然后调节启动开关的位置。调整喷雾免疫机进气压力，将压力表上的指针调在

0.6Mpa 位置上。选择雾滴大小在 100~200m；调整一次喷雾剂量在 7~8mL；检查喷嘴喷雾的形状是否为"-"型。新安装的喷雾免疫机器要搞好机身的清洁卫生，然后将喷雾免疫机管线充满消毒酒精，浸泡 30 分钟后排干净，再用灭菌注射用水彻底冲净喷雾免疫机管线内的消毒酒精，并调试喷雾免疫机至能正常工作状态。

6.3.3 疫苗的稀释：

6.3.3.1 配制要求：根据免疫雏鸡数量稀释疫苗，每箱 100 只喷雾一次需要时间 3~4 秒，一次喷雾量 7~8mL。一般一次稀释疫苗数量不要超过 20000 羽份，需用水量约 1600mL 左右，确保稀释后的疫苗能在 30 分钟内喷完。因受免疫前管道排空气需要和免疫后管道残留的影响，每次需多配几百羽份的疫苗量。

6.3.3.2 配制操作方法：把冻干疫苗瓶小铝盖去掉，用酒精棉球消毒，待酒精蒸发后，用 60ml 一次性注射器吸取灭菌注射用水分别注入每个疫苗瓶内，然后轻轻摇动疫苗瓶至混悬液。将混悬液倒入装有少量灭菌注射用水的稀释液瓶内，再吸取灭菌注射用水分别注入疫苗瓶内冲洗 2~3 次，将混悬液倒入稀释液瓶内。然后往稀释液瓶内加灭菌注射用水至需要量，摇匀即可喷雾。

6.3.4 喷雾免疫操作：

6.3.4.1 人员分工及喷雾方法：3 个人一组，一人负责搬送雏箱至喷雾机内按下接触开关即开始喷雾（雏鸡聚堆或伏卧应拨动一下雏鸡使其散开站立），喷雾 3~4 秒后另一人负责从气雾机内把雏箱拉出，再进行下一箱雏鸡的喷雾免疫，最后一人负责盖雏鸡箱盖。如此循环直至全部免疫结束。

6.3.4.2 设备清洗与保存：喷雾结束后，卸下疫苗瓶，将管道内的疫苗清除，再用灭菌注射用水将管道内的疫苗冲净，然后管线内用消毒酒精充满浸泡至下次免疫。气雾机外表用浸有季铵盐类消毒液的抹布将外表擦洗干净晾干后，用专用防尘罩遮盖备用。

6.4 孵化场雏鸡免疫的注意事项：

6.4.1 每天定时检查储存疫苗的冰箱温度和液氮灌内液氮量，确保疫苗储存安全有效。

6.4.2 配制疫苗前要对配制间应用紫外线消毒灯进行消毒，防止疫苗配制操作环节微生物污染。

6.4.3 疫苗稀释人员和疫苗注射人员在进行操作前必须洗净双手，并用酒精棉球进行消毒。用干纸巾擦干双手及设备，然后进行疫苗稀释和注射，严禁酒精与疫苗直接接触。

6.4.4 稀释液如发生变色、混浊、有沉淀或絮状物的应废弃禁用，同时应对该批次稀释液停用或慎用，并做好记录。

6.4.5 免疫后废弃的一次性注射器和点滴管、针头、疫苗稀释液瓶及剩余的油苗应焚烧处理。废弃的玻璃疫苗瓶和剩余的活毒疫苗液应统一高温煮沸消毒或用 5% 火碱水消毒处理。

6.4.6 免疫结束后，要关闭空气压缩机等所有电源，打开空气压缩机和气泵水汽滤过器下端的排污阀门，排除污水后关闭排污阀门。

6.4.7 刚喷雾免疫完的雏鸡不能直接出场，应待喷雾鸡雏身上羽毛完全晾干后方可出场。

6.4.8 雏鸡静置半小时后方可装车，运雏车要求密闭性好，温度保证在23℃～25℃，湿度为40％～50％，通风良好。

6.4.9 出售前须按 GB 16549 和 GB 16567 要求进行检疫。

6.5 上述具体操作时以各型机器的说明书为准。

7 禁止孵化场初生雏使用抗生素及激素类药物

8 做好初生雏预处理各项记录并存档

第九节 商品雏鸡包装运输技术规程

1 范围

本标准规定孵化场出场雏鸡包装运输的基本要求。
本标准适用于肉种鸡孵化场生产。

2 运雏前的准备

2.1 准备好运雏工具：

2.1.1 雏鸡运输可选择交通工具、装雏箱及防雨保温工具。

2.1.2 交通工具（车、船、飞机）视路途远近、天气情况和雏鸡数量灵活选择，但不论采用任何交通工具，运输过程都要做到快而稳。一般超过300千米以上或者运输时间超过5小时，但低于24小时，火车、船舶是最佳的选择。一般陆路或水路运输超出20～24小时可考虑飞机运输，但运费高，且易发生闷仓事故。因此，建议尽量选择其他运雏方法。

2.1.3 根据接雏时间，事先要与车站或码头协商运雏事宜，一般至少提前2小时以上到达，以便办理发货手续。

2.1.4 运雏前必须对车辆进行检修，以避免运雏途中抛锚。对运雏车辆、雏鸡盒、工具、垫料，以及保温用品进行清洗消毒。

2.2 安排司机与雏鸡押运人员：汽车运输每车配备2名司机，并挑选责任心强、有运雏经验的人员负责押运工作，养殖户最好亲自押运。

2.3 办理运输检疫证明：雏鸡起运前要到当地雏鸡检疫机关进行报检，经检验合格，并取得全国统一使用的有效运输检疫证明运输工具消毒证明方可运输。以便于交通检疫站的检查，缩短停车逗留时间。

2.4 运雏时间的选择：运输时间不宜过长，原则是越早越好，时间出发点是以鸡苗从育雏箱中出来的时间算起，短途运输控制在8～12小时，长途运输控制在24～36小时之内，最多不超过48小时运到目的地为宜，根据季节、天气情况确定起运时间，夏季最好选在傍晚装运，翌日早晨到达。而冬天和早春可选择中午前后气温较高时起运。

3 装车待运

3.1 专用运雏工具箱：包装盒最好有若干通风孔，内部分格，每个格子内20～25只雏鸡，利于保暖和管理，防止雏鸡在盒内相互践踏或摇荡不安。

3.2　适宜的运输量：依据运雏车体积、型号、装雏用品的体积和留有的人行通道，确定运输量。标准的四格雏鸡盒大小为65.5cm×49cm×14cm，装100只雏鸡，每格25只。

3.3　雏箱的摆放位置：运输雏鸡过程中，保温与通气是一对矛盾体，只注重保温、不注重通风换气，会使雏鸡受闷缺氧，严重的还会导致窒息死亡；只注通气，忽视了保温，雏鸡会受风着凉患感冒，诱发雏鸡拉稀下痢，影响成活率。因此，装车时要将雏箱错开摆放，箱周围要留有通风空隙，重叠高度不要过高。

3.4　运雏车（汽车）的标准：鸡雏运输车要求有制冷、加热设施，以保证运雏温度。雏车内要干净整洁，保持卫生。装雏前车主/司机负责清扫车内卫生，孵化场付雏人员负责车内吸尘、消毒，装雏前温度标准：18℃，运输温度20℃～27℃，按要求下次送雏时返还孵化场上次运雏回执单，便于了解运输时间、反馈运输情况。

4　运输途中的管理

4.1　应加强运输途中的管理，运输途中应定期检查雏鸡状态，一般每隔30～60分钟检查一次，以便及时发现问题并采取相应措施。

4.2　如果发现雏鸡张嘴呼吸，叫声尖锐，表明车厢内温度过高，要及时通风，如发现雏鸡扎堆，吱吱乱叫，表明车厢内温度过低，要及时做好保温工作。

4.3　最适温度是25℃左右，驾驶室内安装温度、湿度、氧气、二氧化碳含量的显示器，以便检查车厢内的环境。夏季要特别注意通风换气，以防止雏鸡中暑、脱水、闷死，冬季要注意保温。通风换气要均衡，避免造成局部高、低温区。

4.4　当因温度低或者车子震动而使雏鸡出现扎堆挤压的时候，还需要将上下层雏箱调换位置，以防中间、下层雏鸡受闷而死。

4.5　车速不宜过高，一般保持在80～90千米/小时为宜。车速要慢，启动、行车和停车时宜缓慢平稳，避免颠簸、急刹车、急转弯和过大倾斜，以便于雏鸡适应车速的变化。卸车过程速度要快，动作要轻、稳，并注意防风、防寒。

5　押车人员要做好运输及雏鸡交货记录并及时提交

第十节　商品肉鸡孵化场卫生防疫技术规程

1　范围

本标准规定商品肉鸡孵化场卫生防疫方面的基本要求。
本标准适用于商品肉鸡孵化场。

2　规范性引用文件

下列文件对于本文件的应用是必不可少的。凡是注日期的引用文件，仅所注日期的版本适用于本文件。凡是不注日期的引用文件，其最新版本（包括所有的修改单）适用于本文件。

  GB 18596－2001 畜禽养殖业污染物排放标准
  GB 16549 畜禽产地检疫规范
  GB 16567 种畜禽调运检疫技术规范
  GB 16548－2006 病害动物和病害动物产品生物安全处理规程
  《病死及病害动物无害化处理技术规范》农医发〔2017〕25 号
  《中华人民共和国兽药典》农业部公告第 2438 号
  《中华人民共和国畜牧法》
  《中华人民共和国动物防疫法》

3　基本要求

3.1　严格执行国家和地方政府制定的动物卫生防疫法规。
3.2　有完整的防疫、消毒制度，严防场区内与场区外交叉污染。
3.3　孵化厅内任何工作，第一道工序是清理卫生和消毒（包括工作环境、设备器具、手等），最后一道工序仍然是清理卫生和消毒。
3.4　及时清理垃圾，做到日产日清。

4　场址选择

4.1　孵化场要建在地势较高、交通便利、水电资源充足的地方，周围环境要清静、空气新鲜，有独用的出入通道。
4.2　专业化孵化场选址应符合《动物防疫条件审查办法》的相关规定。
4.3　自养自孵的孵化场须与禽舍相隔 150 米以上。
4.4　有利于孵化废弃物的无害化处理。

5　布局与设施

5.1　孵化场建筑设施按生活管理区和生产区合理布局，两区之间有相当于围墙功能的隔离设施，生活管理区应建在生产区的上风向。
5.2　孵化工艺流程必须遵循"种蛋选择→种蛋消毒→种蛋贮存→种蛋处置（分级、码盘等）→孵化→移盘→出雏→雏禽处置（分级、鉴别、预防接种等）→雏禽存放→雏禽发放"的单向流程，不得逆转。
5.3　孵化场生产区门口必须设立车辆消毒池、消毒廊和男女更衣室。生产车间内孵化室与出壳室应严格分开，应有种蛋处置室、种蛋贮存室、孵化室、移盘室、出雏室、雏禽处置室、雏禽发放室、洗涤室等。
5.4　孵化场应设有供孵化、清洗用的水源，水质应符合 GB 5749－2006 的规定。
5.5　孵化、出雏设备应性能良好，安全可靠，配套合理。通风、换气、冲洗、发电、装载、照蛋、鉴别、免疫等辅助设备应配套到位。
5.6　生产车间内应设明沟加盖板的下水通道，与集污池相连。污水经处理后符合 GB 18596 的规定要求。

5.7 孵化场周围设防疫隔离墙和防疫沟。

5.8 种蛋进场和雏禽出场应分别具备专用通道。

5.9 生产车间应设有专用的防鸟、防鼠设施。

6 人员与车辆卫生防疫管理

6.1 出入场区管理：人员出入场区需要脚踏消毒垫，经紫外线照射消毒5分钟或喷雾消毒，在门卫处登记后，按照规定路线进入场区。进入场区的运输车辆必须先用高压水枪清洗，然后用0.05%百毒杀喷雾消毒，运雏车辆还应用每立方米空间福尔马林28mL、高锰酸钾14g对车厢进行烟熏20分钟，经车辆消毒池按制定路线进入场区。

6.2 出入孵化厅管理：进入生产区人员必须洗澡，换上消毒后的工作服，经指定路线进入孵化厅，进入孵化厅之前必须脚踏消毒垫，用消毒液洗手后方可进入生产区。生产人员不得随意离开生产区，在生产区穿工作服和胶靴，工作服应保持清洁，定期消毒。

凡进入生产区物品必须经过消毒处理。能冲洗的物品，必须经过消毒液清洗消毒，不能清洗的须用每立方米空间福尔马林28mL、高锰酸钾14g烟熏消毒30分钟后方可进入生产区。

7 种蛋卫生防疫管理

7.1 种蛋来源管理：孵化场最好应有种蛋生产基地，提倡自养自孵的模式。购入种蛋须来自非疫区，对禽类重大疾病进行过强制免疫，且在免疫保护期内，种禽饲养管理技术合理，健康状况良好。提供种蛋的种禽场应持有当地畜牧部门和动物防疫监督机构颁发的《种畜禽生产经营许可证》和《动物防疫条件合格证》，并且附有当地动物防疫监督机构出具的产地检疫合格证明和运输消毒证明。

7.2 种蛋接收贮存卫生防疫管理：种蛋接收时严格按防疫制度进行操作，防止蛋托等交叉污染，种蛋应先消毒后再入库。贮存时做好标记工作，不同种鸡场、品种、种鸡周龄，甚至不同鸡舍的种蛋应区分存放。

8 孵化场环境卫生防疫管理

8.1 外部环境消毒：孵化厅和生活区外环境保持清洁、卫生。每周用消毒液喷洒消毒1次，可用1%的次氯酸钠和2%的火碱溶液轮换使用。

8.2 孵化厅内消毒：蛋库每天清扫地面，上午、下午下班前用消毒液进行消毒。每星期对蛋库环境进行消毒2次。孵化室：每周消毒2～3次，每天下班前清扫，并用消毒液对地面进行消毒。出雏室：每次落盘前用高锰酸钾、福尔马林烟熏30分钟消毒，出雏结束后对所用孵化器具及出雏室用高压水枪清洗，然后喷雾消毒。

9 用具及设备卫生消毒管理

9.1 孵化器管理：每星期对孵化器内、外壁及地面进行擦洗，每次落盘、验蛋、入孵后用消毒液对孵化器底部进行擦洗。

9.2 用具管理：塑料蛋托在使用前、使用后进行高压冲洗，并用消毒液浸泡消毒，纸蛋托放入固定熏蒸室内，用福尔马林熏蒸消毒。各孵化厅、出雏厅、蛋库等用具专厅专用，不流动交叉使用，每星期使用福尔马林熏蒸消毒30分钟。注射器等耐高温用具，须经过 120℃高温灭菌 15 分钟后方可使用，塑料器械用 75％酒精浸泡消毒。

10 孵化操作卫生防疫管理

10.1 前后工序人员无故不得串岗。任何工序均戴工作帽，工作服每天定时消毒，每二至三天集体清洗一次。在上蛋、消毒入孵、落盘、照蛋、进车察温、出雏、注射、发鸡前，必须戴口罩和帽子并先将手消毒。

10.2 进入种蛋库、孵化出雏室必须脚踏消毒盆。消毒盆内消毒液随脏随换，每天至少更换一次，入孵前后对入孵路线进行消毒。

10.3 车间外环境每周消毒 2 次，生产区、生活区道路每周消毒 1 次。

10.4 车间地面、墙壁每天消毒 1 次，孵化室及出雏室地面每天用湿拖把拖 1 次。

10.5 孵化箱顶及各配电箱、控制箱每周六进行打扫，用消毒液进行擦拭，电箱及线槽内用吸尘器进行清理。

10.6 每天将落盘后的蛋托、蛋架车、出雏后的出雏筐、出雏车，以及运蛋车、运雏车清洗干净后用消毒液消毒。种蛋周转托、筐，每批装车前必须经 2％火碱水浸泡。

10.7 孵化厅内所有门窗均为常闭状态。入库种蛋必须按操作规程进行立即消毒，孵化室每周进行一次消毒，出雏器、出雏室在每次出雏后进行消毒。

10.8 按照孵化流程严格把好入库前种蛋、入孵种蛋、落盘胚胎蛋的消毒。

10.9 每批孵化结束后，应对孵化箱、出雏箱、出雏室进行彻底清洗、消毒。空箱时间不少于 2 天。

11 初生雏卫生防疫管理

11.1 雏鸡应按规定进行接种疫苗等预处理，出售按 GB 16549 和 GB 16567 规定执行。

11.2 雏鸡应放置于经冲洗消毒、垫有专用草纸的塑料雏鸡周转箱或一次性专用雏禽纸板箱内发售。

12 废弃物无害化管理

废弃物应集中收集，经无害化处理后符合 GB 18596－2001 的规定和相关法规要求。

13 上述包括标明的消毒剂在内，使用时应符合《中华人民共和国兽药典》(农业部公告第 2438) 及其他有关法规规定

14 做好孵化场卫生防疫记录并存档

第十一节 孵化场消毒技术规程

1 范围

本标准规定孵化场内外部环境消毒的基本要求。

本标准适用于肉种鸡孵化场生产。

2 规范性引用文件

下列文件对于本文件的应用是必不可少的。凡是注日期的引用文件，仅所注日期的版本适用于本文件。凡是不注日期的引用文件，其最新版本（包括所有的修改单）适用于本文件。

GB/T 16569 畜禽产品消毒规范

GB/T 25886－2010 养鸡场带鸡消毒技术要求

《中华人民共和国畜牧法》

《中华人民共和国兽药典》2005版

《中华人民共和国动物防疫法》

3 人员与车辆

3.1 出入场区管理：人员出入场区需要脚踏消毒垫，经紫外线照射消毒5分钟或喷雾消毒，在门卫处登记后，按照规定路线进入场区。进入场区的运输车辆必须先用高压水枪清洗，然后用0.05％百毒杀喷雾消毒，运雏车辆还应用每立方米空间福尔马林28mL、高锰酸钾14g对车厢进行烟熏20分钟，经车辆消毒池按制定路线进入场区。

3.2 出入孵化厅管理：进入生产区人员必须洗澡，换上消毒后的工作服，经指定路线进入孵化厅，进入孵化厅之前必须脚踏消毒垫，用消毒液洗手后方可进入生产区。

凡进入生产区物品必须经过消毒处理。能冲洗的物品，必须经过0.05％百毒杀溶液清洗消毒，不能清洗的须用每立方米空间福尔马林28mL、高锰酸钾14g烟熏消毒30分钟后方可进入生产区。

4 孵化场环境

4.1 外部环境消毒：对孵化厅和生活区外环境每天进行清扫，保证清洁、卫生。并且用消毒液喷洒消毒一次，可用1％的次氯酸钠和2％的火碱溶液轮换使用。

4.2 孵化厅内消毒：每天用消毒液清洗蛋库地面，上午、下午下班前用消毒液进行消毒。每星期对蛋库环境进行消毒2次。

孵化室每天消毒2~3次，每天下班前，用消毒液对地面进行清洗。孵化厅内每周2次清扫、消毒。出雏室每次落盘前用高锰酸钾$7g/m^3$、福尔马林$14mL/m^3$烟熏30分钟进行消毒，出雏结束后，对用孵化具及出雏室内、外用高压水枪清洗，并做喷雾消毒。每批鸡出完后对屋顶、墙壁、地面、下水道等由上到下高压冲洗，并做喷雾消毒。

5 用具及设备

5.1 孵化器管理：每星期对孵化器内、外壁及地面进行擦洗，每次落盘、验蛋、入孵后用消毒液对孵化器底部进行擦洗。

5.2 用具管理：塑料蛋托在使用前、使用后进行高压冲洗，并用0.05％百毒杀消毒液浸泡消毒，纸蛋托放入固定熏蒸室内，用高锰酸钾$7g/m^3$、福尔马林$14mL/m^3$熏蒸消毒。各孵化厅、出雏厅、蛋库等用具专厅专用，不流动交叉使用，每星期使用高锰酸钾

7g/m³、福尔马林 14mL/m³ 熏蒸消毒 30 分钟。注射器等耐高温用具，必须经过 120℃高温灭菌 15 分钟后方可使用，塑料器械用 75％酒精浸泡消毒。

6 上述包括标明的消毒剂在内，应使用集团统一招标的有效消毒药，按推荐剂量和方法使用

第十二节 孵化场废弃物无害化处理技术规程

1 范围

本标准规定了肉鸡孵化场废弃物处理的基本要求。
本标准适用于肉种鸡孵化场生产。

2 孵化场废弃物处理

2.1 生产中产生的雏鸡绒毛和蛋壳等废弃物容易传播疾病、污染环境，因而要加强对废弃物的管理。
2.2 出雏厅内安装绒毛收集器，将出雏机中的绒毛集中收集、焚烧。
2.3 蛋壳可进行集中发酵或者场内焚烧。也可挖坑深埋，坑埋深度不少于 2 米，覆土不少于 0.5 米，并用湿土密封。
2.4 生产用的废蛋托和工具等，用 28mL/m³ 的福尔马林熏蒸后集中处理。
2.5 无精蛋应当天处理。
2.6 死胚蛋经高温处理。

3 孵化场污水处理

按 GB 18596 规定执行。

4 做好孵化场废弃物处理记录

第十三节 孵化场安全生产管理规范

1 范围

本标准规定了孵化场安全生产的基本要求和管理要点。
本标准适用于大型孵化场生产。

2 基本要求

全体员工必须牢固树立"安全第一"的思想，坚持预防为主的方针，杜绝违章指挥、

违章操作。

2.1 每年安全教育（集中培训）不少于 2 次，每次不少于 2 小时。

2.2 新到职工，所在部门要对其进行安全教育考试合格后才能分派到有关班组。新职工所在班组的班组长要对其安全教育考核合格后才能上岗。

2.3 各部门布置生产工作任务时要布置安全工作。

2.4 严格要求操作者认真执行各项规章制度，严禁违章操作。

2.5 每月进行安全检查，对安全隐患制订整改措施。

3 防止设备事故的发生

3.1 操作人员严格按设备标准操作规程进行操作。

3.2 机器运行中，操作人员不得离开。

3.3 机器上的安全防护设备必须按要求安装，否则不得开机。

3.4 发现异常现象应停机检查。

3.5 在运行中的设备万一发生故障，必须立即关闭总电闸，防止故障漫延。

3.6 电器出现问题时必须找电工来检查维修，没有电工执照者不得从事电器维修。

4 消防安全要求

4.1 严禁明火，各部门如必须用火，需经批准。

4.2 严禁吸烟。

4.3 生产用电炉要专人看管，严禁用电炉烧水。

4.4 中途停产，或法定休息日，各部门均要关闭不用的电闸。

4.5 消防器材不得挪作他用，万一发生火警要立即关闭电闸，采取灭火措施，必要时立即打 119 报火警。

5 生产操作安全要求

5.1 职熟练掌握养殖设备的操作规程，防止机器伤人。

5.2 免疫、消毒时注意人员自身防护，特别是熏蒸消毒时要严格按操作规程实施。

5.3 注意个人卫生，防止人禽共患病。

6 其他安全要求

6.1 职工生活用房安全牢固，防水淹、坍塌、滑坡。

6.2 鸡舍建筑严格按照施工要求做到防风、抗震、防水淹。

6.3 储粪池要有防护网，顶部加盖。

6.4 厂区内所有电线必须按照电工操作规程架设，用水、用电安全常抓不懈。

7 事故的处理程序

7.1 生产或工作现场发生事故：

7.1.1 在场人员必须立即采取有效措施，防止事故漫延造成更大损失。

7.1.2 在事故停止后，要保留现场，以便查找原因。

7.1.3 事故所在部门要立即报告事故情况。有关部门负责人立即了解事故情况后，一般事故由事所在部门处理，重大事故必须报生产技术副总组织处理。

7.2 不论大小事故均要召开分析会：

7.2.1 一般事故由事故发生的主管部门或当事人写出书面报告，由办公室组织召开分析会。

7.2.2 无论大小事故发生都要做到"三不放过"的原则：

7.2.2.1 事故原因不清不放过。

7.2.2.2 事故当事人和其他人员没有受到教育不放过。

7.2.2.3 事故后没有制定整改措施不放过。

7.2.3 事故分析会要做好记录，以便备查。

8 遵守国家相关法规

第十四节 孵化场员工管理规范

1 范围

本规范规定了规模化孵化场各岗位员工的工作要求和注意事项。

本规范适用于规模化大型孵化场。

2 规范性引用文件

下列文件对于本文件的应用是必不可少的。凡是注日期的引用文件，仅所注日期的版本适用于本文件。凡是不注日期的引用文件，其最新版本（包括所有的修改单）适用于本文件。

《中华人民共和国动物防疫法》（2007年主席令第71号）

《中华人民共和国畜牧法》

《中华人民共和国劳动法》

3 基本原则

实行场长负责制。建立层层管理责任制，分工明确，下级服从上级，重点工作协作进行。

4 员工招聘及培训

4.1 员工招聘：应聘者面试时，要将本场的工作性质、生产经营状况、发展目标、规章制度、岗位职责、工资待遇告知他们，并充分了解面试者的情况。让应聘者填写工作申请表，以确定应聘者能胜任什么岗位，并确定试用期，一般为3～6个月，正式录用后应签订劳动合同。工作申请表基本内容包括姓名、学历、工作简历、年龄、身体状况、通信地址、联系电话等。员工须持具有相应资质卫生部门出具的健康证明上岗。

4.2 素质要求：身体健康，遵纪守法，热爱本职工作。讲究公德，团结协作，服从领导，听从指挥，工作积极主动。

生产人员至少具有初中以上的文化素质，以便能够通过培训，掌握饲养管理、疾病防治等基本技能。专业技术人员要熟练掌握基本技术要点和操作技能，具有专科以上畜牧兽医专业毕业证书，并取得中级职业资格，具有钻研进取精神和一定的管理才能。

4.3 岗位培训：技术员、操作员在上岗前要进行培训。培训包括理论学习和实际操作，考核合格后方能上岗。在岗人员定期进行培训，以适应新的发展。采取业余课堂教育和现场指导相结合、互相参观与经验交流相结合等。要把培训作为重点工作常抓不懈，对各种规章制度的学习及技术操作规程等重点内容要反复学习，熟练掌握。

5 各岗位责任制

5.1 场长工作职责是负责孵化场的全面工作。主持场生产例会，对副场长或生产主管的各项工作进行监督、指导，协调各部门之间的工作关系，落实和完成公司下达的全场各项经营指标。主要包括制定和完善孵化场的各项管理制度、技术操作规程；负责制定具体的工作措施，落实和完成各项任务；负责日常工作，监控本场的生产情况、员工工作情况，及时解决出现的问题；负责编排全场的经营生产计划、物资需求计划及全场直接成本费用的监控与管理。

5.2 技术员工作职责是在场长领导下，负责全场的具体技术工作。负责指导操作人员严格按相关技术规范、管理制度及每周工作日程进行生产活动；负责孵化档案管理及全场生产报表；负责场各种规章制度实施的监督指导工作；遇到无法确定情况应立即按程序报公司，公司应将确定的情况及时反馈。完成副场长下达的各项工作任务。

5.3 操作员工作职责是按照操作规程工作，确保安全生产。严格遵守各种规章制度，互相协作，正确使用保养各种机械设备，保障正常运行。按照各阶段工作程序的规定饲养要求和环境设定的标准认真工作。负责卫生区内的除草、卫生保洁和绿化工作。同时按要求认真填写记录报表。

5.4 机修工工作职责是保证全场设备的安全运行、检查与日常维护，记录运行情况，防止发生运行事故。负责保存好设备说明书及相关资料；检修设备要记录检修项目、检修责任人和检修后的验收情况，正常使用与检查维护；设备运行发生问题，有权停止设备运行，并报告场长及时组织抢修并记录。工作中要注重同其他部门之间保持密切联系，防止因设备问题影响正常生产、造成损失。

5.5 电工工作职责是保证场内用电及各种用电设备的正常运行。熟悉场内各种设备、机械的性能、操作技术及维修和使用注意事项；对设备及其电路要按说明书规定检查维修和保养，发现问题及时处理，排除一切隐患，保证设施及人身安全；保障配电室的安全，搞好配电室卫生及日常管理，禁止无关人员进入，防止发生意外；做好发电机的日常维护保养，定期试运行并记录，保证停电5分钟内并网发电，尽可能减少因停电给生产造成损失。工作中要注重同其他部门之间的保持密切联系，防止因供电问题影响正常生产、造成损失。

5.6 锅炉工工作职责是保证锅炉正常运行。应熟练掌握所用炉型的操作方法，做到会使用、会维修、会保养；严格执行安全技术操作规程，持证上岗，安全第一；做好水处理，按要求定期排污，保证生产、生活需要的正常温度；遵守各项规章制度，不脱岗、不睡岗，准时交接班；认真填写运行记录，支持巡回检查，发现问题及时处理。工作中要注重同其他部门之间保持密切联系，防止因锅炉问题影响正常生产、造成损失。

6 其他管理制度

6.1 要团结配合，服从领导指挥，工作时间不喝酒不打架，吸烟应远离易燃物品并不影响工作和环境卫生。

6.2 注重个人卫生，勤洗澡，勤修剪指甲，防止病原在身上藏匿。工作时，不吸烟，不吃东西，防止病从口入。

6.3 在工作中要注意人身安全，一旦身体的某个部位受伤，要迅速压挤出伤口内的血液，用清水把伤口冲洗干净后涂擦碘酊，再用消毒纱布包扎。注意观察，出现异常症状立即送医。

6.4 发现疑似患禽流感等疾病的鸡时，一般不进行剖检，应立即上报公司处置。对一般传染病进行剖检时，要用乳胶手套等保护用品。工作完毕后应及时全面消毒。

6.5 每年定期进行体检，尤其注意沙门氏菌病等的检查，防止交叉感染。

6.6 实行请假销假制度，有事提前请假，以便调整安排，防止耽误生产。

7 孵化场用工应符合《中华人民共和国劳动法》相关规定

第十五节 发电设备操作管理规范

1 范围

本标准规定了应急柴油发电机组事故供电的安全操作规程和技术操作规程。

本规范适用于肉种鸡孵化场生产。

2 职责

机电值班工负责发电机组的操作、监控、记录、清洁、维护保养及试运行等工作，并确保在全场失电的情况下为主要设备提供应急电源。

3 日常检查

3.1 发电机房应上锁，定期巡查发电机房，未经领导批准非工作人员严禁入内，特殊需要须经批准后由机电工陪同方可进入。

3.2 加强防火和消防管理意识，确保发电机房消防设施完好齐备，机房内禁止吸烟。

3.3 保持良好的通风及照明设施，门窗开启灵活。定期进行清洁卫生，保证机房和设备的整洁。

3.4 严格执行发电机定期保养制度，并做好保养记录。

4 定期保养

4.1 月度保养：清理机组外表面，检查调速制杆是否灵活、润滑各连接点，调整风扇及充电机皮带的张紧度，观察运转时各仪表读数与温度是否正常，并做好记录。

4.2 季度保养：检查空气流阻指示器，显示红色时清洁空气滤清器，润滑风扇皮带轮及皮带张紧轮轴承，并检查润滑油位，同时检查主要连接螺栓的坚固情况。

4.3 日常使用保养：运行超过一定时间（约500时间），应清除气门上的积炭，清除汽缸盖、汽缸、活塞连杆组的积炭，并用柴油清洗干净，必要时更换磨损坏的零件，更换机油；检查气缸头的螺栓、连杆螺栓的紧度，并做好记录。

5 操作手职责

5.1 熟悉工作方案、认真准备、精心操作、服从命令、听从指挥、坚决完成任务。

5.2 努力钻研业务技术、熟悉掌握分管柴油发电机组的性能，工作原理和构造，做到会操作，会检查调试，会维护保养，会排除一般故障。

5.3 严格遵守柴油发电机组的规定，做到不懂不动，不经请示不动，不是分管不动。

5.4 爱护设备，管理工具、器材和图纸资料。

5.5 认真总结工作经验，积累资料，及时填写清单。

5.6 严格遵守安全规则防止事故。

6 柴油发电机组管理规定

6.1 使用柴油发电机组要严格按操作、禁止蛮干、乱动，防止人员伤亡和损坏设备。

6.2 要及时填写设备清单，做到认真、详细。

6.3 柴油发电机组管理要严格实行岗位责任制，分工要明确，非本专业人员或考核不合格的操作手严禁上机操作。

6.4 维护保养时，程序要正规，手续要齐全，要在领导监督下实施。

6.5 坚持正规的领导检查制度。

7 柴油发电机组安全规则

7.1 三检查：工作台前要检查，工作中要检查，工作后要检查。

7.2 三不动：没有请示不动，不懂不动，一人在场不动。

7.3 有为时：及时请示报告，及时排除故障，及时解决各种问题。

7.4 二不准：不准在机房吸烟，机器工作时不准离人。

7.5 柴油机工作台时禁止乱拉电线，防止触电。

7.6 柴油机工作时，发现故障应立即停机检查。

7.7 冬季做好防冻缸体冻裂。

8 充电安全操作规程

8.1 工作时要穿好防护用具，严防酸液伤人。

8.2 电解液要用瓷缸或大玻璃瓶，禁止使用铁、铜锌等金属容器，严禁把蒸馏水倒入硫酸内，以防引起爆炸。

8.3 充电时要找电池正负极、把线柱和接柱，防止因混线短路造成火灾和反充电等事故。

8.4 充电中，要经常检查壳盖透气情况，防止由于气孔闭塞，电池内部压力上升，而导致电池外壳损坏。

8.5 不准在充电间用短路的方法检查电池的电压，防止迸出火花造成事故。

8.6 充电间要保持通风良好，不准将电解液泼洒、渗漏在地上，电池架上的电解液随时冲洗干净。

8.7 维修交流电路时，必须切断电源，严禁带电作业。

9 柴油发电机组的操作程序

9.1 启动前准备。

9.1.1 检查机油的油质的油量，是否有漏油现象。

9.1.2 检查柴油的存油量，是否有漏油。

9.1.3 检查冷却水的水量是否充足，是否有漏水现象。

9.1.4 对启动的线路和蓄电池的接线检查。

9.1.5 发电机组控制柜内部接线检查。

9.1.6 检查发电机组总开关是否在关的位置。

9.2 正常的电启动程序。

9.2.1 若装有气动预先润滑的柴油机，应先用润滑装置的润滑油润滑机组的所有运动部件，如果装有机油压力安全开关的柴油机，应将燃油旁通开关保持"启动"位置，直到机油压力达到48～69kpa，然后转到"运转"位置。

9.2.2 将油门调整到怠速，在机油压力表现怠整机油压力之前不要开大油门或加速到1000转以上，一般应在600～700转左右。

9.2.3 柴油机启动后不应马上供电，一般应在水温60度左右方可供电，否则容易拉缸的气缸产生裂纹。

9.3 监控：

9.3.1 听：运转声音是否均匀（包括燃油燃烧声，连杆、曲轴配合的撞击声，排气、进气等）。

9.3.2 摸：各部件温度是否正常。

9.3.3 看：排烟正常情况应为灰白色，黑色、白色、蓝色均不正常。

9.3.4 黑烟：过载、缸喷油泵供油不均匀、气门间隙供油不正确，密封不好、喷油太迟，部分燃油压力过低。

9.3.5 白烟：喷油有滴油现象、雾化不良喷油压力过多。

9.3.6 蓝烟：空气滤清器阻塞、进气不畅或滤清器中机油过多；活塞环卡死或磨损过多，弹性不足。

9.3.7 看仪表：根据说明书判断。

9.4 停机：

停机前应逐渐御去负荷，使柴油机在怠速（1000转左右/分），然后停机。出现下列情况应紧急停机。

9.4.1 机油压力表指针突然下降或无力。

9.4.2 冷却水温或油温急剧上升。

9.4.3 超速。

9.4.4 出现异常敲击声。

9.4.5 方法：切断气路，油路、紧急停机后应立即打开气缸盖放气螺塞或减压机构，用人力转动曲轴数圈。

第十六节　孵化设备管理规范

1　范围

本标准规定孵化场设备管理、维护、操作基本要求。

本标准适用于肉种鸡孵化场生产。

2　孵化机、出雏机日常维护

2.1　加湿管过滤网一月上旬和六月上旬各拆洗一次。

2.2　风门的马达齿轮、螺丝杆每月七至十日加一次植物油。

2.3　加湿快接管及喷嘴每周更换清洗一次（清洗要及时）。

2.4　电磁阀每周检查一次是否正常工作。

2.5　孵化机水盘内存水情况每天检查一次。

2.6　出雏机电机风扇叶每年拆下清洗一次。

2.7　出雏后，检查出雏机门和通风口密封橡胶带是否完好，加热管固定是否牢固。

2.8　入孵时，检查孵化机门密封橡胶带是否完好，翻蛋是否正常，及时更换破损灯泡。

2.9　落盘后，检查蛋车翻蛋架的螺丝是否松动，翻蛋气缸及报警线盒是否正常。

2.10　蛋车翻蛋架及车轮每六个月加一次油（四月一次、十月一次）。

3　动力室内设备日常维护

3.1　动力室及维修室内要及时清洗干净，中央空调过滤网3～4天清洗一次，要保持空气新鲜（动力室内禁止使用喷枪及水管冲地面和墙壁）。

3.2　每天要检查动力室设备各个部件，如罗丝松动、设备声音不正常要及时检修。

3.3　加湿泵、空气压缩泵每周排放积水一次。

3.4　中央空调轴瓦要定期加油（三个月）。

3.5　空气压缩泵油箱要定期换油（三个月）。

3.6　室外冷却塔要定期清洗换水。

3.7　水冷机过滤网、冷却水过滤网要定期拆洗。

3.8　动力室配电箱每周日除尘清扫。

4 车间内设备日常维护

4.1 车间内清洗机每月月初更换一次机油，消毒机每6个月更换一次机油。

4.2 高压泵要及时加甘油，定期更换曲轴箱内机油。

4.3 每周检查一次车间内各种电线是否有漏电现象。

4.4 蛋壳粉碎机、大清洗机要定期加油、换油。

4.5 雏车车轮、手推车轮、推雏小车车轮要定期注油（三个月）。

4.6 选雏转盘的四个轮子及机械、传送带要定期注油（三个月）。

4.7 每月检查一次车间内各种电器设备工作是否正常。

4.8 存雏、选雏、蛋库三台空调天天检查温度、湿度是否正常。加湿喷嘴及过滤网要每周清洗一次，外挂的散热器使用期间每个月清洗一次。

4.9 每周一检查照蛋器是否能正常工作，并作常规维护。

4.10 当车间内生产设备损坏时，应立即维修确保正常生产。

5 做好设备日常维护与使用记录

第十七节 孵化场档案管理规范

1 范围

本标准规定了肉鸡孵化场具有参考价值的文件记录资料存档基本要求。

本标准适用于肉种鸡孵化场生产。

2 档案管理员的职责

保证种孵化场的原始资料及单据齐全完整、安全保密和使用方便。

3 资料的收集与整理

3.1 归档资料包括孵化场的规划、年度计划、统计资料、经营情况、人事档案、会议记录、决定、委托书、协议、合同、项目方案、通知、生产日报、生产周报表、生产月报表、蛋库出入记录、孵化箱和出雏箱运转记录、消毒记录、免疫接种记录、雏禽质量跟踪记录、产品销售记录等。

3.2 计算并记录每一批次的受精率、受精蛋孵化率、入孵蛋孵化率、健雏率，对每批孵化情况出具分析报告。

3.3 归档资料实行"季度归档"及"年度归档"制度，即每年的四月、七月、十月，以及次年的一月为季度归档期，每年二月份为年度归档期。

3.4 在档案资料归档期，由档案管理员分别向孵化场各部门主管收集应该归档的原始资料。各主管应积极配合与支持。

3.5 凡应该及时归档的资料，由档案管理员负责及时归档。

3.6 各种孵化场专用的收、发文件资料,按文件的密级确定是否归档。凡机密以上级的文件必须把原件放入档案室。

4 不同资料要分类归档

5 档案的借阅

5.1 总经理、副总经理借阅非密级档案可直接通过档案管理员办理借阅手续。

5.2 因工作需要,公司的其他人员需借阅非密级档案时,由部门经理办理《借阅档案申请表》送总经理办公室主任核批。

5.3 孵化场档案密级分为绝密、机密、秘密三个级别,绝密级档案禁止调阅,机密级档案只能在档案室阅览,不准外借;秘密级档案经审批可以借阅,但借阅时间不得超过4小时。秘密级档案的借阅必须由总经理或分管副总经理批准。总经理因公外出时可委托副总经理或总经理办公室主任审批,具体按委托书的内容执行。

5.4 档案借阅者必须做到。

5.5 爱护档案,保持整洁,严禁涂改。

5.6 注意安全保密,严禁擅自翻印、抄录、转借、遗失。

6 档案的销毁

6.1 孵化技术资料应归档保存 2 年以上。

6.2 孵化场任何个人或部门非经允许不得销毁档案资料。

6.3 当某些档案到了销毁期时,由档案管理员填写《档案资料销毁审批表》交总经理办公室主任审核,经总经理批准后执行。

6.4 凡属于密级的档案资料必须由总经理批准方可销毁;一般的档案资料,由总经理办公室主任批准后方可销毁。

6.5 经批准销毁的档案,档案管理员须认真核对,将批准的《公司档案资料销毁审批表》和将要销毁的档案资料做好登记并归档。登记表永久保存。

6.6 在销毁公司档案资料时,必须由总经理或分管副总经理或总经理办公室主任指定专人监督销毁。

第十八节 孵化场自检管理规范

1 范围

本标准规定了孵化场自检管理相关规则。
本标准适用于大型孵化场生产。

2 自检内容与注意事项

2.1 对机构与人员、厂房与设施、设备、物料与产品、确认与验证、文件管理、生产管理、质量控制与质量保证、委托生产与委托检验、产品发运与召回等项目及上次自检整改要求的落实情况定期进行检查。

2.2 自检回避制度：各部门的负责人及其他小组成员不参与本部门的现场检查与文件检查。

3 自检频率

3.1 要视规范的执行情况和企业质量水平而定，至少每年全部检查一次；生产期间，各部门负责人可根据GMP实施情况对需重点检查的部门每月实行不定期检查。

3.2 必要时，出现下列情况时进行特定的自检。

3.3 质量投诉后，如有必要。

3.4 质量管理相关事故或事件证实质量管理体系出现重大偏离。

3.5 重大法规环境变化（例如新版GMP实施）。

3.6 重大生产质量条件变化（例如新项目、新车间投入使用）。

3.7 重大经营环境变化（例如企业所有权转移）等。

4 自检程序

4.1 自检计划的制定：

4.1.1 质量管理部应在每年底会同其他部门，建立年度自检计划，规划第2年进行自检的次数、内容、方式和时间表。

4.1.2 特定自检计划应在质量管理部会同相关其他部门进行专门会议后，针对特定情况制定自检的内容、方式、时间表等。

4.2 自检的准备工作：质量管理部QA主管根据自检计划，在实施计划前进行相应的准备工作，确认是否开展自检工作。

4.3 自检小组的建立：自检小组组员由总经理、质量管理部经理、各部门负责人组成。需明确相关职责：管理层职责、质量管理部职责、自检小组组长职责、自检小组成员职责、受检部门职责。

4.4 自检检查明细的制定：应制定检查明细，为自检提供检查依据。检查明细的制定可以参考GMP检查细则或其他的法律法规，也可以依据本公司标准操作规程。

4.5 制订自检记录表：根据自检计划要求，制订详细的自检记录表格，包括检查人员职责、检查明细、受检部门负责人、检查情况记录等。

4.6 自检的实施：

4.6.1 准备会议：明确自检人员及分工，确认自检方案，介绍自检范围需要关注的发生频率较高的缺陷等。注意遵循自检回避制度。

4.6.2 现场检查和文件检查：自检人员展开调查，收集检查证据，通过记录必要的信息来确认缺陷项目。

4.6.3 总结会议：邀请被检查部门人员参与，会议上需澄清所有在自检过程中发现的缺陷与实际情况，初步评估缺陷的等级，以及相应的纠正和预防措施。

4.6.4 自检实施具体要求：检查时被检查部门的主要负责人陪同检查，听取并记录检查的问题。必要时应召开会议，分析和商讨解决问题办法，务必使相同问题在下次检查时不得重复出现。

4.7 缺陷的评估：

4.7.1 严重缺陷：可能导致潜在健康风险的，可能导致官方执行强制措施的或严重违反上市或生产许可证书的缺陷。

4.7.2 重大缺陷：可能影响成品质量的单独的或系统的GMP/质量相关的缺陷。

4.7.3 次要缺陷：不影响产品质量的独立小缺陷。

4.7.4 在缺陷的确定过程中，应注意：如果发现严重或重大缺陷应列出所依据的内部和外部规定，避免个人意见和假设，发现问题应有真实证据，区分个别问题和系统问题，将发现的问题和缺陷合并组合（关联），以确定自检中的系统问题。

4.7.5 所有的缺陷项目都应按照一定的规则编号，以便追溯和索引；所有缺陷和建议（如果有的话）应另外编制缺陷列表，以便追踪相关的纠正预防措施。

4.8 纠正和预防措施的制定和执行：根据缺陷的严重程度制定相应的纠正和预防措施，指定责任人、计划完成时限等。建立一个有效的追踪程序，追踪纠正和预防措施的执行情况。

4.9 自检报告：

4.9.1 检查完毕由自查小组负责人在两个工作日内写出书面自检报告和整改通知书交总经理批准，内容至少包括自检过程中观察到的所有情况、评价的结论，以及提出纠正和预防措施的建议，自查整改通知书下发各部门，以便质量管理部跟踪整改进度和结果。

4.9.2 每次自检和整改结束，应开会讨论整改结果并写出总结报送总经理。相应会议记录及自检相关记录和报告均由质量管理部留档一份。

第三章 肉鸡饲养

第一节 标准化立体笼养商品肉鸡场建设规范

1 范围

本标准规定了标准化立体笼养商品肉鸡场的建设的基本要求与建设工艺。

适用于新建和改（扩）建的标准化笼养商品肉鸡场。

2 规范性引用文件

下列文件对于本文件的应用是必不可少的。凡是注日期的引用文件，仅所注日期的版本适用于本文件。凡是不注日期的引用文件，其最新版本（包括所有的修改单）适用于本文件。

GB 5749－2006 生活饮用水卫生标准

GB 7959 粪便无害化卫生标准

GB 16548 病害动物和病害动物产品生物安全处理规程

GB 18596 畜禽养殖业污染物排放标准

HJ/T 81 畜禽养殖企业污染物防治技术规范

NY/T 388 畜禽场环境质量标准

《中华人民共和国畜牧法》

《中华人民共和国动物防疫法》

3 选址要求

首先必须满足在城市建设、工业建设及其他建设的规划区外的大前提下，按照肉养殖的相关技术要求进行鸡舍建设的选址，选址应满足以下的条件。

3.1 地势、地形：养鸡场应建在地势高燥的地方，远离沼泽湖洼，避开山坳谷底。地下水位在2米以下，地势在历史洪水线以上。场址向阳，光线充足。如系山坡，宜选择南坡或东南坡，能避开西北方向的风口地段。场区空气流通，无涡流现象。地面平坦或稍有坡度，排水便利，场区内不积水。地形开阔整齐，利于建筑物布局和建立防护设施。

3.2 地质、土壤：应避开断层、滑坡、塌陷和地下泥沼地段。要求土质透气透水性强、吸湿性和导热性小、质地均匀、抗压性强，以砂壤土类最为理想。

3.3 气候、环境：所在地应有较详细的气象资料。环境应安静，具备绿化、美化条件。无噪声干扰或干扰少，无污染。

3.4 水源、水质：水源包括地面水、地下水和降水等。资源量和供水能力应能满足鸡场的总需要，且取用方便、省力、处理简便、水质良好。

3.5 交通：要求交通便利，能保证货物的正常运输。

3.6 电源：不仅要保证满足最大电力需要量，还要求常年正常供电，接用方便，经济。最好是有双路供电条件或自备发电机。

3.7 卫生防疫的要求：应位于非禁养区内。符合《动物防疫条件审查办法》相关规定要求，并视鸡场有无规模化粪污处理方式和能力、居民区密度、常年主风向等因素而决定，以最大限度地减少干扰和降低污染危害为最终目的，在相关规定的基础上尽量远离。

4 鸡场内布局

总体规划：要综合考虑鸡舍朝向、鸡舍间距、道路、排污、防火、防疫等方面的因素。

分区布局一般为：生产、行政、生活、辅助生产、污粪处理等区域。

4.1 生产区：鸡舍的朝向一般根据当地的主要季风方向而定，避免侧墙迎风，减少鸡舍受风影响，冬季侧墙迎风可以通过连通管、防风聚能棚来解决。

4.2 生活行政区：生活区、生产区要分开，有明显的隔离界限。考虑保护人的工作和生活环境，尽量使其不受饲料粉尘、粪便、气味等污染；其次要注意生产鸡群的防疫卫生，杜绝污染源对生产区的环境污染。应以人为先，污为后的排列为顺序。

4.3 粪污处理区：一般在全年季风的下风口，污水排放的下游。

4.4 水井：一般在污水排放的上游且远离粪场，地势高低及水流方向依次为生活区、行政区、辅助生产区、生产区和污粪处理区。

4.5 场区内隔离：一般强调两个隔离，一般生产区与生活区建立隔离；生产区与粪场、污水排放处、死鸡处理设施之间建立隔离，绿化围墙等有隔离防疫的作用。

4.6 辅助生产区：水井、水处理、蓄水池（避免污染便于操作）、配电室（便于操作、节约成本）。

5 标准化鸡舍（三层笼养）土建

5.1 地基：冻土层以下，基础深1.2米（北方），打钎拍底，混凝土垫层，砼C15，砖基础砌筑砂浆M7.5，基础砌砖由50厘米宽经两步放脚到37墙，鸡舍内外高差0.3米。

5.2 墙体（包括墙面厚度和墙体高度）：推荐37墙加5厘米厚保温层，砖混结构，砌筑砂浆M5。墙体高度2.8米，高出最上层鸡笼0.8～0.9米。

墙体沿墙每高50cm设置一道拉结筋3Φ6。构造柱400×360，砼为C25，配筋6Φ12Φ6@200，构造柱在混凝土底板处生根。墙体在2.45米处设砼圈梁一道，配筋5Φ12Φ6@250。门窗口设过梁。圈梁过梁砼柱为C25。

5.3 屋面结构：屋面为双坡式100mm彩钢板（容重为14千克）屋顶；大坨跨度为12.57米，间距5.5；柁的上弦为20号工字钢，中间用20厘米×20厘米、厚1厘米的钢板将工字钢两面对帮焊，下弦为直径1.8厘米的钢筋，中间用花篮螺栓链接；檩条为100C型钢，单坡檩条7根。

5.4 舍内土建：地面做法垫层C20砼，面层C25砼，中间高两面低便于清洗排水。后面粪沟深0.45米，粪沟与地面水泥沙浆面层。鸡舍内部墙面、走道表面、粪沟表面要力求平整，不留各种死角，以减少细菌的残留为原则。因舍内经常要消毒冲刷，因而地面与墙面的面层要坚固、耐用，墙面批白水泥。

5.5 密闭式通风系统：推荐采用通风小窗＋湿帘＋温控系统的纵向负压通风方式。

5.5.1 通风口：在侧墙上安装通风小窗（小窗大小0.57米×0.27米），小窗中心间距4米，小窗安装在墙体圈梁以下，小窗在鸡舍两侧安装必须要求对称，小窗上沿必须安装导风板，导风板切忌水平安装，否则会对两侧鸡群造成严重的应激。

5.5.2 风机：在后山墙安装风机17台（功率1.1千瓦），风机轴心与鸡笼中心持平，最下一层离地面高度：大风机25厘米。

5.5.3 水帘降温系统：在鸡舍前端安装水帘，水帘安装在鸡舍前山墙内部（不要镶嵌在框内），水帘高2.55米，宽度与鸡舍前山墙同宽，分三小块，水帘厚度为150毫米。前山墙安装10厘米厚彩钢复合板门，用于冬季保暖。

5.5.4 温控系统：采用AC2000简版温控器。

5.6 锅炉供暖系统：鸡舍采用100毫米热镀锌翅片暖气管道供暖，管道要均匀安装在鸡笼下层，每列为一个循环，两侧墙高50厘米处各安装一组翅片暖气管道。供暖水流方向和通风方向一致。

5.7 密闭式光照系统：灯泡应高出顶层鸡笼45厘米，位于过道中间和两侧墙上。灯泡距地面2.4米，间距3.0米，灯泡交错安装，两侧灯泡安装墙上。

6 配套设施设备

6.1 饲料设备设施：机械化喂料设备、人工喂料。

6.2 控温设备：加温设备（热风炉、保温伞、温控器等），降温设备（风机、湿帘、控制系统等）。

6.3 消毒设施：消毒池、消毒间、消毒器械。

6.4 兽医室：应设在隔离区内，应有必要的检验测定设备。

6.5 供排水设施：供水设施应坚固且不漏水，采用生产、生活、消防合一的供水系统。排水系统应实行雨水与污水收集输送系统分离。

6.6 供电设施：采用当地电网供电，供配电系统应保障人身、设备安全、供电可靠、电力负荷为二级。

7 卫生防疫

7.1 鸡舍四周建有围墙、防疫沟，并有绿化隔离带，鸡场大门和后门入口处设有强制消毒设施。

7.2 生产区和生活管理区应严格隔离，在生产区入口处设人员淋浴更衣消毒室，在鸡舍门口设消毒池、洗手盆。

8 消防

8.1 应采用经济合理，安全可靠的消防措施，符合GBJ 39的规定。

8.2 消防通道可利用场内道路，紧急状态时能与场外公路相通。

9 环境保护

9.1 环境卫生：

9.1.1 新建鸡场应进行环境评估，符合 NY/T 388 的规定。

9.1.2 采用废弃物减量化、无害化、资源化处理的生产工艺。

9.2 粪便污水处理：

9.2.1 鸡场应设有粪便储存和处理设施，处理过的粪便符合 GB 18596 和 GB 7959 的规定再运出场外。

9.2.2 鸡场的污水治理参照 HJ/T 81 的规定，排放符合 GB 18596 的规定或者零排放。

9.3 病死鸡尸体处理：应符合 GB 16548 的规定及其他相关法规要求。

9.4 空气质量：场区内空气质量应符合 NY/T 388 的规定。

10 以上谨供参考。实际建设时以建筑部门、其他相关部门或机构出具的设计方案及规定要求为准

第二节 肉鸡场供水系统建设技术规范

1 范围

本规范规定了标准化肉鸡养殖场供水系统建设内容、选址、布局、技术参数、卫生指标等基本要求。

本规范适用于规模化商品肉鸡场。

2 规范性引用文件

下列文件对于本文件的应用是必不可少的。凡是注日期的引用文件，仅所注日期的版本适用于本文件。凡是不注日期的引用文件，其最新版本（包括所有的修改单）适用于本文件。

GB 5749 生活饮用水卫生标准

NY 5027－2001 无公害食品畜禽饮用水水质标准

《中华人民共和国动物防疫法》（2007 年主席令第 71 号）

《中华人民共和国环境保护法》

《中华人民共和国动物防疫法》

《中华人民共和国水污染防治法》

《畜禽养殖污染防治管理办法》

《中华人民共和国畜牧法》

3 选址

供水系统应选择在场内净区、水源充足、水质硬度低于 100ppm，pH 值 6.0～8.0，

地下水经过处理后应符合饮用指标。

4 水质和防水质污染

4.1 场区用水系统的水质应符合现行国家标准《生活饮用水卫生标准》GB 5749－2006 的要求。

4.2 雨水等非场区用水管道严禁与场区引用水管道连接。

4.3 场区饮用水不得因管道内产生虹吸、背压回流而受污染。

4.4 卫生器具、用水设备和构筑物等的生活饮用水管配件出水口应符合下列规定：

4.4.1 出水口不得被任何液体或杂质所淹没。

4.4.2 出水口高出承接用水容器溢流边缘的最小空气间隙，不得小于出水口直径的 2.5 倍。

4.5 埋地式生活饮用水贮水池周围 10m 以内，不得有化粪池、污水处理构筑物、渗水井、垃圾堆放点等污染源，周围 2m 以内不得有污水管和污染物。当达不到此要求时，应采取防污染的措施。

4.6 建筑物内的生活饮用水水池（箱）应采用独立结构形式，不得利用建筑物的本体结构作为水池（箱）的壁板、底板及顶盖。生活饮用水水池（箱）与其他用水水池（箱）并列设置时，应有各自独立的分隔墙。

4.7 饮用水水池（箱）的构造和配管应符合下列规定：

4.7.1 入孔、通气管、溢流管应有防止生物进入水池（箱）的措施。

4.7.2 进水管宜在水池（箱）的溢流水位以上接入。

4.7.3 进出水管布置不得产生水流短路，必要时应设导流装置。

4.7.4 不得接纳消防管道试压水、泄压水等回流水或溢流水。

4.7.5 水池（箱）材质、衬砌材料和内壁涂料，不得影响水质。

4.7.6 当饮用水水池（箱）内的贮水 48h 内不能得到更新时，应设置水消毒处理装置。

5 管材、附件及水表质量与安装要求

5.1 供水系统采用的管材和管件，应符合国家现行有关产品标准的要求。管材和管件的工作压力不得大于产品标准公称压力或标称的允许工作压力。

5.2 埋地供水管道采用的管材应具有耐腐蚀和能承受相应地面荷载的能力。可采用塑料给水管、有衬里的铸铁给水管、经可靠防腐处理的钢管。管内壁的防腐材料，应符合现行的国家有关卫生标准的要求。

5.3 室内的供水管道，应选用耐腐蚀和安装连接方便可靠的管材，可采用塑料或树脂给水管、塑料和金属复合管、铜管、不锈钢管及经可靠防腐处理的钢管。

5.4 供水管道上使用的各类阀门的材质，应耐腐蚀和耐压。根据管径大小和所承受压力的等级及使用温度，可采用全铜、全不锈钢、铁壳铜芯和全塑阀门等。

5.5 给水管道的下列管段上应设置止回阀：

5.5.1 直接从城镇给水管网接入小区或建筑物的引入管上。但装有倒流防止器的管段，不需再装止回阀。

5.5.2 密闭的水加热器或用水设备的进水管上。

5.5.3 水泵出水管上。

5.5.4 进出水管合用一条管道的水箱、水塔和高地水池的出水管段上。

5.6 水表应装设在观察方便、不冻结、不被任何液体及杂质所淹没和不易受外力损坏之处。

6 设计及建设要求

6.1 上水井：每10万羽肉鸡应选用2.5寸、出水压力为2.5～3千克自吸泵两台（一备一用），每小时流量约为50～60吨，以满足鸡只饮用需要，井深在70～100米深层水源。

6.2 水处理设施：

6.2.1 爆氧池与蓄水池：一般爆氧池的容积为蓄水池的二倍，蓄水池容积为0.5千克/羽，水池下卧到地下防止涨裂，做防水处理，同时注意池水与外界的间隔避免二次污染。屋内留有供暖设施避免冬季冻胀。

6.2.2 过滤罐及工艺流程：

6.2.2.1 沉淀工艺通常包括混凝、沉淀和过滤。处理对象主要是水中悬浮物和胶体杂质。原水加药后，经混凝使水中悬浮物和胶体形成大颗粒絮凝体，而后通过沉淀池进行重力分离。过滤是利用粒状滤料截留水中杂质的构筑物，常置于混凝和沉淀构筑物之后，用以进一步降低水的浑浊度。

6.2.2.2 除异味的方法取决于水中异味的来源。对于水中有机物所产生的异味用活性炭吸附或氧化法去除；对于溶解性气体或挥发性有机物所产生的异味可采用曝气法去除；因藻类繁殖而产生的异味也可在水中投加除藻药剂；因溶解盐类所产生的异味可采用适当的除盐措施等。

6.2.2.3 当地下水中的铁、锰的含量超过饮用卫生标准时，需采用除铁、锰措施。常用的除铁、锰方法是自然氧化法和接触经法。前者通常设置曝气装置、氧化反应池和砂滤池，后者通常设置暴气装置和接触氧化滤池。铁、锰分别转变成三价铁和四价锰沉淀物而去除。

当水中含氟量超1.0mg/L时，需采用除氟措施。除氟方法基本上分为成两类：一是投入硫酸铝、氯化铝或碱式氯化铝等使氟化物产生沉淀，二是利用活性氧化铝或磷酸三钙等进行吸附交换。

6.2.2.4 反渗透所用的设备，主要是中空纤维式或卷式的膜分离设备。反渗透膜能截留水中的各种无机离子、胶体物质和大分子溶质，从而取得净制的水。也可用于大分子有机物溶液的预浓缩。鸡场可根据本场水质实际需要选用。

6.2.2.5 过滤控制系统要考虑到操作简单易行，目前多采用电磁开关设计，主要有故障率低，可操作性强，可以自动控制等优点。

6.3 供水管路应采用与井泵相匹配的管径，要做分水缸处理，单栋单供，避免供水不均现象的出现。

6.3.1 外供水管路：考虑到冬季气温低的特性为防止水管冻胀，采用外供水管道深埋冻层以下并作保温处理。

6.3.2 舍内供水主管线：一般选用1.2寸树脂管内外光滑不利于脏物附着，舍内管线入口要有PP棉过滤器。

6.3.3 舍内供水分管线：每条水线头端要有调压阀；以满足不同日龄雏鸡的饮用需要，水线采用2×2方管水线，壁厚能阻断阳光的照射，乳头选用双封锥阀，标准为可以360度出水，侧击最大出水量为50mL/分钟，顶击出水量不低于120mL/分钟。不加接水杯利于整条管线全封闭到鸡只口中。

7 地下部分重要供水设施应设明显标志，供水系统设计图纸等档案材料应存档保存

第三节 立体笼养商品肉鸡饲养管理技术规程

1 范围

本标准规定了三层笼养商品鸡饲养管理技术及操作工艺基本要求。
本标准适用于标准化三层笼养商品肉鸡生产。

2 规范性引用文件

下列文件对于本文件的应用是必不可少的。凡是注日期的引用文件，仅所注日期的版本适用于本文件。凡是不注日期的引用文件，其最新版本（包括所有的修改单）适用于本文件。

GB 16548－2006 病害动物和病害动物产品生物安全处理规程
NY/T 1168－2006 畜禽粪便无害化处理技术规范
GB/T 25886－2010 养鸡场带鸡消毒技术要求
《病死及病害动物无害化处理技术规范》农医发〔2017〕25号
《中华人民共和国兽药典》农业部公告第2438号
《中华人民共和国畜牧法》
《中华人民共和国动物防疫法》

3 定义与术语

3.1 全进全出制：同一鸡舍或同一鸡场只饲养同一批次的肉鸡，同时进场，同时出场的管理制度。

3.2 立体笼养：采用标准化鸡舍、3层及以上的层叠式鸡笼、配备自动化饲喂、粪污清理及环境控制设备，进行集约化商品肉鸡生产的饲养模式。

4 进鸡前管理要点

4.1 雏鸡到达前的准备：
4.1.1 对育雏人员进行切实有效的培训。
4.1.2 运输鸡雏的车辆必须经过有效的消毒。
4.1.3 根据雏鸡的不同品种制定合理的饲养程序，这样有利于生产性能的发挥。
4.1.4 在雏鸡到达前，鸡舍内的育雏设备和用具都应经过严格的清洗和消毒，并确认相关电器和设备能正常使用。

4.1.5 在育雏期，所有人员、车辆和物品只能在经过有效的消毒后才能进入育雏场或育雏鸡舍，以确保种鸡场的生物安全和鸡雏健康。

4.2 接雏前的准备工作：

4.2.1 雏鸡到达前，鸡舍内的各种设备、用具要经过彻底的消毒，并应将福尔马林气味排放干净。

4.4.2 鸡舍预温（冬季提前5天，春季、秋季提前3天，夏季提前2天），以保证雏鸡入舍后的温度不低于32℃的饲养要求。同时对鸡舍内相关设备试运行，尤其是供暖和通风设备，以保证设备的正常运行。

4.2.3 进鸡前，需要确认鸡舍的进风和排风设置是否满足最小通风量的要求，在保证温度的前提下进行适量的通风，注意不能让冷空气直接吹到雏鸡身上，同时还要保持整栋鸡舍的温度均衡。

4.2.4 雏鸡到达前12小时，整舍升温鸡背高度的室温应该达到32℃。同时将干净的饮水放置在鸡舍内进行预温至26℃～28℃，或者前三天烧开水放凉，以保证雏鸡入舍后能及时喝到适宜温度的饮水，减少应激和拉稀。

4.2.5 要注意鸡舍门口脚踏消毒盆的容量和位置。消毒盆要及时更换消毒液以保证其消毒效果。必须保证人员踩踏时双脚均能踏进消毒盆内，消毒液面要能没过鞋面。

4.3 接雏：

4.3.1 运雏车到场后要仔细消毒，查看运雏记录和发鸡单、消毒检疫单、合格证、记录雏鸡数量、盒数，确定分栏方案。

4.3.2 对于不同来源的雏鸡，尽可能将相同来源的雏鸡安排在同一栋饲养，并依据雏鸡的生长发育情况适时调整饲养方案，这样有助于提高育成期的均匀度。

4.3.3 搬运鸡雏。工作人员分为两队，一队负责搬运，一队负责摆放。雏鸡盒在舍内的高度不要超过2盒，且需留有一定的空间便于散热和空气交换，并在最短时间内放入鸡笼；雏鸡盒均应水平放置，避免因雏鸡盒倾斜造成雏鸡在盒内的局部拥挤而导致死亡。

4.3.4 抽查鸡盒内的鸡数，如有差异及时上报。

4.3.5 采取中层育雏方案，新进鸡雏应先饲养在中层笼。

4.3.6 对雏鸡进行入舍体重的抽样称重（2%），并以此作为7日龄体重达标与否的参考数据。

4.3.7 为避免早期感染减少应激，饮水中添加抗生素、多种维生素，每次足够饮水2小时用即可。

5 饲养管理要点

5.1 雏鸡初入舍期间饲养管理要点：

5.1.1 温度控制：用红外测温仪测定鸡笼底板温度，必须保证底板温度能达到32℃。最重要的温度管理原则是"看鸡施温"，即通过观察雏鸡的行为表现来判断温度是否合适。另外还可将鸡爪贴在脖子或者脸颊上感受鸡爪的温度。95%以上的鸡只鸡爪温度应该是温的，如果发凉的鸡只较多，则需要升温。

5.1.2 湿度控制：强调育雏第一周舍内湿度不低于65%。前一周提高湿度的主要作用：有利于雏鸡上呼吸道黏膜的良好发育，预防慢性呼吸道病的发生，同时也预防脱水应激。

5.1.3 雏鸡入舍后，在保证温度的前提下，进行适量的通风，这在育雏的前三天有着重要的意义。不要片面强调前3天的保温，而忽视适量通风的重要性。

5.1.4 雏鸡入舍后，开水、开料同时进行。料盘和饮水器要放置均匀且水平，以便于雏鸡的采食和饮水。要注意密切观察鸡群的活动表现和分布情况，观察其饮水和采食的情况。对饲料和饮水的添加应遵循"少量多次"的原则。因鸡群活动区域内的温度较高，很容易使饲料和饮水中的营养成分丧失，一般4个小时更换一次饮水和饲料。切记勿断料、水。

5.1.5 引导小鸡喝水、吃料。逐笼逐只检查雏鸡的嗉囊情况。进鸡后6~8小时饱食度60%~80%，24小时达到95%~100%。进鸡后12小时有料有水的鸡只要达到90%以上，进鸡后24小时有料有水的鸡只要达到100%。饱食率达不到以上各时段要求的，要迅速查找原因补救。重点检查环境、供水、供料系统等。将其中未能有效饮水和采食的雏鸡挑出单独饲养。

5.1.6 料盘一般应用到3~4天，然后过渡到料槽；可以开始就使用乳头饮水系统，也可以前几天使用小水塔，然后过渡到乳头饮水线。

5.7.7 理想指标：一日龄净采食量能否达到12克以上，第四日龄净采食量能否达到26克以上，一周末体重能不能达到初生重的5倍以上。

5.2 全期饲养管理要点：

5.2.1 温度管理要点：整个饲养期的环境温度要求见附录A。观察雏鸡的表现，尽量让小鸡舒服。温度合适的话鸡会均匀的分布，表现出各式各样的行为（吃料、喝水、休息和嬉戏），轻轻地叫。鸡太热时就会远离热源、喘气，表现得十分安静，翅膀可能下垂，太冷则会聚集在热源周围、扎堆而且表现得不安、吵叫。鸡舍确保无贼风。育雏适宜环境温度图示见附录B。

5.2.2 湿度管理要点：0至20日龄目标湿度65%，21日龄至出栏目标湿度60%，实际湿度保持在目标湿度的±5%。湿度不足的情况下，要自动开启喷雾加湿系统来提高鸡舍湿度。并调整合适加湿时间保证在雾滴不落在鸡身上。若湿度高于目标5%则要通过自动控制加大通风来降低舍内湿度。

5.2.3 空气质量（通风）管理要点：

5.2.3.1 进鸡前15天，根据季节特点按照通风计算表制定通风方案，并输入控制器内。

5.2.3.2 每天监测空气质量。每周由设备工程师负责检查一次鸡舍内的排风扇的运转情况，发现问题时及时解决，以保证风扇的效率。每周按照程序清理鸡舍内的灰尘，做到料线、料箱、水线、墙壁上无灰尘。

5.2.3.3 控制系统的最小通风、过渡通风、纵向通风及其配套进风系统能自动转换，控制鸡舍温差范围在合理区间。使用横向通风时不超过目标温度±2℃，使用过渡和纵向通风时不超过目标温度±2.5℃。

5.2.3.4 风速要求：

14日龄前，经过鸡背的风速应该尽可能低，小于0.20m/s。

15～21日龄，风速应该不超过0.51m/s。用过渡通风系统，同时考虑体感温度。

22～28日龄，要限制风速不超过1.02m/s。用过渡通风系统，同时考虑体感温度。

29日龄以后，风速一般掌握在1.5～2.5m/s，可以考虑用水帘蒸发降温系统，同时考虑体感温度和相对湿度。

5.2.3.5 良好的空气质量标准见附录C。为了获得最好的生产成绩，14日龄以后就要考虑体感温度而不是实际温度。

5.2.4 光照管理要点：每批鸡进鸡前要制定好光照计划，参见附录D。控制光照程序时一定要固定关灯时间，通过调整开灯时间来调节光照时间。每天查舍都需要检查光照强度是否符合标准，整个饲养期光线应该均匀地分布。公母分养时，母鸡的光照时间比公鸡延长2小时为宜，因为母鸡需要更长的采食时间。出栏前1天全天光照。

5.2.5 饮水管理要点：

5.2.5.1 采取自由饮水方式。

5.2.5.2 尽早使用水线饮水，建议雏鸡到场开水后即可使用水线。育雏期的工作量比较大，早用水线既可以降低工人的劳动强度，还能保证饮水卫生。

5.2.5.3 水线高度从进雏日开始隔一天提高一次。1～2日龄水线乳头距笼底8～10cm，一般是乳头与小鸡的眼睛平齐。

5.2.5.4 每周至少测定一次水线乳头出水量。测定每条水线的末端乳头出水量，要求水线末端乳头出水量达标准，且保证水线乳头不堵塞。

5.2.6 饲喂管理要点：自由采食和定期饲喂均可。饲料中可以拌入多种维生素类添加剂。上市前7天应饲喂不含任何药物及药物添加剂的饲料或严格执行停药期规定。每次饲喂添料量应根据不同品种、日龄的需要确定，保持饲料新鲜，防止饲料霉变。

5.2.6.1 准确记录日采食量，以便尽早发现鸡舍、设备及鸡群存在的问题。

5.2.6.2 适当采用控制喂料的管理办法：8～28日龄下午5～7点完全控料，即让鸡把料具中的饲料吃净后再控制2～3个小时。

5.2.6.3 在0～1周和5周以后两个关键期采取措施刺激鸡只多采食。

5.2.7 饲料管理要点

5.2.7.1 根据进鸡计划确定进料的时间和进料量。首次进料时间一般是进鸡前2天，若是周一进鸡则需要提前3天。进料量根据进鸡数、饲养标准和饲养方案来确定。

5.2.7.2 场内料塔要保证鸡群正常采食2天的存料量。节假日期间的进料情况要提前安排，保证料塔的存料量满足鸡群需求。

5.2.7.3 随着鸡的生长发育，应饲喂不同营养浓度的饲料，需定期更换饲料。根据饲料计划中每种料号的使用时间确定料量，并在换料前一天进需要换的料，打料时两种料号逐渐过渡。每一种饲料料号更换前3天，都要与上一种饲料混合食用。

5.2.8 分群要点：饲养期内需要2次分群。以三层笼养为例，推荐第一次分群应结合首免在8～9日龄时进行，由中层向上层转移1/3；第二次分群夏季于12～13日龄、冬季于14～15日龄时进行，由中层再向下转移1/3。分群时采取"留弱不留强"的原则，体重大的健雏先分出，弱小者留下。夏季由于温度高可适当提前分笼，冬季由于鸡笼上下层温差大，可适当推迟分笼时间，并且下层笼中可多放1只。

5.2.9 体重监测要点：每周龄末称重，每次称重时间固定。称重最好选择在闭光后，以免造成惊群引起应激，每次称重位置应有代表性并固定。准确记录鸡数和体重，称重结果不扣嗉料。计算平均体重和均匀度情况。对称重结果进行分析，体重不达标的，查找原因。

5.2.10 观察鸡群健康状况要点：

5.2.10.1 每天对所管辖的栋舍进行检查，观察鸡群采食、饮水、活动及分布情况。

5.2.10.2 夜晚闭光30分钟后，进每栋舍听呼吸道情况，做好记录并上报。听的位置包括鸡舍前、中、后三个区域，并尽量避开暖风机和风扇工作时进行。闭光和白天进舍各处听到鸡群中如有零星甩鼻、喷嚏、咳嗽声、呼噜声或喘鸣声，则表明鸡有呼吸道问题。疫苗反应免疫后一般5~7天恢复正常，如果呼吸道持续加重，应立即查找原因。

5.2.10.3 每天分早晚两次观察鸡粪便情况：鸡粪的稀稠和成型状态、鸡粪的色泽和味道，发现异常，立即报告。

5.2.11 巡查清理死淘鸡工作要点：

5.2.11.1 饲养及技术人员每天在固定时间进行检查，将死淘鸡拿出舍外，并做好记录。对病死鸡和淘汰鸡统计数量分析原因，异常情况上报，并填写死淘记录。

5.2.11.2 每次捡死鸡、淘鸡要按笼逐个进行查看，避免疏漏。鸡笼两侧都要检查，避免遗漏死鸡、淘鸡。

5.2.11.3 捡死、淘鸡时，要做好死淘鸡分布记录表，及时分析死淘原因，填写死淘鸡分析表。

5.2.11.4 捡死、淘鸡时要有专用防护胶手套，捡出的死淘鸡放入专用容器内，用消毒液全身浸泡后，装袋运出鸡舍外。技术人员解剖分析后，按要求及时将死淘鸡投入无害化处理设施内，对有关器具进行消毒。

5.2.11.5 病死鸡无害化处理按GB 16548—2006和农医发〔2017〕25号文件有关要求执行。

5.2.12 粪污处理工作要点：

5.2.12.1 每天固定时间进行舍内刮粪工作。

5.2.12.2 刮粪时，打开设备顺序为：中央传粪带、斜向传粪带、绞龙、舍内传粪带。刮粪完成时，关闭设备顺序为：舍内传粪带、绞龙、斜向传粪带、中央传粪带。

5.2.12.3 刮粪时，设备工程师要时刻观察设备，及时调整偏离的传粪带。每次刮完粪后将鸡舍末端绞龙附近残留鸡粪清扫干净，同时将传粪带末端的刮粪板和传粪带上的残留鸡粪清理干净。每次清完粪后把出粪口封堵严。

5.2.12.4 要求从5日龄开始刮粪。5~14日龄2天刮粪1次。14~28日龄1天刮粪1次。28至出栏1天刮粪2次。

5.2.12.5 刮粪及时，要求舍内无氨气味。每次刮粪后清理干净鸡舍末端，密封好出粪口、无漏风。刮粪时，若传粪带有偏离情况，用扳手及时调整。

5.2.12.6 收集的粪便立即用专用车辆运往粪污处理场，粪污处理应符合NY/T 1168—2006规定。有条件的可以采用鸡粪传送带直接装车运到场外集中处理场的一站式不留场处理方式。

5.2.13 卫生防疫工作要点：

除执行常规卫生防疫要求外，还要特别注意以下几个方面。

5.2.13.1 根据本场实际情况制定科学合理的防疫程序,严格按相关规定进行免疫,免疫时操作规范、接种确实。

5.2.13.2 除免疫前后3天、出栏前3天、闭光时外,其余时间可带鸡喷雾消毒,带鸡消毒应符合 GB/T 25886－2010 规定。

5.2.13.3 鸡舍门口设脚踏消毒池或消毒盆,消毒剂每天更换1次。工作人员进入鸡舍前要洗手,脚踏消毒剂,穿工作服、工作鞋。工作服不能穿出鸡舍,饲养期间每周至少清洗消毒1次。

5.2.13.4 鸡舍坚持每周带鸡喷雾消毒3次。鸡舍工作间每天清扫1次、每周消毒1次。准确计算单位面积或空间的消毒用药量,每次消毒结束应监测消毒效果。

5.2.13.5 每周舍外卫生集中清理1次,彻底清理杂草、垃圾,并消毒1次。

5.2.14 兽药使用管理要点:

5.2.14.1 兽药须来自经区、县畜牧兽医主管部门批准合法兽药营销单位。所用产品必须符合国家标准,或者具有《进口兽药登记许可证》。

5.2.14.2 采购后药品由兽医专业人员验证后入库,按药品库管要求保管。

5.2.14.3 兽药的使用必须在各场或养殖小区的兽医指导下按兽药使用规范使用。在整个饲养期内,每批(栋)鸡要有完整的生长、用药记录,由养殖场或养殖小区兽医统一保管。

5.2.14.4 严格按照说明保存兽药、疫苗。各饲养场或养殖小区兽药要码放整齐,每件药品要有明显标签,称完药后要封口,保持药品处于密封状态。确保药物在有效期内,严格遵照先进先出原则,防止兽药、疫苗过期失效。

5.2.14.5 兽药应在干燥、阴凉的条件下保存。药品库房干净、无杂物,室内放置干湿温度计,定期检查室内干湿度是否适宜。在保存疫苗的冰箱内放置温度计,指定专人定期检查冰箱内温度,并做好检查记录。不得在放置疫苗的冰箱、冰柜内放置其他物品。

5.2.14.6 严格按《中华人民共和国兽药典》使用兽药,遵守食品安全相关法规。

6 其他管理要点

参见相应的标准规程。

7 建立生产记录档案

进鸡记录包括进雏日期、进雏数量、雏鸡来源、饲养员;每日的生产记录包括:日期、肉鸡日龄、死亡数、死亡原因、存栏数、温度、湿度、免疫记录、消毒记录、用药记录、喂料量,鸡群健康状况,出售日期,数量和购买单位。记录应保存两年以上。

附录 A

育雏环境参考温度

序号	日龄	目标温度（℃）
1	0（24 小时前）	34（进鸡后前 4h）
2	1	33.6
3	2	33
4	7	30
6	14	28
7	21	26
8	28	24
9	35	21
10	42	19

附录 B

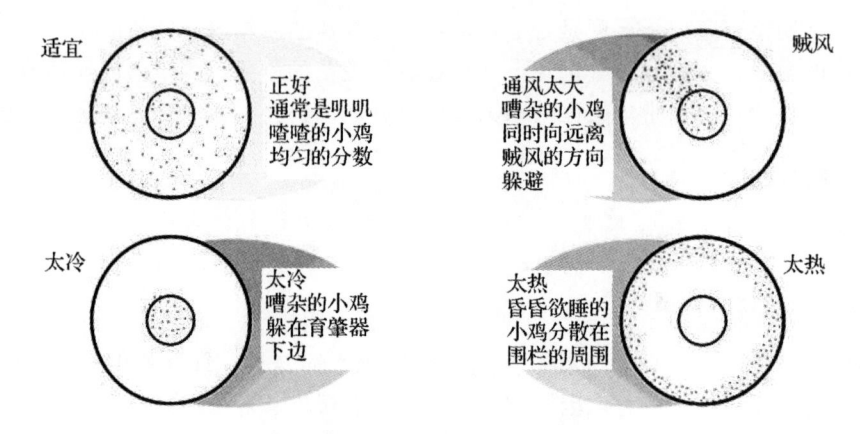

育雏适宜环境温度图示

附录 C

良好的空气质量标准

氧气	>19.8%
二氧化碳	<0.3%（3000ppm）
一氧化碳	<1ppm
氨气	<10ppm
可吸入性灰尘	<3.4mg/m³

附录 D

光照控制参考值

日龄	强度（lux）	光照比例（%）	光照时长（小时）	关	开
0	40～60	100	24		
1～3	40～60	70	23	18：00	19：00
4～7	20～30	50	22	18：00	20：00
8～28	5～10	35	20	18：00	22：00
29～35	5～10	35	22	18：00	20：00
36至出栏	5～10	35	23	18：00	19：00

第四节　商品肉鸡舍环境控制技术规范

1　范围

本标准规定商品肉鸡舍环境控制的基本要求和技术操作要求。

本标准适用于标准化商品肉鸡场养殖生产。

2　温度

2.1　温度管理原则：

2.1.1　熟知不同日龄的目标温度。

2.1.2　测定位置为鸡背高度。

2.1.3　减少温差。

2.1.4　调整温度设置必须观察鸡群反应，特别注意风冷效应的影响。

2.1.5 通风和保温发生矛盾时，应确保通风，保持目标温度下限甚至更低。
2.2 冬季温度控制细节：
2.2.1 采用间歇性通风模式。
2.2.2 满足目标温度的前提下，适当加大通风量。
2.2.3 冬季预温管理。
2.2.3.1 提前 5 天预温。
2.2.3.2 进鸡前 24 小时达到目标温度。
2.2.3.3 垫料、墙壁等设施温度达到 28℃～30℃。
2.3 夏季温度控制细节：
2.3.1 纵向通风时注意风冷效应。
2.3.2 纵向通风开启湿帘时，根据鸡舍长度、饲养密度确定风速。
2.3.3 高温季节温度控制：
2.3.3.1 温度补偿原则，如果白天超温，夜间可降低目标温度，释放多余热量。
2.3.3.2 稳定风速原则。晚上温度降低时不要调低风速，减少应激。

3 湿度

3.1 适宜湿度

前期：60％～70％（前 3 天以 70％为宜），中后期：50％～60％。

3.2 鸡舍环境中水分的控制：前期良好的管理可以确保后期环境易控，冬季鸡舍湿度不超过 60％。

4 通风控制

4.1 通风模式（横向通风、过渡通风、纵向通风）：
4.1.1 横向通风（最小通风）：
4.1.1.1 适用范围：寒冷季节和育雏期间，不需排出多余热量。
4.1.1.2 目的：补充新鲜空气，为鸡群提供适宜的环境。
4.1.1.3 最小通风管理细节：

获得最小通风的关键是舍内形成一定的负压，便于舍外空气通过进风口进入舍内，鸡舍密闭性、保温隔热性要好。要求气流方向不得有障碍物，进风口在鸡舍周围均匀分布，开启的数量、大小与风机排风量匹配，进风口开启大小要一致，根据静态压力调整开口大小，通过进风口的风速要相同，进入的鸡舍的冷空气与舍内的热空气在鸡群上方混合。

4.1.2 过渡通风：
4.1.2.1 使用范围：当最小通风量无法满足鸡舍环境需求，需要排除多余热量时使用。
4.1.2.2 与最小通风相同点：侧墙进风口进风，纵向进风口关闭，风不直接吹鸡。
4.1.2.3 与最小通风不同点：开启风机数量增加，通风量增大。
4.1.3 纵向通风：
4.1.3.1 适用范围：高温季节。
4.1.3.2 纵向通风管理细节：风速≥2.5 米/秒时效果最佳。适用于温度≥28℃、湿度≤70%时使用。温度达到32℃效果变差,温度≥38℃时完全失效,湿度＞70%时只会增加湿度。

第五节　商品肉鸡出栏运输管理规范

1　范围

本标准规定了商品肉鸡出栏及运输相关要求及注意事项。
本标准适用于标准化商品肉鸡场。

2　出栏前准备。

2.1　饲养户提前一天与抓鸡人员确定抓鸡时间和出栏数量。
2.2　要求抓鸡队必须准时到户,根据当天出栏数量在抓鸡之前组织好人员及工具(小车),并讲清抓鸡、装卸车等有关操作要求。
2.3　修整、垫平鸡舍入口处和鸡场内的道路,确保运鸡车辆出入畅通。抓鸡前将所有的设备升高或移走,避免抓鸡过程中损伤鸡体或损坏设备。
2.4　出鸡前场内准备工作：
2.4.1　控料：出鸡前8个小时,开始停止即将出栏笼层的饲料供给。
2.4.2　探头的保护：加湿探头、恒温器拆下来保存好,把温度探头卷到笼顶上。
2.4.3　光照调整：闭光,出鸡前二十分钟同时降低舍内光照；出鸡房用蓝光,使鸡保持安静。出鸡前彻底清理出栏舍的死淘。
2.4.4　准备好常用工具：对讲机、手电筒要充好电每人一把。
5.5　抓鸡时尽量保持安静。晚上关闭大多数电灯,使舍内光线变暗；白天抓鸡时,应把舍内鸡隔成几群,防止鸡群在墙角或鸡舍末端扎堆。
2.6　抓鸡过程中根据鸡数合理安排每个鸡筐的装鸡数量,尽量保证平均。

3　抓鸡队资质及要求

3.1　资质：要有足够数量的素质相对高的抓鸡人员；要有充足的良好的抓鸡设备；能与公司及肉鸡养殖场良好沟通并能认真遵守鸡场内规定与要求；抓鸡人员有高度的责任心、经过抓鸡操作及动物福利的培训且考核合格。
3.2　工作要求：
3.2.1　抓鸡队要携带抓鸡设备按当日出栏计划准时到达出栏鸡场。
3.2.2　按照屠宰计划时间开始,抓鸡时按照场内制定的抓鸡流程严格执行,并有专人负责监察,不能给鸡造成应激。
3.2.3　在抽出笼底时,按照场内人员要求的速度进行,防止由于笼底抽出过快造成传送带鸡的堆积现象。
3.2.4　在卸鸡筐时鸡筐放于抓鸡房靠墙的一侧,并摆放整齐,不要因为鸡筐摆放不齐影响出鸡；每筐装鸡只数按照场内制定严格执行进行装框。

3.2.5 在装筐时低于1.5千克小鸡、外伤鸡、残鸡、病鸡、死鸡等禁止装筐。

3.2.6 在装车时禁止出现摔筐和动作过大的装车现象；所有操作要轻、尽全力减少对鸡的不良应激及损伤，严禁野蛮抓鸡。抓鸡时要求抓鸡腿，不要抓鸡翅膀和其他部位，每只手抓鸡不超过3只，入筐时头朝上，避免扔鸡、踢鸡等动作，保证对鸡产生最小的应激。

3.2.7 保证抓鸡速度，单车应在1小时内抓完，并防止运输途中跑偏、丢失等，要将鸡舍内所有的合格毛鸡装到运输车上。冬夏季按规定采取保温和降温措施。

4 冬季装车运输要求

4.1 组织足够的抓鸡人员：一般专业抓鸡队10~12人，抓一车鸡用1小时20分钟左右。大户分时段安排，车辆随抓随走，不能停留等候时间过长。鸡装不满的情况下，将第一排和最上层中间一列空置，路远的户要放一些稻草和玉米秸等物。提前凉棚，让鸡提前适应环境并在鸡舍使羽毛干燥。压缩1~2个小时断料时间，饮一些糖水、维生素做补充。到厂后迅速通风，并打开苫布。出发前办好各种手续（检疫、办准宰表单）不要在半路耽误时间。

4.2 毛鸡运输车注意事项：保养好车辆，因车辆原因造成损失要赔偿。准备好防护用品，苫布不达标要及时更换，否则不得参与拉运。匀速行驶，车速不得超过70公里/小时。路远户中途要停车1次（15分钟）检查苫布，让鸡恢复体力（征得养殖户同意）。出发前认真检查绳索是否拴好，防止毛鸡筐和毛鸡丢失。

5 夏季装车运输要求

5.1 尽快装车：保证一车鸡在1小时20分钟以内装完。除抓鸡装筐外，车上要有3人，1人码筐、1人开关筐盖、1人浇水。边装车边浇水，而且要浇透，防止中暑。如果遇有堵车情况要与司机协商及时改变路线。各种手续一定要准备好，不要中途耽误时间。

5.2 毛鸡运输车注意事项：保养好车辆，中途出现坏车情况要及时报告，出现损失要赔偿养鸡户。带好备用水管，毛鸡车到厂后在候宰棚吹风降温。

第六节 商品肉鸡场卫生防疫技术规程

1 范围

本标准规定了肉鸡养殖过程中的免疫、疫病监测、检疫、消毒、隔离、无害化处理的技术操作要求。

本标准适用于标准化肉鸡场养殖生产。

2 规范性引用文件

下列文件对于本文件的应用是必不可少的。凡是注日期的引用文件，仅所注日期的版本适用于本文件。凡是不注日期的引用文件，其最新版本（包括所有的修改单）适用于本

文件。

GB 16549　畜禽产地检疫规范

GB 16567　种畜禽调运检疫技术规范

GB 16548－2006　病害动物和病害动物产品生物安全处理规程

GB/T 16569　畜禽产品消毒规范

NY/T 472－2013　绿色食品　兽药使用准则

NY/T 1168－2006　畜禽粪便无害化处理技术规范

中华人民共和国农业部公告第1125号　《一、二、三类动物疫病病种名录》

农医发〔2013〕34号　病死动物无害化处理技术规范

农医发〔2007〕12号　农业部关于印发《高致病性禽流感防治技术规范》等14个动物疫病防治技术规范的通知

辽政发〔2007〕32号辽宁省人民政府关于加强全省无规定动物疫病区外引动物管理的通告

《一、二、三类动物疫病病种名录》　（中华人民共和国农业部公告第1125号）

《农业部关于印发〈高致病性禽流感防治技术规范〉等14个动物疫病防治技术规范的通知》　（农医发〔2007〕12号）

《病死及病害动物无害化处理技术规范》　农医发〔2017〕25号

《中华人民共和国兽药典》　农业部公告第2438号

《中华人民共和国畜牧法》

《中华人民共和国动物防疫法》

3　雏鸡的引进

3.1　引进的雏鸡应来自非疫区和有《种畜禽生产经营许可证》的高代次种鸡场，有种鸡系谱档案及动物检疫证明。

3.2　提供雏鸡的父母代种鸡场或专业孵化场应有畜牧兽医主管部门颁发的《种畜禽生产许可证》。

3.3　做好运鸡车辆、用具的消毒，防止病原跨区传播。

4　免疫

4.1　应按兽医主管部门强制免疫计划实施强制免疫，应免率达100％。

4.2　根据《中华人民共和国动物防疫法》及其配套法规的规定，结合当地的实际情况，有选择地进行疫病的预防接种工作。

4.3　使用疫苗应符合《中华人民共和国兽用生物制品质量标准》及《兽用生物制品经营管理办法》的规定，不得使用过期、保藏不善或包装破损的疫苗。

5　疫病监测

按照《中华人民共和国动物防疫法》及国家、省有关疫情监测计划的规定，种鸡场应配合兽医主管部门做好疫病监测工作。严格执行国家和地方政府制定的动物防疫法及有关畜禽防疫卫生条例。

6 阻断病源的传入和传播

6.1 鸡场出入口，设消毒池，池内保持有效消毒液（3％烧碱）。保证进出人员及车辆消毒工作。消毒液每2～3天更换1次。

6.2 任何其他禽及其禽产品不得带入生产区。

6.3 饲养员每天要保持环境清洁卫生，不得在不同鸡群间串门。

6.4 生产区、生活区道路一周消毒1次。

6.5 任何外来人员在得到批准后方可进入生产区，进入前必须消毒、沐浴、更衣，穿全封闭一次性工作服在技术员的陪同下进入。

6.6 场内兽医人员不得对外诊疗鸡只及其他动物的疾病。

6.7 生产人员不得随意离开生产区，在生产区穿工作服和胶靴，工作服应保持清洁，定期消毒。

7 场区消毒

7.1 非生产区：

7.1.1 进场人员必须踩踏消毒垫，消毒垫应保持消毒液浸润。

7.1.2 外来车辆禁止入场，本单位车辆须全面喷洒消毒后方可进入。

7.1.3 场区内无杂草、垃圾及杂物堆放，每月至少对场区地面消毒3次。

7.2 生产区：

7.2.1 工作人员及经许可进入生产区前应洗澡、更衣。

7.2.2 生产区入口消毒池应保持有效消毒液浓度，每2～3天更换1次。

7.2.3 生产区内道路、鸡舍周围、场区周围，以及料车、蛋车每天消毒1次，每次进出鸡后，对道路、装卸场地、进出口、装卸工具等进行消毒，防止疫病交叉感染。

7.3 鸡舍：

7.3.1 空舍消毒：清空后用高压水枪冲洗天花板、墙壁和地面，待鸡舍干燥后对笼具、地面、粪沟等耐火设施进行火焰喷射消毒；再用消毒液对鸡舍全面喷洒消毒，关闭门窗后用 $42mL/m^3$ 福尔马林和 $21g/m^3$ 高锰酸钾进行封闭熏蒸消毒24小时，对鸡舍周围环境至少5米范围内撒生石灰或3％火碱水消毒。

7.3.2 鸡舍入口消毒：鸡舍门口摆放消毒垫或消毒盘，进入鸡舍前踩踏消毒垫、洗手并换穿舍内专用鞋。

7.3.3 带鸡消毒：每周带鸡喷雾消毒2次，疫病期每日消毒1次（但避免用刺激性强的消毒剂），活苗免疫前后3天禁止消毒。

7.3.4 工具及其他器具消毒：每天下班前熏蒸消毒30分钟。

7.3.5 每天集中收集种蛋4次，每次收集挑选后放在指定的熏蒸间熏蒸消毒20分钟。

7.4 其他。

7.4.1 每次空栏时用除垢剂对饮水管彻底除垢，存栏时定期对饮水管进行消毒。

7.4.2 疫苗空瓶应集中回收进行生物安全处理。

7.4.3 病死鸡等按 GB 16548 的规定处理。

7.4.4 畜禽粪便等应按 NY/T 1168—2006 的规定处理。

8 严格淘汰

8.1 饲养员每天观察鸡群，及时淘汰病残鸡。

8.2 经技术员同意后饲养员方可对淘汰鸡进行无害处理。

9 传染病应激措施

发生动物疫情或疑似疫情时，应按《中华人民共和国动物防疫法》等法律法规报告和处置。

9.1 当鸡群发生疑似传染病时，立即采取隔离措施，同时向上级主管部门报告并尽快加以确诊。

9.2 当场内或附近出现烈性传染病或疑似烈性传染病病例时，立即采取隔离封锁，并向上级主管部门报告。

9.3 鸡场内发生传染病后，如实填报疾病报表，该次传染终结后，提出专题总结报告留档并报上级主管部门。

9.4 决不调出或出售传染病患鸡和隔离封锁解除之前的健康鸡。

10 防疫保健

10.1 保健中心制定鸡群防疫计划的实施。免疫计划以保健中心发的程序为准。

10.2 对场内职工及其家属进行兽医防疫规程宣传教育。

10.3 定期检查饮水卫生及饲料的加工、贮运是否符合卫生防疫要求。

10.4 定期检查鸡舍、用具、隔离舍和鸡场环境卫生和消毒情况。

10.5 技术员每天的诊疗情况有台账记录。详细记录兽医诊断、处方、免疫等内容。

10.6 保健工作遵照 NY/T 472—2006 兽药使用准则和有关的法律法规。

10.7 配合检疫部门每年两次鸡群新城疫、禽流感等检测。

10.8 妥善保管各种检测报告书，省级检测报告书保存期为 3 年，市级检测报告书保存期为两年。

10.9 加强医疗器械管理，必须先消毒后使用。医疗器械及设备有保管员保管，如有缺损在 1 周内补购或维修，确保随时可用状态。

第七节 商品肉鸡免疫监测预警技术规程

1 范围

本规范规定了商品肉鸡免疫及检测的技术工艺、注意事项和相关要求。

本规范适用于规模化商品肉鸡场。

2 规范性引用文件

下列文件对于本文件的应用是必不可少的。凡是注日期的引用文件，仅所注日期的版本适用于本文件。凡是不注日期的引用文件，其最新版本（包括所有的修改单）适用于本文件。

GB 16549　畜禽产地检疫规范

GB 16567　种畜禽调运检疫技术规范

中华人民共和国农业部公告第1125号　《一、二、三类动物疫病病种名录》

农医发〔2007〕12号　农业部关于印发《高致病性禽流感防治技术规范》等14个动物疫病防治技术规范的通知

辽政发〔2007〕32号辽宁省人民政府关于加强全省无规定动物疫病区外引动物管理的通告

《一、二、三类动物疫病病种名录》　（中华人民共和国农业部公告第1125号）

《农业部关于印发〈高致病性禽流感防治技术规范〉等14个动物疫病防治技术规范的通知》　（农医发〔2007〕12号）

《中华人民共和国畜牧法》

《中华人民共和国兽药典》

3 疫苗的贮存和运输

动物免疫用的生物疫苗是特殊商品，在贮存和运输中均有特殊要求。

3.1 疫苗的运输：各种疫苗运送要避免高温和直射阳光，因而必须在低温条件下运送。少量运苗时可用保温盒（瓶、箱）放冰袋降温，大量运苗时必须用疫苗专用箱或用冷藏车带冰运送。

3.2 疫苗的贮存：疫苗出入库应有详细记录，所有疫苗必须按说明书规定的条件保存。一般的冻干疫苗如鸡新城疫冻干苗等必须在−15℃以下贮存，氢氧化铝疫苗及油乳剂乳化而成的灭活苗，不能结冻，要求在2℃～8℃下贮存。

3.3 疫苗按效期先后出库，定期对疫苗库存盘点，检查疫苗的失效期，保证疫苗的新旧更替使用，不得使用过期的疫苗。

3.4 疫苗药品搬运时，须轻拿轻放，避免碰撞造成泄漏。

3.5 每日最少检查一次疫苗保存冰箱工作状态，并记录温度，保证疫苗的质量不受影响。

4 商品肉鸡免疫程序

没有固定的程序，应根据本场及周边疫情情况制定科学合理的防疫程序，并根据实际情况随时进行相应调整。

5 商品肉鸡免疫方法、操作及注意事项

5.1 滴鼻、点眼具体操作及注意事项：

5.1.1 把滴头、滴瓶、滴管水煮进行高温消毒；稀释液选用该疫苗的专用稀释液或

蒸馏水。配制疫苗时稀释液的温度要求为 2℃～8℃。

5.1.2 配制时要求剂量准确，滴管孔径一样，点眼前对滴头进行校量。取 3mL 水放到滴瓶内，然后数能够滴多少滴，因而就可以算出鸡的需水量。如 3mL 水能滴 100 滴，那么 1000 只鸡需要稀释用水为 30mL，为了防止丢滴可以加稀释用水 32mL，如要滴 2 滴那就加 64mL 的稀释用水。

5.1.3 圈好鸡后，一手抓鸡，用无名指、中指、拇指固定鸡的头部，一手拿疫苗瓶，在滴头距鸡眼 1 厘米处滴一头份疫苗，待全部吸入后再轻轻放下（轻、慢、准），要做到做一个准一个。

5.1.4 滴瓶应垂直，不要倾斜，否则将影响水滴的大小，导致滴量的不准确。

5.1.5 手尽量握在滴瓶的水面上方，减少与滴瓶的接触面积。不要来回翻转滴瓶，否则将造成滴量不准。

5.1.6 圈鸡时数量不要太多，避免因挤压、扎堆而造成死亡。

5.1.7 疫苗最多每次配制一瓶，并现配现用，稀释完的疫苗在半小时内用完。

5.1.8 空疫苗瓶全部焚烧或深埋。

5.2 饮水免疫具体操作及注意事项：

5.2.1 免疫前后 24 小时饮水中添加多维电解质并提高舍温 1℃。

5.2.2 免疫用水须清洁、卫生、不含氯离子和金属离子的水，如蒸馏水或去离子水。用深井水时水中需添加疫苗保护剂（0.3％的脱脂奶粉或专用保护剂——免疫宝），静置 10 分钟后即可稀释疫苗。

5.2.3 免疫前停水，将饮水系统用清水清洗干净，因季节不同停水时间也不同，冬季需要 2～4 小时；夏季需要 1～2 小时，停水时间要灵活，总之要让所有的鸡在短时间内将水喝完。为让鸡只能够在短时间内都能喝到疫苗水，饮水免疫时应比平时多加一些饮水器，免疫时先取一半疫苗兑水免疫，免完后再停水 1 小时，再兑饮另一半疫苗。免疫最好在早晨进行。

5.2.4 停水尽可能让所有的饮水器同时没水，使鸡群饥渴程度相同。

5.2.5 免疫用具必须用塑料用具，免疫前用清水洗净。

5.2.6 要有足够的饮水槽位，保证 80％的鸡只能同时饮水。

5.2.7 免疫时要适时哄鸡，尽可能让所有的鸡只都去抢水。

5.2.8 加水时快速把三分之二的饮水加入饮水器，剩下的饮水根据鸡群密度进行点补，以使所有鸡饮入足够剂量的疫苗。

5.2.9 疫苗瓶要在水面下开启，将疫苗瓶反复冲洗干净并溶解疫苗，搅拌均匀。

5.2.10 免疫完毕，停水半小时有助于疫苗的吸收，并且不可空腹免疫。

5.2.11 空疫苗瓶全部焚烧或深埋。

5.2.12 疫苗溶液最好在 1.5 小时内用完。

5.2.13 饮水免疫每 1000 只鸡用水量参考根据不同季节，不同温度，用水量会有些许变动。

5.3 皮下注射具体操作及注意事项：

5.3.1 注射前要将疫苗预温，通常让疫苗的温度达到 25℃～35℃为好，并且将疫苗摇匀后才能注射。

5.3.2 注射部位在颈皮下1/2处，皮里肉外，一般采用9号短针来进行注射。

5.3.3 注射过程中要注意剂量的变化，注意调节好的刻度是否有所改变，如有改变应立即调整好。

5.4 鸡痘刺种具体操作及注意事项：

5.4.1 刺种针槽内要充满药液。

5.4.2 每次只稀释够30分钟使用的疫苗。

5.4.3 切勿将塑料的刺种针手柄浸入疫苗溶液。

5.4.4 每次刺种之前，应再次将刺种针浸入疫苗溶液。

5.4.5 将刺种针轻碰疫苗瓶内壁可去掉刺种针头上的过量疫苗。

5.4.6 最好让几个人负责抓鸡，由一或两个人刺种疫苗，这有助于减少漏注疫苗，重复接种或刺种失当等问题的发生。

5.4.7 在刺种疫苗时，抓鸡的人应掰开准备刺种部位的羽毛，尤其是细小的绒毛，以避免这些羽毛沾掉刺种针上的疫苗溶液。刺种部位应选择中间血管缺乏的翼膜三角区，应防止刺入肌肉或骨头，因为这可能引起严重的局部反应，造成鸡翅在加工过程的废弃。

5.4.8 建议刺种接种后7～10天检查接种部位，观察是否获得免疫，如有漏免应进行补免。每次刺种时接种同侧的翅膀，便于检查鸡只是否已经"获取疫苗"。在下次刺种疫苗时，可以刺种另一只翅膀。记住：刺种时应频繁地搅动疫苗溶液，以尽可能使每只鸡只获得足够剂量的疫苗。

5.5 其他方面：

5.5.1 在做疫苗前一天、当天、后一天应在水中添加电解多维等防止应激的营养物质，免疫的当天鸡舍温度提高1℃。

5.5.2 免疫前后2～3天尽量不要用抗病毒及消毒药，如有可能也不要用抗生素。免疫后1～2天投喂治疗呼吸道的抗生素。

5.5.3 为达到较好的免疫应答，应在鸡群健康的状态下进行免疫。

5.5.4 法氏囊的免疫尤为重要。

5.5.5 点眼、滴鼻、滴口所用的稀释用水最好采用专业用水，尽量不要用矿泉水及盐水等，否则会影响免疫效果（如盐水中会含有Na离子等）。

5.5.6 免疫弱毒苗前后2天内，禁止饮水消毒、带鸡消毒。

6 免疫效果监测

按各种疫苗的免疫特点定期进行免疫效果监测，发现问题及时处理。

7 鸡群观察

7.1 整体观察：养鸡者应随时了解鸡群的健康与采食情况，及时挑出病、弱、死鸡，以便加强管理，及早预防疾病。

7.2 行为、运动：正常情况下，雏鸡反应敏感，精神活泼，挣扎有力，叫声洪亮而脆短，眼睛明亮有神，分布均匀。如扎堆或站立不卧，闭目无神，叫声尖锐，拥挤在热源处，说明育雏温度太低；如雏鸡撑翅伸脖，张口喘气，呼吸急促，饮水频繁，远离热源，说明温度过高；颈部弯曲、头向后仰、呈观星状或扭曲，是新城疫或维生素B1缺乏所致；发生腹水症，腹部膨大、下垂、呈企鹅样站立或行走，按压腹部有波动感；动作困难或鸭步样，常见于佝偻病或软骨症；维生素 B2 缺乏可导致脚爪向内卷曲。

7.3 羽毛：健康鸡的羽毛平整、光滑、紧凑。羽毛蓬乱、污秽、失去光泽，多见于慢性疾病或营养不良。

7.4 粪便：正常的粪便为青灰色、成形，表面有少量的白色尿酸盐。当鸡患病时，往往排出异样的粪便。

7.5 呼吸：当天气急剧变化、接种疫苗后、鸡舍氨气含量过高和灰尘多的时候，容易激发呼吸系统疾病，故应在此期间注意观察呼吸频率和呼吸姿势，有无鼻涕、咳嗽、眼睑肿胀和异样的呼吸音。若室温过高，或后期高温天气，全群鸡都张口喘气（无呼噜声），这时要采取降温措施。

7.6 腿、爪：胫部颜色发红、干燥、爪干裂，往往是因鸡舍温度过高、湿度过低、鸡舍过于干燥而造成的。网床有尖状物则容易造成外伤，感染葡萄球菌，引发腿病。

7.7 鸡冠及肉垂：正常时，鸡冠、肉垂呈湿润、稍带光泽的鲜红色。

7.8 鸡眼：正常时鸡眼圆而有神，非常清洁。

7.9 饮食情况：鸡在正常情况下，采食量、饮水量保持稳定的缓慢上升过程，若发现采食量、饮水量明显下降，就是发病的前兆（注意与应激引起的相区别）。

8 鸡病诊断

发现鸡群出现异常，要经专业技术人员进行现场的诊断，必要时送兽医实验室进行诊断，根据不同情况适当使用药物治疗或紧急接种。

第八节 商品肉鸡场消毒技术规程

1 范围

本规范规定了笼养商品肉鸡场的消毒设施、消毒剂选择、消毒方法、消毒制度、注意事项及记录等技术要求。

本规范适用于商品肉鸡场的消毒。

2 规范性引用文件

下列文件对于本文件的应用是必不可少的。凡是注日期的引用文件，仅所注日期的版本适用于本文件。凡是不注日期的引用文件，其最新版本（包括所有的修改单）适用于本文件。

GB/T 16569 畜禽产品消毒规范

GB/T 25886—2010 养鸡场带鸡消毒技术要求

《中华人民共和国畜牧法》

《中华人民共和国兽药典》

《中华人民共和国动物防疫法》

3 术语和定义

下列术语和定义适用于本文件。

3.1 消毒是指用化学或物理的方法杀死病原微生物，但不一定能杀死细菌芽孢的方法。

3.2 带鸡消毒：鸡舍内在鸡只存在的条件下，用一定浓度的消毒剂对舍内鸡只、空气、饲具及环境进行消毒。

4 消毒设施

4.1 鸡场大门口设置消毒池、消毒间。消毒池为防渗硬质混凝土结构，与大门等宽，长度一般为6米，深度0.3米。消毒间设置紫外线灯，地面设有消毒槽或垫。

4.2 生产区入口设置消毒池、消毒间。消毒池长宽深与本场运输工具相匹配。消毒间须具有喷雾消毒设备或紫外线灯及更衣换鞋设施，推荐沐浴室。

4.3 每栋鸡舍入口处设置消毒池或消毒垫。

4.4 配备喷雾消毒机等消毒设备及器具。

5 消毒剂选择

消毒剂应符合《中华人民共和国兽药典》的规定，选择广谱、高效、杀菌作用强、刺激性小、腐蚀性弱的品种，对人鸡安全，鸡体内不会产生有害蓄积。常用消毒药及使用方法见附录A。

6 消毒操作要求

6.1 环境消毒：

6.1.1 定期对鸡场内主要道路进行彻底消毒，每周用2%～3%火碱水喷洒或撒生石灰粉消毒1次。进鸡前、出栏后应立即消毒。

6.1.2 搞好场区的环境卫生工作，及时清理垃圾杂物，场区周围及场内污水池、清粪口等至少半月消毒1次。

6.1.3 定期更换消毒池消毒液，保持有效浓度。鸡舍门前的消毒槽、垫应经常保持适量的有效浓度消毒液。

6.2 人员消毒：

6.2.1 进场人员消毒：经批准进场人员（含场内员工）须按照规定的操作流程进行消毒、洗澡、更衣后方可入场，随身携带的必要小物件也须消毒处理。在办公区门口处踏消毒盆、更换场内拖鞋，消毒双手后进入办公区内；在消毒通道将衣物存放在衣柜内，随身携带必要小物件进行消毒处理，然后通过消毒通道进行喷雾消毒、淋浴20分钟后更换工作服，进入生活区；进入生产区须消毒双手，更换场内工作靴，进入鸡舍时双脚踏第一消毒盆进入操作间，踏第二个消毒盆后进入鸡舍内。

6.2.2 场内人员消毒：检查巡视鸡舍的管理及技术人员进出不同鸡舍，应换不同一的橡胶长靴，并洗手消毒，工作服、鞋帽每天下班后挂于消毒更衣室内紫外线照射消毒。饲养人员保持个人卫生，除遵守常规消毒制度外，操作前或接触病死鸡后须立即洗手消毒。

6.2.3 人员出场消毒：双脚踏第二消毒盆后进入操作间，消毒双手后，再踏第一消毒盆后离舍。进入生活办公区消毒双手、更换拖鞋、淋浴后更换自己的衣服，取个人物品，门厅更换个人鞋后离场。

6.3 车辆消毒：外来车辆生产期间原则上不允许进入，确须进场需报场长同意消毒后方可进场。车辆要经过汽车消毒池进入场区，进入生产区前在车辆消毒通道对表厢、底盘、轮胎等外表面进行喷雾消毒，由专人监督洗消过程并做好进场车辆的登记记录。

6.4 鸡舍消毒：

6.4.1 新舍消毒：清扫干净后自上而下喷雾消毒，清洗消毒饲喂设备。消毒药通常选用酸类或季铵盐类。

6.4.2 排空舍消毒：先对鸡舍进行彻底清扫，然后用高压水枪按照自上而下、由里及外的顺序进行冲洗，不留死角。待干燥后选择不同类型的消毒药进行3次喷雾消毒。第一次使用碱性消毒药，隔日后选用表面活性剂类、卤素类等消毒药，喷雾消毒干燥后进行第三次消毒，通常用福尔马林熏蒸。耐高温的重点部位及用具用火焰消毒。

6.4.3 带鸡消毒：具体操作方法的按照 GB/T 25886－2010 要求进行。

6.5 配套设施及用具消毒：

6.5.1 库房及操作间消毒：工作间每天打扫干净，不留死角。然后用拖布将地面拖干净，做到没有灰尘、没有污物。消毒盆内消毒液及时更换，对地面及墙壁等喷雾消毒，要求表面打湿。库房每月清扫消毒1次，另在出栏栋舍熏蒸消毒的同时，一并对库房进行消毒。

6.5.2 工作服清洁消毒：每天员工洗澡后，把工作服、浴巾等物品分类放到指定的储物桶内，由洗消员收集于消毒桶内，消毒液浸泡30分钟，然后用洗衣机进行清洗甩干，挂到户外阳光下晒干（隔离人员的要单独晒干），并根据工作服编号放回更衣室衣柜。

6.5.3 集粪房清洁消毒：集粪房内粪便必须在出粪当天及时清理，周围清洁，无杂物、无粪便、无毛屑等，运粪车辆需采取防扬散、防流失、防渗漏等预防措施，集粪房附近环境及污道需3倍量消毒，脏区作为除蝇重点区域每月两次除蝇。

6.5.4 其他区域清洁消毒：包括办公室、洗消房、消毒通道、宿舍、厨房等区域参照操作间消毒程序，每天进行清洁消毒。来访人员离开后，其涉及区域及时消毒。病死鸡剖诊室除每天常规消毒外，应定期进行熏蒸消毒。

6.5.5 用具清洁消毒：舍内外用具应分开，特殊需要舍外工具须消毒后方能舍内应用。水箱、水线内部、料槽等饮饲设备应定期清洁消毒。免疫器具每次使用前后均应煮沸半小时消毒。

7 注意事项

7.1 消毒前应清除消毒对象表面的有机物，掌握好消毒剂的特性、浓度、剂量、作用时间。

7.2 不同消毒药品不能混合使用，消毒剂应定期轮换使用。

7.3 熏蒸消毒时应注意人身安全，在确保消毒效果的前提下尽量选用污染程度小的消毒药。

7.4 随时掌握外周疫情动态，按疫病流行情况及鸡群状况灵活掌握消毒频度。

8 消毒记录

消毒记录包括消毒日期、消毒对象、消毒剂名称、消毒浓度、消毒方法、消毒人员签字等内容，要求保存 2 年以上。

附录 A

常用消毒剂及使用方法剂量（谨供参考，以国家相关规定为准）

消毒剂名称	成分	用途	稀释比例	备注
安灭杀	15%戊二醛+10%季铵盐	空舍环境、笼具等	1∶150	300mL/m²
卫可浩普	氯甲酚、邻苯苯酚、有机酸	空舍环境、笼具等	1∶200	300mL/m²
卫可	过硫酸氢钾	环境、笼具等	1∶200	200mL/m²
		饮水	1∶1000	
百毒杀	10%癸甲溴铵	空舍环境、笼具等	1∶200	
		带鸡、器具	1∶600	
		饮水	1∶2000	
碘胜-30	3%聚醇醚络合碘	喷雾消毒	3m²/mL	
		熏蒸	20mg/m³	15～20 倍稀释
		皮肤、物体表面	1∶600	
惠金碘	10%聚维酮碘	空舍喷雾、皮肤	1∶300	
挑战金盾	16%过氧乙酸	空舍环境喷雾	1∶200	
		用具、衣物、手臂	1∶500	
		空舍饮水系统	1∶50～100	
施普洁	3%过氧化氢	喷雾	1000m²/瓶	
		饮水消毒	1∶5000	
固体甲醛	93%多聚甲醛	熏蒸	250m³/袋	
复合酚	49%酚	外围环境	1∶300	200mL/m²
		消毒池	1∶50～100	
次氯酸钠	10%次氯酸钠	空舍饮水系统	8∶100	
泡腾片	10%二氧化氯	水质消毒	300 斤水/片	

此表内容谨供参考，以国家相关规定为准

第九节　商品肉鸡场粪污不落地处理技术规程

1　范围

本标准规定了粪污无害化处理设施（场）建设、粪污收集、贮存、无害化处理与利用及监督管理的基本技术操作要求。

本规范适用于立体养殖商品肉鸡场。

2　规范性引用文件

下列文件对于本文件的应用是必不可少的。凡是注日期的引用文件，仅所注日期的版本适用于本文件。凡是不注日期的引用文件，其最新版本（包括所有的修改单）适用于本文件。

GB 18596　畜禽养殖业污染物排放标准

GB/T 25246—2010　畜禽粪便还田技术规范

NY/T 1169—2006　畜禽场环境污染控制技术规范

HJ/T 81—2001　畜禽养殖业污染防治技术规范

GB 18877　有机－无机复混肥料

GB 7959—2012　粪便无害化卫生标准

GB 5084—92　农田灌溉水质标准

HJ 497—2009　畜禽养殖业污染治理工程技术规范

NY 525　有机肥料

NY/T 1168—2006　畜禽粪便无害化处理技术规范

NY/T 682　畜禽场场区设计技术规范

国办发〔2017〕48号　《关于加快推进畜禽养殖废弃物资源化利用的意见》

《中华人民共和国畜牧法》

3　术语和定义

下列术语和定义适用于本文件。

3.1　粪污：肉鸡养殖过程中产生的粪及污水等。

3.2　立体养殖肉鸡场：是指采用标准化鸡舍、自动化环境控制与饲喂系统、三层及以上笼养方式养殖的商品肉鸡场。

3.3　堆肥：将粪污等有机固体废物集中堆放并在微生物作用下使有机物发生生物降解，形成一种类似腐殖质土壤物质的过程。

3.4　无害化处理是指利用物理、化学、生物等方法处理畜禽粪污、相关产品或病死畜禽尸体，消灭其所携带的病原菌、寄生虫等，消除其危害的过程。

3.5　畜禽粪便处理场：专业从事畜禽粪便处理、加工的企业、专业户。

4 基本要求

4.1 鸡场必须配置粪污处理设施或指定的专业畜禽粪便处理场。

4.2 不得在《中华人民共和国畜牧法》禁止的区域建造畜禽粪便处理场。临近禁建区域的粪污处理场所，应设在该地区常年主导风向的下风向或侧风向处，场界与禁建区域最小间距 500m。

4.3 粪污处理区或收集区应位于养殖场下风向或侧风向，并与生活区及生活管理区间距 100m 以上。距各类功能地表水源 400m 以上。

4.4 设置在鸡场内的粪便处理设施及畜禽粪便处理场设计及建设布局符合 NY/T 1168—2006 和 NY/T 682 的相关规定。

4.5 未经无害化处理的粪污不得直接施入农田。

5 粪污收集与贮存

5.1 粪污收集：

5.1.1 采取干式清粪工艺，每日清理粪渣一次。标准化立体养殖鸡舍配备三层自动出粪系统，经过传送带将鸡舍内的鸡粪统一传送到鸡舍尾端，再通过绞龙系统将粪便传送到清粪车内，直接运输至粪污贮存设施内。清粪车须采取防扬散、防流失、防渗漏等相应预防措施，清粪、运输整个过程粪便与地面呈隔离状态，一站式到达。污水单独清理。

5.2 粪污贮存：

5.2.1 粪污贮存设施容积应与养殖量相匹配，要求设防雨棚和水泥硬化等防雨防渗漏措施，做到顶棚防雨淋、地面防渗漏、四周防流失。一般在满足最小容量的基础上，将设施高度或深度增加 0.5m。

5.2.2 贮存过程中不应产生二次污染，其恶臭及污染物排放应符合 GB 18596 的规定。

5.2.3 粪污贮存设施应设置明显标志和围墙等防护措施，保证人畜安全。

6 粪污无害化处理

6.1 固体粪便处理：收集的鸡粪和稻壳等辅料按照一定比例混合后，堆肥、腐熟生产颗粒有机肥。发酵温度 45℃以上，持续时间至少 14 天。粪便堆肥无害化处理卫生学要求见附录 A。

6.2 污水处理：污水经由三级沉淀处理后，污水厌氧发酵集中收集还田利用，干物质则由吸污车统一进行回收处理。相关要求与标准按 NY/T 1169—2006 和 HJ/T 81—2001 规定执行。

6.3 排放要求：粪污经堆肥发酵等处理后，其恶臭及污染物排放应符合 GB 18596、NY/T 1168—2006 及 HJ 497—2009 的相关规定。畜禽粪污处理场场区臭气浓度应符合 GB 18596 的规定。

7 粪污利用

7.1 发酵后粪渣用于有机肥或复合肥原料时，应符合 GB 18877 及 NY 525 的相关规定。

7.2 用于直接农田利用的，应符合 GB 5084—92 的相关规定。

7.3 利用鸡粪提取其他生物制品或进行其他类型的资源回收利用时，应避免二次污染。

8 监督与管理

8.1 鸡场、畜禽粪便处理场，应按照当地农业和环境保护行政主管部门要求，定期报告相关情况，自觉接受监督与检测。

8.2 粪污经无害化处理排放时，应按照国家环境保护总局有关规定执行，在排污口设置明显标志。

附录 A

粪便堆肥无害化卫生学要求

项目	卫生标准
蛔虫卵	死亡率≥95%
粪大肠杆菌群数	粪大肠杆菌群数≤10^5个/千克
苍蝇	有效控制苍蝇孳生，堆体周围没有活的蛆、蛹或新羽化的成蝇

第十节 商品肉鸡场兽药使用技术规范

1 范围

本规范规定了商品肉鸡养殖场兽药使用控制的技术原则和措施。

本规范适用于商品肉鸡场生产过程中的兽药使用及残留控制。

2 规范性引用文件

下列文件对于本文件的应用是必不可少的。凡是注日期的引用文件，仅所注日期的版本适用于本文件。凡是不注日期的引用文件，其最新版本（包括所有的修改单）适用于本文件。

《禁用药物名录》国家质检总局和外经贸部 2002 年第 37 号公告

《部分国家及地区明令禁用或重点监控的兽药及其他化合物清单》中华人民共和国农业部公告第 265 号公告

《食品动物禁用的兽药及其他化合物清单》中华人民共和国农业部公告第 193 号公告

《兽药地方标准废止目录》中华人民共和国农业部公告第 560 号公告

《兽药停药期规定》中华人民共和国农业部公告第 278 号公告

《兽药管理条例》

《中华人民共和国兽药典》农业部公告第2438号

3　基本原则

坚持预防为主，治疗为辅原则，树立管理优先、少用药物的理念，通过加强日常饲养管理和科学选择免疫程序、选用生物制品，尽可能地少用兽药或不用兽药。遵守国家及农业部发布的法令法规，杜绝禽肉产品中违禁药物残留问题的发生。

4　兽药供应企业资质审核

肉鸡养殖企业每年应对兽药供应企业进行实地全面考察，对兽药供应企业进行资质审核。要求提供如下资料：企业法人证书、营业执照、税务登记证；兽药生产许可证；兽药GMP证书；进口兽药登记许可证等。

5　肉鸡禁用药物及禁药期

5.1　整个饲养阶段禁用的药物：商品肉鸡在整个饲养阶段禁用的药物包括氯霉素、克球粉、磺胺嘧啶、万能胆素、球虫净（尼卡巴嗪）、磺胺喹噁啉、前列斯汀、螺旋霉素、灭霍灵、氨丙林等。禁止使用一切人工合成的激素类药物。若是出口肉鸡还需禁用含有致癌成分对人体有间接危害的某些抗生素，如氯霉素、庆大霉素、甲砜霉素、金霉素、阿维霉素、土霉素、四环素等药物。详细要求应按照农业部及食品安全相关法规执行。

5.2　严格掌握休药期：出栏前14天禁用青霉素、卡那霉素、链霉素、庆大霉素、新霉素等药物；宰前7至14天停用土霉素、强力霉素、恩诺沙星、泰乐菌素、氟哌酸、氯苯狐、马杜拉霉素、三嗪酮等药物；宰前7天停用一切药物，饲料中也不得含有任何药物添加剂。具体应按照农业部及食品安全相关法规执行。

6　兽药的供应和使用

6.1　只有企业检验合格的兽药才能向肉鸡饲养场供应。

6.2　肉鸡饲养备案场凭企业兽医的处方到兽药供应站购药或领取，兽医供应站按照企业兽医的处方向肉鸡饲养场提供相应的药品。

6.3　兽药供应站供药员把饲养场购取的药品的品名、数量、批号等信息记录在供药卡上，由饲养场负责人签字。

6.4　企业兽医按照相关规定的休药期指导肉鸡饲养场用药，并将兽药使用情况记录于饲养记录档案中。

7　饲料的供应和使用

7.1　各肉鸡饲养备案场使用的饲料由自有饲料厂生产并统一供应，所用饲料和饲料添加剂应符合NY 5032的要求。

7.2　饲料的使用本着先进先用的原则，防止出现"陈"料现象。

7.3　备案场对于使用饲料进行严格登记：饲料品名、生产批号、有效期等。

8 肉鸡出栏前药检采样

8.1 采样时间：肉鸡出栏前3～5天。

8.2 采样数量：样品鸡健康无病，体重2kg以上。采取随机抽样的方式，1万只以下每栋采6只，1万只或1万只以上每栋采12只。样品鸡做好标识，标识要求牢固，确保不脱落。

8.3 宰前兽医负责将样品鸡屠宰脱毛，每户取腿肉样不少于500g，样品装入包装袋内。做到样品编号：肉鸡养殖场地址、姓名、采样时间、样品顺序号等，场主签字。

8.4 宰前兽医将样品送化验室检验，不合格的样品进行复检，现不合格的拒绝回收。

第十一节 商品肉鸡场饲料和饲料添加剂管理规范

1 范围

本标准规定了商品肉鸡场饲料及其添加剂的使用管理基本要求和技术要点。

本标准适用于标准化商品肉鸡场。

2 入库管理

配合饲料或预混料必须来自国家主管部门批准的饲料企业。饲料企业须证明其生产的饲料符合国家相关标准，并提供产品说明书和检验合格报告单。相关标准与说明书信息资料应详细记录并保存至少2年。

2.1 严格按照验收程序：饲料入库前应由专人负责检查验收。做到"三查"：一查饲料产品包装是否符合国家有关安全、卫生的规定，严禁出现人为涂改或遮挡；二查产品包装与标签标示的信息是否一致；三查产品标签信息是否完整全面，包括饲料生产许可证明文件编号、产品名称（通用名）、原料组成、产品成分分析保证值、净重或净含量、贮存条件、使用说明、注意事项、生产日期、保质期、生产企业名称及地址、产品质量标准等。验收人员对饲料的入库质量负责，按规定填报入库单据、账表，严格出入库手续，做到账目清晰、账物相符，日结算，月盘点。

2.2 感官要求：色泽新鲜一致，禁止发酵、霉变、结块及异味、异臭的饲料原料入库；禁止被污染的饲料原料入库。

2.3 其他要求：饲料中不能加入激素、违禁药及促生长剂等，有害物质及微生物允许量应符合国家相关规定。禁止用畜禽产品及其副产品作为饲料原料。药物饲料添加剂的使用应按照中华人民共和国农业部发布的《药物饲料添加剂使用规范》执行。

3 库存管理

库管员对饲料、原料在库存期的数量，以及未按相关管理要求而引起的质量变异负责。饲料、原料按品种、规格有序整齐地堆放，以便于领用、识别、统计。做好防水、防潮、防盗、防火、防鼠等工作，防止其他动物污染或破坏饲料原料。同时保持库房干净整洁，及时回收包装袋，定点整齐摆放。随时掌握各鸡群批次的用料进度，以保证饲料的供应。采供主管和库管员应加强与生产主管的沟通，随时掌握饲料的使用情况，制定合理的库存数量和饲料原料的月采购计划。

4　出库管理

库管员应认真记录饲料原料的领用情况和库存情况，饲料的库存低于警戒线（5天用量），库管员应及时向物资供应部门反映情况，以保证饲料的供应。生产鸡群领用饲料由料库每天上班时统一发放到各鸡舍。库管员必须到场登记各舍领取数量、品种、规格、领取人等。做到先进先出的原则，并做好出库记录，严禁将过期、变质的饲料发放使用。

5　档案管理

建立饲料及饲料添加剂使用档案，出入库均须有关人员签字，档案管理按有关规定执行。

第十二节　商品肉鸡场饮水管理技术规范

1　范围

本标准规定了商品肉鸡场技术操作要求。
本标准适用于标准化商品肉鸡养殖生产。

2　水质要求

应符合《无公害食品　畜禽饮用水水质》标准（NY 5027－2008）要求。

3　水处理设备的管理

3.1　蓄水池与爆氧池的管理：要在每批次交鸡后，蓄水池和爆氧池将水放空，先进行刷洗、再用含氯制剂的消毒药品浸泡消毒。

3.2　过滤罐的管理：在养殖过程中需要至少每周进行反冲洗2次，每次正洗10分钟，反洗10分钟，连续数次直到出水清澈。

3.3　舍内过滤系统的管理：过滤棉要求进行每周清洗2次，每批出栏后进行更换。

3.4　饮水管线的管理：每三天进行反冲洗一次，每次冲洗为保证冲洗压力需要进行单条冲洗、每条冲洗时间不低于10分钟，每周用酸制剂进行浸泡一次，每批鸡出栏后用次氯酸钠浸泡不低于24小时。

4　工作要求

4.1　按照鸡场主管的要求调整水线高度。
4.2　检查水线减压阀开关放置位置是否正确。
4.3　检查水线减压阀压力是否合适。

4.4 检查水线乳头状况并及时修复漏水的水线乳头。
4.5 检查水线末端压力指示开关放置位置是否正确。
4.6 严格禁止水线跑水，漏水。
4.7 每周冲洗水线内部一次，隔周消毒水线内部一次。
4.8 每周擦洗水线外部一次。
4.9 每天定时记录水表读数，计算当日饮水量。发现饮水量不正常时，首先复查读数是否正确，进一步查找原因，预防下次再发生类似情况。
4.10 按照鸡场主管的要求，对鸡群饮水进行消毒。
4.11 按照鸡场主管的要求，通过饮水给鸡群投药及免疫。

第十三节　安全生产管理规范

1 范围

本标准规定了商品肉鸡场安全生产的基本要求和管理要点。
本标准适用于商品肉鸡场生产。

2 基本要求

全体员工必须牢固树立"安全第一"的思想，坚持预防为主的方针，杜绝违章指挥、违章操作。
2.1 每年安全教育（集中培训）不少于2次，每次不少于2小时。
2.2 新到职工，所在部门要对其进行安全教育考试合格后才能分派到有关班组。新职工所在班组的班组长要对其安全教育考核合格后才能上岗。
2.3 各部门布置生产工作任务时要布置安全工作。
2.4 严格要求操作者认真执行各项规章制度，严禁违章操作。
2.5 每月进行安全检查，对安全隐患制订整改措施。

3 防止设备事故的发生

3.1 操作人员严格按设备标准操作规程进行操作。
3.2 机器运行中，操作人员不得离开。
3.3 机器上的安全防护设备必须按要求安装，否则不得开机。
3.4 发现异常现象应停机检查。
3.5 在运行中的设备万一发生故障，必须立即关闭总电闸，防止故障漫延。
3.6 电器出现问题时必须找电工来检查维修，没有电工执照者不得从事电器维修。

4 消防安全要求

4.1 严禁明火，各部门如必须用火，需经批准。
4.2 严禁吸烟。

4.3 生产用电炉要专人看管，严禁用电炉烧水。

4.4 中途停产，或法定休息日，各部门均要关闭不用的电闸。

4.5 消防器材不得挪作他用，万一发生火警要立即关闭电闸，采取灭火措施，必要时立即打119报火警。

5 生产操作安全要求

5.1 熟练掌握养殖设备的操作规程，防止机器伤人。

5.2 免疫、消毒时注意人员自身防护，特别是熏蒸消毒时要严格按操作规程实施。

5.3 注意个人卫生，防止人禽共患病。

6 其他安全要求

6.1 职工生活用房安全牢固，防水淹、坍塌、滑坡。

6.2 鸡舍建筑严格按照施工要求做到防风、抗震、防水淹。

6.3 储粪池要有防护网，顶部加盖。

6.4 厂区内所有电线必须按照电工操作规程架设，用水、用电安全常抓不懈。

7 事故的处理程

7.1 生产或工作现场发生事故：

7.1.1 在场人员必须立即采取有效措施，防止事故漫延造成更大损失。

7.1.2 在事故停止后，要保留现场，以便查找原因。

7.1.3 事故所在部门要立即报告事故情况。有关部门负责人及时了解事故情况后，一般事故由事所在部门处理，重大事故必须报生产技术副总组织处理。

7.2 不论大小事故均要召开分析会：

7.2.1 一般事故由事故发生的主管部门或当事人写出书面报告，由办公室组织召开分析会。

7.2.2 无论大小事故发生都要做到"三不放过"的原则：

7.2.2.1 事故原因不清不放过。

7.2.2.2 当事人和其他人员没有受到教育不放过。

7.2.2.3 没有制定整改措施不放过。

7.2.3 事故分析会要做好记录，以便备查。

第十四节 商品肉鸡场员工管理规范

1 范围

本规范规定了规模化商品肉鸡场各岗位员工的工作要求和注意事项。

本规范适用于规模化商品肉鸡场。

2 规范性引用文件

下列文件对于本文件的应用是必不可少的。凡是注日期的引用文件,仅所注日期的版本适用于本文件。凡是不注日期的引用文件,其最新版本(包括所有的修改单)适用于本文件。

《中华人民共和国动物防疫法》(2007年主席令第71号)
《中华人民共和国畜牧法》
《中华人民共和国劳动法》

3 基本原则

实行场长负责制。建立层层管理责任制,分工明确,下级服从上级,重点工作协作进行。

4 员工招聘及培训

4.1 员工招聘:应聘者面试时,要将本场的工作性质、生产经营状况、发展目标、规章制度、岗位职责、工资待遇告知他们,并充分了解面试者的情况。让应聘者填写工作申请表,以确定应聘者能胜任什么岗位,并确定试用期,一般为3~6个月,正式录用后应签订劳动合同。工作申请表基本内容包括姓名、学历、工作简历、年龄、身体状况、通信地址、联系电话等。员工须持具有相应资质卫生部门出具的健康证明上岗。

4.2 素质要求:身体健康,遵纪守法,热爱本职工作。讲究公德,团结协作,服从领导,听从指挥,工作积极主动。

生产人员至少具有初中以上的文化素质,以便能够通过培训,掌握饲养管理、疾病防治等基本技能。专业技术人员要熟练掌握基本技术要点和操作技能,具有专科以上畜牧兽医专业毕业证书,并取得中级职业资格,具有钻研进取精神和一定的管理才能。

4.3 岗位培训:技术员、饲养员在上岗前要进行培训。培训包括理论学习和实际操作,考核合格后方能上岗。在岗人员定期进行培训,以适应新的发展。采取业余课堂教育和现场指导相结合、互相参观与经验交流相结合等。要把培训作为重点工作常抓不懈,对各种规章制度的学习及技术操作规程等重点内容要反复学习,熟练掌握。

5 各岗位责任制

5.1 场长工作职责是负责鸡场的全面工作。主持场生产例会,对副场长或生产主管的各项工作进行监督、指导,协调各部门之间的工作关系,落实和完成公司下达的全场各项经营指标。主要包括制定和完善羊场的各项管理制度、技术操作规程;负责制定具体的工作措施,落实和完成羊场各项任务;负责鸡场的日常工作,监控本场的生产情况、员工工作情况,及时解决出现的问题;负责编排全场的经营生产计划、物资需求计划及全场直接成本费用的监控与管理。

5.2 技术员工作职责是在场长领导下,负责全场的饲养管理、疫病防治技术工作。负责指导饲养人员严格按相关技术规范、管理制度及每周工作日程进行生产活动;负责养殖档案管理及全场生产报表;负责场各种规章制度实施的监督指导工作;每日观察鸡的生长情况，对鸡病做到早预防、早发现、早治疗。对异常鸡和死鸡进行解剖以确定病情，遇到无法确定情况应立即按程序报公司，公司应将确定的情况及时反馈。完成副场长下达的各项工作任务。

5.3 饲养员工作职责是按照操作规程工作，确保安全生产。严格遵守防疫制度，互相监督，按照防疫要求做好免疫工作，确保防疫有效。正确使用保养各种机械设备，保障正常运行。按照各阶段工作程序的规定饲养要求和环境设定的标准认真工作，保障鸡群生产性能的正常发挥，提高饲养管理水平。认真对本舍鸡群进行巡视检查，及时淘汰病弱残鸡，发现问题及时报告技术员，做到五查一处，即一查卫生、二查通风、三查消毒、四查鸡群动态、五查水料，及时处理病死及淘汰鸡。负责卫生区内的除草、卫生保洁和绿化工作。同时按要求认真填写记录报表。

5.4 机修工工作职责是保证全场设备的安全运行检查与日常维护，记录运行情况，防止发生运行事故。负责保存好设备说明书及相关资料；检修设备要记录检修项目、检修责任人和检修后的验收情况，正常使用与检查维护；设备运行发生问题，有权停止设备运行，并报告场长及时组织抢修并记录。工作中要注重同其他部门之间的保持密切联系，防止因设备问题影响正常生产、造成损失。

5.5 电工工作职责是保证场内用电及各种用电设备的正常运行。熟悉场内各种设备、机械的性能、操作技术及维修和使用注意事项；对设备及其电路要按说明书规定检查维修和保养，发现问题及时处理，排除一切隐患，保证设施及人身安全；保障配电室的安全，搞好配电室卫生及日常管理，禁止无关人员进入，防止发生意外；做好发电机的日常维护保养，定期试运行并记录，保证停电 5 分钟内并网发电，尽可能减少因停电给生产造成损失。工作中要注重同其他部门之间的保持密切联系，防止因供电问题影响正常生产、造成损失。

5.6 锅炉工工作职责是保证锅炉正常运行。应熟练掌握所用炉型的操作方法，做到会使用、会维修、会保养；严格执行安全技术操作规程，持证上岗，安全第一；做好水处理，按要求定期排污，保证生产、生活需要的正常温度；遵守各项规章制度，不脱岗、不睡岗、准时交接班；认真填写运行记录，支持巡回检查，发现问题及时处理。工作中要注重同其他部门之间的保持密切联系，防止因锅炉问题影响正常生产、造成损失。

6 其他管理制度

6.1 要团结配合，服从领导指挥，工作时间不喝酒不打架，吸烟应远离易燃物品并不影响工作和环境卫生。

6.2 注重个人卫生，勤洗澡，勤修剪指甲，防止病原在身上藏匿。工作时，不吸烟，不吃东西，防止病从口入。

6.3 在工作中要注意人身安全，一旦身体的某个部位受伤，要迅速压挤出伤口内的血液，用清水把伤口冲洗干净后涂擦碘酊，再用消毒纱布包扎。注意观察，出现异常症状立即送医。

6.4 发现疑似患禽流感等疾病的鸡时，一般不进行剖检，应立即上报公司处置。对一般传染病进行剖检时，要用乳胶手套等保护用品。工作完毕后应及时全面消毒。

6.5 每年定期进行体检，尤其注意沙门氏菌病等的检查，防止交叉感染。

6.6 实行请假销假制度，有事提前请假，以便调整安排防止耽误生产。

7 应符合《中华人民共和国劳动法》相关规定

第十五节 商品肉鸡场发电机设备管理规范

1 范围

本标准规定了肉鸡场应急柴油发电机组供电的安全操作规程和技术操作规程。
本规范适用于商品肉鸡场。

2 职责

机电值班工负责发电机组的操作、监控、记录、清洁、维护保养及试运行等工作，并确保在全场失电的情况下为主要设备提供应急电源。

3 日常检查

3.1 发电机房应上锁，定期巡查发电机房，未经领导批准非工作人员严禁入内，特殊需要须经批准后由机电工陪同方可进入。

3.2 加强防火和消防管理意识，确保发电机房消防设施完好齐备，机房内禁止吸烟。

3.3 保持良好的通风及照明设施，门窗开启灵活。定期进行清洁卫生，保证机房和设备的整洁。

3.4 严格执行发电机定期保养制度，并做好保养记录。

4 定期保养

4.1 月度保养：清理机组外表面，检查调速制杆是否灵活、润滑各连接点，调整风扇及充电机皮带的张紧度，观察运转时各仪表读数与温度是否正常，并做好记录。

4.2 季度保养：检查空气流阻指示器，显示红色时清洁空气滤清器，润滑风扇皮带轮及皮带张紧轮轴承并检查润滑油位，同时检查主要连接螺栓的坚固情况。

4.3 日常使用保养：运行超过一定时间（约500时间），应清除气门上的积炭，清除汽缸盖、汽缸、活塞连杆组的积炭，并用柴油清洗干净，必要时更换磨损坏的零件，更换机油；检查气缸头的螺栓、连杆螺栓的紧度并做好记录。

5 操作要求

5.1 固定式发电机安装在室内的基础上，移动式发电机在室外使用应搭设机棚，机械处于水平状态放置稳固，楔紧轮胎。

5.2 检查内燃机与发电机传动部分应连接可靠，输出线路的导线应绝缘良好，各仪表齐全、有效。

5.3 起动前应将励磁变阻器的电阻值放在最大位置上，切断供电输出主开关，将中性点接地开关接合。有离合器的机组应先空载起动内燃机,待运转平稳后,再接合发电机。

5.4 起动后检查在升速中应无异响,滑环及整流子上的电刷接触良好,无跳动、冒火花现象,待频率电压达到额定值后,方可向外供电。载荷应逐步增大,三相保持平衡。

5.5 发电机连续运行最高和最低允许电压值不得超过额定值的±5%以内。

5.6 发电机开始转动后,即应认为全部电气设备均已带电;发电机应在额定频率下运行,即应认为全部电气设备均已带电;发电机应在额定频率下运行,频率变动范围不超过±0.5Hz。

5.7 发电机要有自动励磁调节装置的,可在功率因数为1的条件下运行。

5.8 运行中经常检查各仪表指示应正常,各运转部位无异常,并随时调整发电载荷,使定子、转子电流不超过允许值。

5.9 停机前应先切断各供电分路主开关,逐步减去载荷,然后切断发电机供电主开关,将励磁变阻器复回到电阻最大位置,使电压降至最低值,再切断励磁开关和中性点接地开关,最后停止内燃机运转。

5.10 发电机应定期试运行一般每10天运行半小时。

6 安全注意事项

6.1 定期进行巡回检查,将设备的技术参数填入日志中,检查有无异常的噪音和振动。

6.2 燃油系统的管理:注意检查燃油箱的油位,燃油系统有无泄漏;经常检查燃油设备的工作状态和温度。

6.3 润滑系统的管理:检查润滑系统有无泄漏,柴油机油底壳的油位,机油压力、温度是否正常、机油泵有无发热,定期检查机油油位时还应注意观察机油的消耗情况。

6.4 冷却系统的管理:检查冷却水系统有无渗漏,膨胀水箱的冷却剂量及冷却剂的消耗;注意冷却剂的温度、压力是否正常,温度超过80℃时,节温器将投入工作,检查其工作情况;经常查看排气温度是否在规定的范围内,背压、排气颜色是否正常。

7 技术参数以发电机说明书为准

第十六节 商品肉鸡场档案管理规程

1 范围

本标准规定了商品肉鸡场的规划、年度计划、统计资料、经营情况、人事档案、会议记录、决定、委托书、协议、合同、项目方案、通知等具有参考价值的文件资料要求。

本标准适用于标准化商品肉鸡场。

2 档案管理员的职责

档案管理由专职档案管理员负责,保证种鸡场的原始资料及单据齐全完整、安全保密和使用方便。

3 资料的收集与整理

3.1 归档资料实行"季度归档"及"年度归档"制度,即每年的四月、七月、十月和次年的一月为季度归档期,每年二月为年度归档期。

3.2 在档案资料归档期,由档案管理员分别向种鸡场主管收集应该归档的原始资料。各主管应积极配合与支持。

3.3 凡应该及时归档的资料,由档案管理员负责及时归档。

3.4 各鸡场专用的收、发文件资料,按文件的密级确定是否归档。凡机密以上级的文件必须把原件放入档案室。

4 生产档案的管理

4.1 不同资料要分类归档。

4.2 本机构的生产档案,由办公室负责收集、整理、保管;区域的养殖技术培训、安全检查和隐患整改等资料,统一整理交由办公室保存。

4.3 存入生产档案的资料,要分类整理,按照时间先后编写页码,制作目录,不得杂乱无章。

4.4 生产档案系保密资料,其他无关人员,外界人员均不得借阅。若因工作需要查阅的,须经单位主要领导批准。查阅结束后,档案管理人员应及时收回档案室保存。

4.5 档案室应随时保持通风干燥,严防虫蛀、鼠咬、严防潮湿、水浸,严防火灾,应设防火警示标志,建立用火制度。发生火灾时,应首先将档案资料安全转移。

5 档案的借阅

5.1 总经理、副总经理借阅非密级档案可直接通过档案管理员办理借阅手续。

5.2 因工作需要,公司的其他人员需借阅非密级档案时,由部门经理办理《借阅档案申请表》送总经理办公室主任核批。

5.3 公司档案密级分为绝密、机密、秘密三个级别,绝密级档案禁止调阅,机密级档案只能在档案室阅览,不准外借;秘密级档案经审批可以借阅,但借阅时间不得超过 4 小时。秘密级档案的借阅必须由总经理或分管副总经理批准。总经理因公外出时可委托副总经理或总经理办公室主任审批,具体按委托书的内容执行。

5.4 档案借阅者必须做到:

5.4.1 爱护档案,保持整洁,严禁涂改。

5.4.2 注意安全保密,严禁擅自翻印、抄录、转借、遗失。

6 档案的销毁

6.1 公司任何个人或部门非经允许不得销毁档案资料。

6.2 当某些档案到了销毁期时，由档案管理员填写《档案资料销毁审批表》交总经理办公室主任审核经总经理批准后执行。

6.3 凡属于密级的档案资料必须由总经理批准方可销毁；一般的档案资料，由总经理办公室主任批准后方可销毁。

6.4 经批准销毁的档案，档案管理员须认真核对，将批准的《公司档案资料销毁审批表》和将要销毁的档案资料做好登记并归档。登记表永久保存。

6.5 在销毁公司档案资料时，必须由总经理或分管副总经理或总经理办公室主任指定专人监督销毁。

第十七节　肉鸡场自检管理规范

1 范围

本标准规定了商品肉鸡场自检管理相关规则。
本标准适用于标准化商品肉鸡场生产。

2 自检内容与注意事项

2.1 对机构与人员、厂房与设施、设备、物料与产品、确认与验证、文件管理、生产管理、质量控制与质量保证、委托生产与委托检验、产品发运与召回等项目及上次自检整改要求的落实情况定期进行检查。

2.2 自检回避制度：各部门的负责人及其他小组成员不参与本部门的现场检查与文件检查。

3 自检频率

3.1 要视规范的执行情况和企业质量水平而定，至少每年全部检查一次；生产期间，各部门负责人可根据GMP实施情况对需重点检查的部门每月实行不定期检查。

3.2 必要时，出现下列情况时进行特定的自检。

3.2.1 质量投诉后（如有必要）。

3.2.2 质量管理相关事故或事件证实质量管理体系出现重大偏离。

3.2.3 重大法规环境变化，如新版GMP实施。

3.2.4 重大生产质量条件变化，如新项目、新车间投入使用。

3.2.5 重大经营环境变化，如企业所有权转移等。

4 自检程序

4.1 自检计划的制定：

4.1.1 质量管理部应在每年底会同其他部门，建立年度自检计划，规划第二年进行自检的次数、内容、方式和时间表。

4.1.2 特定自检计划应在质量管理部会同相关其他部门进行专门会议后，针对特定情况制定自检的内容、方式、时间表等。

4.2 自检的准备工作：质量管理部QA主管根据自检计划，在实施计划前进行相应的准备工作，确认是否开展自检工作。

4.3 自检小组的建立：自检小组组员由总经理、质量管理部经理、各部门负责人组成。需明确相关职责：管理层职责、质量管理部职责、自检小组组长职责、自检小组成员职责、受检部门职责。

4.4 自检检查明细的制定：应制定检查明细，为自检提供检查依据。检查明细的制定可以参考GMP检查细则或其他的法律法规，也可以依据本公司标准操作规程。

4.5 制订自检记录表：根据自检计划要求，制订详细的自检记录表格，包括检查人员职责、检查明细、受检部门负责人、检查情况记录等。

4.6 自检的实施：

4.6.1 准备会议：明确自检人员及分工，确认自检方案，介绍自检范围及需要关注的发生频率较高的缺陷等。注意遵循自检回避制度。

4.6.2 现场检查和文件检查：自检人员展开调查，收集检查证据，通过记录必要的信息来确认缺陷项目。

4.6.3 总结会议：邀请被检查部门人员参与，会议上需澄清所有在自检过程中发现的缺陷与实际情况，初步评估缺陷的等级，以及相应的纠正和预防措施。

4.6.4 自检实施具体要求：检查时，被检查部门的主要负责人陪同检查，听取并记录检查的问题。必要时应召开会议，分析和商讨解决问题办法，务必使相同问题在下次检查时不得重复出现。

4.7 缺陷的评估：

4.7.1 严重缺陷：可能导致潜在健康风险的，可能导致官方执行强制措施的或严重违反上市或生产许可证书的缺陷。

4.7.2 重大缺陷：可能影响成品质量的单独的或系统的GMP质量相关的缺陷。

4.7.3 次要缺陷：不影响产品质量的独立小缺陷。

4.7.4 在缺陷的确定过程中应注意：如果发现严重或重大缺陷应列出所依据的内部和外部规定，避免个人意见和假设，发现问题应有真实证据，区分个别问题和系统问题，将发现的问题和缺陷合并组合（关联），以确定自检中的系统问题。

4.7.5 所有的缺陷项目都应按照一定的规则编号，以便追溯和索引；所有缺陷和建议（如果有的话）应另外编制缺陷列表，以便追踪相关的纠正预防措施。

4.8 纠正和预防措施的制定和执行：根据缺陷的严重程度制定相应的纠正和预防措施，指定责任人、计划完成时限等。建立一个有效的追踪程序，追踪纠正和预防措施的执行情况。

4.9 自检报告：

4.9.1 检查完毕由自查小组负责人在两个工作日内写出书面自检报告和整改通知书交总经理批准，内容至少包括自检过程中观察到的所有情况、评价的结论，以及提出纠正和预防措施的建议，自查整改通知书下发各部门，以便质量管理部跟踪整改进度和结果。

4.9.2 每次自检和整改结束，应开会讨论整改结果并写出总结报送总经理。

4.9.3 相应会议记录及自检相关记录和报告均由质量管理部留档一份。

第四章 饲料加工

第一节 散装饲料运输车管理技术规范

1 范围

本标准规定了散装饲料运输车相关的术语和定义、型式及基本参数、技术要求、人员要求、操作要求、维护、检测、诊断、清洁消毒、报废等相关内容。

本标准适用于各型散装饲料运输车的管理。

2 规范性引用文件

下列文件对于本文件的应用是必不可少的。凡是注日期的引用文件，仅所注日期的版本适用于本文件。凡是不注日期的引用文件，其最新版本（包括所有的修改单）适用于本文件。

GB/T 18344 汽车维护、检测、诊断技术规范

JB/T 9868.1－2010 散装饲料运输车 第1部分：型式与参数

JB/T 9868.2－2010 散装饲料运输车 第2部分：技术条件

JB/T 9868.3－2010 散装饲料运输车 第3部分：试验方法

《中华人民共和国道路交通安全法》

《道路运输车辆技术管理规定》中华人民共和国交通运输部令（2016）第1号

3 术语和定义

下列术语和定义适用于本标准

3.1 散装饲料运输车（bulk feed truck）：设有密封罐和输送装置、通过输送装置将饲料自卸到一定高度和距离（或能自动装料和自行计量）、用于运输散装饲料的专用车。

3.2 卸料时间（unloading time）：饲料车在卸料过程中，从卸料口流出饲料起，到流完为止的时间。

3.3 卸料能力（unloading capacity）：饲料车在卸料最大高度时，卸料机构卸出的物料质量与卸料时间之比。

3.4 残留量（residues）：卸料完毕后，残存在料罐及卸料机构内的饲料质量。

3.5 残存率（residualrate）：残留量与最大装载质量的百分比。

4 型式及基本参数要求

4.1 型式要求：散装饲料运输车的型式分为：散装饲料运输车；散装饲料运输半挂车；散装饲料运输全挂车。

4.2 装载质量：散装饲料运输车装载质量应符合 JB/T 9868.1 中 5.1 所规定的装载质量；散装饲料运输半挂车装载质量应符合 JB/T 9868.1 中 5.2 所规定的装载质量；散装饲料运输全挂车装载质量应符合 JB/T 9868.1 中 5.3 所规定的装载质量。

4.3 基本参数：卸料口的最小垂直高度、水平距离、卸料活动臂的水平面回转角、垂直面的仰角、料罐容积等参数数值应符合 JB/T 9868.1 中 6 的相关规定。

5 技术要求

5.1 一般技术要求：

5.1.1 饲料企业使用的饲料车应为符合 JB/T 9868.2 规定所设计制造的车辆。

5.1.2 饲料车所有性能均需通过出厂检验，并有出厂检验合格证。

5.2 整车要求：饲料车外廓尺寸、车型改装、基本性能、车辆外形、零部件、制造要求、涂漆涂层、照明信号、润滑要求、残存率等指标应符合 JB/T 9868.2 中 4.2 的相关要求。

5.3 料罐要求：料罐的内外表面、加料口、清料口、干重量与最大装载质量比、铆接工艺等应符合 JB/T 9868.2 中 4.3 的相关要求。

5.4 取力传动系统要求：取力传动系统的运转状态、安全保险设施、操控机构、传动速比等指标应符合 JB/T 9868.2 中 4.4 的相关要求。

5.5 液压系统：液压系统的总体要求、组件、过滤装置、管路安装、高压油管压力、管路外部、使用期限等指标要符合 JB/T 9868.2 中 4.5 的相关要求。

5.6 卸料机构要求：卸料机构基本参数、安全装置、活动臂、手动操纵机构、运行状态、能力指标、使用期限等指标应符合 JB/T 9868.2 中 4.5 的相关要求。

5.7 工作梯要求：工作梯应牢固、可靠。

6 人员要求

6.1 驾驶人员必须持有符合所驾驶车辆类别的有效机动车驾驶执照。

6.2 驾驶人员必须保证身体状况适合驾驶。

6.3 驾驶人员严禁酒后驾驶车辆，出车工作前 4 小时不得有饮用酒精成分的饮料。

6.4 必须服从企业管理人员的统一指挥，规范、安全作业。

7 操作要求

7.1 上车前按有关规定和检查内容作好车辆检查，特别是安全机构及各部件连接紧固情况，发现问题立即保修，不得带病操作。

7.2 检查牵引车与挂车或料罐的链接，料罐无泄漏，无超载。

7.3 饲料车的有关证件、标志应齐全有效。

7.4 车辆移动前扣好安全带，并提醒随车人员使用安全带。

7.5 严格按照使用要求操作车辆，严禁不熟悉操作规程人员擅自操作。

7.6 日常使用中，在有润滑嘴处、旋转齿轮和固定提升绞龙处，定期加注润滑油（脂），让运转部件处于润滑状态，保证运转顺畅。

7.7 在卸料完毕后必须将活动臂归位，避免在运输途中出现碰撞或者重心转移等情况。

7.8 饲料车上使用的电动机及发电机均为非防水设备，严禁直接用水冲洗，并注意防水。

7.9 大梁紧固螺栓及其他紧固件需要经常检查，若有松动要紧固牢靠。

8 维护、检测、诊断

8.1 饲料运输车的维护、检测、诊断应符合 GB/T 18344 的规定。

8.2 对饲料运输车进行二级维护、总成修理、整车维修的，应及时建立维修档案。维修档案内容主要包括：维修合同、维修项目、具体维修人员及质量检验人员、检验单、竣工出厂合格证（存根）及结算清单等。档案保存期不低于 2 年。

9 清洁消毒

9.1 每次进行卸料操作时应尽量将料罐及活动臂输料管中的残余饲料排空。

9.2 要定期对饲料运输车的料罐内表面进行清洁、消毒。消毒剂应选用经国家批准，对人和动物安全无害，对饲料无污染的产品。

9.3 每次更换不同的饲料品种时，必须对料罐内表面进行清洁，避免残留，造成交叉污染。

10 报废

10.1 饲料运输车有下列情形之一的应当强制报废：

10.1.1 饲料运输车使用达 15 年。

10.1.2 经修理和调整仍不符合机动车安全技术国家标准对在用车有关要求的。

10.1.3 经修理和调整或者采用控制技术后，向大气排放污染物或者噪声仍不符合国家标准对在用车有关要求的。

10.1.4 在检验有效期届满后，连续 3 个机动车检验周期内未取得机动车检验合格标志的。

10.2 对饲料运输车行驶里程达到 50 万千米的引导报废。

第二节 安全生产管理规范

1 范围

本标准规定了公司安全生产标准化的基本要求。

本标准适用于公司安全生产管理。

2 规范性引用文件

下列文件对于本文件的应用是必不可少的。凡是注日期的引用文件，仅所注日期的版本适用于本文件。凡是不注日期的引用文件，其最新版本（包括所有的修改单）适用于本文件。

DB 212883.1－2017 饲料、兽药生产企业安全生产管理规范

3 术语和定义

3.1 饲料（feed）：是指经工业化加工、制作的供动物食用的产品，包括单一饲料、添加剂预混合饲料、浓缩饲料、配合饲料和精料补充料。

3.2 饲料生产企业（feed production enterprise）：依法设立，生产添加剂预混合饲料、浓缩饲料、配合饲料和精料补充料的企业。

3.3 安全生产标准化（work safety standardization）：通过建立安全生产责任制，制定安全管理制度和操作规程，排查治理隐患和监控重大危险源，建立预防机制，规范生产行为，使各生产环节符合有关安全生产法律法规和标准规范的要求，人、机、物、环处于良好的生产状态，并持续改进，不断加强企业安全生产规范化建设。

3.4 特种作业（special operation）：是指容易发生事故，对操作者本人、他人的安全健康及设备、设施的安全可能造成重大危害的作业，特种作业的范围由特种作业目录规定。

3.5 特种作业人员（the person in charge of special operation）：是指直接从事特种作业的从业人员。

3.6 其他从业人员（other practitioners）：除安全生产管理人员、特种作业人员以外其他所有人员（负责人、管理人员、技术人员、岗位工人、临时聘用人员）等。

4 安全生产标准化的基本要求

4.1 原则：企业开展安全生产标准化工作，遵循"安全第一、预防为主、综合治理"的方针，以隐患排查治理为基础，提高安全生产水平，减少事故发生，保障人身安全健康，保证生产经营活动的顺利进行。

4.2 管理系统的建立和保持：企业应建立安全生产标准化工作管理系统。采用"策划、实施、检查、改进"动态循环的模式，强调自我检查、自我纠正、自我完善，建立安全绩效持续改进机制。

4.3 目标：

4.3.1 企业应针对其内部各有关职能和层级，建立文件化的年度或长期安全生产目标，目标应可测评、可操作、可考核，且安全生产目标应逐级分解，落实到企业基层机构及人员。

4.3.2 企业应依据安全生产目标，制定可行的安全技术措施计划，确保目标的完成，并定期对目标和安全技术措施计划的实施情况进行检查、考核或修订。

4.4 机构与职责：

4.4.1 组织机构：企业应设置安全生产管理机构，企业主要负责人担任管理机构主

要负责人，各部门应确立部门安全负责人。企业从业人员超过 100 人的，应当配备专职安全生产管理人员；从业人员在 100 人以下的，应当配备专职或者兼职的安全生产管理人员。

4.4.2 职责：

4.4.2.1 安全生产管理机构职责：安全生产管理机构应贯彻国家安全生产方针、政策和有关法律、法规；组织贯彻落实企业内安全生产工作部署；组织协调、研究解决重大安全生产和职业健康问题；负责安全事故严重度和事故率指标管理及综合考核工作；组织有关部门对重大安全生产隐患进行排查、处理；督促检查安全生产责任制的落实情况；表彰、奖励安全工作先进单位和有功人员；讨论并决定安全生产投入计划和生产计划；研讨并审议安全生产评审结果，以及内、外部评审发现不符合项的改进进度；协调企业内各部门之间关系，解决安全生产过程中出现的问题，如安全生产管理、安全生产技术难题、安全生产隐患整改、生产技术改造等；向外部同行业企业、安全技术专家、应急专家等寻求技术支持和帮助；负责制定安全生产教育和培训计划并组织实施；组织相关部门定期召开安全生产专题会议，解决日常工作中遇到的安全问题。

4.4.2.2 安全生产管理机构主要负责人职责：企业主要负责人应按照安全生产法律法规赋予的职责，全面负责安全生产工作，并履行安全生产义务。其主要职责为建立、健全本单位安全生产责任制；组织制定本单位安全生产规章制度和操作规程；组织制定并实施本单位安全生产教育与培训计划；确保本单位安全生产投入的有效实施；督促、检查本单位的安全生产工作，及时消除生产安全事故隐患；组织危险源的辨识、风险评价和风险控制的策划工作；组织对安全生产管理系统的运行有效性评估和持续改进；组织制定并实施本单位的生产安全事故应急救援预案；及时、如实报告生产安全事故。

4.4.2.3 安全生产管理人员职责：安全生产管理人员应组织或者参与拟订本单位安全生产规章制度、操作规程和生产安全事故应急救援预案；组织或者参与本单位安全生产教育和培训，如实记录安全生产教育和培训情况；督促落实本单位重大危险源的安全管理措施；组织或者参与本单位应急救援演练；检查本单位的安全生产状况，及时排查生产安全事故隐患，提出改进安全生产管理的建议；制止和纠正违章指挥、强令冒险作业、违反操作规程的行为；督促落实本单位安全生产整改措施。

4.4.2.4 部门职责：企业应明确各级部门及其人员的安全生产职责。按照"分级管理、分线负责"的原则建立、健全各职能部门和所有岗位从业人员的安全生产职责，安全生产职责的描述应具体、界定清晰并明确考核办法。

4.4.2.5 考核：企业应采取措施，严格考核，确保各部门安全负责人及所有从业人员熟悉并认真履行本部门、本岗位安全生产职责。企业的安全生产职责应定期评审，并根据实际变化情况予以更新。

4.5 资金保障：

4.5.1 编制资金保障计划：企业应在年初依据年度工作规划、从业人员数量、工种、作业特点等有关规定编制安全生产资金保障计划。

计划应包括资金来源、数额、用途、使用时间、执行人、批准人等方面。发生特殊情况时，可制定临时计划，保障劳动保护用品，安全用具、设备设施等的及时到位。

4.5.2 保障资金的支付使用：安全生产保障资金应用于以下方面：安全生产保障资

金应用于采取各种安全技术措施的费用、满足个人防护用品等劳动保护开支、职业危害因素检测、监测和职业健康体检的费用、购买安全防护设备、设施、办理职工工伤保险、开展安全评价、重大危险源监控、事故隐患评估和整改等所需费用。

4.5.3 资金监督管理：企业设立安全生产保障资金专项账户，必须做到专款专用，并建立安全生产专用资金使用台账。

4.6 法规与制度：

4.6.1 法律法规：企业应建立识别和获取适用的安全生产法律法规、标准规范的制度，明确主管部门，确定获取的渠道、方式，及时识别和获取适用的安全生产法律法规、标准规范。

企业各职能部门应及时识别和获取本部门适用的安全生产法律法规、标准规范，并跟踪、掌握有关法律法规、标准规范的修订情况，及时交企业内负责识别和获取适用的安全生产法律法规的主管部门汇总。

企业应将适用的安全生产法律法规、标准规范及其他要求及时传达给从业人员。

企业应遵守安全生产法律法规、标准规范，并将相关要求及时转化为本单位的规章制度，贯彻到各项工作中。

4.6.2 规章制度：企业应建立健全安全生产规章制度，并发放到相关工作岗位，规范从业人员的生产作业行为。

安全生产规章制度至少应包含下列内容：安全生产职责、安全生产投入、文件和档案管理、隐患排查与治理、安全教育培训、安全标准化自评管理制度、特种作业人员管理、设备设施安全管理、建设项目安全设施"三同时"管理（建设项目安全设施必须与主体工程同时设计、同时施工、同时投入生产和使用）、生产设备设施验收管理、生产设备设施报废管理、施工和检维修安全管理、危险物品及重大危险源管理、作业安全管理、相关方及外用工管理，职业健康管理、防护用品管理，应急管理，事故管理等。

4.6.3 操作规程：企业应根据生产特点，编制岗位安全操作规程，并发放到相关岗位，并对员工进行培训和考核。

4.6.4 评估、修订：企业应实施每年至少一次的对安全生产法律法规、标准规范、规章制度、操作规程的执行情况的检查评估。

4.6.5 文件和档案管理：企业应建立主要安全生产过程、事件、活动、检查的安全记录档案，并加强对安全记录的有效管理。

对下列主要安全生产资料进行档案管理：安全生产会议记录（含纪要）、安全费用提取使用记录、员工安全教育培训记录、劳动防护用品采购发放记录、危险源管理台账、安全生产检查记录、授权作业指令单、事故调查处理报告、事故隐患整改记录、安全生产奖惩记录、特种作业人员登记记录、特种设备管理记录、外来施工队伍安全管理记录、安全设备设施管理台账（包括安装、运行、维护等）、有关强制性检测检验报告或记录、新改扩建项目"三同时"、风险评价信息、职业健康检查与监护记录、应急演习信息、技术图纸等。

4.7 教育与培训：

4.7.1 安全生产管理机构是安全生产教育和培训的责任部门，负责制定安全生产教育和培训计划并组织实施；负责组织新员工的"三级安全教育"；负责外来人员的安全准入教育培训，负责对其他从业人员安全生产教育和培训实施监督检查。

4.7.2 企业的主要负责人和安全生产管理人员，必须具备与本单位所从事的生产经营活动相适应的安全生产知识和管理能力。法律法规要求必须对其安全生产知识和管理能力进行考核的，须经考核合格后方可任职，并每年接受再培训教育。

4.7.3 新员工上岗前必须进行企业级、车间级、班组级"三级"安全教育培训，培训时间不少于24学时。若员工换岗，或员工离岗1年以上重新上岗，以及采用新工艺、新技术、新材料或者使用新设备时，应当重新进行有针对性的安全培训。

4.7.3.1 企业级安全教育由安全生产管理机构负责组织，内容为：

4.7.3.1.1 企业安全生产情况及安全生产基本知识。

4.7.3.1.2 企业安全生产规章制度和劳动纪律。

4.7.3.1.3 从业人员安全生产权力和义务。

4.7.3.1.4 有关事故案例。

4.7.3.1.5 其他需要培训的内容。

4.7.3.2 车间级安全教育由车间主管安全负责人组织，内容为：

4.7.3.2.1 工作环境及危险因素。

4.7.3.2.2 所从事工种可能遭受的职业伤害和伤亡事故。

4.7.3.2.3 所从事工种的安全职责、操作技能及强制性标准。

4.7.3.2.4 自救互救、急救方法、疏散和现场紧急情况的处理。

4.7.3.2.5 安全设备设施、个体防护用品的使用和维护。

4.7.3.2.6 本车间安全生产状况及规章制度。

4.7.3.2.7 预防事故和职业危害的措施及应注意的安全事项。

4.7.3.2.8 有关事故案例。

4.7.3.2.9 其他需要培训的内容。

4.7.3.3 班组级安全教育由班组负责人组织，内容为：

4.7.3.3.1 岗位安全操作规程。

4.7.3.3.2 岗位之间工作衔接配合的安全与职业卫生事项。

4.7.3.3.3 有关事故案例。

4.7.3.3.4 其他需要培训的内容。

三级教育和考核情况要填写安全生产培训、考核记录。未经安全教育培训或考核不合格者，不得分配工作。

4.7.4 外来人员安全教育：

外来施工作业、工作人员，进场前必须接受入厂安全培训，并填写培训记录。

对外来施工作业和工作人员的安全教育，由企业内部相关主管部门负责组织进行，经考核合格后，方能允许进行现场施工和作业。

进入厂区办事和参观人员，由接待部门负责告知其企业安全生产相关制度规定，参观人员要有专人带队。

4.7.5 日常安全教育：

班前会上要进行安全教育，预想当班操作、作业危险、危害因素，并布置对策。班后会上要总结分析当班安全状况。

根据不同季节、节假日及检修前的特点，及时组织进行有关的安全生产培训。

在新工艺、新技术、新装置、新产品使用前，专业主管部门组织编制新的操作规程，进行专门培训。有关人员经考核合格后，方可上岗操作。

利用各种会议、简报、标语和事故现场会等形式，开展经常性安全生产教育培训活动。

4.7.6　安全文化建设：

4.7.6.1　企业采取多种形式的活动来促进企业的安全文化建设，促进安全生产工作。

4.7.6.2　企业开展文化建设活动应符合 AQ/T 9004 的规定。

4.8　厂房设施及工艺设备：

4.8.1　厂房设施：

4.8.1.1　控制室和配电室的设置应符合 GB 17440 相关要求。

4.8.1.2　粮食钢板筒仓的结构、防雷、通风设计符合 GB 50322 的要求，有粉尘爆炸危险的筒仓应符合 GB 50016 的要求。

4.8.1.3　车间电气线路的敷设应符合 GB 50058 的要求。

4.8.1.4　饲料厂的车间、厂房的设计应符合 GB 50016 的要求。

4.8.1.5　灭火器的配置、选择、放置应符合 GB 50140 的要求。

4.8.1.6　变电所的设计、变压器的配置选择应符合 GB 50053 的要求。

4.8.1.7　维护设备的爬梯、走梯、检修平台、护栏应符合 GB 4053 的要求。

4.8.1.8　应急照明与警示标识：

4.8.1.8.1　厂房、车间内的应急照明设置应符合 GB 17945 的要求。

4.8.1.8.2　在投料口、粉碎机房、制粒机旁、叉车通道、设备传动部位、蒸汽管道等存在或产生职业病危害的工作场所、作业岗位、设备、设施应设置警示标识，标识应符合 GBZ 158 的规定。

4.8.1.8.3　消防栓、灭火器等消防设施、设备应悬挂消防安全标志，标志的设置应符合 GB 15630 的规定。

4.8.1.9　作业区布置：

4.8.1.9.1　厂区出入口的数量符合 GB 50187 相关条款的规定。

4.8.1.9.2　主要人流出入口设置，人流、货流方向应符合 GB 50187 相关条款的规定。

4.8.1.9.3　厂内道路的设置应符合 GB 4387 相关条款的规定。

4.8.1.9.4　消防车道的设置应符合 GB 50016 相关条款的规定。

4.8.1.9.5　工厂的生活区必须与生产区分开，并有一定距离。

4.8.1.9.6　作业区的布置；设备、工机具、辅助设施的布置；生产物料、产品和剩余物料的堆放；人行道、车行道的布置和间隔距离应符合 GB/T 12801 相关条款的要求。

4.8.1.10　仓储区布置：

4.8.1.10.1　饲料加工车间和筒仓的环形消防通道，应符合 GB 19081 相关条款的要求。

4.8.1.10.2　储存物品的地点、仓库、场院应符合 GB/T 12801 相关条款的要求。

4.8.1.11　锅炉房的设计应符合 GB 50041 的要求。

4.8.2 工艺及设备：

4.8.2.1 工艺：饲料厂的工艺设计中应贯彻安全第一，文明生产的理念。在整体工艺设计与安装中，应科学考虑整个工厂的通风除尘系统，最大限度地保证生产作业环境中空气的洁净程度，确保环境排放达到国家规定要求。在整体工艺设计与安装中，应科学采用整个工厂的噪音防治措施，对除尘或气力输送的高噪声风机统一加消音器或单独隔离消声，在城市范围内向周围生活环境排放工业噪声的，应当符合 GB 12348 的要求。在工艺设计安装中，应科学设计各种作业平台，保证维护、操作、清洁设备的安全。所有动力、照明线路规范安装，做到安全、有序、整齐、美观。

4.8.2.2 设备：

4.8.2.2.1 防爆要求：

4.8.2.2.1.1 电气设备及线路宜在无粉尘爆炸危险的区域内设置和敷设，在无法避免的情况下，应符合 GB 50058 有关规定。

4.8.2.2.1.2 布置于粉尘爆炸性危险场所的电气线路及用电设备应装设短路、过载保护。粉尘爆炸危险场所内电气线路采用绝缘线时应用钢管配线。

4.8.2.2.1.3 设备金属外壳、机架、管道等应可靠接地，连接处有绝缘时应做跨接，形成良好的通路，不得中断。

4.8.2.2.1.4 爆炸危险场所采用粉尘防爆电机。

4.8.2.2.2 斗式提升机的配备应符合 GB 19081 相关条款的规定。

4.8.2.2.3 粉碎机：

4.8.2.2.3.1 粉碎机的喂料系统宜设置磁选装置及重力沉降机构。

4.8.2.2.3.2 粉碎机应有过载保护装置、接地标志。

4.8.2.2.3.3 粉碎机的外壳及外露零部件在设计时应避免带易伤人的锐角、利棱。

4.8.2.2.3.4 粉碎机应安装有在打开粉碎室门或粉碎室门未关闭到位时，保证电动机不能启动的联锁装置。

4.8.2.2.3.5 粉碎机与电动机之间的联轴器应加装防护装置。

4.8.2.2.4 混合机：

4.8.2.2.4.1 混合机轴端及出料门应密封可靠。

4.8.2.2.4.2 混合机应安装有在打开检修门或检修门未关闭到位时，保证电动机不能启动的联锁装置。

4.8.2.2.4.3 混合机上盖设透气帽。

4.8.2.2.5 配料秤：

秤斗安装检修人孔、观察窗，方便检修清理。

4.8.2.2.6 制粒机：

4.8.2.2.6.1 制粒机应配有防止磁性金属异物进入机内的保护装置。

4.8.2.2.6.2 制粒机应装有打开制粒部位的门罩时或门罩未关闭到位时防止电机启动的联锁装置。

4.8.2.2.6.3 制粒机传动机构应有安全防护装置，危险处应按 GB 2893 中的规定涂漆。

4.8.2.2.6.4 制粒机应在相关的醒目位置设置清晰的操作标志，包括安全标志、转向标志及润滑标志等。

4.8.2.2.6.5 制粒机下料斜槽应设置紧急排料装置。

4.8.2.2.7 逆流式冷却器：

冷却器检修门设保护开关，防止打开检修门时设备启动运行。观察窗上有 LED 防爆照明灯。

4.8.2.2.8 辊式破碎机：

4.8.2.2.8.1 破碎机应具有过载保护功能，当专用试块通过轧区后，不得有零部件损坏。

4.8.2.2.8.2 破碎机的传动机构应设有安全防护装置。

4.8.2.2.8.3 破碎机上应设有各种必需的安全标志、操作标志、转向标志及润滑标志，标志的规格与颜色符合 GB 2893、GB 2894 和 GB 6527.2 的规定。

4.8.2.2.9 永磁筒：

4.8.2.2.9.1 磁选设备应定期检测，确保清除金属杂质的效果。

4.8.2.2.9.2 永磁筒的磁感强度应大于 3000GS。

4.8.2.2.10 圆筒初清筛：

4.8.2.2.10.1 圆筒初清筛工作时，应无灰尘外溢、漏料现象，给、排料过程应顺畅。

4.8.2.2.10.2 固定筛板的螺栓应锁紧，工作中不应有松动。

4.8.2.2.10.3 裸露在外面的高速旋转件应加防护装置。

4.8.2.2.10.4 安全警示标志应符合 GBZ 158 的规定。

4.8.2.2.10.5 电气安全应符合 GB 5226.1 的规定。

4.8.2.2.11 除尘器：

除尘器的防爆应符合 GB/T 17919 的要求。

4.8.2.2.12 料仓：

4.8.2.2.12.1 每个料仓的仓顶设人孔，人孔内有安全栅栏，人孔盖应密封不漏灰。

4.8.2.2.12.2 料仓应做独立吸风除尘。没有独立吸风除尘的，每个仓盖上应设呼吸帽，以释放料仓内的气压，并防止粉尘外溢。

4.8.2.2.13 包装秤应配置除尘设备。

4.8.2.2.14 除尘系统：

4.8.2.2.14.1 应以"密封为主，吸风为辅"的原则，根据工艺要求，配备完善的除尘系统。

4.8.2.2.14.2 饲料加工系统宜采用多个独立除尘系统实施粉尘控制，投料口应设独立除尘系统。

4.8.2.2.14.3 除尘系统所有产尘点应设吸风罩，吸风罩应尽量接近尘源。

4.8.2.2.14.4 除尘系统风管设计，应尽量缩短水平风管长度，减少弯头数量，水平管道应采用法兰连接，便于拆装清扫。

4.8.2.2.15 设备布置：

在各层平面和立面设备布置设计中，科学考虑设备的操作、维护空间，设置安全行走与作业距离，以便安全地进行各种操作。设备的安装要确保前后、上下设备连接牢靠，密封良好。设备安装后的孔洞必须封堵，不能封堵的做护栏。设备布置要注意下列几点要求：

4.8.2.2.15.1 便于操作和维护。

4.8.2.2.15.2 发生火灾或出现紧急情况时，便于人员撤离。

4.8.2.2.15.3 尽量避免生产装置之间危害因素的相互影响，减小对人员的综合作用。

4.8.2.2.15.4 布置具有潜在危险的设备时，应根据有关规定进行分散和隔离，并设置必要的提示、标志和警告信号。

4.8.2.2.15.5 对振动、爆炸敏感的设备，应进行隔离或设置屏蔽、防护墙、减振设施等。

4.8.2.2.15.6 设备的噪声超过有关标准规定时，应予以隔离。

4.8.2.2.16 螺旋输送机和埋刮板输送机：螺旋输送机和刮板输送机不应向外泄露粉尘，在出料口发生堵塞或刮板链条发生断裂时，应有失速保护装置，应能自动停机并报警。

4.8.2.2.17 蒸汽锅炉：

4.8.2.2.17.1 企业应保存锅炉质量证明书（包括出厂合格证、金属材料证明、焊接质量证明和水压试验证明）。

4.8.2.2.17.2 应取得特种设备使用登记证，相关压力表、水表等应取得县级以上质量监督部门发放的计量检定合格证书。

4.8.2.2.18 空气压缩机：

4.8.2.2.18.1 空气压缩机宜使用螺杆式、滑片式空压机。

4.8.2.2.18.2 压缩空气站的设计应符合 GB 50029 的规定。

4.8.3 变更：企业应执行变更管理制度，对机构、人员、工艺、技术、设备设施、作业过程及环境等永久性或暂时性的变化进行有计划的控制。变更的实施应履行审批及验收程序，并对变更过程及变更所产生的隐患进行分析和控制。

4.9 生产过程管理与控制：

4.9.1 过程分类：饲料厂生产过程一般以仓为界划分为原料投料工段、粉碎工段、配料混合工段、制粒冷却工段、定量包装工段等环节。中控是生产的核心，负责操控所有生产环节。

4.9.2 中控岗位安全生产操作：

4.9.2.1 生产前，中控工应先合闸启动设备动力电源和控制电源，检查电压表示值是否符合要求（一般情况下，电压表示值在 $380\pm10V$）；确认无误后，启动空气压缩机。

4.9.2.2 启动设备时，应先空转运行，检查设备运行（含气动闸门、气动三通等）是否正常；检查全屏控制系统或模拟屏控制系统上设备运行信号是否正常。

4.9.2.3 粉碎机、混合机、制粒机、破碎机等功率大于 15kW 的主机设备开启后，必须在降压启动完毕、中控操作屏显示正常的空载电流值后，方可进料或开启前端设备。

4.9.2.4 所有布筒式脉冲除尘器应视物料状态设置延时喷吹，以降低布筒上的粉尘沉积，保持良好的除尘效果；脉冲除尘器布筒出现粉尘泄露时，应立即停机检修，严禁生产。

4.9.2.5 生产工段安全生产操作：

4.9.2.5.1 生产工段，应按生产流程逆时启动（从后向前逐台开启设备），顺时关闭停机（从前向后逐台延时关闭设备）。

4.9.2.5.2 对生产工段的启动和停止，应设置连锁保护，既可手动连锁逐机启停，也可自动连锁启、停；连锁自动启、停时，每台设备之间的启、停时间间隔设置应不小于3秒。

4.9.2.5.3 设备处于连锁保护状态时，在生产工段启动期间，后端设备处于关闭状态，前端设备无法正常启动；在设备运行期间，后端设备因故停机，前端设备随之停机。

4.9.2.5.4 电机表面应保持清洁，无积尘。

4.9.2.5.5 原料投料工段：

4.9.2.5.5.1 设备空机运转正常且中控操作屏显示稳定的空载电流示值后，方可开始投料。

4.9.2.5.5.2 严禁设备带料启动。

4.9.2.5.6 原料粉碎工段：

4.9.2.5.6.1 应在粉碎机空机运转正常且中控操作屏显示稳定的空载电流示值后，方可启动粉碎机喂料装置。

4.9.2.5.6.2 严禁设备带料启动。

4.9.2.5.6.3 粉碎机转子未完全停止时，严禁打开粉碎机门盖进行任何操作。

4.9.2.5.7 配料混合工段：

4.9.2.5.7.1 严禁设备带料启动。

4.9.2.5.7.2 液体泵联轴器、混合机链条防护罩，不能缺失。

4.9.2.5.7.3 液体罐加热设施，应满足恒温控制、防爆、阻燃、防止烫伤等条件。

4.9.2.5.7.4 混合机清理、维护时，应关闭动力电源。

4.9.2.5.7.5 混合机放料门检修维护时，必须关闭进气阀，并对管路里的余气彻底泄压后，方可实施。

4.9.2.5.8 制粒冷却工段：

4.9.2.5.8.1 调质器、制粒机、破碎机、冷却器等设备，在清理、检修、维护时，应关闭设备动力电源。

4.9.2.5.8.2 制粒机更换环模时，应认真检查环模吊装用钢丝绳状况，发现安全隐患，严禁使用。

4.9.2.5.8.3 制粒机启动前，应检查抱箍、压辊锁紧螺母、制粒机喂料盆等组件的螺丝紧固程度。

4.9.2.5.8.4 严禁设备带料启动。

4.9.2.5.8.5 制粒机主轴、压辊等设备部件，应严格按照设备使用说明书要求进行润滑。

4.9.2.5.8.6 蒸汽管道等高温设施，应做保温等防烫伤措施。

4.9.3 饲料安全生产管理要点：

4.9.3.1 原料投料工段：

4.9.3.1.1 原料投料区域，应配备完好的灭火器、消防栓等消防设施，消防设施应定置定位，悬挂显著标识，预留消防通道，遇突发事故时可随时、快速投入使用；消防设施的日常检查维护工作必须责任到人，责任人应定期检查维护确保其处于完好状态，检查维护工作应形成工作记录，必须可追溯。

4.9.3.1.2 原料投料区域，严禁烟火，投料作业期间严禁电焊、切割等明火作业；原料投料区域和进、出口等，必须设置显著的"严禁烟火"等防火警示标志。

4.9.3.1.3 原料库里规划有原料投料口和原料货运车辆进库卸货区域的，应设置原料货运车行车通道和原料转运叉车行车通道，且有显著的"慢行""限速＊＊＊公里"等警示标志。

4.9.3.1.4 配备原料转运叉车的，叉车驾驶人员必须持有叉车证；在叉车转运原料至投料口期间，严禁投料作业人员站在叉车正前方指挥或站在投料口内等待原料到达。

4.9.3.1.5 原料必须码垛整齐，原料垛应限高 4 米，原料垛之间应保持约 20cm 间距。

4.9.3.1.6 原料投料口应配置脉冲除尘器。

4.9.3.1.7 原料投料口应设置隔栅；投料隔栅有侧滑、平移隐患时，严禁作业人员站在隔栅上投料。

4.9.3.1.8 投料口下方的刮板输送机应设置进料量调节闸门，对刮板机负荷起调节作用。

4.9.3.1.9 投料口下方的刮板输送机应设置防堵开关，对刮板机形成连锁保护。

4.9.3.1.10 刮板输送机传动电机底座未固定在刮板输送机机体上的（如电机底座固定在平台、地面等），应在电机底座所在的平台（或地面）和刮板输送机机头之间加固定支撑。

4.9.3.1.11 原料投料口（或刮板输送机）邻近区域应设置"急停"开关，设备运行出现异常时，可按"急停"开关关闭设备；待故障排查、解除后，方可启动设备。

4.9.3.1.12 视生产量情况，每月应至少组织检查、清理一次投料口刮板输送机主轴，对缠绕的异物进行清理。

4.9.3.1.13 视生产量情况，应定期组织检查刮板输送机链条上的附属尼龙板的磨损情况；出现刮板输送机链条铁质部分和机筒摩擦时，应停机维修完毕后方可启动设备。

4.9.3.1.14 生产期间，应对刮板输送机运行情况进行巡检，出现刮板输送机链条跑偏、链条松动等异响时，应及时按"急停"开关关闭设备或通知中控关闭设备，待故障排查、解除后，方可启动设备。

4.9.3.2 粉碎工段：

4.9.3.2.1 粉碎机脉冲除尘器布筒，必须定期检查清理，以满足除尘要求。

4.9.3.2.2 粉碎机脉冲除尘风机应设置消音器。

4.9.3.2.3 粉碎机联轴器护罩应完整可靠，严禁缺失。

4.9.3.2.4 对粉碎机进行维修保养、筛片更换、锤片更换时，应切断动力电源，断电合闸必须为同一人，并悬挂警示牌。

4.9.3.2.5 粉碎机更换筛片时，应关闭粉碎机沉降室绞龙。

4.9.3.2.6 粉碎机更换锤片：

4.9.3.2.6.1 应关闭粉碎机沉降室绞龙，并在粉碎机排料口上方放置挡板，防止锤片、隔套等金属异物掉入后续设备中。

4.9.3.2.6.2 应称量每组锤片重量，径向相对的两组锤片总重量差应符合 JB/T 9822.1 要求。

4.9.3.2.6.3 锤片安装完毕后，应对锤片排布方式、安装数量、销轴固定情况等进行复核，确认无误后，先开启粉碎机空机运转，一切正常后方可带负荷运行。

4.9.3.2.7 粉碎机应设有现场"急停"开关，设备运行异常时，现场人员可即时按"急停"开关关闭设备。

4.9.3.2.8 粉碎机操作门应装有开门连锁行程开关，并保持功能完好；严格按要求接线，应做到开门断开，并且操作门打开后设备无法启动；开门连锁行程开关严禁搭接或弃之不用，出现故障时应立即修理或更换。

4.9.3.2.9 粉碎机调试前，应排空粉碎室内余料；粉碎机运行期间，出现无预定运行中断时，应清理粉碎室内余料。

4.9.3.2.10 当粉碎机操作门关闭，其他辅助设备运行后，方可启动粉碎机主机；当达到工作状态后，启动喂料装置。

4.9.3.2.11 粉碎机工作完毕后，应空机运转 2～5 分钟，把机器内部物料全部粉碎排出后，方能停机。

4.9.3.2.12 粉碎机运转中，如出现强烈震动，应立即停机检查，消除故障后，方能继续开机工作。

4.9.3.2.13 生产前，应先清理粉碎机磁板；粉碎机磁板清理频率，根据生产量和原料特性（含杂质情况等）而定，原则上每天至少清理1次。

4.9.3.2.14 应定期对粉碎机锤片和销轴进行检查；发现锤片受损、锤片过度磨损及销轴过度磨损时，应立即停机更换，更换完毕方可启动设备。

4.9.3.2.15 粉碎机操控现场（如设备现场、中控室）应安装电流表，操控人员应根据电流表示值均匀喂料，不得忽多忽少，保证电机在额定负荷下工作。

4.9.3.2.16 应定期检查粉碎机脉冲除尘器布筒的透气性、完好性及电磁阀、气阀的完好性，确保脉冲除尘器正常工作；脉冲除尘器在工作期间，除尘布筒内外压差≥1.5MPa 时，应对布筒进行清理或更换。

4.9.3.2.17 棕榈粕等极易产生静电的低水分原料的粉碎控制要点。

4.9.3.2.17.1 应在相关设备上安装防静电屏蔽线，消除静电危害。

4.9.3.2.17.2 应在提升机顶部设置防爆口，降低事故安全危害。

4.9.3.2.17.3 不宜选用 2.0mm 孔径以下的筛片粉碎。

4.9.3.2.18 应定期检查粉碎机电机接线柱的紧固、老化程度。

4.9.3.2.19 每天生产结束后，清理设备上沉积的灰尘及物料，保持机器设备清洁，有助于预防粉尘爆炸。

4.9.3.2.20 若机器漏油（脂），应立即将其清除干净，并将漏油处密封完好。

4.9.3.2.21 保持安全标识牌的整洁，禁止拆除或覆盖。

4.9.3.2.22 粉碎机严谨用于使用范围之外的工作。

4.9.3.2.23 应按照设备使用说明书上的要求，定期对粉碎机进行检修维护。

4.9.3.3 配料、混合工段：

4.9.3.3.1 对配料绞龙和混合机进行检修保养或清理时，必须切断动力电源，悬挂警示牌，防止电机意外启动；实行一人断电合闸制。严禁在混合机未完全停止时打开操作门。

4.9.3.3.2 混合机防护罩应保持完整、可靠。

4.9.3.3.3 混合机操作门应装有开门连锁行程开关，并保持功能完好；严格按要求接线，应做到开门断开，并且操作门打开后设备无法启动；开门连锁行程开关严禁搭接或弃之不用，出现故障时应立即修理或更换。

4.9.3.3.4 配料秤：

4.9.3.3.4.1 定期检查配料秤传感器附属钢珠是否在对应凹槽里，出现错位应及时整改，防止配料秤发生倾斜或坠落。

4.9.3.3.4.2 严禁攀爬配料秤。

4.9.3.3.4.3 配料秤应安装防静电屏蔽线，并保持其处于完好状态。

4.9.3.3.5 液体添加系统。

4.9.3.3.5.1 液体储存。

液体储存应满足以下要求：

4.9.3.3.5.1.1 液体储存罐使用电加热的，应配备恒温控制仪，并保持其处于完好状态。

4.9.3.3.5.1.2 电加热相关附属件，应做防触电措施。

4.9.3.3.5.1.3 液体储存罐应安装高、低液位传感器，高液位传感器用于防止液面溢出储存罐，低液位传感器的高度不能低于电加热棒的安装位置。

4.9.3.3.5.1.4 生产结束后，应切断加热设备的动力电源。

4.9.3.3.5.2 液体添加应满足以下要求：

4.9.3.3.5.2.1 应对液体添加管路进行定期检查、维护，防止管路发生爆裂。

4.9.3.3.5.2.2 液体添加剂不慎溅入眼睛时，应及时用清水冲洗，必要时送医院检查。

4.9.3.3.6 混合：

4.9.3.3.6.1 混合机应设有现场"急停"开关，当设备运行出现异常时，现场人员可即时按"急停"开关关闭设备。

4.9.3.3.6.2 混合机运行期间，中控员应密切关注混合机电流示值波动情况；电流异常飙升或超过额定电流时，应及时关闭混合机，待隐患排查、解除后，方可进行生产。

4.9.3.3.6.3 混合机严禁带料启动。

4.9.3.3.6.4 双轴混合机在安装链条时，应先转动两根主轴（桨叶），确保两根主轴链轮上的标识吻合后，保持设备静止，然后再安装链条；链条安装完毕后，应先用手转动主轴桨叶或电机风扇观察桨叶之间是否有碰撞隐患，确认后启动设备空机运转正常，方可投入生产。

4.9.3.3.7 保持安全标志牌整洁，不允许将其拆除或覆盖。

4.9.3.3.8 应按照设备使用说明书上的要求，定期对粉碎机进行检修维护。

4.9.3.4 制粒、冷却工段：

4.9.3.4.1 喂料绞龙、调质器、制粒机主机、冷却风机、关风器、破碎机、回转分级筛等设备，在检修、清理时，应切断动力电源，必须实行同一人断电合闸制；在设备未完全停止前严禁打开操作门。

4.9.3.4.2 制粒机和破碎机操作门应装有开门连锁行程开关，并保持功能完好；严格按要求接线，应做到开门断开，并且操作门打开后设备无法启动；开门连锁行程开关严禁搭接或弃之不用，出现故障时应立即修理或更换。

4.9.3.4.3 制粒机切刀架上远离切刀一端的限位衬套，应在满足生产工艺要求时切刀和环模表面的最小间距处进行锁定。

4.9.3.4.4 每天生产前，应检查并清理制粒机磁板。

4.9.3.4.5 制粒机正常运行期间，现场操作人员的工作区域应集中在制粒机门盖正前方，不能长时间伫立在制粒机门盖两侧。

4.9.3.4.6 制粒机需停机清理时，应关闭现场"急停"开关或将现场控制开关旋转至"手动停止"状态。

4.9.3.4.7 制粒机安全销，应使用生产厂家要求的规格和材质，严禁私自加工不符合要求的安全销投入使用；安全销断裂时，必须检查制粒机内物料是否有异物，查明原因、解除隐患后，方可进行生产。

4.9.3.4.8 应按设备使用说明书要求，对制粒机主轴轴承和压辊轴承等部位添加润滑脂进行维护。

4.9.3.4.9 应定期检查、维护制粒机下料口关风器链条。

4.9.3.4.10 每天启动碎粒机前，应检查齿轮的咬合情况和完好性。

4.9.3.4.11 应定期检查、维护回转分级筛内部结构。

4.9.3.4.12 严禁破碎机带料启动。

4.9.3.4.13 制粒机和碎粒机应安装电流表，操控人员应根据电流表示值均匀喂料，不得忽多忽少，保证电机在额定负荷下工作。

4.9.3.4.14 清理冷却器排料隔栅时，应切断排料电机动力电源，必须实行同一人断电合闸制。

4.9.3.4.15 清理冷却器排料隔栅时，严禁使用手指伸入排料栅栏或排料翻版间隙里清理残留料。

4.9.3.4.16 应对控制冷却器停止排料的接近开关（限位开关）进行定期检查维护。

4.9.3.4.17 制粒机蒸汽系统：

4.9.3.4.17.1 锅炉附属压力表和安全阀必须按法律法规要求，定期送技术监督局检验，检验合格后方可投入使用；锅炉安全阀设定压力，必须小于锅炉铭牌和锅炉分汽缸铭牌上的额定压力。

4.9.3.4.17.2 生产车间蒸汽分汽缸必须安装压力表、安全阀，其必须按法律法规要求，定期送技术监督局检验，检验合格后方可投入使用；安全阀设定压力，必须小于分汽缸铭牌上的额定压力。

4.9.3.4.17.3 生产车间蒸汽分汽缸和蒸汽管路必须做保温隔热措施，并悬挂高温防烫伤警示标识。

4.9.3.4.17.4 应定期检查、清理蒸汽管路上的过滤器；蒸汽管路改造或焊接后，应检查、清理过滤器。

4.9.3.4.17.5 上述压力表、安全阀故障，需购买新品更换时，必须先送技术监督局检验合格后，方可安装使用。

4.9.3.5 定量包装：

4.9.3.5.1 定量包装秤故障检修及日常清理时，应切断动力电源后方可实施，且必须实行同一人断电合闸制。

4.9.3.5.2 缝包机断针、断线、自动切线等环节出现故障时，应切断动力电源后方可进行维修，且必须实行同一人断电合闸制。

4.9.3.6 其他：

4.9.3.6.1 应建立完善的设备档案，按照设备使用说明书上的维护要求，制定适合企业的设备日常巡检和维护保养制度，定期对设备进行检修保养，以降低设备故障率、提高设备使用寿命。

4.9.3.6.2 应对主要设备制定独立的运行、检修、维护保养等档案，利于设备安全事故的追溯和分析。

4.9.3.6.3 应在提升机下料口设置隔栅，防止受损畚斗等异物从提升机下料口进入后续流程，造成设备损坏。

4.9.3.6.4 应对提升机安装电流显示、测速报警和跑偏报警等，设备运行电流示值波动异常或出现设备电流超载报警、皮带跑偏报警时，及时关闭设备，待故障排查、解除后，方可启动设备。

4.9.3.6.5 凡存在安全隐患的设备，严禁投入生产。

4.9.3.6.6 气动设备、储气包、储气罐、气路等维修注意事项：

4.9.3.6.6.1 混合机气动门及其他类似气动门维修时，应切断动力电源并关闭前端气路上的进气阀门，然后现场手动控制气动门开、关，对气路余压进行彻底释放，确认气路压力表示值为"0"，方可进行维修。

4.9.3.6.6.2 脉冲除尘器储气包及其他类似储气包上的气阀更换时，应关闭前端气路上的进气阀门，然后手动打开储气包下方排气阀门，待气压彻底释放完毕，方可进行维修。

4.9.3.6.6.3 储气罐上压力表需要更换时，应关闭进气阀门，然后手动打开储气罐下方排气阀门，待气压彻底释放完毕，方可进行维修。

4.9.3.6.6.4 气路上压力表需要更换时，应关闭故障工段前端进气阀门，然后确保故障工段彻底泄压后，方可进行维修。

4.9.3.6.6.5 所有储气包、储气罐、气路，未彻底泄压前，严禁实施电焊作业。

4.9.3.6.7 钢板仓、车间储存仓（配料仓、待粉碎仓、成品仓等）维修时，必须保证两人以上，且确保仓口处至少有一名全程监护人。

4.9.3.6.8 生产车间、钢板仓、车间储存仓（配料仓、待粉碎仓、成品仓等）内需电焊作业时，必须报批公司专职或兼职安全管理人员评审、许可后，方可实施。

4.9.4 特殊作业：

4.9.4.1 动火作业：

4.9.4.1.1 动火作业，必须经企业安全生产管理机构批准后，方可执行。

4.9.4.1.2 动火作业前、后，以及期间，应安排人员现场监视与检查；发现不符合作业要求的情况时，应立即停止作业，整改至合格并重新获得批准后，才能再开始作业。

4.9.4.1.3 作业现场应得到仔细清理，易燃材料应移走或提供有效的阻火材料；灭火器材应放置在作业现场，作业人员应懂得如何使用灭火器材。

4.9.4.1.4 动火作业人员应穿戴必要的个人防护装备。

4.9.4.1.5 电焊工、气焊工须持有《特种作业操作证》上岗作业。

4.9.4.1.6 作业前应检查电焊机外壳，电焊机必须有单独的、符合标准的接地线，严禁接地线接在建（构）筑物或各种金属管道上，确保就近搭火。

4.9.4.2 密闭空间作业：

4.9.4.2.1 进入密闭处所作业时，必须经企业安全生产管理机构批准后，方可执行。

4.9.4.2.2 作业人员进入前，应对密闭处所进行充足的通风，确保密闭处所符合人员安全进入与作业的条件。

4.9.4.2.3 在容积小的仓室，实施电气焊割时，点火和熄火应在外部进行。

4.9.4.2.4 进入密闭处所作业前，应对密闭处所的所有动力电源予以切断、上锁与挂牌。

4.9.4.2.5 进入密闭处所人员，应穿戴适宜的个人防护装备，包括使用安全带、供氧瓶等。

4.9.4.2.6 在作业人员处于密闭处所的整个期间，至少需有一人在外部保持监护状态。

4.9.4.2.7 作业人员身体健康状况，应能满足在密闭处所的作业的需要。

4.9.4.3 高空作业：

4.9.4.3.1 进行高空作业时，必须经企业安全生产管理机构批准后，方可执行。

4.9.4.3.2 作业人员须穿戴适宜的安全装备，包括必须佩戴经确认可靠的安全帽和使用安全带。

4.9.4.3.3 应对作业区域的安全保护设施如护栏、脚踏板、爬梯等进行检查，确认其处于良好状态；必要时，应设置安全护网。

4.9.4.3.4 高空作业期间，至少应有一人一直在现场保持监护。

4.9.4.3.5 作业人员身体健康状况，应能适应在高空处所的作业。

4.9.4.4 锅炉操作：

4.9.4.4.1 锅炉应具有"由所在地法定检验部门颁发的检验合格证书"，并保持在有效期内。

4.9.4.4.2 锅炉操作工必须持有有效的法定资格证书。

4.9.4.4.3 应建立锅炉安全生产操作规程，并确保其得到严格执行。

4.9.4.4.4 应制定锅炉维护保养程序，按要求进行维护保养，及时报告与处理发现的缺陷，禁止运行存在缺陷的锅炉。

4.9.4.4.5 锅炉各种安全保护装置应得到定期检查、试验、强检，以确保其处于有效状态。

4.9.4.4.6 应记录锅炉的运行参数与检查、维修结果，并及时保存归档。

4.9.4.4.7 锅炉房应保持清洁、整齐，禁止外来人员进入；锅炉燃料堆放场所应有必要的保护措施，以防止引燃、引爆材料混入，应按规定种类与数量配备消防器材。

4.9.4.4.8 锅炉蒸汽管应采取隔热包扎措施，清晰标识蒸汽走向。

4.9.4.5 升降机作业：

4.9.4.5.1 货物升降机专用于载物，不得载人，不得超载。

4.9.4.5.2 货物升降机结构设计、布置及安装，应安全、可靠、合理，并通过当地主管部门检定合格，并在升降机上显著位置标明检定合格证书。

4.9.4.5.3 运载货物摆放有序，并及时移出。

4.9.4.5.4 对货物升降机应定期进行保养，每次使用前进行外观检查与安全保护装置检查，确保其处于安全使用状态。

4.9.4.5.5 货物装卸区域应设置防护栏，无关人员不得进入，禁止停留在升降机下方，并在入口处设置有警告标识，非装卸时间，护栏应处于关闭状态。

4.9.4.5.6 货物升降机停用期间，应将其放至最底层。

4.9.4.6 码垛与装卸作业：

4.9.4.6.1 装卸作业必须在车辆停止位置并熄火后进行，应采用止动楔块防止汽车滑移；装卸顺序与方法应确保车辆平衡，防止货物跌落或汽车倾斜伤人。

4.9.4.6.2 装卸前应检查用于装卸的跳板、踏板、登梯及相关工具或车辆附属紧固件，确保其处于安全可靠状态。

4.9.4.6.3 使用的装卸机械设备如码垛机、输送机等应按维修保养程序进行维护保养，使用前应进行检查，确保其处于安全可靠状态。

4.9.4.6.4 应在指定货位线内码垛，并严格遵守规定的垛距、垛高（限制高度）、垛形及码垛、拆垛顺序。

4.9.4.6.5 垛位应堆码整齐、安全，不得出现倾斜、裂缝、倒塌。

4.9.4.6.6 垛高过高时，作业人员应注意安全保护，并使用适当的上、下垛辅助设施。

4.9.4.7 叉车作业：

4.9.4.7.1 驾驶员必须经过国家有资质的机构安全技术培训并考核合格，取得《中华人民共和国特种作业操作证》后，方可上岗。

4.9.4.7.2 驾驶员上岗前必须经过库内实际操作考试，驾驶、操作熟练者方能上车作业。驾驶员应在熟悉叉车的制动、加速器和液压操纵手柄的特性。

4.9.4.7.3 对驾驶员定期进行理论考试。

4.9.4.7.4 驾驶员必须穿戴整齐，符合国家或行业标准的劳动防护用品。

4.9.4.7.5 禁止吸烟人员驾驶叉车，禁止酒后驾驶叉车。

4.9.4.8 吊装安全要求：

4.9.4.8.1 吊装作业时，应有足够的工作场地，起重臂杆起落及回转半径内无障碍物，夜间作业应有充足的照明设备。

4.9.4.8.2 吊装设备的变幅指示器、力矩限位器以及各种行程限位开关等安全保护装置必须齐全完整、灵敏可靠，不得随意调整和拆除。严禁用限位装置代替操作机构进行停机。

4.9.4.8.3 操作前必须对工作现场周围环境、行驶道路、架空电线、建筑物以及构件重量和分布等情况进行全面了解。

4.9.4.8.4 吊装的作业人员与指挥人员应密切配合，指挥人员应熟悉所指挥机械性能，操作人员应严格执行指挥人员的信号，如信号不清或错误时候，操作人员可拒绝执行。

4.9.4.8.5 操作室远离地面，指挥发生困难时，可设高处、地面两个指挥人员，或采用有效联系办法进行指挥。

4.9.4.8.6 遇大风、大雨、大雪、大雾等恶劣天气时，应停止作业。

4.9.4.8.7 起重作业时，重物下方不得有人员停留或通行。

4.9.4.8.8 严禁使用吊装设备进行斜吊、斜拉和起吊地下埋设或凝结在地面上的重物，起重机必须按规定的起重性能作业，不得超负荷和起吊不明重量的物件。

4.9.4.8.9 起吊重物时，应绑扎平稳和牢固，不得在重物上对方或悬挂零星物件。零星物件或物品必须用吊笼或钢丝绳绑扎牢固后起吊。

4.9.4.8.10 起吊满负荷或接近满负荷时，应先将重物吊起离地面20－50厘米停机检查吊装设备的稳定性、制动器的可靠性、重物的平稳性、绑扎的牢固性。

4.9.4.8.11 吊装设备提升和降落速度必须均匀，严禁忽快忽慢或突然制动。

4.9.4.8.12 吊装设备使用的钢丝绳应有制造厂技术证明文件作为使用依据，如无证件时应经过试验合格后方可使用。

4.9.4.9 临时用电要求：

4.9.4.9.1 配电系统应设置配电柜或总配电箱、分配电箱、开关箱，实行三级配电，逐级漏电保护。

4.9.4.9.2 配电柜应设电源隔离开关及短路、过载、漏电保护电器。

4.9.4.9.3 动力配电箱与照明配电箱宜分别设置。

4.9.4.9.4 不得用其他金属丝代替熔丝。

4.9.4.9.5 室外配电箱、开关箱外形结构应能防雨、防尘。有备用的"禁止合闸、有人工作"等警示标志牌。

4.9.4.9.6 作业面上的电源线应采取防护措施，严禁拖地。

4.9.4.9.7 电焊机应单独设开关，电焊机外壳应做接零或接地保护。

4.9.4.9.8 应定期对漏电保护器进行检查。

4.9.4.9.9 电工作业应佩戴绝缘防护用品，并持证上岗。

4.9.4.10 检维修作业要求：

4.9.4.10.1 应建立和健全设备检维修操作规程，必须包含强制性的安全操作标准。

4.9.4.10.2 应建立健全设备档案，建立健全设备说明书档案。

4.9.4.10.3 应制定完善的设备检维修计划。

4.9.4.10.4 设备检维修时，必须严格按照使用说明书要求执行，做好安全防护措施。

4.9.4.10.5 设备周期性保养及设备突发故障检修时，必须切断动力电源，并在对应的动力电电柜上悬挂"严禁合闸"等警示牌，必须实行同一人断电合闸制。

4.9.4.10.6 检维修气动设施（含气阀）时，必须关闭前端气路阀门，并将气动设施附属连接的储气罐泄压完毕后，方可实施检维修。

4.9.4.10.7 设备检维修，应有相应的检维修记录；周期性维护保养记录和日常设应故障排查、检修记录应有独立的记录档案。

4.9.5 化验室作业管理：

4.9.5.1 应制定化验室安全管理制度，至少应当包括以下内容：

4.9.5.1.1 岗位安全责任制度。

4.9.5.1.2 危险化学品采购、储存、运输、发放、使用和废弃的管理制度。

4.9.5.1.3 爆炸性化学品、剧毒化学品和易制爆危险化学品的特殊管理制度。

4.9.5.1.4 危险化学品安全使用的教育和培训制度。

4.9.5.1.5 危险化学品事故隐患排查治理和应急管理制度。

4.9.5.1.6 个体防护装备、消防器材的配备和使用制度。

4.9.5.1.7 其他必要的安全管理制度。

4.9.5.2 应编制危险化学品实验过程和实验设备安全操作规程。

4.9.5.3 化验室用灭火器的类型和数量的配置应符合 GB 50140 的规定。

4.9.5.4 气瓶应按 GB 16163 和 TSGR 0006 中气体特性进行分类，并分区存放，对燃性、氧化性的气体应分室存放。气瓶存放时应牢固地直立，并固定，盖上瓶帽，套好防震圈。空瓶与重瓶应分区存放，并有分区标志。

4.9.5.5 危险化学品应专室或专柜存放，存放处应有明显的安全标识，标识应保持清晰、完整，包括：

4.9.5.5.1 符合 GB 13690 规定的化学品危险性质的警示标签。

4.9.5.5.2 符合 GB 13495.1 和 GB 15630 规定的消防安全标志。

4.9.5.5.3 符合 GB 2894 规定的禁止、警告、指令、提示等永久性安全标志。

4.9.6 相关方管理：

4.9.6.1 企业应执行承包商、供应商等相关方管理制度，对其资格预审、选择、服务前准备、作业过程、提供的产品、技术服务、表现评估、续用等进行管理。

4.9.6.2 企业应对进入同一作业区的相关方进行统一安全管理。

4.9.6.3 不得将项目委托给不具备相应资质或条件的相关方。企业和相关方的项目协议应明确规定双方的安全生产责任和义务。

4.10 隐患排查和治理：

4.10.1 隐患排查。

4.10.1.1 建立隐患排查治理的管理制度，明确部门、人员的责任。

4.10.1.2 制定隐患排查工作方案，明确排查的目的、范围、方法和要求等。

4.10.1.3 按照方案进行隐患排查工作。

4.10.1.4 对隐患进行分析评估，确定隐患等级，登记建档，符合下列条件的应当判定为重大隐患：

4.10.1.4.1 除尘系统未分片（分区）独立设置，各除尘系统管网互通互联的。

4.10.1.4.2 除尘系统未按照可燃性粉尘爆炸特性采取预防和控制粉尘爆炸措施的。

4.10.1.4.3 除尘系统选用干式电除尘器或正压送风除尘的。

4.10.1.4.4 粉尘爆炸危险 20 区、21 区域电气设备未使用防爆电气的。

4.10.1.4.5 粉尘爆炸危险场所设备设施未采取可靠的防雷、防静电接地措施的。

4.10.1.4.6 未制定粉尘清扫制度，对作业现场及设备内部积尘未进行及时规范清理的。

4.10.1.4.7 涉及高温作业的设施设备和岗位，未采用必要的防过热自动报警切断装置和隔热板、墙等保护设施的。

4.10.2 排查范围与方法：

4.10.2.1 隐患排查的范围应包括所有与生产经营相关的场所、环境、人员、设备设施和活动。

4.10.2.2 采用综合检查、专业检查、季节性检查、节假日检查、日常检查和其他方式进行隐患排查。

4.10.2.2.1 综合性检查应由相应级别的负责人组织，以落实岗位安全责任制为重点。厂级综合性安全检查每季度不少于1次，车间级综合性安全检查每月不少于1次。

4.10.2.2.2 专业检查由各专业部门管理负责人组织专业人员进行检查，专业安全检查每年不少于1次。

4.10.2.2.3 日常检查由企业的生产组织和管理部门指派的人员负责，重点检查作业人员执行安全操作规程的符合性、安全装置正常使用情况和维护情况。

4.10.3 隐患治理：

4.10.3.1 根据隐患排查的结果，及时进行整改。不能立即整改的，制定隐患治理方案，内容应包括目标和任务、方法和措施、经费和物资、机构和人员、时限和要求。

4.10.3.2 重大事故隐患在治理前应采取临时控制措施，并制定应急预案。隐患治理措施应包括工程技术措施、管理措施、教育措施、防护措施、应急措施等。

4.10.3.3 在隐患治理完成后对治理效果进行验证和效果评估。

4.10.3.4 按规定对隐患排查和治理情况进行统计分析，并向安全监管部门和有关部门报送书面统计分析表。

4.10.4 预测预警：企业应根据生产经营状况及隐患排查治理情况，采用技术手段、仪器仪表及管理方法等，建立安全预警指数系统，每月进行一次安全生产风险分析。

4.11 危险源管理：

4.11.1 工作程序：

4.11.1.1 危险源辨识和风险评价过程。

确定生产作业过程→识别危险源→安全风险评价→登记重大安全风险。

4.11.1.2 危险源的辨识。

4.11.1.2.1 危险源的辨识应考虑以下方面：

4.11.1.2.1.1 所有活动中存在的危险源。包括管理处管理和工作过程中所有人员的活动、外来人员的活动；常规活动（如正常的工作活动等）、异常情况下的活动和紧急状况下的活动（如火灾等）。

4.11.1.2.1.2 管理处所有工作场所的设施设备（包括外部提供的）中存在危险源，如建筑物、车辆等。

4.11.1.2.1.3 管理处所有采购、使用、储存、报废的物资（包括管理处外部提供的）中存在危险源，如食品、办公用品、生活物品等。

4.11.1.2.1.4 各种工作环境因素带来的影响，如高温、低温、照明等。

4.11.1.2.1.5 识别危险源时要考虑六种典型危害、三种时态和三种状态：

4.11.1.2.2 六种典型危害：

4.11.1.2.2.1 各种有毒有害化学品的挥发、泄漏所造成的人员伤害、火灾等。

4.11.1.2.2.2 物理危害：造成人体辐射损伤、冻伤、烧伤、中毒等。

4.11.1.2.2.3 机械危害：造成人体砸伤、压伤、倒塌压埋伤、割伤、刺伤、擦伤、扭伤、冲击伤、切断伤等。

4.11.1.2.2.4 电器危害：设备设施安全装置缺乏或损坏造成的火灾、人员触电、设备损害等。

4.11.1.2.2.5 人体工程危害：不适宜的作业方式、作息时间、作业环境等引起的人体过度疲劳危害。

4.11.1.2.2.6 生物危害：病毒、有害细菌、真菌等造成的发病感染。

4.11.1.2.3 三种时态：

4.11.1.2.3.1 过去：作业活动或设备等过去的安全控制状态及发生过的人体伤害事故。

4.11.1.2.3.2 现在：作业活动或设备等现在的安全控制状况。

4.11.1.2.3.3 将来：作业活动发生变化、系统或设备等在发生改进、报废后将会产生的危险因素。

4.11.1.2.4 三种状态：

4.11.1.2.4.1 正常：作业活动或设备等按其工作任务连续长时间进行工作的状态。

4.11.1.2.4.2 异常：作业活动或设备等周期性或临时性进行工作的状态，如设备的开启、停止、检修等状态。

4.11.1.2.4.3 紧急情况：发生火灾、水灾、交通事故等状态。

4.11.2 识别的方法：

4.11.2.1 收集国家和地方有关安全法规、标准，将其作为重要依据和线索。

4.11.2.2 收集本单位和其他同类单位过去已发生的事件和事故信息。

4.11.2.3 通过收集其他要求（如：顾客的要求等）和专家咨询获得的信息。

4.11.2.4 通过现场观察、座谈和预先危害分析进行辨识。

4.11.2.4.1 现场观察：对作业活动、设备运转进行现场观测，分析人员、过程、设备运转过程中存在的危害。

4.11.2.4.2 座谈：召集安全管理人员、专业人员、管理人员、操作人员，讨论分析作业活动、设备运转过程中存在的危害，对现场观察分析得出的危害进行补充和确认。

4.11.2.4.3 预先危害分析：新设备或新过程采用前，预先对存在的危害类别、危害产生的条件、事故后果等概略地进行模拟分析和评价。

4.11.2.4.4 重大危险源：长期地或临时地生产、加工、搬运、使用或贮存危险物质，且危险物质的数量等于或超过临界量的单元。

4.11.3 风险评价：

4.11.3.1 矩阵法如表 4—1 所示。

表 4－1　　　　　　　　　　　　矩阵法

可能性 \ 后果	轻微伤害	伤害	严重伤害
极不可能	可忽略风险	可容许风险	中度风险
不可能	可容许风险	中度风险	重大风险
可能	中度风险	重大风险	不可容许风险

4.11.3.2　LEC定量评价法。

计算公式为：D＝LEC

式中：D——风险值。

　　　L——发生事故的可能性大小。

　　　E——暴露于危险环境的频繁程度。

　　　C——发生事故产生的后果。

L、E、C分值分别按照下述表格确定：

4.11.3.2.1　事故发生的可能性（L）如表4－2所示。

表 4－2　　　　　　　　　　　事故发生的可能性（L）

分数值	事故发生的可能性	分数值	事故发生的可能性
10	完全可以预料	0.5	很不可能，可以设想
6	相当可能	0.2	极不可能
3	可能，但不经常	0.1	实际不可能
1	可能性小，完全意外		

事故发生的可能性是指存在某种情况时发生事故的可能性有多大，而不是指这种情况在我单位出现的可能性有多大。如车辆带病运行时，出现事故的可能性有多大（L值应为6或10），而不是指我单位车辆带病运行的可能性有多大（此时L值为3或1）。

4.11.3.2.2　暴露于危险环境的频繁程度（E）如表4－3所示。

表 4－3　　　　　　　　　　暴露于危险环境的频繁程度（E）

分数值	频繁程度	分数值	频繁程度
10	连续暴露	2	每月一次暴露
6	每天工作时间内暴露	1	每年几次暴露
3	每周一次，或偶然暴露	0.5	非常罕见地暴露

4.11.3.2.3　发生事故产生的后果（C）如表4－4所示。

表 4－4　　　　　　　　　　发生事故产生的后果（C）

分数值	可能出现的后果
100	特大伤亡事故，死亡3人以上
40	重大伤亡事故，死亡1~2人
15	重伤（指损失工作日等于和超过105日的失能伤害）

续表

分数值	可能出现的后果
7	轻伤（指损失工作日低于105日的失能伤害）
3	引人注目，需要就医
1	引人注目，不利于基本的健康安全要求，可自行处理

4.11.3.2.4 危险源风险评价结果分为极其危险、高度危险、显著危险、一般危险、稍有危险五个等级。具体划分如表4－5所示。

表4－5　　　　　　　　　　危险源风险评价结果

D值	风险级别	危险程度	
>320	1级	极其危险，不能继续作业	重大危险源
160～320	2级	高度危险，需立即整改	重大危险源
70～160	3级	显著危险，需要整改	
20～70	4级	一般危险，需要注意	一般危险源
<20	5级	稍有危险，可以接受	可容许风险

D>70的危险源为重大安全风险

第三节　操作人员管理规范

1　范围

本文件规定了本公司各岗位人员在生产过程中的操作规程。

本规程适用于本公司各岗位人员的管理。

2　规范性引用文件

下列文件对于本文件的应用是必不可少的。凡是注日期的引用文件，仅所注日期的版本适用于本文件。凡是不注日期的引用文件，其最新版本（包括所有的修改单）适用于本文件。

《饲料质量安全管理规范》　中华人民共和国农业部令（2014）第1号

3　责任

本公司所有人员均需遵守本文件的规定，技术部、品管部负责监督检查。

4　岗位职责

4.1　小料配料人员：

4.1.1　向生产主任了解生产品种、数量等情况，提前做好生产准备。

4.1.2　在得到小料添加通知单后，到预混料保管处按通知单数量和品种领取预混料原料，服从现场品控员的监督。

4.1.3　严格按生产主任下发的小料添加通知单领取小料原料，精确称量，正确添加。

4.1.4　严格按照车间主任指令和配方准确添加预混料、小料，并做好记录。

4.1.5　妥善保管小料添加单，严禁传阅，做好保密工作。

4.1.6　工作完毕后及时清理现场，打扫责任区域卫生，将当天的生产情况向班长汇报。

4.1.7　称量小料的工、器具应摆放整齐，电子台秤应充足备用。

4.1.8　要提高安全意识，对自身和公司财产要有高度的安全责任感。

4.1.9　上班时间不准喝酒，严禁在生产区吸烟，不准穿拖鞋，不准赤膊、赤脚。

4.1.10　小料配比前要对磅秤进行定期检验，经合格后方可操作。

4.1.11　接触腐蚀性物品时要穿工服，戴口罩、手套，加强自身安全保护。

4.1.12　取用原料时要自上而下取用，严禁在垛中抽取。

4.1.13　机器运转时严禁触摸，发现异常应及时切断电源，经维修工检查后方可开机。

4.1.14　维修检查时应挂警示牌，未摘警示牌时严禁运行。

4.1.15　预混原料、成品堆码放整齐，保持清洁，通风，保持道路畅通。

4.2　投料人员：

4.2.1　提前十分钟到达工作岗位，向组长了解当天的生产任务情况，为生产做好准备。

4.2.2　根据要求向原料保管领取原料的品种、数量、规格。

4.2.3　清楚投料的品种和时间，根据要求准确投料。

4.2.4　协助小料投放运转部分原料。

4.2.5　及时清理永磁筒和初清筛、粉料筛，定时清理除尘器布袋上的粉尘，放去水汽分离器的水。

4.2.6　根据生产需要更换粉碎机筛板，对锤片磨损情况向车间主任汇报。

4.2.7　打扫现场卫生，用具定置定位摆放，按50个/捆回收废旧编织袋入库。

4.3　制粒工：

4.3.1　严格遵守制粒机操作规程，熟悉制粒系统的工作原理及机械性能。正确开启设备，严格按制粒操作规程作业，做到厉行节约。

4.3.2　了解当班生产任务，提前到达岗位作好生产前的准备工作。

4.3.3　熟悉各产品工艺参数、明确蒸气供应情况，精确调制压辊间隙，准备就绪报告中控室可开机信号。

4.3.4　正确操作设备，根据经验迅速将生产产量调到最大值。

4.3.5　严格控制饲料外观质量，确认待制粒物料感观符合品种要求后方可制粒作业。

4.3.6　集中精力，监视设备运行状况，随时调节附和，发现异常立即停机报中控并协助处理。

4.3.7　严格按饲料生产工艺质量控制规范进行作业生产，杜绝不合格饲料进入冷却器。

4.3.8　做好制粒工作记录。

4.3.9 注意制粒机各部位的润滑保养工作，严密注意各仪表指示情况，将设备运行在最佳状态，延长设备使用寿命。

4.3.10 保管好备用的环模、压辊、刀片等。

4.3.11 工作结束后，做好设备的清理保养工作，切断电源，打扫责任区域卫生，做好交接记录。

4.4 包装工：

4.4.1 提前十分钟到达岗位，了解当班生产任务，积极为生产做好准备。

4.4.2 对缝包机进行日常保养，用砝码将秤校验正确，各开关是否灵活可靠，调整电子定量包装称、计数器，将编织袋、标签准备好。

4.4.3 严格检查前几包料，密切与车间质检联系，确认批料品种、规格、颜色、气味，颗粒料粉料是否超标。经现场质管同意后进行包装。

4.4.4 在生产过程中每生产十包料进行一次包装质量校验，确保重量的准确性符合要求。确认产品品种与编织袋、标签是否一致。

4.4.5 在码包过程中一定要注意编织袋不被划破，堆码要整齐平整，按成品保管员要求堆放。

4.4.6 工作积极主动，服从安排不脱岗。根据生产需要，清理提升机、更换分级筛，动作迅速。生产颗粒料时协助制粒工接返工料。

4.4.7 爱护设备，生产用具要轻拿轻放。保管好各种生产用具，当班没用完的包装袋、标签应及时退库。与保管员办理相关退库手续。

4.4.8 工作完毕后清理现场，确保生产用具干净，摆放有序，剩余的返工料应注明品种规格拉到原料库交给投料人员。

4.4.9 将当班的生产数量、品种报车间主任和生产班长，并和成品保管办理好成品入库手续。

4.5 中控员：

4.5.1 认真执行生产计划，按指令单组织生产。

4.5.2 核对配方内容，严格按照配方要求执行，并做好配方的保密工作。

4.5.3 保证配料的准确、及时，确保生产状况下合理节能，严防设备空转。

4.5.4 监督小料添加，防止错添、漏添。

4.5.5 负责设备检查及日常维护，配合维修人员检修。

4.5.6 负责分担区卫生清扫。

4.5.7 做好中控室生产记录。

4.5.8 熟悉并掌握机器设备性能及仓位分布情况。

4.5.9 根据生产计划指令单生产任务，依照配方标准合理安排生产顺序。

4.5.10 对于原材料的品名和数量电控员要以书面（或口头）形式传达给上料人员，并交代清楚投料顺序，上料人员待给出信号后进行投料。

4.5.11 机器启动前要按铃给出安全信号，注意观察确保安全情况下方可启动机器设备。

4.5.12 启动设备时，要按照流程顺序开启：下料仓电机——下料斗提电机——搅拌机电机——粉碎机电机——上料斗提电机，生产结束设备关闭顺序相反。

4.5.13 中控人员在生产前要对筛片、配方、仓位等进行核对，确认无误方可配料。严格控制配料误差（0.5％以内）。

4.5.14 设备启动过程如多次启动不成功，通知相关人员进行检查，不可盲目强行启动，以免损坏设备部件。

4.5.15 生产过程中，中控员要注意观察机器运转情况，禁止在配料过程中擅离工作岗位，如有特殊情况，需向班长交代清楚，并由专人替岗。

4.5.16 生产品种替换时，必须提净前一盘原料，并用指定原材料进行仓位清扫，确保生产过程产品质量的稳定。

4.5.17 生产过程中，要注意各岗位之间的工作衔接，避免出现机器空转现象，造成能源损耗。

4.5.18 中控人员做好产品配料盘数、品种及配料时间等记录，并做好每批产品仓位原料使用情况。

4.5.19 中控室内电子元件要经常检查，注意防尘，如有电子元件发现异常及时查找原因进行排除，保证用电安全。

4.5.20 产品配方要妥善保存，未经生产经理签字同意，任何人不许打印配方内容。

4.5.21 负责分担区内卫生清扫，保持中控室内清洁，并定期对设备电子元件进行防尘养护（除尘时间为每个星期日）。

第四节　留样观察管理规程

1　范围

本文件规定了本公司原料和成品在留样过程中执行的标准规范及其记录文件的编制、审核、批准、使用等要求。

本制度适用于本公司所有原料和成品的留样管理。

2　规范性引用文件

下列文件对于本文件的应用是必不可少的。凡是注日期的引用文件，仅所注日期的版本适用于本文件。凡是不注日期的引用文件，其最新版本（包括所有的修改单）适用于本文件。

《饲料质量安全管理规范》　中华人民共和国农业部令（2014）第1号

《饲料及饲料添加剂管理条例》

3　术语及定义

3.1 留样观察是指将原料或成品置于适宜的贮存条件下，定期记录并考察有关的稳定性指标，以考察原料或成品在有效期内的稳定性。

4 责任

4.1 本文件由品管部负责编写，技术部审核、总经理批准。

4.2 本公司所有人员均需遵守本文件的规定，品管部负责监督检查。

4.3 品管部负责原料和成品的留样。过期留样由品管部负责处理。

5 内容

5.1 留样数量：每日对入厂的每种原料和每批出厂检验产品进行留样。单一饲料原料样品和成品留样不得少于200g，饲料添加剂、药物饲料添加剂、添加剂预混合饲料留样不得少于50g，液体样品不得少于200mL。

5.2 留样标识：在原料的留样袋或留样瓶上标注：进货日期、原料名称、供应商/产地；成品或留样瓶上应标注：样品名称、代号、生产批号。

5.3 贮存环境：原料和成品的贮存要有专门的贮存间，专人负责，常温留样间环境要求清洁、通风、避光、干燥、防潮，温度控制10℃～45℃，相对湿度≤80%。热敏原料的留样要求存放在阴凉环境中，温度≤25℃，放置于阴凉库的专门贮存柜中。

5.4 观察内容：保质期内观察内容为感官指标。固体原料和成品感官观察色泽、气味、霉变、虫蛀、结块；液体原料感官观察沉淀、分层、絮状物等。产品保质期后期，观察产品出现感官指标异常时，要抽验检测水分。

5.5 观察频次：原料留样保存时间为保质期。成品留样保存时间为保质期＋1个月。原料和成品观察频次为：每半个月一次。

5.6 异常情况界定：留样观察样品异常是指：固体原料和成品颜色发生明显变化、霉变、虫蛀、结块等异常情况；液体原料出现沉淀、分层、絮状物等异常现象。

5.7 处置方式和处置权限：留样样品出现感官指标异常时，由品管员或化验员进行界定，跟踪库存原料质量情况，抽测原料卫生指标和主成分营养指标，并上报品管主管，品管主管根据出现异常情况和抽测结果提出处置方式。

5.7.1 产品出现结块时，由化验室进行水分检验，检验结果超过质量标准要求的，增加观察频次，上报技术部，通知销售部关注产品投诉和用户反映等不同的处置方式。

5.7.2 产品出现霉变时，对该样品查找原因，如果是因为样品袋/瓶密封不严或破碎，留样室湿度过高，由品管部根据原因采取相应措施，检查样品袋/瓶的密封程度，进行更换，同时加强留样室的通风；如果是制粒冷却温度没有达到规定要求，产品水分过高导致发霉，应由生产部门提出处置方案并实施，并封存成品库房相应不合格产品，评估是否启动产品召回；如果是因为部分原料水分过高导致产品发霉结块，应由品管召集采购、技术和生产召开质量分析会议，提出综合合理方案，并上报总经理批准。

5.7.3 保质期内出现发霉产品，应立即检测霉菌毒素是否超标，并跟踪产品在养殖户使用过程中是否发现产品发霉情况，评估是否达到产品召回条件。

5.8 到期样品处理：原料留样保存时间为保质期。成品留样保存时间为保质期＋1个月。到期样品进行报废处理。

5.9 留样观察记录：

5.9.1 化验员负责填写《产品留样观察记录》《原料留样观察记录》。

5.9.2 《产品留样观察记录》包括产品名称或者代号、样品编号、生产日期、保质截止日期、观察内容、异常情况描述、处置方式、处置结果、观察日期、观察人等信息。

5.9.3 《原料留样观察记录》包括产品名称或者编号、原料进货日期、保质截止日期、观察内容、异常情况描述、处置方式、处置结果、观察日期、观察人等信息。

第五节 白羽肉鸡无抗饲料生产技术规程

1 范围

本规程规定了无抗饲料生产的环境条件、技术要求、生产管理办法等内容。

本规程适用于饲料生产企业的白羽肉鸡无抗饲料生产活动。

2 规范性引用文件

下列文件对于本文件的应用是必不可少的。凡是注日期的引用文件，仅所注日期的版本适用于本文件。凡是不注日期的引用文件，其最新版本（包括所有的修改单）适用于本文件。

GB 2893　安全色

GB 5491　粮食、油料检验　扦样、分样法

GB 10648　饲料标签

GB 13078　饲料卫生标准

GB 14249.1　电子衡器安全要求

GB/T 3797　电气控制设备

GB/T 5917.1　饲料粉碎粒度测定　两层筛筛分法

GB/T 5918　饲料产品混合均匀度的测定

GB/T 16764　配合饲料企业卫生规范

GB/T 20192　环模制粒机通用技术规范

GB/T 20803　饲料配料系统通用技术规范

3 术语和定义

3.1 白羽肉鸡无抗饲料：是指不添加任何抗生素类药物饲料添加剂的白羽肉鸡用饲料产品，且在饲料生产过程中，通过使用专用生产线、料仓等生产设备，严格清洗共用生产线设备，监控动物源性饲料原料中的抗生素残留量等措施，以控制饲料产品中抗生素含量。

4 技术要求

4.1 饲料原料要求：

4.1.1 生产无抗饲料所使用的饲料原料原则上应使用植物源性原料，尽量减少动物源性原料的使用，若需使用应严格检验抗生素类药物残留。

4.1.2 采购的饲料原料应符合中华人民共和国农业部公告第 1773 号《饲料原料目录》及其所有有效修订公告的规定。

4.1.3 所有购进的原料应保存具有书面追溯或监管过程作用的文件材料，应包括签收的配料类型、收货日期、承运商、供应商、卸载指令、货包数量、货号、质量意见和签收人的签字。

4.1.4 感官指标应具有该品种应有的色、嗅、味和形态特征，无发霉、变质、结块及异嗅、异味。

4.1.5 理化指标应按照 GB 5491 的规定进行抽样检验。

4.1.6 饲料原料的各项卫生指标应符合 GB 13078 的规定。

4.2 饲料添加剂要求：

4.2.1 无抗饲料中不得使用药物添加剂。

4.2.2 采购的饲料添加剂应符合中华人民共和国国务院第 609 号《饲料和饲料添加剂管理条例》和中华人民共和国农业部公告第 658 号《饲料添加剂品种目录》、中华人民共和国农业部公告第 193 号《食品动物禁用兽药及其他化合物清单》的规定。

4.2.3 所有购进的原料添加剂应保存具有书面追溯或监管过程作用的文件材料，应包括签收的配料类型、收货日期、承运商、供应商、卸载指令、货包数量、货号、质量意见和签收人的签字。

4.2.4 饲料添加剂的各项卫生指标应符合 GB 13078 的规定。

4.2.5 感官指标具有该品种应有的色、嗅、味和形态特征，无发霉、变质、结块及异嗅、异味。

4.2.6 饲料添加剂的使用应符合中华人民共和国农业部公告第 1224 号《饲料添加剂安全使用规范》。

4.3 饲料油脂要求：

4.3.1 无抗饲料中应使用植物油脂，减少动物油脂使用量。若使用动物油脂应进行必要品种的抗生素药物残留检测。

4.3.2 采购的饲料油脂应符合中华人民共和国农业部公告第 1773 号《饲料原料目录》及其所有有效修订公告的规定。

4.3.3 所有购进的饲料油脂应保存具有书面追溯或监管过程作用的文件材料，应包括签收的配料类型、收货日期、承运商、供应商、卸载指令、货包数量、货号、质量意见和签收人的签字。

4.3.4 饲料油脂的各项卫生指标应符合 GB 13078 的规定。

4.4 饲料加工要求：

4.4.1 原料粉碎：

4.3.1.1 原料粉碎后的粒度应符合各类饲料产品的不同要求。饲料粉碎机粉碎粒度的测定应按照 GB/T 5917.1《饲料粉碎粒度测定 两层筛筛分法》的规定执行。

4.3.1.2 应根据粉碎品种粉碎数量及粉碎粒度适当调节粉碎机的各项配置，应随时检查粉碎后的产品粒度，白羽肉鸡各生长阶段饲料原料粉碎粒度情况见表 4-6。如有异常应立即停机检查并排除故障。

表 4-6　　　　　　白羽肉鸡各生长阶段饲料原料粉碎粒度情况表

原料名称	雏鸡破碎	肉中鸡前期粉料	肉中鸡后期粉料	肉大鸡粉料	肉大鸡颗粒
玉米	2.5mm/2.5mm	6.0mm/6.0mm	7.5mm/7.5mm	8.2mm/8.2mm	2.5mm/2.5mm
普通豆粕	—	—	10mm过筛	10mm过筛	—
高蛋白豆粕	2.5mm/2.5mm	6.0mm/6.0mm	—	—	2.5mm/2.5mm
棉粕	2.5mm/2.5mm	6.0mm/6.0mm	6.0mm/6.0mm	6.0mm/6.0mm	2.5mm/2.5mm
花生粕	2.5mm/2.5mm	6.0mm/6.0mm	6.0mm/6.0mm	6.0mm/6.0mm	2.5mm/2.5mm

注：表中数据为锤片式粉碎机筛片规格（左右各1片）；普通豆粕为蛋白质含量≤43%的豆粕，高蛋白豆粕为蛋白质含量45～46%

4.4.1.3　进行换料粉碎操作时，应待前一种物料粉碎完毕并排出干净，并且调好相应的配料仓号后方可粉碎。

4.4.2　原料配料：

4.4.2.1　严格按照配方要求进行配料，必须定时进行饲料成分分析，验证饲料原料配比的精确度。饲料生产装置定期进行检修，并做好记录。

4.4.2.2　中控饲料配料应符合GB/T 20803《饲料配料系统通用技术规范》的规定。

4.4.2.3　应按照中控的生产指令确定的顺序进行配料，小料配料应按照《小料配料单》领取所需要原料的品种和数量。有特殊添加剂的应做好前预混处理。配好的小料应码放整齐、标识清楚，标识牌上应注明产品的名称、批次、投放的包数。配料人员应认真填写配料记录。

4.4.3　原料投放：

4.4.3.1　按照无交叉污染原则，安排好生产顺序、投原料顺序。不同原料投放要有时间间隔。原料投放人员做好投放记录，应包括生产日期、生产批次、生产品种、生产数量等。在此过程中，中控员应做好每项工作的记录，并认真填写《中控操作记录》，做好工作交接。

4.4.3.2　投放原料时应及时开启脉冲除尘器、原料初清设备、金属杂质清理设备、副料清理设备，并使设备处于良好使用状态。清理出的杂质应制定完善的处理方案并由专人进行处理。

4.4.3.3　原料投放应按照原料输送方向逆向开启提升设备。不同原料的输送应使用不同的提升设备。输送时应做好输送设备的走空时间，设备中原料应输送干净。

4.4.4　混合过程：

4.4.4.1　饲料产品混合均匀度的测定按照GB/T 5918《饲料产品混合均匀度》的规定。饲料混合均匀度变异系数（CV）应小于等于7%。混合变异系数应每月测定一次，根据《混合变异系数测定记录》分析确定混合机的最佳混合时间，并设定各种饲料品种的混合时间。

4.4.4.2　混合工序应按规定的顺序适宜装料，控制混合时间。配比最大的、粒度大的、密度小的物料先加入。

4.4.5　制粒过程：

4.4.5.1　环模制粒机的使用应参照GB/T 20192《环模制粒机通用技术规范》的规

定执行。

4.4.5.2 按照工艺要求进行蒸汽加温调质。开机前应根据生产任务检查或更换环模，调整切刀与环模的最适距离。应确保环模规格、分级筛筛网规格、破碎机轧辊轧距、冷却风量及冷却时间符合所生产产品的需求。应定期检查蒸汽管道上的疏水器、汽水分离器、减压阀和压力表，保证进入调制器的蒸汽是饱和蒸汽，并根据制粒机性能控制调质温度、蒸汽压力和时间。

4.4.5.3 挤压制粒应根据设备性能原料粒度、原料水分含量、原料中各种成分含量等具体情况设定温度和压力参数。应即时监测饲料的物理性状，包括饲料的粉化率、膨化度等。

4.4.5.4 制粒过程中应随时关注调质效果和颗粒的外观质量，出现变化要及时做好调整，发现异常响声及剧烈震动应立即停机检查并排除故障。每班次必须认真记录《制粒岗位操作记录》。

4.4.6 油脂添加：

4.4.6.1 饲料油脂的添加应符合生产品种和配方要求。添加前应检查油脂品质，并核实油脂品种、批次和添加量。添加不同品种时应做好设备清理工作。

4.4.6.2 检查加热和温度控制是否正确，对流量计进行校验并做好记录，定期进行计量检定。

4.5 设备清理：

4.5.1 在粉碎机上口、制粒机上口和提升机下口处都要安装永磁筒，永磁筒应每天清理1次。

4.5.2 提升机应每半月清理1次，刮板机应每周清理2次，初清筛应每天清理1次。

4.5.3 混合机应每周清理2次，包括混合机内壁、桨叶、喂料缓冲料斗、喷油嘴和缓冲仓等。每月检修1次混合系统，排除潜在故障，确保混合机正常工作。夏季高温季节应适当增加清理频次。

4.5.4 制粒设备应每天清理1次。

4.5.5 油脂添加过程中使用的过滤网等设备应每周清理1次。

4.6 质量标准：

4.6.1 饲料产品应符合企业的感官检验，重要质量指标如蛋白质、钙、磷、盐、灰分应符合产品出厂要求。

4.6.2 出厂的成品饲料水分含量应小于等于14％。

4.6.3 饲料产品应当使用对畜禽无毒、无害的塑料袋、复膜编织袋或者加有塑料内衬的化纤编织袋等包装物进行包装。

4.6.4 饲料标签应符合 GB 10648 的规定。

4.7 环保及安全要求：

4.7.1 配料系统正常工作时，工作区内的环境粉尘浓度不得超过 $10 mg/m^3$。

4.7.2 配料系统空载时噪声的声功率不得超过 85 dB（A）。

4.7.3 配料系统危险处按照 GB 2893 的规定涂饰，各组件及操作部位应有明确的操作标志。

4.7.4 配料系统的外露转动部件必须采用全封闭式保护罩。

4.7.5 配料系统各部分的绝缘电阻应符合 GB/T 3797 的规定。

4.7.6 配料系统的安全要求应符合 GB 14249.1 的规定。

第六节　现场质量巡查管理规程

1　范围

本文件规定了本公司进行现场质量巡查所执行的标准规范，包括质量记录文件的编制、审核、批准、使用、管理等要求。

本规程适用于本公司生产现场质量巡查管理工作。

2　规范性引用文件

下列文件对于本文件的应用是必不可少的。凡是注日期的引用文件，仅所注日期的版本适用于本文件。凡是不注日期的引用文件，其最新版本（包括所有的修改单）适用于本文件。

《饲料质量安全管理规范》　中华人民共和国农业部令 2014 年第 1 号

3　管理职责

3.1 本文件由品管部负责编写，技术部审核、总经理批准。

3.2 现场品管员负责每天进行检查。

3.3 品管部经理负责监督该规程执行情况，如果遇到异常情况由技术部和品管部共同商议处理。

4　管理内容

4.1 巡查位点：巡查位点包括：原料库（大宗原料库、小料原料库、热敏原料库和药物饲料添加剂库）、玉米筒仓、大料投料口、原料配料仓、粉碎作业、小料配料、小料投料口、小料预混合、液体添加、中控室、混合作业、制粒作业、冷却作业、包装作业、包装袋库、标签库、成品库。

4.2 巡查内容：

4.2.1 原料库：袋装原料的包装是否完好；库存原料是否超过保质期；库存原料的感官（色泽、气味等）异常或温度过高情况，必要时可开包检查是否存在结块、虫蛀、酸败、发霉等情况；原料是否执行一垛一卡和先进先出的原则；热敏原料库的温度是否控制在要求范围内；《原料出入库记录》填写情况；药物饲料添加剂的存放是否是专库存放，药物饲料添加剂是否存在污染情况。

4.2.2 玉米筒仓：进仓原料的感官（颜色、气味、是否出现发霉结块、虫蛀、酸败等）是否存在异常、筒仓周围的卫生情况及《筒仓原料质量监控记录》填写情况，监控筒仓内温度是否出现异常。

4.2.3 大料投料口：所投原料的名称、仓号，数量是否准确；入仓原料是否出现色泽、气味、发霉、虫蛀和结块等感官异常现象；大料投料口周围的卫生情况，是否残留了上一种原料或其他杂质、污染物，对撒漏料是否及时清理；《大料投料记录》的填写情况。

4.2.4 原料配料仓：是否按照要求取样观察；有无窜仓情况；流管有无生虫发霉、卫生状况。

4.2.5 粉碎作业：粉碎筛片选用是否正确；粉碎粒度是否满足企业制定的生产工艺参数要求；粉碎后原料的感官质量是否存在异常；粉碎机下料进仓是否正确；《粉碎作业记录》的填写情况。

4.2.6 小料配料：使用配方是否正确；小料配料间的卫生情况；配料器具是否为不锈钢材质并且专桶专用、专袋专用、一料一勺、配制后的小料是否分类整齐摆放到明确标识的专用区域；抽查称好的小料配料误差是否满足要求，每种小料重量误差不得超过±0.02kg；所用原料的感官（颜色、气味、是否出现发霉结块、虫蛀、酸败等）是否存在异常；校秤记录及配料秤精准度；《小料配料记录》《小料中间过程使用记录》《小料原料领取记录》的填写情况。

4.2.7 小料投料口：现场品控员应当巡查小料投料是否准确，投料品种和数量是否一一对应；所投原料的感官（颜色、气味、是否出现发霉结块、虫蛀、酸败等）是否存在异常；小于0.2%预混料投放前是否进行重量复核；小料投料口周围的卫生情况，是否残留了上一批物料或其他杂质、污染物；《小料投料与复核记录》的填写情况。

4.2.8 小料预混合：预混合产品的投入产出差比（要求不得超出±5‰）；预混合的时间（5min）是否准确；中间产品的感官（颜色、气味、粒度、料温等）是否存在异常。

4.2.9 液体添加：液体添加是否准确，配料动态误差是否小于3‰；所用液体原料的感官（颜色、沉淀、分层、絮状物等）是否存在异常。

4.2.10 中控室：操作是否规范；配料仓所对应的原料是否正确；配料动态误差是否小于3‰；投入产出差比是否在正常范围内（小于5‰）；混合时间是否准确；生产线清洗是否符合要求；《中控作业记录》《清洗料使用记录》《生产线清洗记录》《校秤记录》的填写情况。

4.2.11 混合作业：混合机是否漏料；混合时间、原料下料顺序是否正确；混合完半成品所进仓是否正确；定期对混合均匀度进行验证。

4.2.12 制粒作业：制粒调质温度、蒸汽压力是否符合企业制定的生产工艺参数要求（温度、压力的具体要求）；环模选用是否正确；制粒后产品的感官（颜色、气味、料温、颗粒料均匀度、颗粒长度等）是否存在异常；《制粒作业记录》、《颗粒料硬度测试记录》的填写情况。

4.2.13 冷却作业：冷却器是否漏料；冷却后温度、水分是否符合工艺参数要求（料温高于环境温度5℃以上，水分高于产品宣称值）；冷却后的硬度、PDI、含粉是否符合成品要求；冷却器下料进仓是否正确。

4.2.14 包装作业：产品感官（颜色、气味、粒度、料温、颗粒料均匀度、含粉率）是否正常；标签、包装袋、所接产品料是否一一对应；标签的打印日期与当日日期是否符合，是否一致；包重抽检在规定范围内（0.02～0.04kg）；《包装作业记录》填写情况。

4.2.15 包装袋库：包装袋是否分类摆放、干净整齐；库存包装袋品种、数量和记录是否一致；《包装袋领用记录》的填写情况。

4.2.16　标签库：标签的存放是否按类别专柜（库）专人管理；库存标签品种、数量与记录不符；《标签领用记录》《标签销毁记录》的填写情况。

4.2.17　成品库：库存产品是否超内控期（6月至9月为15天，其他月份为20天）；产品出库是否按先进先出原则执行；垛位卡内容填写是否准确；卫生状况是否良好。

4.3　巡查频次：

4.3.1　一般点位包括大宗原料库、热敏原料库、小料原料库、药物饲料添加剂库、包装袋库、标签库、成品库，每天巡查一次。

4.3.2　重点点位包括小料预混合、大料投料口、小料投料口、中控室、混合作业、粉碎作业、制粒作业、冷却作业、原料配料仓、包装作业，每天巡查2次。

4.3.3　对于频繁发生问题的点位增加巡查次数（2～3次/天），直至问题彻底消除为止。

4.4　异常情况界定：

4.4.1　原料库：当出现原料包装破损；原料超出保质期；原料感官检测（颜色、气味、粒度、霉变、虫蛀、杂质、结块、酸败、温度过高等）不合格；《原料出入库记录》填写有误、不及时；未执行先进先出及一垛一卡；热敏原料库温度超过25℃；药物饲料添加剂不是专库存放，药物饲料添加剂储存环境存在交叉污染时界定为异常。

4.4.2　玉米筒仓：当出现未按要求进行通风和温度监控；筒仓内原料感官检测（颜色、气味、粒度、霉变、虫蛀、杂质、结块、酸败、温度过高等）不合格；《筒仓原料质量监控记录》记录填写有误、不及时界定为异常情况；筒仓内物料的平均温度超过环境温度8℃或筒仓内相邻点位物料的温差大于等于5℃。

4.4.3　大料投料口：当出现所投原料品种、入仓号、数量与中控员下达投料指令不一致；所投原料感官检测（颜色、气味、粒度、霉变、虫蛀、杂质、结块、酸败、温度过高等）不合格；大料投料口有上次投放残留的原料，周围有杂质可能污染所投原料，未对撒漏料及时清理；《大料投料记录》填写有误、不及时界定为异常情况。

4.4.4　原料配料仓：当出现未按照要求取样；有窜仓情况；流管内发霉生虫、卫生状况不合格。

4.4.5　粉碎作业：当出现粉碎筛片选用不符合参数要求；粉碎粒度不符合参数要求；粉碎后原料的感官质量异常；粉碎原料进仓不正确；《粉碎作业记录》填写有误、不及时界定为异常情况。

4.4.6　小料配料：当出现使用配方单错误；车间配料间卫生情况不合格；配料器具未做到不锈钢材质、转桶专用、专袋专用、一料一勺、配置后的小料未分类整齐摆放到有标识的专用区域；所用原料的感官（颜色、气味、是否出现发霉结块、虫蛀、酸败等）不合格；《小料原料领取记录》填写有误、不及时；《小料配料系统》中每种小料的《小料配料记录》配料误差超过±0.02kg时界定为异常情况。

4.4.7　小料投料口：当车间进行小料配料时，出现所投小料的品种、数量与中控员所下达指令或配方规定不符；所投原料感官检测（颜色、气味、粒度、霉变、虫蛀、杂质、结块、酸败、温度过高等）不合格；小料投料口周围的残留有上一批物料，或者有其他杂质、污染物；小于0.2%预混料投放时未进行重量复核；《小料投料与复核记录》填写有误、不及时界定为异常情况。

4.4.8 小料预混合：当出现预混合产品的投入产出差比超过±5‰时，或预混合时间不足或超过150s；中间产品的感官（颜色、气味、粒度、料温等）不合格时界定为异常情况。

4.4.9 液体添加：当出现液体原料动态配料误差超过±3‰；所用液体原料的感官（颜色、沉淀、分层、絮状物等）不合格时界定为异常情况。

4.4.10 中控室：当出现混合时间不符合工艺参数要求；原料的动态配料误差超过±3‰；投入产出差比超过±12‰；未及时清洗生产线；《中控作业记录》、《清洗料使用记录》、《生产线清洗记录》、各种校秤记录等填写有误、不及时界定为异常情况。

4.4.11 混合作业：混合机漏料；混合时间和最佳混合时间不一致、原料下料顺序不符合要求；混合完半成品所进仓不正确；混合均匀度偏差大于7%及液体添加准确度偏差大于5%。

4.4.12 制粒作业：当出现制粒调质温度、蒸汽压力不符合生产工艺参数要求；环模选用不正确；制粒后产品的感官（颜色、气味、料温、颗粒料均匀度、颗粒长度等）不合格，《制粒作业记录》填写有误、不及时界定为异常情况。

4.4.13 冷却作业：当出现冷却器漏料；料温高于环境温度5℃以上，水分高于产品宣称值；冷却后的硬度、PDI、含粉不符合成品要求；冷却器下料进仓不正确。

4.4.14 包装作业：当出现使用标签、包装袋及所接产品料不一致；标签上生产日期与当日日期不一致；含粉率超过4%；包重抽检超过规定范围（0.02～0.04kg）；《包装作业记录》填写有误、不及时时界定为异常情况。

4.4.15 包装袋库：当出现包装袋摆放混乱，库存包装袋品种、数量与记录不一致；无明确标识及《包装袋领用记录》填写有误、不及时界定为异常情况。

4.4.16 标签库：当出现标签不是专库（专柜）专人管理；库存标签品种、数量与记录不符；《标签领用记录》《标签销毁记录》填写有误、不及时界定为异常情况。

4.4.17 成品库：当出现超内控期产品（6月至9月为15天，其他月份为20天），未执行先进先出原则时时界定为异常；垛位卡内容填写错误；卫生状况不合格界定未异常情况。

4.5 处置方式和处置权限：

4.5.1 原料库：如发现原料包装破损的情况，品管员应立即通知原料保管员将破损处进行修补或根据实际情况进行使用。

如发现库存原料感官异常或超出保质期限的原料时，品管员应立即通知原料保管员将异常原料更换垛位标识为不合格，告知禁止使用，单独码放，并通知技术部与采购部处理。

如发现未执行先进先出、一垛一卡原则，则通知原料保管员立即纠正。

如发现热敏原料库温度超出规定范围时，应及时的通知原料保管员打开空调进行降温处理。

如发现出入库记录存在填写不及时的情况，品管员应通知原料保管员立即填写。

如发现药物饲料添加剂不是专库存放，药物饲料添加剂储存环境存在交叉污染。责令原料保管员生产对药物饲料添加剂重新码放，清洁，确保不发生交叉污染。

4.5.2 玉米筒仓：如发现相关记录填写不及时，品管员应通知原料保管员立即填写记录。

如发现筒仓原料感官异常时，品管员应立即通知原料保管员停止使用筒仓内原料，并与技术部、采购部沟通处理。

如发现筒仓未按时通风，或通风时长不足时，应责令原料保管员立即组织人员对玉米筒仓进行通风。筒仓内温度与环境温度之差超过8℃，筒仓内某点温度与周边5个点温差超过5℃，品管员可根据具体情况要求适当延长通风时间。

4.5.3 大料投料口：如发现所投原料的品种、入仓号、数量与中控员下达投料指令不一致时，应立即停止投料，若出现混仓原料，需将混仓原料接出挂不合格标识单独码放，执行《不合格品管理制度》。

如发现所投原料发生感官异常时应立即停止投料，将异常情况通知技术部、采购部对异常原料进行处理。

如发现大料投料口投料结束后未及时清理，周围有杂质或污染物，可能对所投原料造成污染，未对撒漏料及时清理时，应立即停止投料，责令投料人对现场卫生进行清理，合格后继续投料。

如发现《大料投料记录》填写有误、不及时，责令投料人及时填写记录。

4.5.4 原料配料仓：如发现未按照要求取样观察，通知生产主管加强监督，看仓工取样并观察。

如有窜仓情况，立即通知中控停机进行检查，并通知看仓工密切关注，发现窜仓立即通知生产主管。

如发现流管有生虫发霉、卫生状况差等情况，通知看仓工及时清理流管残留料，及时进行卫生打扫。

4.5.5 粉碎作业：如发现筛片选用不正确，通知生产主管更换筛片，并检查粉碎细度不符合要求的原料要重新粉碎。

如发现粉碎粒度与生产工艺参数要求不符合，通知中控员对筛片是否破损，使用筛片的规格是否准确进行检查。

如发现粉碎的原料存在感官检测不合格时，立即通知中控员停止粉碎作业，并将感官检测不合格的原料接出，通知原料保管员悬挂不合格标识单独码放，通知技术部进行处理。

如发现粉碎原料进仓不正确情况，应先确定是否存在混料情况，无混料及时修改仓号对应的原料，有混料情况立即停止进料并汇报生产主管。

如发现《粉碎作业记录》填写有误、没有及时填写，责令中控员及时填写、改正记录。

4.5.6 小料配料：如发现配方使用错误，应确定配置数量并确定错误原因，更换正确的配方单。

小料配料间卫生情况不合格时，品管员应立即责令配料工停止配料，将配料间卫生清理干净后方可继续配料。

当发现配料器具没有做到不锈钢材质、专桶专用、专袋专用、一料一勺分类码放时，应立即责令配料工对器具进行更换，更换后方可继续配料。当出现小料配料误差超过±0.02kg，应对本批料接出，挂不合格标识，单独码放，执行《不合格品管理制度》。

如发现《小料原料领取记录》，填写不及时，应责令配料人及时填写记录。

4.5.7 小料投料口：如发现投料错误，应立即停止生产并通知生产主管和品控经理进行处理。

如发现所投小料存在颜色、气味异常、结块、虫蛀、酸败、发霉等情况，品管员应当立即通知小料投料人停止投料，并将情况通知技术部，技术部做出处理。

如出现《小料投料与复核记录》，一车间出现《投料记录》填写有误、不及时，应责令小料投料人及时填写、修改记录。

4.5.8 小料预混合：如出现混合产品的投入产出差超出±5‰、预混合时间不足或超出150s、感官检测不合格时应对本批料接出，挂不合格标识，单独码放，由品管员填写《不合格品处置记录》，技术部给出处理意见。

4.5.9 液体添加：如发现液体配料误差动态超过±3‰时，应对配料秤进行校准，保证配料准确。

如发现液体原料发生感官检测异常时，应当立即停止原料的使用，将情况通知技术部进行下一步处理。

4.5.10 中控室：如发现中控员未按照配料原则进行安排配料，设备空转时间不够造成系统残留，应立即通知生产主管，安排中控员重新学习人员操作规程。

如发现配料仓对应原料不正确，应通知中控员修改料仓标识并检查是否有错误配料情况。

如发现原料的动态配料误差超过±3‰，应对配料秤进行校准；投入产出比超过正常范围时，查看成品检测结果是否异常，如果化验结果异常，复检后仍不合格的，执行《不合格品管理制度》。

如发现《中控作业记录》《清洗料使用记录》《生产线清洗记录》《校秤记录》填写有误、没有及时填写，责令中控员及时填写、修改记录。

4.5.11 混合作业：如发现混合机漏料，应停止配料并通知设备主管查找原因并维修。

如发现混合时间和最佳混合时间不一致、原料下料顺序不符合要求，应通知中控员调整混合时间机下料顺序。

如发现混合完半成品所进仓不正确，应通知中控员对半成品仓重新设定品种，假如有混料情况立即停止生产，汇报品控主管根据情况制定处理方案。

如发现混合均匀度偏差大于7%或及液体添加准确度偏差大于5%的情况，应通知生产经理安排维修人员检查混合机及液体添加系统，品管部重新测定混合均匀度及液体添加准确度。

4.5.12 制粒作业：如发现制粒时调质温度、蒸汽压力超出生产工艺参数时，制粒工应对制粒机进行调试，待参数符合要求后继续生产。

如发现环模选用错误，应将用错误环模生产的料全部作为不合格品处理，破碎料中有颗粒的通知制粒工进行检查。

如发现制粒后产品的感官不合格时，立即通知制粒工进行调试，调试至产品感官合格后方可继续正常生产，并将以产生的感官不合格的产品全部接出，执行《不合格品管理制度》。

如发现《制粒作业记录》《颗粒料硬度测试记录》填写有误、不及时，应责令制粒工及时填写记录。

4.5.13 冷却作业：如发现冷却器漏料，应立即检查料温并通知设备主管进行维修。

如发现料温高于环境温度5℃以上或水分高于产品宣称值，应立即汇报生产主管，并分析原因，料温高的产品要立即打出进行冷却或回机处理。

如发现硬度、PDI、含粉不符合成品标准，应检查配方有无变化，分级筛回粉管是否堵塞，含粉高的产品按不合格品处理。

如发现冷却器小料不正确，应确定是否有混料情况，如有按不合格品处理，未混料应及时修改料仓对应产品。

4.5.14 包装作业：如发现产品感官不合格时，立即通知中控员不合格情况，查找不合格原因，并通知将不合格品全部接出，通知成品保管人悬挂不合格标识，放在不合格品区，执行《不合格品管理制度》。

如发现含粉率超过4%时，应将不合格品全部接出，挂不合格标识，执行《不合格品管理制度》。

如发现使用标签、包装袋及所接成品料不属同一品种时，立即停止接料，将包装袋、标签与成品料对应后继续接料，对已打包成品通知成品保管人挂不合格品标识，执行《不合格品管理制度》。

如发现标签上生产日期与当日日期不吻合，立即停止打包，更换标签后继续打包。对已完成打包的成品通知成品保管人挂不合格垛位卡，执行《不合格品管理制度》。

如发现成品包重超出规定范围时，应对打包秤进行校准，校准后继续打包。对已接出成品重新标重。

如发现《包装作业记录》填写不及时情况，应责令接料工及时填写记录。

4.5.15 包装袋库：如发现包装袋摆放混乱，标识不清，责令保管人对袋皮库进行整理。

如发现记录内容与实际不符，应调查是否有领用错误，并通知包材保管员及时进行更正。

如发现《包装袋领用记录》填写有误、不及时，应责令原料保管员及时填写、修改记录。

4.5.16 标签库：如发现标签未分类摆放，责令保管人对标签库进行整理。

如发现记录内容与实际不符，应调查是否有领用错误，并通知包材保管员及时进行更正。

如发现《标签领用记录》《标签销毁记录》填写有误、不及时，应责令标签管理员及时填写、修改记录。

4.5.17 成品库：如发现超内控期成品应通知成品保管员，及时更换垛位卡，标识为不合格，单独码放。根据超期成品的质量情况通知生产部做出回制的处置。

如发现未执行先进先出，及时责令成品保管人按先进先出原则发货。

如发现垛位卡内容填写与实际不符，通知成品保管员及时进行更正。

如发现洒落成品未及时清理，通知成品保管员及时进行清扫。

第七节 原料采购验收管理规程

1 范围

本标准规定了原料采购验收工作的要求和程序。
本标准适用于所有购入原料、包装袋及标签的验收及处理工作。

2 规范性引用文件

下列文件对于本文件的应用是必不可少的。凡是注日期的引用文件，仅所注日期的版本适用于本文件。凡是不注日期的引用文件，其最新版本（包括所有的修改单）适用于本文件。
《饲料质量安全管理规范》 中华人民共和国农业部令（2014）第1号

3 术语及定义

3.1 品管部：该部门负责监视产品生产的全过程，发现、排除和纠正生产过程中所有可能导致质量问题的不利因素，以保证产品质量达到既定的目标要求。

4 管理职责

4.1 采购部负责采购计划的制定，并按照计划购买原料及不合格原料的处理。
4.2 采购部负责《原料进货台账》的填写和保存。
4.3 品管部负责对采购原料的查验、取样、化验，出具检测报告。
4.4 生产部负责对原料入库和原料仓储的管理。
4.5 本规程由采购部负责编写及修订，技术部审核，总经理批准。

5 管理内容

5.1 原料验收人员职责：
5.1.1 品控主管职责：
5.1.1.1 执行企业规定的品控原则、规定和标准。
5.1.1.2 按规定整理好配方，做好保密工作。
5.1.1.3 检查、监督各岗位设备状态和卫生。
5.1.1.4 填好质量记录，并按时完成品控周报、月报、不合格品/回制料统计表、年报。
5.1.2 品管员能力与职责：
5.1.2.1 对原料进行严格把关：感官鉴定合格后，送化验室化验，化验结果依公司接收标准判定接收与否。
5.1.2.2 产品进行感官鉴定，合格后送化验室化验，化验结果达到企业标准的下达产品合格证，交给成品保管员办理入库手续，方可出厂。

5.1.2.3 对产品的实现进行全程监视、跟踪，检查各岗位操作质量：投料、粉碎、混合机品投料、液体原料的添加；制粒、配制大小料及下料时料样的感官鉴定，包装物、标签、缝包、包重、码垛等，发生问题时及时通知主任共同纠正。

5.1.2.4 监督检查原料、产品的仓储规定的实施情况，发现问题应及时通知生产部负责人处理。

5.1.2.5 负责各秤的准确度检查（配料秤、成品秤），并定期抽包重，发现问题时及时处理。

5.1.2.6 负责监督、检查、跟踪不合格品、退料、粉尘的处理及回制。回制必须执行回制程序，要有回制单。

5.1.3 化验员能力与职责：

5.1.3.1 负责对原料、产品按要求进行化验，执行化验员操作规程，完成规定的化验项目。

5.1.3.2 负责记录各项检验结果。

5.1.3.3 及时地将检验结果上传下达。

5.1.3.4 整粒、保留、保管化验样品及检测记录。

5.1.3.5 负责化验室检验、测量和试验设备的保管及维护保养。

5.1.3.6 负责化学药品的管理及化验室的安全、卫生工作。

5.2 采购审批流程：

保管员汇报库存情况→制定采购计划→总经理审批→采购执行→财务付款。

5.3 原料验收：

5.3.1 原料验收流程图如图4-1所示。

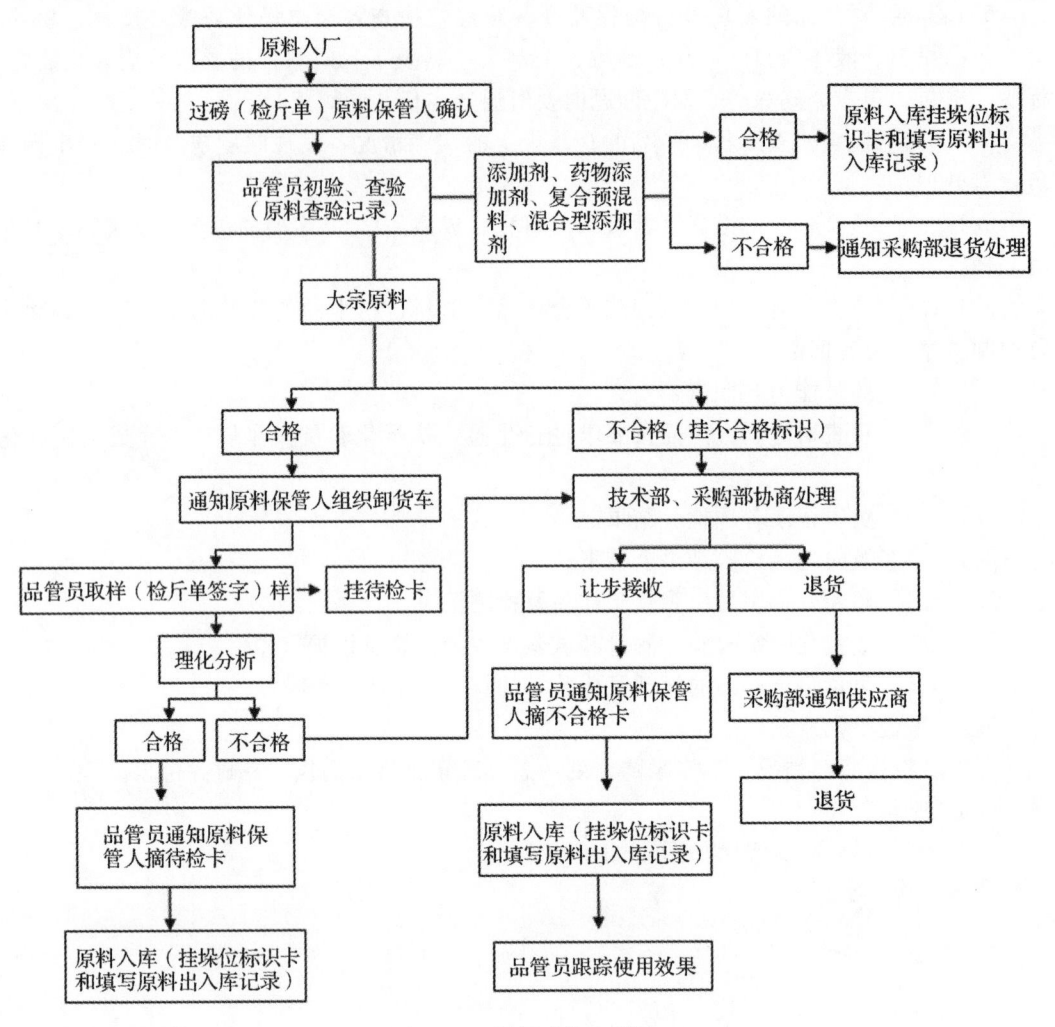

图 4-1 原料验收流程图

5.3.2 取样工具及方法：

5.3.2.1 袋装原料。

5.3.2.1.1 采样方法：以垛为单元，沿整齐堆垛截面，以"X"形或"W"形，用取样器沿包装袋的对角线插入袋中取样。

5.3.2.1.2 频率：1吨以下按装袋数的100％抽取样品。1~5吨时抽取样不少于袋数的50％取样。5吨以上抽取样不少于袋数的30％取样。

5.3.2.2 散装原料。

5.3.2.2.1 采集方法：应以不同深度与方位用采样器取样，一般分为上、中、下三层，按上、中、下各层面取样，每一平面取5点，如图4-2所示，先上后下取样。

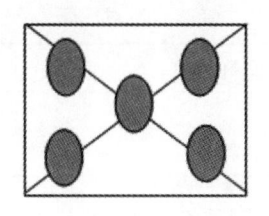

图 4-2 采集方法

5.3.2.3 液体原料。

5.3.2.3.1 桶装。

5.3.2.3.1.1 取样方法：先将油脂搅拌均匀，将取样管缓慢地自桶口插入至桶底，立即用拇指堵压上孔提出，感官鉴定后放入容器中。

5.3.2.3.1.2 取样频率：100％取样。

5.3.2.3.2 散装：

5.3.2.3.2.1 取样方法：按油抽出的时间，分几个时间间隔。

5.3.2.3.2.2 取样频率：按5个时间间隔取样。

5.3.2.4 袋装原料取样比例：原始样品不少于2kg。采样现场当即将样品混匀、四分法缩分，至少进行两次四分法后的样品送检。送质检室化验的样品重量不小于560g。

5.4 查验要求：

5.4.1 资质查验（如表4-7）：入厂原料首先查验原料标签上、包装物或者随车携带的证明文件的通用名称是否与《饲料原料品种目录》《饲料添加剂品种目录》《饲料药物添加剂使用规范》附录一和农业部相关的公告的名称一致；原料产品分析保证值项目是否满足《饲料标签》中要求。最后按下列类别对原料资质进一步查验。

5.4.1.1 需要行政许可的国产原料，根据《合格供应商目录》提供的信息，查验企业的许可证明文件编号、产品质量检验合格证。经查验合格的原料，方可接收，并填写《原料查验记录》。没有许可证明文件、产品质量检验合格证的或经查验许可证明文件编号不实的，不得接收和使用；许可证明文件编号不在有效期内的，经核实是准确的，责拒收。如若是因为标签修订不及时造成的，责通知采购部责令原料厂家修订标签，将相关信息填写在《原料查验记录》上。

5.4.1.2 不需要行政许可的原料应依据原料验收标准逐批查验供应商提供该批原料质量检验报告；无质量检验报告的，逐批对原料的主要成分指标进行自行检验或者委托检验；不符合原料接收标准的，不得接收使用。

5.4.1.3 对实施或登记注册管理的进口原料，应当逐批查验进口原料的许可证明文件编号，经查验合格的原料方可接收，填写《原料查验记录》。没有进口许可证明编号或者经查验进口许可证明文件编号不实的，不得接收和使用。

表 4-7　　　　　　　　　　　　查验资质对应表

类别	原料品种	对应资质
需要行政许可原料	单一饲料	生产许可证、产品质量检验合格证
	添加剂、预混料、混合型添加剂、	生产许可证、产品批准文号、产品质量检验合格证
不需要行政许可原料	面粉、小麦麸、石粉、米糠、米糠粕、膨化大豆、玉米胚芽粕、去皮玉米、膨化玉米、碎米、大麦、抛光粉、小米糠、棕榈仁粕等	质量检验报告；没有质量检验报告，按照原料验收标准进行主成分指标检验
进口原料	乳清粉、鱼粉、肉骨粉、添加剂	进口许可证文件编号

5.4.2　入厂原料初验及感官查验：

5.4.2.1　由原料保管人和品管员检查运输车辆卫生状况、车辆是否采取了防水和防雪措施。

5.4.2.2　卸车过程中，由原料保管人检查原料车厢内卫生状况，原料若被污染，则通知采购部进行退货处理。采购合同规定返杂的，安排将清理出的筛出物随车返回，保管人监督返杂车辆过磅情况。

5.4.2.3　装卸人员在卸车过程中要随时观察原料质量，发现异常立即剔除，并通知品管员进行处理。

5.4.2.4　品管员按《检验管理制度》要求进行原料初验取样，取样过程中对原料质量进行感官检验，固体原料感官检查项目包括色泽、气味、霉变、粒度、虫蛀和结块；液体原料感官检查项目为颜色、沉淀、分层、絮状物等。卸车过程中，品管员至少一次监视原料质量情况并进一步取样检查，发现异常及时制止卸车，并在第一时间上报主管处理。品管员与原料保管人核对进厂车次是否与所取料样车次相符，防止漏检，并填写《原料查验记录》。

5.4.2.5　品管要充分利用眼、鼻、口、耳、手对原料的外观、色泽、形状等进行感官评定，具体查验要求包括：查看原料色泽是否为该原料特有颜色；嗅觉查验原料气味是否正常，有无霉变、酸败、焦糊、发酵等异味；查验原料粒度是否符合原料采购接收标准要求；查看有无发霉结块、虫蛀等现象；手摸原料是否发热或部分发热，温度高于手温为异常，要开包进一步检查。

5.5　检验要求：

5.5.1　品管员对入厂豆粕进行脲酶活性检验，检验结果填写到《原料查验记录》上；原粮（大麦、玉米和小麦）按原料采购标准进行检验，检验结果填写到《原粮质量测定记录》上。

5.5.2　品管员按同一供应商、同一生产厂家、同一单合同、同一进货日期为同一批进行取样送检，并在《原料送样单上》填写检验项目。

5.5.3　化验员按《原料送样单》对原料主成分指标进行检验，并出具《原料检测结果报告》，品管员根据《原料采购验收标准》对检验结果进行判定。检验方法应该符合法律法规、技术标准、技术规范等要求。检验合格由品管员通知原料保管人卸车入库，悬挂合格标识卡，填写《原料出入库记录》；不符合《原料采购验收标准》的原料，通知原料保管人悬挂不合格标识牌，等待复验或退货处理。

5.5.4 由品管部根据原料的特性、季节变化、库房条件、周转期和保质期等确定《卫生指标检测方案及频次》，每季度至少选择5种不同品种入厂原料。

5.5.5 品管部对其主要卫生指标进行检测。根据检测结果进行原料安全性评价，由品管部填写原料检测结果安全性评价报告并保存检测结果和评价报告；委托检测的，索取并保存委托检测机构的计量认证或者实验室认可证书及附表复印件。

5.6 原料验收标准：由技术部、品管部共同制定，技术部审批。《原料采购验收标准》应当规定饲料原料、单一饲料、饲料添加剂、药物饲料添加剂、添加剂预混合饲料的通用名称、主成分验收值、卫生指标验收值等内容，卫生指标验收值应符合《饲料卫生标准》（GB/T 13078）及国家、行业等标准的相关规定。内容详见《原料采购验收标准》。

5.7 检验状态标识：

5.7.1 绿色：合格。

5.7.2 黄色：待检。

5.7.3 红色：不合格。

5.8 不合格原料处置。

5.8.1 感官指标未达到原料采购验收标准要求的原料，执行《不合格品管理制度》。

5.8.2 资质不合格的原料，由品管员通知采购部直接退货。

5.8.3 原料主成分营养指标不合格的：非国家强制指标不合格，由技术部、品管部和采购部进行评估，上报让步接收人可以进行让步或退货的处置决定；国家强制指标或卫生指标不合格，直接退货处理。

5.8.4 对于已经卸货的不合格原料，由采购部同原料供应商协商，尽快将不合格品提走。

5.8.5 对需暂存原料库房的不合格品，原料保管人需对不合格原料悬挂"不合格品"标识。

5.9 原料查验记录：品管员对所有进厂原料进行查验并填写《原料查验记录》，《原料查验记录》的内容包括原料通用名称、生产企业、生产日期、查验内容、查验结果、查验人等信息。

第八节 原料仓储管理规程

1 范围

本标准规定了原料储存管理及使用方法。
本标准适用于本公司所有原料的仓储及使用管理。

2 规范性引用文件

下列文件对于本文件的应用是必不可少的。凡是注日期的引用文件，仅所注日期的版本适用于本文件。凡是不注日期的引用文件，其最新版本（包括所有的修改单）适用于本文件。

《饲料质量安全管理规范》 中华人民共和国农业部令（2014）第1号

3 术语及定义

3.1 饲料原料：以一种动物、植物、微生物和矿物质为来源，经工业化加工或合成（谷物等籽实类可不经加工），但不属于饲料添加剂的饲用物质。

4 管理职责

4.1 本规程由生产部负责编写，技术部审核、总经理批准。

4.2 本规程由原料保管员具体执行，由品管部负责监督检查。

5 管理内容

5.1 原料入库流程：

5.1.1 原料车辆过磅前，由外检员对到货车辆进行检查。

5.1.2 检查合格后，检斤员对原料车进行过磅，将数据录入称重系统并打印磅单。

5.1.3 原料车辆入厂后，由原料保管员通知品管员进行抽样检验，检验合格后品管员通知原料保管员安排卸货。

5.1.4 原料保管员根据当天的到货量和品种安排卸货。

5.1.5 原料卸货时注意做到防暴晒、防潮湿、防破损、防止交叉污染。

5.1.6 卸货时由原料保管员监督装卸工人按照要求码放，原料堆放整齐有序。

5.1.7 卸完货后由原料保管员确认包数，并及时准确填写《原料出入库记录》，悬挂黄色待检牌。

5.2 原料出库流程：

5.2.1 每个工作日原料保管员需要与品管员沟通确认待检原料的检验状态，如检验合格后，及时将黄色标识卡换成绿色标识卡；如检验不合格，及时将黄色标识卡换成红色标识卡。

5.2.2 投料人或配料人根据原料状态标识和入库时间领取原料，保证原料先进先出，并及时准确填写《原料出入库记录》。

5.2.3 原料保管员在每个工作日生产前，对库存原料进行盘点并检查出库数量和出入库记录的准确性。

5.2.4 原料垛位按照《车间库房规划图》摆放，大小料分库存放，热敏原料（维生素、微生物、酶制剂等）放入热敏原料库，药物饲料添加剂放入专库，并依存货品种、类型、时间等分区存放；每个品种原则上要配置两个以上垛位，进出轮流交替使用，达到先进先出的要求。

5.3 堆放方式：根据不同品种、进货日期和质量要求，在相应位置贮存原料。

第四章　饲料加工

5.3.1　袋装原料托盘摆放，距离建筑物 20～40cm、距离屋顶不得小于 100cm，距离防爆灯不得小于 50cm，距离消防设施不得小于 100cm，垛位与垛位之间距离 15～30cm，严禁原料与建筑物接触。

5.3.2　散装原料直接进入房仓、玉米筒仓和储存罐，储存原料不得超过仓、罐容积。

5.3.3　存放于货架的原料，逐层摆放，每个货位只允许摆放同一生产日期的同种原料。货架最顶层每个货位摆放的原料重量不允许超过 1 吨，中、下层每个货位摆放的原料重量不允许超过 2 吨。

5.4　垛位标识：

5.4.1　每垛原料必须有明确的标识卡，标识卡颜色为红、黄、绿，红色表示不合格；黄色表示待检；绿色表示合格。

5.4.2　严格执行"一垛一卡"，同种原料同一进货日期如无法放置在同一垛位，则需对每个垛位分别悬挂标识卡和《原料出入库记录》。

5.5　库房盘点：

5.5.1　原料保管员每个工作日检查原料使用情况，确保原料按"先进先出"原则使用；是否有错用，核对账、卡、物是否一致。

5.5.2　原料库每月末全盘一次，由财务人员监督原料保管员对库存原料进行盘点，如发现原料损耗异常，要及时分析原因并制定改善措施。

5.5.3　盘点过程中不允许变更盘点人员，避免出现少盘、多盘、漏盘等。

5.5.4　严禁弄虚作假、虚报或人为变更数据，保证盘点数据的及时、准确和完整。

5.5.5　散装原料盘点方法：根据散装设备容积，测量散装原料高度，计算散装原料重量。

5.5.6　袋装原料盘点方法：清点库存原料袋数，根据包重核算原料总重量。

5.5.7　盘点发现原料储存距保质期一个月以内，近期又不能尽快用完的，应上报品管员。

5.6　环境卫生要求：

5.6.1　大宗原料应干燥通风，异常天气情况应及时倒垛晾晒。

5.6.2　小料原料及预混料应防潮避光保存。

5.6.3　热敏原料保存环境温度低于 25℃，原料保管员在每年的 3 月至 11 月每个工作日对热敏原料库温湿度进行监控并填写《热敏原料库温湿度监控记录》。其他月份因北方气温低于 25℃，可不用监控。

5.6.4　保管人要在 6 月至 9 月份，每个工作日对玉米筒仓内物料的平均温度进行监控，其他月份每周第一个工作日对玉米筒仓内物料的平均温度进行监控。

5.6.5　液体原料储存在单独的储存罐中，由原料保管员每月检查储存罐的密闭性，以防氧化。

5.6.6　房仓原料干燥，避光保存，地面防潮、干净、平整。

5.7　虫鼠防范：

5.7.1　外包灭鼠公司负责制定工厂的防鼠。

5.7.2　通风窗口设置纱窗防止虫害。

5.7.3　库房大门上沿安装防鸟网，防鸟网高度不小于 1 米，宽度与大门一致。

5.7.4　库房大门出入口要布置挡鼠板（高度60cm），库房内设置捕鼠器。

5.7.5　保管人每天上班时可根据实际工作情况将挡鼠板取出放在大门旁指定位置，工作完毕后及时将挡鼠板放回原位。

5.7.6　保管人每天在进行库存物料质量巡检时，应对害虫、害鼠的情况进行检查。

5.7.7　车间周围的垃圾由车间人员定期清理，保持清洁，以清除蚊蝇鼠类的滋生地。

5.7.8　厂区的污水排放系统，由园区后勤指派维修人员进行维护，确保无积水污水，以防蚊蝇滋生。

5.7.9　如发现虫害鼠害疫情暴发，公司应采取紧急措施，立即安排人员进行处理或者外请专业防治单位或人员进行处理，避免疫情扩散。

5.8　库房安全。

5.8.1　库房内保持安全通道畅通，不可有堆积物，保证叉车行走、人员安全，叉车工持证上岗，叉车库房内行驶限速5km/h。

5.8.2　库房严禁携带火种，禁止吸烟，不准任何人携带易燃易爆物品入库，保证消防器材齐备、有效，消防通道畅通，并在库房规划图上明确标注消防器材放置地点。

5.8.3　做好安全检查工作，消防设施应完善并定期检查，发现隐患及时整改。

5.8.4　原料保管员应每个工作日进行原料库巡检工作，发现有漏雨、淋雨、发热、鼠害、虫害、破包、发霉、结块等现象，必须及时上报品管员。

5.8.5　库房内应当做好防盗等安全事项，下班后由原料保管员关闭窗户、电源、锁好库房门。

5.8.6　电器设备要专人负责管理、操作和维修，库房内的电器应装有安全保护装置，工作结束时要切断电源。库内所有电气线路禁止裸漏，库房采用防爆灯及防爆开关。

5.8.7　库房内需要高空作业时需戴安全帽，挂防坠器，做好安全防范。

5.8.8　房顶保持排水设施通畅，防止存水漏雨，库房门窗密闭良好。

5.9　出入库记录：

5.9.1　原料入库后，原料保管员应按照"一垛一卡"原则悬挂标识卡和《原料出入库记录》并完整填写。

5.9.2　原料出库的原则是同一原料做到先进先出，避免交叉污染。

5.9.3　原料领用后，投料人必须填写《原料出入库记录》和《大料投料记录》，如实记录领用的数量及日期；原料保管员每天核对《原料出入库记录》与库位实物是否一致。

5.9.4　每种原料使用完毕后，原料保管员应将《原料出入库记录》收集保存，以备追溯使用。

5.9.5　对所有原料建立《原料出入库记录》，入库内容由原料保管员填写，出库内容由领料人填写，原料保管员复核。

5.10　卫生清洁：

5.10.1　每天对原料库房进行清理，并将库房内的物料摆放到指定的区域内，符合整洁、整齐、干净、卫生、合理的摆放要求。

5.10.2　库房卫生每班投完料后投料人应对库位进行及时清扫，下班前对整个库房进行清扫。

5.10.3　玉米筒仓及油罐每年5月和11月各清理一次，清理人及时填写《玉米筒仓、油罐添加系统清理记录》。

第九节　长期库存原料质量监控管理规程

1　范围

本标准规定了长期库存原料质量监控管理的相关责任部门、监控方式、内容、频次等。

本标准适用于本公司长期库存原料的质量监控。

2　规范性引用文件

下列文件对于本文件的应用是必不可少的。凡是注日期的引用文件，仅所注日期的版本适用于本文件。凡是不注日期的引用文件，其最新版本（包括所有的修改单）适用于本文件。

《饲料质量安全管理规范》　中华人民共和国农业部令（2014）第 1 号

3　术语及定义

3.1　长期库存原料：是指原料的储存时间达到该种原料规定的储存期限，超期储存容易引起原料变质。

4　管理职责

4.1　本文件由生产部负责编写，品管部审核、总经理批准。

4.2　本公司所有人员均需遵守本文件的规定，品管部负责监督检查。

4.3　原料保管人负责长期库存原料质量识别，并进行记录填写。

4.4　品管员负责长期库存原料的跟踪监控和抽样。

4.5　技术部、品管部负责异常原料的处理。

5　管理要求

5.1　长期库存原料的界定：

5.1.1　动物源性原料：鱼粉、肉骨粉、鸡肉粉和全蛋粉等所有动物源性原料入库之日起存满 15 天定为长期库存原料。

5.1.2　植物源性原料：玉米、大麦和面粉入库之日起满 15 天定为长期库存原料。米糠、小米糠、麦麸入库之日起满 7 天定为长期库存原料。

5.1.3　其他大宗原料：入库之日满 1 个月为长期库存原料。

5.1.4　添加剂类原料。

5.1.4.1　重点监控原料：胆碱、复合预混料、抗氧化剂等入库之日起存满 1 个月。

5.1.4.2　热敏原料：入库之日满 15 天。

5.1.4.3　其他添加剂类原料：入库之日满 1 个月。

5.1.5 液体类原料：入库之日起存满 15 天的原料为长期库存原料。

5.1.6 筒仓原料：入仓满 15 天。

达到以上要求时原料保管人及时通知现场品管员对该原料进行跟踪监控。

5.2 监控方式包括环境监控、感官监控和化验室监控。

5.3 监控内容：

5.3.1 原料保管人按《原料仓储管理制度》定期对库房温度、湿度等进行贮存环境监控。

5.3.2 保管人定期对库存原料的感官进行监控，监控的内容包括：颜色、气味、霉变、结块、发热和虫蛀等内容。

5.3.3 保管人要在 6 月至 9 月，每个工作日对筒仓内物料的平均温度进行监控，其他月份每周第一个工作日对筒仓内物料的平均温度进行监控；每隔 5~7 天对使用玉米的感官进行监控，根据监控结果及时通风和倒仓并填写《筒仓原料质量监控记录》，保证筒仓原料质量。在监控过程中发现原料出现异常，保管人要及时通知品管员进行处理。

5.3.4 库存原料出现感官异常时，由品管员对原料进行采样，化验室检测水分或卫生指标，进行化验室监控。

5.4 监控频次

根据原料种类、特性、库存时间、保质期限、气候变化、存储环境等，对不同原料设定不同的监控频次。长期库存原料监控频次如表 4－8 所示。

表 4－8　　　　　　　　长期库存原料监控频次表

原料类别	原料名称	存储时间（自入库之日起）	环境监控	感官监控	化验室监控
植物性原料	玉米	15 天	1 天/次（6 月至 9 月）1 次/周（其他月份）	1 次/周	霉菌毒素、水分
	大麦	15 天	1 次/周	1 次/周	霉菌毒素、水分
	米糠	7 天	1 次/周	1 次/周	酸价
	豆粕	1 个月	1 次/15 天	1 次/15 天	黄曲霉毒素 B1
	DDGS、玉米胚芽粕	1 个月	1 次/周	1 次/周	霉菌毒素
	面粉、小麦麸	15 天	1 次/周	1 次/周	水分
	膨化大豆	1 个月	1 次/周	1 次/周	水分
动物性原料	乳清粉、全蛋粉	15 天	1 次/15 天	1 次/15 天	—
	鱼粉、肉骨粉	15 天	1 次/15 天	1 次/15 天	VBN
添加剂类原料	复合预混合饲料	1 个月	1 次/15 天	1 次/15 天	水分
液体类原料	大豆油	15 天	1 次/15 天	1 次/15 天	酸价
	糖蜜	15 天	1 次/15 天	1 次/15 天	—
热敏原料	酶制剂等	15 天	1 次/15 天	1 次/15 天	—
其他原料	其他原料	1 个月	1 次/15 天	1 次/15 天	—

5.5 异常情况界定：

5.5.1 原料发生发热、霉变、气味异常、虫蛀、变色、结块等感官异常界定为异常情况（鉴定标准见《原料采购验收标准》）。

5.5.2 原料遭雨淋或潮湿天气吸潮等其他异常情况。

5.5.3 热敏原料因未采取妥善保管措施，致使活性成分失效或明显降低功效。

5.5.4 原料超过保质期。

5.5.5 筒仓内物料的平均温度超过环境温度 8℃ 或筒仓内相邻点位物料的温差≥5℃。

5.6 处置方式：当长期库存原料发生质量异常时，由技术部、品管部门组织评价（评价标准见《原料采购验收标准》和 GB 13078），给出具体处置方式，品管部填写《长期库存原料异常情况处置单》。

5.6.1 原料发生轻度变异：对质量影响较小的情况由技术和品管部负责将轻度变异的原料搭配使用，化验室检测的结果在让步接收范围之内的，品管部按照实际情况可以做降级使用处理，应尽快使用或搭配新鲜原料使用。

5.6.2 原料发生严重变异：感官检测和化验室检测均不合格的，严重霉变、产生致病菌、自燃等，应立即停止使用，向总经理汇报。由技术部、品管部、采购部组织对变异原料进行评估，按评估结论对原料进行无害化处理或者销毁。

5.6.3 临近保质期的原料：视其离保质期的远近采取预警提示、优先使用，限量使用的方法，尽快使用。

5.6.4 超过保质期的原料：不能使用，按照原料发生严重变异情况进行报废处理。

5.6.5 筒仓原料异常处置：筒仓内物料温度异常时，原料保管人应立即开启通风设施降温。若物料温度监测的位点连续 3 天异常，通风仍不能有效降温，可倒仓降温处置。筒仓原料质量异常时，品管负责人视情况优先使用，情况严重的，应上报总经理审批处理方案。

5.7 处置权限：原料保管人发现原料出现异常情况，应及时通知品管员，品管员根据不同的异常情况，上报技术部，按相应的处置方式进行处置。

5.8 长期库存原料质量监控记录。

《长期库存原料质量监控记录》应当包括原料名称、监控内容、异常情况描述、处置方式、处置结果、监控日期和监控人等信息。

第十节 自检管理规范

1 范围

本标准规定了对部门、人员、厂房、设备设施、生产管理、质量控制、产品销售及召回等主要方面进行内部核查的相关要求。

本标准适用于企业内部自检管理工作。

2 规范性引用文件

下列文件对于本文件的应用是必不可少的。凡是注日期的引用文件,仅所注日期的版本适用于本文件。凡是不注日期的引用文件,其最新版本(包括所有的修改单)适用于本文件。

《饲料和饲料添加剂管理条例》
《饲料质量安全管理规范》
《中华人民共和国安全生产法》

3 术语及定义

下列术语和定义适用于本标准。

3.1 自检管理:是指企业对部门、人员、厂房、设备设施、生产管理、质量控制、产品销售及召回等生产要素进行的内部核查,检查是否与预定的标准体系要求相符。

4 职责

公司总经理、品控部、生产部、技术部、采购部、客户服务部主要负责人及指定自检人员对本规范的实施负责。

5 内容

5.1 自检组织:

5.1.1 自检工作组:由公司总经理任组长,品控部门牵头,成员由生产部、技术部、采购部、客户服务部等职能部门主要负责人组成,另可指定经验丰富的自检人员加入。

5.1.2 自检小组:在每次自检前,将自检工作组成员分成若干个小组,任命临时小组组长。

5.1.3 自检工作组成员必须熟悉检查的内容与标准,能对查出的问题及被检部门执行情况做出客观的评价,能针对自检中发现的与规定不相符的情况提出整改建议及措施。

5.2 自检频次:

5.2.1 不预先通知自检:每次自检的范围根据标准体系的运行情况和风险确定,但每年针对标准体系的全部系统应安排不少于1次的不预先通知的自检,整改报告纳入质量持续改进项目。

5.2.2 定期自检:按年度计划每年全面检查1次。

5.2.3 在以下情况下追加自检(全检或专项检查):

5.2.3.1 公司的组织机构、产品剂型、生产工艺、生产设施和设备等发生重大变更时。

5.2.3.2 发生重大质量事故、客户严重的质量投诉、国家药品监督管理部门查处问题时。

5.2.3.3 国家法律、法规、规范标准及其要求发生变更时。

5.2.3.4 公司生产质量管理程序进行重大修改时。

5.2.3.5 接受国家《饲料质量安全管理规范》检查或监督检查前。

5.2.3.6 接受其他第三方审计、认证前。
5.3 检查依据：
5.3.1 国家有关的法律、法规：《饲料及饲料添加剂管理办法》、《饲料质量安全管理规范》（现行版）、饲料监督管理部门颁发的相关法规。
5.3.2 国家标准：《饲料卫生标准》《饲料标签》《饲料、兽药生产企业安全生产管理规范 第一部分：饲料生产企业》等。
5.3.3 公司内部相关的质量管理文件。
5.3.4 上次检查的整改落实情况。
5.4 自检范围：饲料生产质量管理全过程，包括质量管理、机构与人员、厂房与设施、设备、物料与产品、确认与验证、文件管理、生产管理、质量控制与质量保证、委托生产与委托检验、产品发运与召回、投诉与不良反应报告、自检、上一次检查缺陷项目整改及纠正措施落实情况。
5.5 自检计划：每年年初由品控部组织制定年度全面自检计划，每次自检前，应制定单次自检计划。
5.6 自检程序：
5.6.1 自检启动。
编制自检计划并报公司总经理批准后，由品控部以公文形式通知各有关部门。计划内容应包括：自检目的、自检范围、自检依据的文件、自检小组成员名单及分工情况、自检日期和地点、受检部门、自检活动的进度日程。
5.6.2 自检准备：
5.6.2.1 编制检查表。
5.6.2.2 准备自检所需资源。
5.6.2.3 与受检查部门的初步联系。
5.6.3 自检实施：
5.6.3.1 首次会议：由自检工作组组长主持，召集自检组成员、受检查部门负责人、品控部负责人、总经理及其他有关人员召开首次会议，宣读本次自检的《自检实施计划》，并对本次自检做出必要的说明。
5.6.3.2 现场检查：检查员依据《自检实施计划》和《自检检查表》进行现场检查，通过面谈、现场检查、查阅文件和记录、观察有关方面的工作环境和活动现状，收集客观证据，并认真填写《自检检查表》，检查中发现的缺陷项目在《自检存在问题及整改意见书》上客观描述，并让受检查部门负责人签字确认。
5.6.3.3 召开自检组会议：自检工作组组长召集检查员交流自检结果，对本次自检情况进行综合、汇总、分析。
5.6.3.4 末次会议：自检组成员、受检部门负责人、总经理及其他有关人员参加，报告自检结果。
5.6.3.5 自检报告：品控部将各自检小组的自检记录和报告汇总，编制《自检报告》，上报给总经理，待受权人签发后发至各受检部门，并将缺陷项目的《自检存在问题及整改意见书》分发至责任部门或人员。
5.7 受检部门整改：

5.7.1 受检部门收到《自检存在问题及整改意见》后，5个工作日内分析产生的原因，提出纠正措施并承诺完成的时限，填写《自检存在问题及整改意见书》报品控部审核，总经理批准后实施。

5.7.2 完成整改后，将相关整改完成的凭证以照片或复印件的形式，交给品控部并在《自检存在问题及整改意见书》中填写好"完成整改情况"，由品控部组织有关人员确认整改签名。

5.8 自检结束后，品控部负责将《自检年度计划》《自检实施计划》《自检检查表》《自检存在问题及整改意见书》《自检报告》等自检文件，由品控部归档保存。

5.9 自检年度总结报告：每年度品控部针对上年度自检工作进行汇报，经高级技术经理审核批准后报告总经理。报告内容包括：年度自检计划完成评价、自检目的、范围和依据、自检的方式和数量、不符合项目产生的原因分析及风险评估、不符合项目整改完成效果评价、对企业执行《饲料质量安全管理规范》情况的总体评价、对企业执行《饲料质量安全管理规范》薄弱环节产生原因分析及改进建议、自检检查员工作情况评价及改进要求、下一年度持续质量改进计划、报告审批、附件——未完成不符合项目清单。

5.10 自检活动文档及保存：自检形成所有的文件由品控部归档保存。

相关的文件包括：被批准的《自检实施计划》、《自检检查表》、《自检存在问题及整改意见书》、《自检报告》、首末次会议签到表、自检年度总结报告。

5.11 自检方案的变更管理：当国家有关的法律、法规发生变化时，当自检内容需要临时更新时，当自检计划变更时，当有厂房设施、生产设备变更或者增加时，品控部及时提出自检方案、相关自检检查表的变更申请，修正或者增加变更的内容。

第十一节 员工培训管理规范

1 范围

本标准规定了本公司员工培训的培训范围、管理职责、培训计划、培训内容、培训方式、培训时间、培训实施、考核方式、培训效果评价及培训记录等方面的要求。

本标准适用于公司各层级员工的培训管理工作。

2 规范性引用文件

下列文件对于本文件的应用是必不可少的。凡是注日期的引用文件，仅所注日期的版本适用于本文件。凡是不注日期的引用文件，其最新版本（包括所有的修改单）适用于本文件。

《饲料和饲料添加剂管理条例》

《饲料质量安全管理规范》 中华人民共和国农业部令（2014）第1号

《中华人民共和国安全生产法》

3 培训范围

公司各层级员工和各职能部门开展的各类培训及相关活动均适用于本制度，员工参加或组织相关培训的情况，将纳入部门和个人的绩效考核范畴，作为个人薪资及岗位（含职级）调整的依据之一。

4 管理职责

人力资源部、各部门主管、员工是培训工作的主要参与人，承担着相应的责任。

4.1 人力资源部的责任：人力资源部是培训工作的规划和组织者，其主要职责是：调查分析培训需求，制订培训计划；组织实施培训，评价培训效果，建立培训档案；建设和管理培训资源。

4.2 各部门主管的责任：各部门主管应按年度和季度向人力资源部提交部门培训需求和内部培训计划，积极配合人力资源部开展培训工作并进行培训管理。应定期组织交流会，相互研讨、相互学习、共同提高。督促、帮助员工在实际工作中应用培训知识与技能。汇总部门培训资料及培训档案。

4.3 员工的责任：员工应明确自身培训需求，积极参与培训，遵守培训纪律，并自觉将培训成果落实到岗位工作中，以提升工作能力及改善工作绩效。

5 培训计划

5.1 公司每年年初，按照组织层面、职务层面、个人层面的培训需求制定《培训计划》，报公司高层审核后形成本年度培训计划并进行公示。每项培训计划要包含培训日期、培训内容、培训对象、培训方式、培训师资和考核方式。

5.2 人力资源部根据年度培训计划内容制定年度培训预算，并纳入企业年度经费计划。

5.3 人力资源部应在培训实施一周前制定出详细的培训实施方案，按培训计划如期组织培训，安排培训场地、培训用具、培训师及参训人员的食宿等后勤安排。

6 培训内容

6.1 新员工入职培训：新员工加入公司后，人力资源部和部门负责人会帮助员工了解公司并顺利开展本职工作。同时为员工进行短期的入职培训，让新员工了解公司的企业文化、规章制度、各项政策等。

6.2 岗位业务、工作技能培训：当员工正式进入公司后，部门主管会根据部门所负责的业务或职能制定每年及每季度的培训计划。同时，人力资源部根据工作的需要或部门的申请，按照员工的知识层级、管理层级、技术层级安排专项培训。

6.3 饲料质量安全管理规范培训：公司每年对员工进行至少 2 次饲料质量安全知识培训，如《饲料和饲料添加剂管理条例》、《饲料质量安全管理规范》等规章，《饲料添加剂安全使用规范》等公告，《饲料卫生标准》等标准，以及本公司的管理制度、岗位操作规程、安全操作技能等。

6.4 晋职（岗位变动）培训：公司努力使员工有更全面的发展、提升，对于晋职的员工公司除了予以相关变动的岗位培训外，还将对员工在管理技能、管理水平等方面进行短期的培训。

6.5 在职进修：公司鼓励员工利用业余时间参加各类进修、学习，以提高综合素质。

7 培训方式

培训方式分为内部培训和外部培训。其中内部培训包含的培训方式有课堂授课、网络学院、现场操作等；外部培训包含的培训方式有经验交流、观摩考察、外派培训和在职进修。培训的目标是使员工无论何时何地均可得到公司系统化、个性化的培训。

8 培训时间

由公司组织安排的各类培训，在时间安排上，尽可能安排在正常工作时间内，并兼顾培训对日常工作的影响降低到最低的程度；另如因综合因素，需利用非工作时间开展的培训，对于参训人员，则不计为加班。

9 培训实施

9.1 参训员工应准时出席并在《培训记录》上签到。对于无故不参加培训和培训迟到者，将按企业制定的培训纪律给予批评和处罚。培训记录中被培训人的姓名处，应由被培训的人员本人签到，不得由别人代签。

9.2 员工如因特别公务或其他紧急事宜确实不能参加培训的，需填写《培训请假单》，经部门经理审批后，于开课前交人力资源部备查。

9.3 在培训过程中，参训员工必须全程参加，不得中途缺勤，达到培训要求的效果。每次培训安排专人进行记录，并收集所有有关的培训资料，保存至培训档案中。

9.4 参训员工上课时须将手机等通信器材关闭或设置为振动状态。专业培训若涉及实际操作，员工须严格按照安全操作规范执行。违者后果自负，且视情节予以处罚。

10 考核方式

10.1 课堂授课培训的考核方式为现场提问、现场操作、书面答卷。

10.2 现场操作培训的考核方式为现场操作和后期现场抽检验收。

10.3 网络学院培训的考核方式为课时完成情况和在线答卷。

10.4 外部培训的考核方式为提交培训总结报告和工作改进计划。

10.5 内部培训的培训考核由培训师设置考题，由人力资源部负责组织、督导、监考、协调。外部培训的培训考核由培训者的上级领导负责，在所提交的培训总结报告中提出工作改进建议。

10.6 个人培训考核结果直接与员工奖惩挂钩，将员工培训出勤率及培训的效果作为晋级、晋职、提薪、奖励的重要依据。

11 培训效果评价

11.1 培训课程的评价方式：每次培训结束，由培训主办方就培训内容的针对性、培训方式的适用性、考核方式的有效性等做出客观评价，并制定出进一步改进培训效果的计划及方法；员工线上填写课程评价调研问卷，由人力资源部汇总并给予培训主办方反馈。

11.2 笔试考核的评价方式：针对培训中应掌握的知识点及操作技巧，培训主办方组织员工进行笔试，核查员工的知识掌握程度。笔试考核采用百分制，按不同岗位设定及格线分数，不及格学员需组织重新学习并且进行补考。补考仍不通过，人力资源部将组织员工进行脱岗学习直至培训通过方可上岗。

11.3 网络学院培训的评价方式：针对员工的培训完成率、课程评估结果、课后测试成绩进行评价。要求员工的培训完成率100%，课后测试不及格者需重新进行网络课程学习并考试。

11.4 现场操作考核的评价方式：针对培训员工现场操作的熟练程度及差错情况进行评价。出现三种以上差错视为该员工不通过。需要组织员工重新培训并考核。所有员工的操作差错率在30%以上，视为培训效果较差，需要调整培训课程，重新组织培训。

11.5 提交培训总结报告的评价方式：由员工上级评审报告，报告中需要包含培训内容、培训收获、问题思考、工作计划四部分内容。工作计划要满足SMART原则。

11.6 培训评价方法可采用相互比较法、座谈了解法、问卷调查法等。培训评价要针对课程及学员学习成果两方面进行评价。

11.7 培训结束后一段时间内，在工作岗位中，由受训部门负责人设定可量化的工作目标，并牵头组织开展各种形式的考核、测验，从而核查员工的知识、能力、技能转化率。评估其培训的有效性，并计入员工培训档案。

12 培训记录

12.1 人力资源部负责实施跟踪监察并做好员工培训档案的纪录，记载员工每次培训成绩和培训履历。定期搜集、整理和归档培训材料，并予以保存。

12.2 定期对培训档案进行检查、保证安全性和完整性。

12.3 培训档案包含：培训对象、培训内容、培训师资、培训时期、培训地点、考核方式、考核结果。

第十二节 文书档案管理规范

1 范围

本标准规定了公司文书档案管理的工作内容与要求。

本标准适用于公司文书档案的管理。

2 规范性引用文件

下列文件对于本文件的应用是必不可少的。凡是注日期的引用文件，仅所注日期的版本适用于本文件。凡是不注日期的引用文件，其最新版本（包括所有的修改单）适用于本文件。

《中华人民共和国档案法实施办法》

《企业文件材料归档范围和档案保管期限规定》（国家档案局 10 号令）
《饲料质量安全管理规范》 中华人民共和国农业部令（2014）1 号

3 术语和定义

下列术语和定义适用于本标准。

3.1 文书档案：公司从事经营、管理以及其他各项活动直接形成的对公司有保存价值的各种文字、图表、声像等不同形式的历史记录。

4 管理职责

4.1 管理部门职责：

4.1.1 文书档案是企业档案的组成部分，各职能部门在工作活动中形成的全部文件材料实行分头管理，人力资源负责劳资档案及文件政策发布等资料的归档保管；生产部负责生产档案的存档保管；财务部负责财务相关档案的归档保管。

4.1.2 文书档案管理的主要任务是：各职能部门收集、归档本部门相关档案，按照规定的要求进行分类、整理和保管，为公司各项活动提供利用材料。

4.2 管理人员职责：

4.2.1 各职能部门应指定专人负责文书档案的管理。

4.2.2 文书档案管理人员应按照归档范围、要求等规定，及时做好文书档案的收集、整理、分类、归档等工作。

4.2.3 管理人员应当遵纪守法、忠于职守，严格执行公司的保密、保卫制度，严防文书档案失密、泄密现象的发生，努力维护公司档案的完整与安全。

4.3 管理办法：

4.3.1 编制必要的文书档案目录、索引等检索工具，供查阅时利用。

4.3.2 文书档案库房应做到防火、防尘、防潮、防盗、防光、防虫、防鼠。做到办公室与库房分开，以保证档案安全。

4.3.3 应定期检查保管情况，对破损变质的档案应及时修补、复制，并做其他技术处理。

5 归档范围

公司在筹备、设立、运营及产权变动过程中直接记述和反映企业活动的具有现实和长远查考价值的文件材料均应归档。

5.1 公司的重要会议材料，包括会议的通知、报告、决议、总结、典型发言、会议记录等。

5.2 公司对外的正式发文与有关单位来往的文书。

5.3 公司的各种工作计划、总结、报告、请示、批复、会议记录、统计报表及简报。

5.4 公司的各种生产、管理、经营记录。

5.5 公司与有关单位签订的合同、协议书等文件材料。

5.6 公司职工劳动、工资、福利方面的文件材料。

5.7 公司的大事记及反映本公司重要活动的剪报、照片、录音、录像等。

第四章 饲料加工

6 管理活动、程序及要求

6.1 归档时间：

6.1.1 管理性文件材料应在办理完毕后每季度末归档保管。

6.1.2 不同年度的文件一般不得放在一起立卷；跨年度的总结放在针对的最后一年立卷；跨年度的会议文件放在会议开幕年。

6.2 文书档案保管期限：

6.2.1 企业档案的保管期限定为永久、定期两种，定期一般分为 30 年、10 年。

6.2.2 保管期限依据国家《文书档案保管期限表》执行。

6.3 文书档案归档要求：

6.3.1 已经办理完毕并有保存价值的文件都应及时归档，任何人不得随意留存，各部门每季度应将归档的文件材料清理一次，登记造册，对重要的文件要标注密级（绝密、机密、秘密）。

6.3.2 归档的文件材料要收集齐全（包括附件），按照文件形成的先后次序排列清楚，并剔出其中的废稿、重复稿和不重要的便条等。

6.3.3 文件材料一般归档一份。重要的、利用频繁的和有关部门需要的可适当增加份数。

6.3.4 同一项工作由多个部门参与办理的，在工作中形成的文件材料，由主办部门或人员收集，交行政部备案。会议文件由行政部收集。

6.4 文书档案的整理和保管：

6.4.1 文书档案以卷宗为单位进行分类、排列；涉密文件按涉密级别分类，单独保管。

6.4.2 文书档案在收集零散文件时，要认真区分，依照分类进行立卷。

6.4.3 文书档案发现文件破损要及时修复或复制。

6.5 文书档案的统计和检查：

6.5.1 各职能部门要设立文书档案登记簿，档案的借阅、返还及时登记、注销，对档案的收进及提出情况进行数量统计。

6.5.2 各职能部门对所保管的文书档案每年进行一次全面检查，遇到特殊情况及时检查，并及时上报检查结果。

6.5.3 负责保管文书档案的人员调动工作时要办理移交手续。

6.6 文书档案的利用和借阅：

6.6.1 各职能部门所保管的文书档案，原则上一律在指定地点调阅，需要查阅档案时，由借阅部门提出借阅申请，经公司总经办主任批准后方可将档案借出。

6.6.2 复制档案资料时，需经公司总经理批准，方可复制翻印。翻印时应说明翻印的单位、日期、份数和印发范围和用途。

6.7 文书档案的鉴定和销毁：

6.7.1 各职能部门定期对已过期的档案进行鉴定。根据档案的政治、历史、科学和使用价值确定其是否需要继续保存，并将不需要继续保存的档案剔出销毁。

6.7.2 文书档案的鉴定销毁工作由公司总经办负责承办，对已过保管期限的档案提出销毁意见时,要经相关部门和人员具体核查。

6.7.3　各职能部门对予批准销毁的文书档案要在档案存储目录上注销,编制销毁清单,审查批准后对档案进行销毁,并由两人或两人以上监销。档案销毁后,监销人员在销毁清单上签名盖章,同时标注档案注销的日期,保证不丢失,不漏销。

第五章 总部兽药管理

第一节 兽药经营仓储设施设备建设规范

1 范围

本标准规定了兽药经营仓储设施设备建设管理的术语和定义、主体资格、选址与建设、布局、设施及设备等技术要求。

本标准适用于辽宁省白羽肉鸡绿色制造联合体成员企业兽药经营质量管理工作。

2 规范性引用文件

下列文件对于本文件的应用是必不可少的。凡是注日期的引用文件，仅所注日期的版本适用于本文件。凡是不注日期的引用文件，其最新版本（包括所有的修改单）适用于本文件。

兽药经营质量管理规范。

GB 3095 环境空气质量标准

GB 3096 声环境质量标准

GB 50003 砌体结构设计规范

GB 50007 建筑地基基础设计规范

GB 50016 建筑设计防火规范

中华人民共和国兽药典 2015 年版一、二、三部

3 术语和定义

下列术语和定义适用于本文件。

3.1 兽药：是指用于预防、治疗、诊断动物疾病或者有目的地调节动物生理机能的物质（含药物饲料添加剂），主要包括：血清制品、疫苗、诊断制品、微生态制品、中药材、中成药、化学药品、抗生素、生化药品、放射性药品及外用杀虫剂、消毒剂等。

3.2 阴凉：是指不超过 20℃。

3.3 凉暗处：是指避光并不超过 20℃。

3.4 冷或凉：是指 8℃～15℃。

3.5 室温：是指 15℃～25℃。

3.6 冷藏：是指 2℃～8℃。

3.7 冷冻：除另有规定外，是指−15℃以下。

3.8 冷处：是指 2℃～10℃。

3.9 常温：是指 10℃～30℃。

4 主体资格

4.1 兽药经营企业应当取得兽药经营许可证。

4.2 兽药经营企业应当按照依法批准的经营地点和经营范围从事兽药经营活动。

4.3 兽药经营企业变更经营范围、经营地点的，应当依照《兽药管理条例》有关规定申请换发兽药经营许可证。

5 选址与建设

5.1 兽药经营企业应当具有固定的、相对独立的经营场所和仓库。

5.2 兽药经营企业建设地应具备电力、通信等基础设施。

5.3 兽药经营企业建设地空气质量应符合 GB 3095 中二类区二级浓度限值。

5.4 兽药经营企业建设区域范围内噪声应符合 GB 3096 中 2 类声环境功能区环境噪声限值。

5.5 兽药经营企业工程建筑设计应符合 GB 50003 和 GB 50007 要求。

5.6 兽药经营企业建筑设计防火应符合 GB 50016 要求。

6 布局

6.1 兽药经营场所和仓库应当布局合理、相对独立。

6.2 兽药经营场所的面积、设施和设备应当与经营的兽药品种、经营规模相适应。

经营场所面积不得少于 20 平方米，仓库面积不得少于 30 平方米。陈列贮藏兽药应当与仓库地面、墙、顶等之间保持一定间距，保持人与货物进出自如，货垫高不低于 10 厘米，药品与墙、顶、室内管道间距不低于 30 厘米，仓库主通道宽度应不少于 2 米，辅通道宽度应不少于 1 米。

6.3 兽药经营区域与生活区域、动物诊疗区域应当分别独立设置，避免交叉污染。

6.4 仓库面积和相关设施、设备应当满足合格兽药区、不合格兽药区、待验兽药区、退货兽药区等不同区域划分和不同兽药品种分区、分类保管、储存的要求。

6.5 经营场所和仓库的地面、墙壁、顶棚等应当平整、光洁，门、窗应当严密、易清洁。

7 设施及设备

7.1 应当具有与经营的兽药品种、经营规模适应并能够保证兽药质量的仓库和相关设施、设备。

7.2 按照阴凉、凉暗、冷或凉、室温、冷藏、冷冻、冷处、常温等兽药贮藏要求应设有阴凉库或冷藏冷冻等设施设备。

7.3 仓库地面硬化易清理打扫，应有合格的货垫或货架以满足兽药码放要求。

7.4 设施、设备应当齐备、整洁、完好，不得放废弃物和其他杂物，并根据兽药品种、类别、用途等设立醒目标志。

7.5 经营易燃易爆药品、麻醉药品、精神药品等特殊药品应符合国家有关规定，应当有专库（柜），有防盗防火等安全设施。

7.6 经营场所和仓库应当设有一定数量的消防栓或灭火器等消防设施。

7.7 经营场所和仓库应当有防止昆虫、鸟类、鼠类及其他动物进入的设施。

第二节　兽药经营采购验收管理技术规范

1　范围

本标准规定了兽药经营采购验收管理的术语和定义、原则与目标、人员、规章制度、采购、验收、入库等技术要求。

本标准适用于辽宁省白羽肉鸡绿色制造联合体成员企业兽药经营质量管理工作。

2　规范性引用文件

下列文件对于本文件的应用是必不可少的。凡是注日期的引用文件，仅所注日期的版本适用于本文件。凡是不注日期的引用文件，其最新版本（包括所有的修改单）适用于本文件。

兽药经营质量管理规范
兽用处方药与非处方药管理办法

3　术语和定义

下列术语和定义适用于本文件。

3.1 兽药：是指用于预防、治疗、诊断动物疾病或者有目的地调节动物生理机能的物质（含药物饲料添加剂），主要包括：血清制品、疫苗、诊断制品、微生态制品、中药材、中成药、化学药品、抗生素、生化药品、放射性药品及外用杀虫剂、消毒剂等。

3.2 兽用生物制品：以天然或者人工改造的微生物、寄生虫、生物毒素或者生物组织及代谢产物等为材料，采用生物学、分子生物学或者生物化学、生物工程等相应技术制成的，用于预防、治疗、诊断动物疫病或者改变动物生产性能的兽药。

3.3 兽药产品证明文件：是指兽药产品批准文号、进口兽药注册证书、允许进口兽用生物制品证明文件、出口兽药证明文件、新兽药注册证书、兽用生物制品批签发批件、产品合格证或出厂检验报告等文件。

4　人员

4.1 兽药经营企业直接负责的主管人员应当熟悉兽药管理法律、法规及政策规定，具备相应兽药专业知识。

4.2 从事兽药采购、验收等工作的人员，应当具有高中以上学历，并具有相应兽药、兽医等专业知识，熟悉兽药管理法律、法规及政策规定。

4.3 兽药经营企业应当制定培训计划，定期对员工进行兽药管理法律、法规、政策规定和采购验收等相关专业知识、职业道德培训、考核，并建立培训、考核档案。

5 规章制度

5.1 应当建立以下制度：

5.1.1 兽药采购管理制度。

5.1.2 兽药验收管理制度。

5.1.3 兽药入库管理制度。

5.1.4 兽药供应商质量评估管理制度。

5.1.5 不合格兽药管理制度。

5.1.6 兽药产品追溯管理制度。

5.2 应当建立以下记录：

5.2.1 兽药采购记录。

5.2.2 兽药验收记录。

5.2.3 兽用处方药采购验收记录。

5.2.4 兽药入库记录。

5.2.5 兽药供应商质量评估记录。

5.2.6 兽药产品质量评估记录。

5.2.7 不合格兽药处理记录。

5.2.8 兽药产品追溯记录。

5.3 以上制度记录应当存档，记录保存期限不得少于2年。

6 采购

6.1 应当采购合法兽药产品，不得采购假、劣兽药，以及国务院兽医行政管理部门规定禁止使用的药品和其他化合物。

6.2 应当对供货单位的资质、质量保证能力、质量信誉和产品批准证明文件进行审核，并与供货单位签订采购合同或留存采购凭证。

6.3 兽药供应商质量评估记录应当载明供应商（兽药生产、经营企业）名称、地址、拟供兽药品种、联系人、联系电话、许可证（许可证名称、许可证号、企业名称、许可范围、有效期至、企业地址、发证机关及发证日期）、营业执照（企业名称、法定代表人、负责人）、经济性质、经营范围、企业地址、发照机关、发照日期）、GMP（GSP）证书编号及有效期、考察结论、审核意见、审批意见等内容，同时还应附上供应商兽药生产（经营）许可证、营业执照、兽药GMP（GSP）证书复印件。

6.4 兽药产品质量评估记录应当载明通用名称、商品名称、批准文号、批号、剂型、规格、有效期、储存条件、兽药质量、正常出厂价、采购价、批发价、零售价、申请采购原因、采购员意见、审核意见、审批意见等内容，同时还应附上兽药产品证明文件复印件。

6.5 购进兽药时，应当依照国家兽药管理规定、兽药标准和合同约定，对每批兽药的包装、标签、说明书、质量合格证等内容进行检查，符合要求的方可购进。必要时，应当对购进兽药进行检验或者委托兽药检验机构进行检验，检验报告应当与产品质量档案一起保存。

6.6 采购收到兽用生物制品后应立即清点，尽快放至规定温度下贮存，并设专人保管和记录，如发现运输条件不符合规定、包装规格不符合要求、货、单不符或者批号不清等异常现象时，应及时与生产企业联系解决。

6.7 采购兽药应当保存采购合同、采购凭证，建立真实、完整的采购记录，兽用处方药的采购记录应当单独建立，做到有效凭证、账、货相符。

6.8 采购记录应当载明兽药通用名称、商品名称、批准文号、批号、剂型、规格、有效期、生产单位、供货单位、购入数量、购入日期、经手人等内容。

7 验收

7.1 兽用生物制品以外的兽药的验收：应当查验兽药生产企业资质证明文件和兽药产品批准证明文件，包括兽药生产许可证、兽药产品批准文号批件、兽药标签和说明书批件、进口兽药注册证书等文件。

7.2 兽用生物制品的验收：除上款文件外还应当查验允许进口兽用生物制品证明文件、兽用生物制品批签发证明文件。

7.3 验收记录应当载明兽药通用名称、商品名称、批准文号、批号、剂型、规格、有效期、生产单位、供货单位、验收数量、验收情况、验收时间、验收人或者负责人等内容。

8 入库

8.1 兽药入库时，应当进行检查验收，将兽药入库的信息上传兽药产品追溯系统，并做好记录。

8.2 有下列情形之一的兽药，不得入库：

8.2.1 与进货单不符。

8.2.2 内、外包装破损可能影响产品质量。

8.2.3 没有标识或者标识模糊不清。

8.2.4 质量异常。

8.2.5 其他不符合规定。

8.3 兽药入库按照品种、类别、用途，以及温度、湿度等贮存要求，分类、分区或者专库、专柜存放。

8.4 兽用生物制品入库，应当由两人以上进行检查验收。

8.5 兽药入库记录应当载明兽药通用名称、商品名称、批准文号、批号、剂型、规格、有效期、生产单位、供货单位、入库数量、入库时间、仓库管理员签字等内容。

第三节 兽药经营贮藏运输管理技术规范

1 范围

本标准规定了兽药经营贮藏运输管理的术语和定义、原则与目标、人员、规章制度、陈列与贮藏、出库与运输等技术要求。

本标准适用于辽宁省白羽肉鸡绿色制造联合体成员企业兽药经营质量管理工作。

2 规范性引用文件

下列文件对于本文件的应用是必不可少的。凡是注日期的引用文件，仅所注日期的版本适用于本文件。凡是不注日期的引用文件，其最新版本（包括所有的修改单）适用于本文件。

兽药经营质量管理规范
兽用处方药与非处方药管理办法
兽用生物制品经营管理办法
中华人民共和国兽药典 2015 年版一、二、三部

3 术语和定义

下列术语和定义适用于本文件。

3.1 兽药：是指用于预防、治疗、诊断动物疾病或者有目的地调节动物生理机能的物质（含药物饲料添加剂），主要包括：血清制品、疫苗、诊断制品、微生态制品、中药材、中成药、化学药品、抗生素、生化药品、放射性药品及外用杀虫剂、消毒剂等。

3.2 兽用生物制品：以天然或者人工改造的微生物、寄生虫、生物毒素或者生物组织及代谢产物等为材料，采用生物学、分子生物学或者生物化学、生物工程等相应技术制成的，用于预防、治疗、诊断动物疫病或者改变动物生产性能的兽药。

3.3 阴凉：是指不超过 20℃。

3.4 凉暗处：是指避光并不超过 20℃。

3.5 冷或凉：是指 8℃～15℃。

3.6 室温：是指 15℃～25℃。

3.7 冷藏：是指 2℃～8℃。

3.8 冷冻：除另有规定外，是指－15℃以下。

3.9 冷处：是指 2～10℃。

3.10 常温：是指 10℃～30℃。

4 人员

4.1 兽药经营企业直接负责的主管人员应当熟悉兽药管理法律、法规及政策规定，

具备相应兽药专业知识。

4.2 从事兽药贮藏、运输等工作的人员，应当具有高中以上学历，并具有相应兽药、兽医等专业知识，熟悉兽药管理法律、法规及政策规定。

4.3 兽药经营企业应当制定培训计划，定期对员工进行兽药管理法律、法规、政策规定和贮藏运输等相关专业知识、职业道德培训、考核，并建立培训、考核档案。

5 规章制度

5.1 应当建立以下制度和记录：

5.1.1 兽药贮藏管理制度。

5.1.2 兽药清查管理制度。

5.1.3 兽药运输管理制度。

5.1.4 兽药贮藏记录。

5.1.5 兽药清查记录。

5.1.6 兽药运输记录。

5.2 以上制度记录应当存档，记录保存期限不得少于 2 年。

6 陈列与贮藏

6.1 陈列、贮藏兽药应当符合下列要求。

6.1.1 按照品种、类别、用途，以及温度、湿度等贮藏要求，分类、分区或者专库存放，按照阴凉、凉暗、冷或凉、室温、冷藏、冷冻、冷处、常温等兽药贮藏要求应设有阴凉库或冷藏冷冻等设施设备。

6.1.2 按照兽药外包装图示标志的要求搬运和存放，怕压药品应控制堆放高度。

6.1.3 与仓库地面、墙、顶等之间保持一定间距，保持人与货物进出自如，货垫高不低于 10 厘米，药品与墙、顶、室内管道间距不低于 30 厘米，药库主通道宽度应不少于 2 米，辅通道宽度应不少于 1 米。

6.1.4 内用兽药与外用兽药分开存放，兽用处方药与非处方药分开存放；易串味兽药、危险药品等特殊兽药与其他兽药分库存放。

6.1.5 待验兽药、合格兽药、不合格兽药、退货兽药分区存放。

6.1.6 同一企业的同一批号的产品集中存放。

6.2 应当严格按照各兽用生物制品的要求进行贮藏。应配备相应的冷藏设备，指定专人负责，按各制品的要求条件严格管理，每日检查和记录贮藏温度。

6.3 不同区域、不同类型的兽药应当具有明显的识别标识。标识应当放置准确、字迹清楚。

不合格兽药以红色字体标识；待验和退货兽药以黄色字体标识；合格兽药以绿色字体标识。

6.4 应当定期对兽药及其陈列、贮藏的条件和设施、设备的运行状态进行检查，并做好记录。

设施设备检查记录应当载明检查时间、检查状况、温度、湿度、仓库管理员签字等内容。

6.5　应当及时清查兽医行政管理部门公布的假劣兽药，并做好记录。

6.6　兽药清查记录应当载明清查时间、不合格兽药通用名称、商品名称、批准文号、批号、剂型、规格、有效期、生产单位、供货单位、入库时间、库存数量、清查不合格兽药依据、不合格项目、仓库管理员签字等内容。

7　出库与运输

7.1　应当遵循先产先出和按批号出库的原则。兽药出库时，应当进行检查、核对，建立出库记录，并将出库信息上传兽药产品追溯系统。有下列情形之一的兽药，不得出库销售。

7.1.1　标识模糊不清或者脱落的。

7.1.2　外包装出现破损、封口不牢、封条严重损坏的。

7.1.3　超出有效期限的。

7.1.4　经清查兽医行政管理部门公布的假劣兽药。

7.1.5　其他不符合规定的。

7.2　兽药出库记录应当包括兽药通用名称、商品名称、批号、剂型、规格、生产厂商、数量、日期、经手人或者负责人等内容。

7.3　应当按照兽药外包装图示标志的要求运输兽药。有温度控制要求的兽药，在运输时应当采取必要的温度控制措施，并建立详细记录。

7.4　运输兽用生物制品时，应当符合下列要求。

7.4.1　应采用最快的运输方法，尽量缩短运输时间。

7.4.2　凡要求在2℃～8℃下贮存的兽用生物制品，宜在同样温度下运输。

7.4.3　凡要求在冷冻条件下贮存的兽用生物制品，应在规定的条件下进行包装盒和运输。

7.4.4　运输过程中须严防日光暴晒，如果在夏季运送时，应采用降温设备，在冬季运送液体制品时，则应注意防止制品冻结。

7.4.5　不符合上述要求运输的制品，不得使用。

7.5　兽用生物制品运输记录应当载明通用名称、商品名称、批准文号、批号、剂型、规格、储藏条件、生产单位、出库数量、出库时间、出库温度、仓库管理员签字、应到达地点、到达时间、到达时兽用生物制品温度、中途兽用生物制品温度、签收人员签字等内容。

第四节　兽药经营安全生产管理规范

1　范围

本标准规定了兽药经营安全生产管理的术语和定义、原则与目标、组织机构与职责、制度与文件、设施与设备、作业安全管理与控制、职业卫生、重大危险源监控、隐患排查和治理、应急救援、事故报告与处理、自检与考核等技术要求。

本标准适用于辽宁省白羽肉鸡绿色制造联合体成员企业兽药经营安全生产工作。

2 规范性引用文件

下列文件对于本文件的应用是必不可少的。凡是注日期的引用文件，仅所注日期的版本适用于本文件。凡是不注日期的引用文件，其最新版本（包括所有的修改单）适用于本文件。

GB 2893　安全色

GB 2894　安全标志及其使用导则、

GB 4053.3　固定式钢梯及平台安全要求 第三部分：工业防护栏及钢平台

GB 13495.1　消防安全标志 第一部分：标志

GB 14050　系统接地形式安全技术要求

GB 17945　消防应急照明和疏散指示系统

GB 50016　建筑设计防火规范

GB 50057　建筑物防雷设计规范

GB 50187　工业企业总平面设计规范

GB 50974　消防给水及消火栓系统技术规范

GBZ 158　工作场所职业病危害警示标识

GB/T 11651　个体防护装备选用规范

GB/T 29639　生产经营单位生产安全事故应急预案编制导则

JGJ 46　施工现场临时用电安全技术规范

DB 21/T 2013　假劣兽用生物制品无害化处理技术规范

DB21/T 2883.2　饲料、兽药生产企业安全生产管理规范 第二部分：兽药生产企业

3 术语和定义

下列术语和定义适用于本文件。

3.1　兽药：是指用于预防、治疗、诊断动物疾病或者有目的地调节动物生理机能的物质（含药物饲料添加剂），主要包括：血清制品、疫苗、诊断制品、微生态制品、中药材、中成药、化学药品、抗生素、生化药品、放射性药品及外用杀虫剂、消毒剂等。

3.2　兽用生物制品：是指以天然或者人工改造的微生物、寄生虫、生物毒素或者生物组织及代谢产物等为材料，采用生物学、分子生物学或者生物化学、生物工程等相应技术制成的，用于预防、治疗、诊断动物疫病或者改变动物生产性能的兽药。

3.3　重大危险源：是指长期地或者临时地生产、搬运、使用或者储存危险物品，且危险物品的数量等于或者超过临界量的单元（包括场所和设施）。

3.4　危险识别：是指识别存在的危险并确定其特性的过程。

3.5　生物因子：是指微生物和生物活性物质。

3.6　生物安全：是指为了避免各种有害生物因子造成的危害所采取的防控措施（硬件）和管理措施（软件）。

4 原则与目标

4.1 联合体兽药管理板块开展安全生产标准化工作，遵循安全第一、预防为主、综合治理的方针，以隐患排查治理为基础，提高安全生产水平，减少事故发生，保障人身安全健康，保证生产经营活动顺利进行。

4.2 应根据自身安全生产实际，制定总体和年度安全生产目标，按照所属部门在生产经营中的职能，制定安全生产指标和考核办法。

4.3 安全管理目标应包括生产安全事故控制指标、安全生产隐患治理目标和安全生产管理目标等，安全管理目标应予量化。

4.4 安全管理目标应分解到各管理层及相关职能部门，并定期进行考核。各管理层和相关职能部门应根据企业安全管理目标的要求制定自身管理目标和措施，共同保证目标实现。

4.5 通过建立安全生产责任制，制定安全管理制度和操作规程，排查治理隐患和监控重大危险源，建立预防机制，规范经营使用行为，使各环节符合有关安全生产法律法规和标准规范的要求，人、机、物、环处于良好的生产状态，并持续改进，不断加强企业安全生产规范化建设。

5 组织机构与职责

5.1 组织机构：

5.1.1 应当配备专职或者兼职的安全生产管理人员。

5.1.2 应设立由企业主要负责人及各部门负责人组成的安全生产决策机构，负责领导企业安全管理工作，组织制定企业安全生产中长期管理目标，审议、决策重大安全事项。

5.2 职责：

5.2.1 各管理层、职能部门、岗位和人员的安全生产责任应明确，每年应签订责任状。联合体兽药管理板块是安全生产的责任主体，其主要负责人对本企业的安全生产工作全面负责，分管安全生产工作的负责人和其他负责人对其职责范围内的安全生产工作负责。

5.2.2 各管理层主要负责人中应明确安全生产的第一责任人，应明确并组织落实本管理层各职能部门和岗位的安全生产职责，实现本管理层的安全管理目标，对本管理层的安全生产工作全面负责。

5.2.3 各管理层的职能部门及岗位负责落实职能范围内与安全生产相关的职责，实现相关安全管理目标。

5.2.4 主要负责人对安全生产工作负有下列职责。

5.2.4.1 宣传和贯彻国家安全生产法律法规和标准规范。

5.2.4.2 建立、健全企业安全生产责任制。

5.2.4.3 组建并及时调整安全生产管理机构成员。

5.2.4.4 组织制定并适时更新安全生产管理制度和操作规程，并监督实施。

5.2.4.5 保证企业安全生产投入的有效实施。

5.2.4.6 督促、检查企业安全生产工作，及时消除生产安全事故隐患。
5.2.4.7 组织制定并实施企业生产安全事故应急救援预案。
5.2.4.8 及时、如实报告生产安全事故。
5.2.4.9 组织制定并实施企业安全生产教育和培训计划。
5.2.5 安全生产管理机构、安全生产管理人员应履行下列职责：
5.2.5.1 组织或者参与拟订企业安全生产规章制度、操作规程和生产安全事故应急救援预案。
5.2.5.2 组织或者参与企业安全生产教育和培训，如实记录安全生产教育和培训情况。
5.2.5.3 督促落实企业重大危险源的安全管理措施。
5.2.5.4 组织或者参与企业应急救援演练。
5.2.5.5 检查企业安全生产状况，及时排查生产安全事故隐患，提出改进安全生产管理的建议。
5.2.5.6 制止和纠正违章指挥、强令冒险作业、违反操作规程的行为。
5.2.5.7 督促落实企业安全生产整改措施。
5.2.5.8 制订企业安全生产考核计划，查处安全生产问题，建立安全生产管理档案。
5.2.6 安全生产责任制应明确各岗位的责任人员、责任范围和考核标准等内容。
5.2.7 各管理层、职能部门、岗位的安全生产责任应形成责任书，并经责任部门或责任人确认。责任书的内容应包括安全生产职责、目标、考核奖惩规定等。
5.2.8 做出涉及安全生产的决策，应听取安全生产管理机构和安全生产管理人员的意见，不得因安全生产管理人员依法履行职责而降低其工资、福利等待遇，或者解除与其订立的劳动合同。
5.3 教育与培训：
5.3.1 教育培训管理。
5.3.1.1 应建立健全安全教育培训制度，按照有关规定进行培训。培训大纲、内容、时间应满足有关标准的规定。
5.3.1.2 各管理层应适时开展针对性的安全生产教育培训，应包括安全生产和职业卫生的内容。
5.3.1.3 教育培训应贯穿于生产经营的全过程，包括计划编制、组织实施和人员资格审定等工作内容。
5.3.1.4 教育培训计划应依据类型、对象、内容、时间安排、形式等需求进行编制。教育培训的类型应包括岗前教育、日常教育、年度继续教育，以及各类证书的初审、复审培训等。
5.3.1.5 应及时统计汇总从业人员的安全教育培训和资格认定等相关记录，定期对从业人员持证上岗情况进行审核、检查。
5.3.2 人员教育培训：
5.3.2.1 主要负责人和安全生产管理人员应具备与本企业所从事的生产经营活动相适应的安全生产和职业卫生知识与能力。
5.3.2.2 应对从业人员进行安全生产和职业卫生教育培训。未经安全教育培训合格的从业人员，不应上岗作业。

5.3.2.3 应对进入企业从事服务和作业活动的外来人员进行入厂安全教育培训，并保存记录。

5.3.2.4 新上岗企业主要负责人、安全生产管理人员及各部门负责人、操作人员必须进行岗前教育培训，教育培训应包括以下内容：

5.3.2.4.1 安全生产相关法律法规和规章制度。

5.3.2.4.2 安全操作规程。

5.3.2.4.3 具有针对性的安全防范措施。

5.3.2.4.4 违章指挥、违章作业、违反劳动纪律产生的后果。

5.3.2.4.5 预防、减少安全风险以及紧急情况下应急救援的基本措施。

5.3.2.4.6 防护设施和个人劳动防护用品的使用和维护。

5.3.2.4.7 职业病防治等。

5.3.2.5 下列人员上岗前还应满足下列要求：

5.3.2.5.1 主要负责人、安全管理部门负责人和专职安全生产管理人员必须经安全生产知识和管理能力考核合格，依法取得安全生产考核合格证书。

5.3.2.5.2 技术和相关管理人员必须具备与岗位相适应的安全管理知识和能力，依法取得必要的岗位资格证书。

5.3.2.5.3 特种作业人员必须经安全技术理论和操作技能考核合格，依法取得特种作业人员资格证书。

5.4 资金保障：

5.4.1 编制资金保障计划。

5.4.1.1 企业应在年初依据年度工作规划、从业人员数量、工种、作业特点等有关规定编制安全生产资金保障计划。

5.4.1.2 安全生产资金保障计划应包括资金来源、数额、用途、使用时间、执行人、批准人等内容。发生特殊情况时，可制定临时计划，保障劳动保护用品、安全用具、设备设施等及时到位。

5.4.2 保障资金的支付使用：

5.4.2.1 各管理层相关负责人必须在其管辖范围内，按专款专用、及时足额的要求，组织实施安全生产费用使用计划。

5.4.2.2 安全生产保障资金应用于以下方面。

5.4.2.2.1 针对可能造成安全事故的主要原因和尚未解决的问题采取各种安全技术措施的费用。

5.4.2.2.2 满足个人防护用品等劳动保护开支的需求以及职业危害因素检测、监测和职业健康体检的费用。

5.4.2.2.3 满足作业现场设置安全标志及标识，以及设备设施安全性能检测检验等费用。

5.4.2.2.4 购买安全防护设备、设施等费用。

5.4.2.2.5 办理职工工伤保险费用，为从事危险作业的人员办理意外伤害保险，支付保险费用，并保障死亡、受伤员工获取相应的保险与赔付。

5.4.2.2.6　开展安全评价、事故隐患评估和整改所需费用。

5.4.2.2.7　满足应急救援器材、装备的配备及应急救援演练所需费用。

5.4.2.2.8　开展安全宣传教育培训开支费用。

5.4.2.2.9　其他应满足安全生产所需费用。

5.4.3　资金监督管理：

5.4.3.1　应设立安全生产保障资金专项账户，做到专款专用，并建立安全生产专用资金使用台账。

5.4.3.2　各管理层应对安全生产费用的使用情况进行年度汇总分析，及时调整安全生产费用的使用比例。

5.4.3.3　各管理层应定期对安全生产费用使用计划的实施情况进行监督审查。

5.5　劳动防护用品安全管理：

5.5.1　应依法为从业人员提供合格劳动保护用品，办理相关保险。为从业人员配备与工作岗位相适应的劳动防护、职业病用品（具）应符合 GB/T 11651 的有关要求，并不得超过使用期限。

5.5.2　应建立健全劳动防护用品的采购、验收、保管、发放、使用、报废等管理制度。

5.5.3　不得以货币或者其他物品替代应按规定配备的劳动防护用品。

5.5.4　从业人员在作业过程中，应按照安全生产规章制度和劳动防护用品使用规则，正确佩戴和使用劳动防护用品；未按规定佩戴和使用劳动防护用品的，不得上岗作业。

6　制度与文件

6.1　应有完整的安全生产管理文件和各类安全管理制度和记录。

6.2　应以安全生产责任制为核心，建立健全符合国家现行安全生产法律法规、标准规范要求、满足安全生产需要的各类规章制度和操作规程。

6.2.1　应建立下列制度：

6.2.1.1　安全生产管理机构、安全生产管理人员管理制度、特种作业人员安全管理制度。

6.2.1.2　安全生产责任制度。

6.2.1.3　安全教育培训考核制度。

6.2.1.4　设施设备到货验收、使用、检维修和报废管理制度。

6.2.1.5　作业安全管理与控制制度。

6.2.1.6　生物安全防护以及废物处置等规章制度。

6.2.1.7　安全生产检查制度。

6.2.1.8　消防设施安全管理制度。

6.2.1.9　安全隐患排查与整改制度。

6.2.1.10　应急演练制度。

6.2.1.11　事故处理制度。

6.2.1.12　劳动防护用品的发放与管理制度。

6.2.1.13　职业卫生管理制度。

6.2.1.14 三同时管理制度。

6.2.1.15 安全生产文件的起草、修订、审查、批准、撤销、印刷和保管等管理制度。

6.2.2 各项安全管理制度应明确规定以下内容：

6.2.2.1 工作内容。

6.2.2.2 责任人（部门）的职责与权限。

6.2.2.3 基本工作程序及标准。

6.2.3 应根据采购、储存特点和岗位风险，编制齐全、适用的岗位安全操作规程，发放到相关岗位。岗位员工应参与岗位安全操作规程的编制和修订工作。

应在新材料、新设备设施投产或投用前，组织编制新的操作规程，保证其适用性。

6.2.4 各类安全记录内容应包括：

6.2.4.1 安全教育培训考核记录。

6.2.4.2 设施设备到货验收、使用、检维修和报废记录。

6.2.4.3 生物安全防护和废物处置等记录。

6.2.4.4 安全生产检查记录。

6.2.4.5 作业安全管理与控制记录。

6.2.4.6 安全隐患排查与整改记录。

6.2.4.7 应急演练记录。

6.2.4.8 安全事件及事故处理记录。

6.2.4.9 劳动防护用品的发放与使用记录。

6.2.4.10 职业卫生管理记录。

6.2.4.11 安全生产文件的起草、修订、审查、批准、撤销、印刷和保管等记录。

6.2.5 安全生产管理文件应符合以下要求：

6.2.5.1 文件标题应能清楚地说明文件的性质。

6.2.5.2 各类文件应有便于识别其文本、类别的系统编号和日期。

6.2.5.3 文件数据的填写应真实、清晰，不得任意涂改，若确需修改，需签名和标明日期，并应使原数据仍可辨认。

6.2.5.4 文件不得使用手抄件。

6.2.5.5 文件制定、审查和批准的责任应明确，并有责任人签名。

6.3 应严格执行文件和记录管理制度，确保安全规章制度和操作规程编制、使用、评审、修订的效力。

6.4 评估。应每年至少一次对安全生产法律法规、标准规范、规章制度、操作规程的适用性和执行情况进行检查评审。

6.5 修订。应在生产经营状况、管理体制、有关法律法规发生变化，以及根据安全检查反馈的问题、自评结果、评审情况、生产安全事故案例等，征求相关人员意见，适时更新、修订完善安全生产管理规章制度和操作规程，确保其有效性和适用性，保证每个岗位所使用的为最新有效版本。

6.6 分发、使用的文件应为批准的现行文本，已撤销和过时的文件除留档备查外，不得在工作现场出现。

7 设施与设备

7.1 经营区:

7.1.1 选址应依据我国现行的卫生、安全生产和环境保护等法律法规、标准,拟建兽药经营企业建设项目生产过程的卫生特征和其对环境的要求、职业性有害因素的危害状况,结合建设地点现状与当地政府的整体规划,以及水文、地质、气象等因素,进行综合分析而确定。

7.1.2 总平面布置,包括建(构)筑物现状、拟建建筑物位置、道路、卫生防护、绿化等应符合 GB 50187 的有关要求。

7.1.3 选址与总体布局、工作场所,以及应急救援的基本卫生学要求应符合 GBZ 1 的有关规定。

7.1.4 经营区、仓库、办公建筑等建筑防火设计应符合 GB 50016 的有关要求,防雷设计应符合 GB 50057 的有关要求。

7.1.5 经营区、设施设备的设计、建设及布局还应符合《兽药经营质量管理规范》等国家现行有关标准的要求。

7.2 设施设备:

7.2.1 易燃、易爆兽药产品储存设施的布置,应保证生产人员的安全操作及疏散方便,并应符合国家现行的有关工程设计标准的规定。

7.2.2 仓储设施设备:

7.2.2.1 储存物品的地点、仓库、场院应严禁烟火、并配置符合规定的照明和消防器材。

7.2.2.2 存放物品的货架、容器等,应具有相应的强度、刚度、耐腐蚀性能。

7.2.2.3 设备布置应注意:

7.2.2.3.1 便于操作和维护。

7.2.2.3.2 发生火灾或出现紧急情况时,便于人员撤离。

7.2.2.3.3 尽量避免装置之间危害因素的相互影响,减小对人员的综合作用。

7.2.2.3.4 布置具有潜在危险的设备时,应根据有关规定进行分散和隔离,并设置必要的提示、标志和警告信号。

7.2.2.3.5 设备的工作位置应保证操作人员的安全,平台和通道的表面应采取防滑措施,必要时应设置踏板和栏杆,防护平台和栏杆防护要求、设计载荷、结构要求等应符合 GB 4053.3 的有关要求。

7.2.2.4 设备的使用应具有规定的安全距离、安全防护措施。安全防护装置宜结构简单、布局合理,不得有锐利的边缘和突缘。应具有足够的可靠性,在规定的寿命期限内有足够的强度、刚度、稳定性、耐腐蚀性、抗疲劳性。

7.2.3 防火、防电设施:

7.2.3.1 应按规定配置消防设施、器材,并指定专人维护管理,保证消防设施、器材的正常、有效。消防给水及消火栓设置应符合 GB 50974 的有关要求。

7.2.3.2 用电设备设施和场所,采取保护措施,并在配电设备设施上安装剩余电流动作保护装置或者其他防止触电的装置。所有电器设备应加装漏电保护器。

7.2.4 应急设施：

7.2.4.1 安全疏散指示标志和应急照明设施设置应符合 GB 17945 的有关要求，保证防火门、防火卷帘、消防安全疏散指示标志、应急照明、火灾事故广播等设施处于正常状态。

7.2.4.2 楼梯间等应设置应急照明设施。

7.2.4.3 配电室、消防控制室、消防水泵房供消防用电的蓄电池室、自备发电机房，以及发生火灾时仍需坚持工作的其他房间应设置应急照明设施。

7.2.4.4 应设置安全门、安全出口，疏散通道和安全出口处应设灯光疏散指示标志和应急照明设施。不可损坏或者擅自挪用、拆除、停用消防设施、器材，不可埋压、圈占消火栓，不可占用防火隔离带，不可堵塞消防通道。

7.3 警示标识：

7.3.1 在有较大危险因素的经营仓储场所和易发生危险的设施设备部位上，应设置符合 GB 2893、GB 2894、GB 13495.1 和 NY/T 1948 等有关要求的安全警示标志或涂有安全色，进行危险提示、警示，告知危险的种类、后果及应急措施等。安全警示标志应明显、正确、完好，便于从业人员和社会公众识别。

7.3.2 应在设施设备检维修、施工、吊装等作业现场设置警戒区域和警示标识。

7.4 设施设备检维修及拆除、报废：

7.4.1 设施设备的设计、制造、安装、使用、检测、维修、改造、拆除和报废，应符合国家标准或者行业标准的要求。应定期进行巡检和维护保养，保证其安全运行，建立台账，定期检查维护。

7.4.2 检维修方案应包含作业风险分析、控制措施及应急处置措施。检维修过程中应执行风险控制措施并进行监督检查，检维修后应进行安全确认。

7.4.3 安全设施不得随意拆除、挪用或弃置不用；确因检维修拆除的，应采取临时安全措施，检维修完毕后立即复原。

7.4.4 不合格的设备应搬出经营储存区，未搬出前应有明显标志。确需拆除的设备设施，应按规定进行处置。拆除的设备设施涉及危险物品的，须制定危险物品处置方案和应急措施，并严格按规定组织实施。

7.4.5 设施设备变更应执行变更管理制度，履行变更程序，并对变更的全过程进行隐患控制。

8 作业安全管理与控制

8.1 应严格遵守有关安全生产法律、行政法规和国家标准、行业标准的规定，建立健全安全生产责任制、安全生产规章制度和安全操作规程，规范兽药经营、搬运、存储、使用等作业。

8.2 应加强经营使用现场管理和过程控制。对设备设施、器材、通道、作业环境，以及危险废物、生物因子等存在的风险，应进行分析，采取控制措施。

8.3 应建立各采购经营使用及设施设备、岗位安全操作规程，并确保其得到严格遵从。

8.4 对动火作业、有限空间作业、临时用电作业、高处作业等危险性较高的作业活动实施作业许可管理，严格履行审批手续，为作业人员提供符合防护要求的防护用品并采取其他职业防护措施，安排专人进行现场安全管理，确保安全规程的遵守和安全措施的落实。作业许可证应包含危险和有害因素分析、安全措施等内容。

8.4.1 动火作业应填写动火申请单，经申请、确认、核实、审核、批准后方能实施。各级审批人员在审批前，必须了解周围其他工种作业情况、作业区域周围环境，布置动火作业防范措施，确认符合安全要求后方可签字批准。动火作业还应符合AQ 3022的有关要求。

8.4.2 高处作业应符合AQ 3025的有关要求。

8.4.3 临时用电应符合JGJ 46的有关要求。

8.4.4 检维修作业应符合AQ 3026的有关要求。

9 职业卫生

9.1 职业卫生管理：

9.1.1 应按照法律法规、标准规范的要求，应建立职业卫生管理机构，为从业人员提供符合职业卫生要求的工作环境和条件，为从业人员配备与工作岗位相适应的劳动防护、职业病防护用品（具）。

9.1.2 企业不应安排上岗前未经职业健康检查的从业人员从事接触职业病危害的作业；不应安排有职业禁忌的从业人员从事禁忌作业。

9.1.3 各种防护器具应定点存放在安全、便于取用的地方，并有专人负责保管，定期校验和维护，每次校验后应记录、铅封。

9.2 职业危害告知和警示：

9.2.1 与从业人员订立劳动合同时，应将工作过程中可能产生的职业危害及其后果和防护措施如实告知从业人员，并在劳动合同中写明。

9.2.2 应采用有效的方式对从业人员及相关方进行宣传，使其了解生产过程中的职业危害、预防和应急处理措施，降低或消除危害后果。

9.2.3 应按照GBZ 158、GBZ/T 203的有关要求，在醒目位置设置公告栏，公布有关职业病防治的规章制度、操作规程、职业病危害事故应急救援措施和工作场所职业病危害因素检测结果。对存在或者产生职业病危害的工作场所、作业岗位、设备、设施，设置警示标识和中文警示说明；对存在或产生致病性生物因子等作业岗位，设置致病性生物因子等告知卡。

9.3 制度与操作规程：

9.3.1 企业应制定如下职业卫生安全制度：

9.3.1.1 职业病危害防治责任制度。

9.3.1.2 职业病危害警示与告知制度。

9.3.1.3 职业危害申报制度。

9.3.1.4 职业病防治宣传教育培训制度。

9.3.1.5 职业病防护设施维护检修制度。

9.3.1.6 职业病防护用品管理制度。

9.3.1.7 职业病危害监测及评价管理制度。

9.3.1.8 劳动者职业健康监护及其档案管理制度。

9.3.1.9 建设项目职业卫生"三同时"管理制度。

9.3.1.10 职业病危害事故处置与报告制度。

9.3.1.11 职业病危害应急救援与管理制度。

9.3.1.12 法律法规规定的其他制度。

9.3.2 企业应制定如下职业卫生安全操作规程：

9.3.2.1 焊接作业职业安全操作规程。

9.3.2.2 其他与兽药经营使用有关的职业卫生安全操作规程。

10 重大危险源监控

10.1 应制定重大危险源监控计划，对重大危险源进行定期检测、评估，并对每一个危险源制定一套严格的安全管理制度。通过技术措施和管理措施对重大危险源进行严格监控，有条件的企业可参照 AQ 3035 执行。

10.2 对重大危险源应登记建档，并制定应急预案，告知从业人员和相关人员在紧急情况下应采取的应急措施。

10.3 应对每个重大危险源设置明显的安全警示标志。

10.4 多聚甲醛等消毒剂、杀虫剂，以及其他有毒有害化学品应有安全标签，在盛装、输送、贮存危险化学品的设备附近应采用颜色、标牌、标签等标明危险化学品的危险性。

10.5 危险化学品应专柜储存，或储存在专用仓库、专用储存室内，储存方式、方法与储存数量应符合国家标准，设置明显标志，双人双锁并由专人负责保管。危险化学品专用仓库的储存设备和安全设施宜定期进行检测。

10.6 根据兽药产品特性，库房等作业场所应设置相应的监测、通风、防晒、调温、防火、灭火、防爆、泄压、中和、防潮、防雷、防静电、防腐、防渗漏或者隔离操作等安全设施、设备，并进行维护、保养，保证其符合安全运行要求。

10.7 储存和使用危险化学品的场所应设置应急救援设施、通信报警装置，并确保处于正常有效状态。

10.8 列入《国家危险废物目录》的兽药经营过程中的报废兽药产品等危险废物属医药废物，按照有关规定进行无害化处理。过期、失效等兽用生物制品废物，应按照 DB 21/T2013 的有关要求进行处理。

11 安全隐患排查和治理

11.1 安全隐患排查和治理应包括规定安全检查的内容、形式、类型、标准、方法、频次、检查、整改治理、复查，安全生产管理评估与持续改进等工作内容。

11.2 安全隐患排查的形式应包括各管理层的自查、互查，以及对下级管理层的抽查等；安全自查的类型应包括综合排查、日常巡查、专项检查、季节性检查、节假日排查、定期检查、不定期抽查等。

11.2.1 安全隐患排查的内容应包括：

11.2.1.1 安全目标的实现程度。

11.2.1.2 安全生产职责的落实情况。
11.2.1.3 各项安全管理制度的执行情况。
11.2.1.4 运行控制隐患排查和安全防护情况。
11.2.1.5 生产安全事故、未遂事故和其他违规违法事件的调查、处理情况。
11.2.1.6 安全生产法律法规、标准规范和其他要求的执行情况。
11.2.2 应根据安全隐患排查的类型确定检查内容和具体标准，编制相应的安全检查评分表，配备必要的检查、测试器具。

11.3 对安全隐患排查中发现的问题，应定期统计、分析，确定多发和重大隐患，分析评估安全隐患，划定隐患等级，制定具有针对性、长效性的隐患治理方案，及时采取治理措施，并跟踪复查，尽快消除或控制安全隐患。

11.4 应建立并保存安全隐患排查和治理的资料与记录。

12 应急与救援

12.1 应急救援管理应包括建立组织机构，预案编制、审批、演练、评价、完善和应急救援响应工作程序及记录等内容。

12.1.1 应建立应急救援组织机构，明确领导小组，组建救援队伍，并进行日常管理。

12.1.2 应建立应急物资保障体系，明确应急设备和器材储存、配备的场所、数量，并定期对应急设备和器材进行检查、维护、保养。

12.1.3 应根据兽药采购经营管理和环境特征，组织各管理层制订符合 GB/T 29639 规定的生产安全事故应急预案，内容应包括：

12.1.3.1 紧急情况、事故类型及特征分析。
12.1.3.2 应急救援组织机构与人员职责分工。
12.1.3.3 应急处置程序和应急保障。
12.1.3.4 应急救援设备和器材的调用程序。
12.1.3.5 与企业内部相关职能部门和外部政府、消防、救险、医疗等相关单位与部门的信息报告、联系方法。
12.1.3.6 抢险急救的组织、现场保护、人员撤离及疏散等活动的具体安排。

12.1.4 各管理层应针对应急救援预案，开展下列工作：
12.1.4.1 对全体从业人员进行针对性的培训。
12.1.4.2 定期组织组织专项应急演练。
12.1.4.3 接到相关报告后，及时启动预案。

12.1.5 应根据应急救援预案演练、实战的结果，对事故应急预案的适宜性和可操作性组织检验和评估，根据评估结果，进一步修订和完善应急预案，确保应急预案的有效性。

12.1.6 应配备必要的应急救援器材、设备和物资，并进行经常性维护、保养，保证正常运转。

12.1.7 应急预案的要点和程序应张贴在应急地点和应急指挥场所，并设有明显的标志。

12.2 事故救援：发生安全事故后，应立即启动相关应急预案，事故现场有关人员应立即报告企业负责人。企业负责人接到事故报告后，应迅速采取有效措施，组织抢救，防止事故扩大，减少人员伤亡和财产损失，并按照国家有关规定立即如实报告当地负有安全生产监督管理职责的部门，不得隐瞒不报、谎报或者迟报，不得故意破坏事故现场、毁灭有关证据。

13 安全事故报告和处理

13.1 生产安全事故管理应包括记录、统计、报告、调查、处理、分析改进等工作内容。

13.2 报告：

13.2.1 事故发生后，事故现场有关人员应立即向企业负责人报告；负责人接到报告后，应于1小时内向事故发生地县级以上人民政府安全生产监督管理部门和负有安全生产监督管理职责的有关部门报告。

情况紧急时，事故现场有关人员可以直接向事故发生地县级以上人民政府安全生产监督管理部门和负有安全生产监督管理职责的有关部门报告。

13.2.2 事故报告后出现以下新情况的，应及时补报。

13.2.2.1 自事故发生之日起30日内，事故造成的伤亡人数发生变化的。

13.2.2.2 火灾事故自发生之日起7日内，事故造成的伤亡人数发生变化的。

13.2.3 企业负责人接到事故报告后，应立即启动事故应急预案，或者采取有效措施，组织抢救，防止事故扩大，减少人员伤亡和财产损失。

13.3 调查：

13.3.1 生产安全事故发生后，应成立事故调查小组，明确职责和权限，进行事故调查。

13.3.2 事故调查组成员应具有事故调查所需要的知识和专长，并与所调查的事故没有直接利害关系。

13.3.3 事故调查完毕后撰写事故调查报告，按照有关规定及时、如实上报。

13.4 处理：

13.4.1 应按照负责事故调查的人民政府的批复，对本企业负有事故责任的人员进行处理。

13.4.2 负有事故责任的人员涉嫌犯罪的，依法追究刑事责任。

13.5 应建立生产安全事故档案，事故调查的有关资料应归档保存。

13.6 生产安全事故调查和处理，应做到事故原因不查清楚不放过、事故责任者和从业人员未受到教育不放过、事故责任者未受到处理不放过、没有采取防范事故再发生的措施不放过。

13.7 应认真吸取事故教训，落实防范和整改措施，防止事故再次发生。防范和整改措施的落实情况应接受职工的监督。

14 自检与考核

14.1 自检:

14.1.1 应制定自检工作程序和自检周期,全面查找兽药安全生产管理系统中存在的缺陷。应设立自检工作组,并定期组织自检。自检工作组应由安全生产管理人员组成。

14.1.2 主要负责人应全面负责自检工作。自检应形成正式文件,并将结果向各管理层和从业人员通报,作为年度考核的重要依据。

14.1.3 自检工作应按自检工作程序对组织机构与职责、制度与文件、厂房设施与设备、作业安全管理与控制、职业卫生、重大危险源监控、隐患排查和治理、应急救援、事故报告与处理等项目和记录定期进行检查,以证实与本规范的一致性。

14.1.4 应每年至少一次对企业安全生产管理的适宜性、符合性和有效性等情况进行验证、自检,检查安全生产工作目标、指标的完成情况。发生下列情况时,应及时进行安全生产管理验证与检查:

14.1.4.1 适用法律法规发生变化时。

14.1.4.2 企业组织机构和体制发生重大变化时。

14.1.4.3 发生生产安全事故。

14.1.4.4 其他影响安全生产管理的重大变化。

14.1.5 自检应有记录。自检完成后应形成自检报告,内容包括自检的结果、评价的结论以及改进措施和建议,自检报告和记录应归档。

14.1.6 应对照本规范要求,定期对安全生产管理状况组织分析评估,实施改进活动。

14.2 考核:

14.2.1 安全生产标准化工作采用"策划、实施、检查、改进"动态循环的模式,依据本标准的要求,结合自身特点,建立并保持安全生产标准化系统;通过自我检查、自我纠正和自我完善,建立安全绩效持续改进的安全生产长效机制。

14.2.2 应针对经营规模和管理状况,明确安全考核的周期,定期开展安全检查、内部审核和管理评审,不断改进和完善安全管理体系。

14.3 应根据兽药安全生产管理自评结果和安全生产预警指数系统所反映的趋势,对安全生产目标、指标、规章制度、操作规程等进行修改完善,持续改进,不断提高兽药经营安全生产绩效。

第五节 兽药经营操作人员管理规范

1 范围

本标准规定了兽药经营操作人员管理的术语和定义、人员与培训、制度与文件、兽药质量管理人员、兽药采购验收人员、兽药库房保管人员、兽药销售及技术服务人员等技术要求。

本标准适用于辽宁省白羽肉鸡绿色制造联合体成员企业兽药经营质量管理工作。

2　规范性引用文件

下列文件对于本文件的应用是必不可少的。凡是注日期的引用文件，仅所注日期的版本适用于本文件。凡是不注日期的引用文件，其最新版本（包括所有的修改单）适用于本文件。

兽药经营质量管理规范

3　术语和定义

下列术语和定义适用于本文件。

3.1　兽药：是指用于预防、治疗、诊断动物疾病或者有目的地调节动物生理机能的物质（含药物饲料添加剂），主要包括：血清制品、疫苗、诊断制品、微生态制品、中药材、中成药、化学药品、抗生素、生化药品、放射性药品及外用杀虫剂、消毒剂等。

3.2　兽药产品证明文件：指兽药产品批准文号、进口兽药注册证书、允许进口兽用生物制品证明文件、出口兽药证明文件、新兽药注册证书、兽用生物制品批签发批件、产品合格证或出厂检验报告等文件。

4　人员与培训

4.1　兽药经营企业应配备一定数量的与兽药经营相适应的具有专业知识和相关经营经验的质量管理人员和兽药库房保管、兽药销售及技术服务等人员。有条件的，可以建立质量管理机构。质量管理机构和人员应明确职责。

4.2　兽药经营企业直接负责的主管人员应当熟悉兽药管理法律、法规及政策规定，具备相应兽药专业知识。

4.3　应当建立操作人员档案，至少包括人员明细表、兽药兽医等相关专业等级证明文件、学历证明文件等。

4.4　应当建立健全教育培训制度，按照有关规定进行培训。培训大纲、内容、时间应满足有关标准的规定。

4.5　兽药经营企业应当制定培训计划，定期对员工进行兽药管理法律、法规、政策规定和相关专业知识、职业道德培训、考核，经考核合格后方可上岗。

4.6　应当建立操作人员培训、考核档案，培训、考核档案至少包括培训计划、培训考核内容、培训人员、培训时间、签到簿、考核结果、培训考核影像资料等。

5　制度与文件

5.1　应当建立操作人员管理制度、操作程序和完整的人员管理文件，以及人员培训、考核、上岗等记录。

5.2　操作人员管理制度应当至少包括目的、范围、岗位和人员职责、培训及考核等内容。

5.3　应当建立操作人员管理档案，档案不得涂改，保存期限不得少于2年。

6 兽药质量管理人员

6.1 兽药质量管理人员应当具备相应兽药专业知识，且其专业学历或技术职称应当符合省、自治区、直辖市人民政府兽医行政管理部门的规定。

6.2 兽药质量管理人员应当具有兽药、兽医等相关专业中专以上学历，或者具有兽药、兽医等相关专业初级以上专业技术职称。

6.3 经营兽用生物制品的，兽药质量管理人员应当具有兽药、兽医等相关专业大专以上学历，或者具有兽药、兽医等相关专业中级以上专业技术职称，并具备兽用生物制品专业知识。

6.4 兽药质量管理人员不得在本企业以外的其他单位兼职。

6.5 兽药质量管理人员发生变更的，应当在变更后30个工作日内向发证机关备案。

6.6 兽药质量管理人员负责起草、编制企业兽药质量管理制度，并指导、督促制度的执行。积极实施并完成经营质量目标及各项任务。

6.7 组织企业质量管理工作的检查、考核，督促、检查各岗位履行质量职责，确保兽药经营质量，建立和健全各种质量档案。

6.8 负责质量不合格兽药的审核，对不合格兽药的处理过程实施监督，包括对不合格兽药的确认、处理、报损和监督销毁。

6.9 负责兽药质量信息的查询和兽药质量事故或质量投诉的调查、处理及报告。

6.10 负责协助开展对岗位操作人员质量教育的培训考核，提高操作人员的质量意识和业务水平。

7 兽药采购验收人员

7.1 兽药采购验收人员应当具有高中以上学历，并具有相应兽药、兽医等专业知识，熟悉兽药管理法律、法规及政策规定。

7.2 应当坚持按需进货，择优采购的原则，把好进货质量第一关，真实、准确、完整、清晰记录兽药采购验收等记录。

7.3 应当认真审查供货单位的法定资格，考察其履行合同的能力，必要时配合质量管理人员对其进行现场考察，签订质量保证协议，确保购进渠道的合法性。

7.4 负责建立合格供货方及合格经营品种目录，建立完善的供货企业管理档案。

7.5 对首营企业、首营兽药产品品种的初审报批承担直接责任，负责向供货单位索取合法证照、兽药产品证明文件、产品质量标准和首批样品等审核资料。

7.6 应当了解供货单位的生产状况、质量状况，及时反馈信息，为质量管理人员开展质量控制提供依据。

8 兽药库房保管人员

8.1 兽药库房保管人员应当具有高中以上学历，并具有相应兽药、兽医等专业知识，熟悉兽药管理法律、法规及政策规定。

8.2 应当树立"质量第一"的观念，保证在库兽药的储存质量，对仓储管理过程中的兽药质量负主要责任。

8.3 负责对库房储存条件的监测,做好库房温、湿度管理工作,每天记录库房及相关设施设备温、湿度,并采取正确措施有效调控。

8.4 凭入库凭证收货,对货与单不符、质量异常、包装不牢或破损,标识模糊等情况,予以拒收或报告质量管理人员。

8.5 做好货位编号及色标管理,按照兽药贮藏要求贮藏兽药于相应库房和相关设施设备中。

8.6 搬运和堆放应严格遵守兽药外包装图示或标识的要求,规范操作,怕压兽药应控制堆放高度,合理利用库容。

8.7 设立保管账卡,并按批号顺序正确记载兽药进、出、存动态,保证账货、账卡,账账相符,账物相符。

8.8 做好兽药的有效期管理工作,一年内接近有效期的兽药,按月填写有效期催报表。

8.9 严格按先进先出、近效期先出、按批号发货的原则办理出库,做好兽药出库复核管理工作,严格把好兽药出库质量关。

8.10 真实、准确、完整、清晰记录兽药入库、贮藏、出库等记录。

9 兽药销售及技术服务人员

9.1 兽药销售及技术服务人员应当具有高中以上学历,并具有相应兽药、兽医等专业知识,熟悉兽药管理法律、法规及政策规定。

9.2 应当遵循先产先出和按批号出库的原则销售兽药。有下列情形之一的兽药,不得销售。

9.2.1 标识模糊不清或者脱落的。

9.2.2 外包装出现破损、封口不牢、封条严重损坏的。

9.2.3 超出有效期限的。

9.2.4 其他不符合规定的。

9.3 应当建立销售记录,兽用处方药应当单独建立销售记录。销售记录应当载明兽药通用名称、商品名称、批准文号、批号、有效期、剂型、规格、生产厂商、购货单位、销售数量、销售日期、经手人或者负责人等内容。

9.4 应当开具有效凭证,做到有效凭证、账、货、记录相符。

9.5 兽药拆零销售时,不得拆开最小销售单元。

9.6 应当按照兽医行政管理部门批准的兽药标签、说明书及其他规定进行宣传,不得误导购买者。

9.7 应当向购买者提供技术咨询服务,在经营场所明示服务公约和质量承诺,指导购买者科学、安全、合理使用兽药。

9.8 应当注意收集兽药使用信息,发现假、劣兽药和质量可疑兽药以及严重兽药不良反应时,应当及时向所在地兽医行政管理部门报告,并根据规定做好相关工作。

第六节 兽药经营自检管理规范

1 范围

本标准规定了兽药经营自检管理的术语和定义、原则与目标、组织机构与职责、制度与文件、工作程序与内容、自检报告、整改及跟踪检查等技术要求。

本标准适用于辽宁省白羽肉鸡绿色制造联合体成员企业兽药经营质量管理工作。

2 规范性引用文件

下列文件对于本文件的应用是必不可少的。凡是注日期的引用文件，仅所注日期的版本适用于本文件。凡是不注日期的引用文件，其最新版本（包括所有的修改单）适用于本文件。

兽药经营质量管理规范

3 术语和定义

下列术语和定义适用于本文件。

3.1 兽药：是指用于预防、治疗、诊断动物疾病或者有目的地调节动物生理机能的物质（含药物饲料添加剂），主要包括：血清制品、疫苗、诊断制品、微生态制品、中药材、中成药、化学药品、抗生素、生化药品、放射性药品及外用杀虫剂、消毒剂等。

3.2 自检：是有组织、有计划地对本企业实施兽药经营质量管理规范情况进行的全面审查，亦即对本企业机构与人员、场所与设施、规章制度、采购与入库、陈列与储存、销售与运输、售后服务等项目定期和不定期进行检查，主动采取措施进行改进的一系列质量管理活动，以证实本企业能够按照兽药经营质量管理规范（以下简称兽药GSP）要求组织经营和进行质量管理。

3.3 缺陷：是指未满足兽药GSP要求、不符合兽药GSP或不合格，按性质可分为严重缺陷（关键项目不符合要求者）、一般缺陷（一般项目不符合要求者）。

3.4 自检报告：是自检小组在结束现场检查工作后必须编制的一份文件，是自检小组组长在规定时间期限内向企业负责人或质量负责人提交的正式文件，是对自检中发现缺陷项目的统计、分析、归纳、评价，是对整个自检活动的全面、清晰、准确的叙述。

4 原则与目标

4.1 兽药经营企业开展自检活动，查明企业内部质量体系的运行情况是否与兽药GSP相符，及时发现存在的偏差和隐患，采取必要的整改措施，确保兽药经营质量体系的有效运行，促使各职能部门有效履行其工作职责。

4.2 兽药经营企业执行兽药GSP各项标准，以隐患排查治理为基础，提高兽药经营质量水平，减少不合格兽药产品发生，保证兽药质量，保障畜产品质量安全，保证兽药经营活动顺利进行。

5 组织机构与职责

5.1 应设立自检小组，并任命自检小组组长。

5.2 确定每个自检员的职责，包括作用、自检部门和地点、自检范围等。

5.3 应建立健全教育培训制度，按照有关规定进行培训。培训大纲、内容、时间应满足有关标准的规定。

6 制度与文件

6.1 应有自检管理制度和完整的自检管理文件与相关记录。

6.2 自检管理制度应包括目的、范围、职责、周期、程序、自检结果分析评价、整改、跟踪检查等内容。

6.3 自检范围分为全面检查和局部检查。

6.3.1 全面检查的范围包括以下八个方面：

6.3.1.1 机构与人员。

6.3.1.2 场所与设施。

6.3.1.3 规章制度。

6.3.1.4 采购与入库。

6.3.1.5 陈列与储存。

6.3.1.6 销售与运输。

6.3.1.7 售后服务。

6.3.1.8 前次自检中提到的问题和整改结果，包括可能影响兽药经营质量体系运行，以及产品质量安全的一切方面。

6.3.2 局部检查的范围可以是以上若干范围，但必须包含 6.3.1.8 项。

6.4 自检周期根据兽药经营质量体系的实际而定，每年最少应进行一次全面自检工作，各部门每半年进行一次。特殊情况下，如发生严重质量问题或产品投诉、临近兽药 GSP 验收，以及法律法规章制度有修订修改等情况，应及时进行自检。

6.5 自检管理文件应包括自检计划书、自检标准、检查表、自检记录、自检报告、整改记录、跟踪检查记录等。

6.6 兽药经营企业应在经营状况、管理体制、有关法律法规发生变化，以及根据自检反馈的问题、自检结果等，征求相关人员意见，适时更新、修订完善自检管理制度和操作规程，确保其有效性和适用性，保证所使用的为最新有效版本。

6.7 分发、使用的文件应为批准的现行文本，已撤销和过时的文件除留档备查外，不得在工作现场出现。

6.8 有关文件应归档管理，包括：自检计划书、首次会议签到表、自检内容及记录、自检报告、末次会议签到表、整改报告、跟踪检查记录等。

7 工作程序与内容

7.1 启动自检：

7.1.1 自检小组组建。

7.1.1.1 自检小组组长一般由兽药经营企业质量负责人担任,主持自检全过程。

7.1.1.2 自检小组组长根据自检的目的、范围、部门、过程和自检日程安排,明确各成员的分工和要求。

7.1.1.3 自检小组组长应同受检查部门进行初步联系,沟通情况。

7.1.2 确定自检目的、范围、时间和深度。

7.1.2.1 按照自检计划,确定本次自检的目的是例行性自检,还是针对特殊情况的追加自检;是法律、法规符合性自检,还是为了管理目的的持续改进开展自检。

7.1.2.2 确定本次自检内容和区域,包括兽药经营企业的职能部门、产品、需检查的现场区域、涉及的兽药GSP条款等。

7.1.2.3 确定本次自检的实施时间,是否有时间限制。

7.1.2.4 确定本次自检的检查深度,确定只是对企业执行兽药GSP符合性的一般检查,还是包括产生缺陷项目原因的进一步跟踪检查。

7.2 准备自检:

7.2.1 编制自检计划。自检小组组长应在收集和审阅文件、信息的基础上编制确定自检活动日程安排的具有指导性的自检实施计划。

7.2.2 自检小组成员分工。自检小组组长在制定自检计划后,应在现场自检前确定每个自检员的职责,包括作用、自检部门和地点、自检范围等。

7.2.3 准备自检文件。自检员应根据分工准备现场检查使用的检查表、相关记录等自检文件。检查表内容的复杂程度取决于被检查部门的工作范围、职能、自检要求和方法等。

7.3 实施自检:

7.3.1 首次会议。由自检小组全体成员与受检部门负责人及有关人员参加,介绍、建立双方的联系,明确双方的责任和具体的自检日程安排等内容。

7.3.2 现场检查与信息收集。自检员制定自检计划、检查表,检查现场,在规定时间内通过各种方法、手段收集企业执行兽药GSP的相关信息,并对其识别、记录与验证寻找客观证据,根据自检的依据对自检证据进行分析评价,得出自检结论。

7.3.2.1 现场检查的基本步骤。检查员依据自检计划和预先编制的检查表,进入检查区域,通过查阅文件和记录、现场观察等方式,收集检查信息,确定、验证收集的检查信息,形成检查证据,评价检查发现,得出检查结论。

7.3.2.2 现场检查应坚持客观、公正的原则,坚持自检依据与实际核对的原则。

7.3.2.3 客观证据的收集与记录。收集客观证据,对收集的检查信息加以识别和记录。

7.3.2.4 现场检查的控制。

7.3.3 自检发现与汇总分析。

7.3.3.1 现场检查发现缺陷项目后,自检员应将缺陷事实告知受检部门,对缺陷项目的性质及整改措施初步交换意见,并达成共识。

7.3.3.2 不符合项报告。从自检要求上,凡是发现缺陷事实,均应形成缺陷项目的检查发现,即形成不符合项报告。

7.3.3.3 缺陷项目汇总与分析。在末次会议之前,自检小组成员要对自检结果进行汇总分析，根据缺陷项目形成不符合项报告，并进行统计分类，进行总体评价。

7.3.4 末次会议。现场检查以末次会议结束，重点应围绕缺陷项目提出整改措施及要求。

8 自检报告

8.1 自检报告应至少包括以下内容：

8.1.1 自检报告编号。

8.1.2 自检的目的和范围。

8.1.3 受检查部门及负责人。

8.1.4 自检的日期。

8.1.5 自检小组成员。

8.1.6 自检的依据。

8.1.7 缺陷项目的观察结果（不合格报告作为附件）。

8.1.8 自检工作综述及自检结论。

8.1.9 对整改措施完成的时限要求。

8.1.10 自检报告分发范围。

8.1.11 自检小组组长签字、日期。

8.2 自检报告起草完毕后，在提交之前应与受检查部门负责人会稿，取得一致意见后，提交自检小组组长批准。

8.3 自检报告的分发与管理。自检报告经批准后，应分发至有关部门和人员，以便相关部门了解自检结果，采取整改和预防措施。

9 整改及跟踪检查

9.1 整改措施的制定和执行。

9.1.1 责任部门针对造成缺陷项目的原因制定整改措施，内容应包括整改措施的项目、实施步骤、计划完成时间、执行部门或责任人等。整改措施经由兽药经营企业质量负责人批准后，由相关部门和人员付诸实施。

9.1.2 整改措施的执行。整改措施完成期限根据整改措施的内容和难易程度而定，涉及的有关文件记录应予以保存。

9.2 跟踪检查。

9.2.1 跟踪措施完成后，自检小组应当跟踪措施完成情况进行确认，跟踪自检应由原自检员进行，所有跟踪自检的情况均应记录在缺陷项目的不符合项报告中的响应栏目。

9.2.2 自检小组对缺陷项目进行跟踪验证后，确认其有效性，在整改措施确认记录中填写确认结论并签字，将缺陷项目关闭。

9.2.3 所有缺陷项目的不符合报告的整改措施按计划完成后，自检小组收集全部的整改措施执行情况和确认结果，根据需要形成跟踪自检报告，经质量负责人或企业负责人批准后发放。

9.3 自检工作总结。每次自检结束后，自检小组组长应组织自检小组成员对自检情况做出总结，编制年度自检报告，并向企业负责人报告自检情况，收集、整理和移交自检文件。

第七节 兽药经营档案管理规范

1 范围

本标准规定了兽药经营档案管理的术语和定义、原则与目标、组织机构与职责、制度与文件、归档范围等技术要求。

本标准适用于辽宁省白羽肉鸡绿色制造联合体成员企业兽药经营质量管理工作。

2 规范性引用文件

下列文件对于本文件的应用是必不可少的。凡是注日期的引用文件，仅所注日期的版本适用于本文件。凡是不注日期的引用文件，其最新版本（包括所有的修改单）适用于本文件。

兽药经营质量管理规范
DA/T 1　档案工作基本术语
DA/T 22　归档文件整理规则

3 术语和定义

下列术语和定义适用于本文件。

3.1　兽药：是指用于预防、治疗、诊断动物疾病或者有目的地调节动物生理机能的物质（含药物饲料添加剂），主要包括：血清制品、疫苗、诊断制品、微生态制品、中药材、中成药、化学药品、抗生素、生化药品、放射性药品及外用杀虫剂、消毒剂等。

3.2　企业档案：是指企业在经营兽药活动中形成的对国家、社会和企业有保存和利用价值的各种形式历史记录。

3.3　企业档案工作：是指企业在履行档案管理职责过程中的活动。

4 基本原则

4.1　兽药经营企业档案是企业资产的重要组成部分，企业档案工作是企业经营和管理的基础工作。企业档案工作应以统一管理为原则，坚持资源整合和资源开发。

4.2　兽药经营企业应在各项工作和活动中建立健全文件材料归档和档案管理工作，为企业经营、管理和持续发展提供有效服务，满足企业各项活动在证据、责任和信息等方面的需要。

4.3　兽药经营企业档案管理的方法与技术应适应企业经营和管理发展的需要，并以档案管理信息化为发展方向。

5 组织机构与职责

5.1　应当建立分管档案工作领导和专职档案人员为基础的档案管理工作机构。

5.2 根据企业规模和档案工作实际需要设置档案部门。档案部门统一管理企业各类档案，行使对企业档案工作的监督、指导、检查职能。

5.3 应当维护和确保档案真实、安全，预防突发事变及灾害的发生，并随技术进步为档案工作持续发展提供技术和设施、设备保障。

5.4 应当对档案工作职责进行划分，明确企业、档案部门、档案工作领导、档案人员和文件形成者的责任。

5.5 分管档案工作的领导负责审查批准档案工作规划、计划，对本企业依法开展档案工作负总责。

5.6 部门档案工作负责人负责本部门档案工作计划，对本部门或项目归档文件材料的齐全、完整、准确负责。

5.7 文件形成者应当对归档文件材料的准确性、有效性负责，并按规定向档案人员移交。

5.8 档案人员负责档案的收集、整理、保管、统计、鉴定、提供利用等工作，对档案管理工作质量负责。

6 制度与文件

6.1 应当建立健全档案工作规章制度，将档案工作纳入企业发展规划和工作计划。

6.2 应当建立以下档案管理制度：

6.2.1 文件材料归档制度。

6.2.2 档案销毁制度。

6.2.3 档案移交制度。

6.2.4 电子文件管理制度。

6.2.5 档案保管制度等。

6.3 应当建立以下记录：

6.3.1 文件材料归档记录。

6.3.2 档案销毁记录。

6.3.3 档案移交记录。

6.3.4 电子文件管理记录。

6.3.5 档案保管记录等。

6.4 文件材料归档制度应当包括归档范围、归档时间、归档要求，以及控制归档质量的措施。

6.5 移交制度应当规定档案移交范围、移交对象、移交内容、移交程序及手续。

6.6 档案保管制度应包括保管工作原则、档案保管条件等。

7 归档范围

7.1 本企业各种活动中形成的具有保存价值的不同形式、载体的文件材料应当列入归档范围。

7.2 内部形成的文件材料应当归档：

7.2.1 工作计划和总结。

7.2.2 上级部门下发的文件材料。

7.2.3 会议记录。

7.2.4 规章制度与记录。

7.2.5 内部机构设置、人员编制等方面的有关文件材料。

7.2.6 员工任免与招聘、奖惩、升降评聘等方面的文件材料。

7.2.7 劳动保护、保险等文件材料。

7.2.8 培训教育计划、记录、签到簿、影像资料等。

7.2.9 兽药采购、验收、入库、贮藏、出库、销售、售后等质量方面的相关文件材料。

7.2.10 资产管理方面的文件材料等。

7.2.11 财务管理方面的文件材料等。

7.3 归档文件的整理应符合 DA/T 22 的有关要求。

第六章 屠宰加工

第一节 白羽肉鸡福利屠宰技术规范

1 范围

本标准规定了白羽肉鸡实施肉鸡福利屠宰的管理、人员、设施、病或伤肉鸡的处置等基本要求,以及抓捕、禁食、禁水与运输、装卸与宰前静养、挂鸡、致昏、刺杀、放血及其他技术要求。

本标准适用于白羽肉鸡屠宰企业,涉及从养殖场出栏、到工厂宰杀的肉鸡。

2 规范性引用文件

下列文件对于本标准的应用是必不可少的。凡是注日期的引用文件,仅所注日期的版本适用于本标准。凡是不注日期的引用文件,其最新版本(包括所有的修改单)适用于本标准。

GB/T 19478 肉鸡屠宰操作规程

NY/T 1174 肉鸡屠宰质量管理规范

农医发〔2010〕27号 家禽屠宰检疫规程

GB/T 19480 肉与肉制品术语

NY/T 631 鸡肉质量分级

DB21/T 1721 出口肉鸡饲养、屠宰加工卫生及检疫规范

DB37/T 2828—2016 肉鸡福利屠宰技术规范

3 术语和定义

下列术语和定义适用于本标准。

3.1 福利屠宰:在肉鸡的抓捕、运输、装卸、宰前静养、挂鸡及宰杀等过程中,采取降低应激的措施,减少其紧张和恐惧,宰杀时必须先将其"致昏",使其失去知觉,再放血致死的宰前处置及屠宰方式。

3.2 致昏:通过电击、气体等方式使肉鸡失去知觉,但保持心跳和呼吸的处置手段。

3.3 抚摸板:用于抚摸肉鸡胸部的装置,使其在拴挂过程中得到依靠和摩擦,有助于保持安静。

4 基本要求

4.1 管理：

4.1.1 屠宰企业应建立福利屠宰管理体系，采用体系文件形式予以明确；对设备设施、操作方法和人员要求做出规定，并记录其实施过程。

4.1.2 体系文件应包括标准操作程序、设备操作方法、维护清理方式、紧急情况应急预案和不同员工的职责。

4.1.3 体系文件应明确影响肉品质量的福利屠宰技术要求如何反馈到养殖、运输、宰前管理及宰杀环节。

4.1.4 应制定处理紧急情况的应急预案，包括对逃跑肉鸡、死鸡、病鸡的处置，设备事故、停电、火灾及气体泄漏等发生时的应对方案。方案中应明确紧急情况发生时的负责人。

4.1.5 参与宰前处置和宰杀肉鸡的员工应掌握该体系文件中相应的要求。

4.2 人员：

4.2.1 抓捕、运输、装卸、宰前静养、挂鸡、致昏、刺杀、放血及宰杀检验等环节负责操作的工作人员均应经过相应技术及福利屠宰知识培训。

4.2.2 宰前静养到挂鸡环节的工作人员应具备判定肉鸡是否合格的能力，并应有专人负责按相关要求处理不合格鸡。

4.2.3 屠宰企业应有专人对鸡的抓捕、运输、装卸、宰前静养、挂鸡、致昏、刺杀、放血及宰杀检验等操作过程进行全程监督，及时纠正不当行为；发生重大问题时应及时报告。

4.2.4 从事专门设备操作、检测或维护的人员应具有相应的工作能力。

4.2.5 兽医卫生检验人员应具备相应的福利屠宰知识。

4.3 设施：

4.3.1 屠宰厂应设置专门的装卸台，装卸台应防滑，装卸台周边有围挡，引导肉鸡进入静养休息室。

4.3.2 围栏、休息室、出入口、通道应随时可以对肉鸡进行检查，并能及时将患病或受伤的肉鸡转移到相应的屠宰间。

4.3.3 通往致昏点的通道应备有紧急出口，供紧急情况或致昏延迟时使用。

4.3.4 在天气过热或过冷的情况下，待宰间应具备适当的通风和保温设施，避免因气候变化造成的肉鸡应激。

4.3.5 待宰间应设有便捷的供水设施。

4.4 病或伤肉鸡的处置：

4.4.1 由兽医卫生检验人员根据农医发〔2010〕27号判定不能急宰的病鸡，应进行无害化处理。

4.4.2 伤、病肉鸡应急宰并采用致昏后放血的方式宰杀；不具备急宰条件时，应采取减少痛苦的方法转移至另外专门的隔离室，应全天为专门的隔离室中的病或伤肉鸡提供清洁饮水。

4.4.3 执行急宰任务的员工应能正确识别有效的致昏迹象。

5 抓捕、禁食、禁水及运输

5.1 在养殖场抓捕肉鸡时应采用专门的捕捉器，或双手抓鸡的双翅或膝关节以下部位，放入笼中；禁止捕捉时抓单只翅膀和大腿部。

5.2 禁食时间应控制在 8~12h 之间，宰前 3h 禁水。

5.3 在条件允许情况下，肉鸡的运输时间不得超过 3h。

5.4 在运输过程中，肉鸡应避免遭受恶劣天气的影响，将温度控制在 20℃，建议有条件的企业采用控温运输车并注意适度通风；普通运输货车冬季必须在鸡笼外加盖一层厚篷布来保暖避风，如果是潮湿高温天气，必须通过适当的方式降温。

5.5 根据季节差异，严格控制运输过程中鸡笼的鸡只密度不超过 $40kg/m^2$，应防止上层鸡笼中的鸡粪等排泄物落到下层鸡笼中。

5.6 运输车辆在运输过程中需保持清洁、平稳，尽量减少在运输过程中因路况造成的颠簸。

6 装卸与宰前静养

6.1 肉鸡在装卸过程中应保持安静；装卸操作必须平缓，使肉鸡保持直立，不能颠簸或晃动，不能让搬运箱或鸡笼倾斜、抛扔或倒扣；如待宰时需要将搬运箱或鸡笼叠放，应保证其摆放位置的稳定性，搬运箱或鸡笼要上下垂直摆放。

6.2 肉鸡在静养室内密度不超过 $40kg/m^2$。

6.3 不论采用哪种装卸设备或设施，应不能卡住鸡的头、翅膀或腿。

6.4 静养室的温度应不超过 22℃；如果鸡在搬运箱中，搬运箱的温度不能高于 26℃。

6.5 静养时间最好不超过 2h，最多不超过 3h。

6.6 静养时，要对搬运箱中的鸡群进行观察，当出现热应激症状时，应立即将其致昏，并进行宰杀。

7 挂鸡

7.1 工作人员从鸡笼中取出鸡时，应小心操作，双手抓鸡的膝关节以下部位，禁止提拉、拖拽鸡的头部、翅膀或羽毛等。

7.2 当装鸡的搬运箱或鸡笼被清空后，应对其进行清洗和消毒；如发现箱盖或笼盖缺失、有漏洞，或任何有可能伤到鸡的破损处，应在下次使用前对其进行修复或更换。

7.3 挂鸡通道应保持顺畅，无任何妨碍肉鸡输送的设施，应尽量减少拐角，不应有直角转弯；应安装胸部抚摸板，抚摸板应在挂鸡之前安装并一直延伸到电击致昏，使鸡在拴挂过程中得到依靠和摩擦，并保持安静；如采用水浴电击致昏，可安装绝缘的入口斜坡。

7.4 挂鸡通道应保持黑暗，尽量减少肉鸡应激。

7.5 挂钩要与鸡群相匹配，挂鸡数量要均匀，鸡的双腿应被稳稳地固定在挂钩上，但不能太紧，挂钩在轨道上运行要保持水平平衡，不允许出现鸡单腿悬挂的情况。

7.6 肉鸡拴挂时间最短为 12s，最长为 60s。

7.7 在挂鸡车间应该只允许必要人员接近生产线。

8 致昏

8.1 电击致昏设备应能确保肉鸡立即失去知觉，并持续至少9～10s，保证刺杀、放血完成以前肉鸡不恢复意识，禁止二次电击致昏。

8.2 高压低频电击致昏参数：电压8～14V，电流不小于120mA，频率500～600Hz，时间9～10s。最好使用水浴电击致昏设备，保证其导电良好，鸡浸入时不致溢水，浸入程度可调节等。鼓励有条件的企业使用气体致昏方式。

8.3 如采用气体致昏，气体中二氧化碳的含量须大于40%，持续时间不小于3min。

8.4 应正确地对致昏设备进行设置、维修，并经常性地进行检测，确保运行正常。

8.5 致昏设备的后端，应安排专业的工作人员仔细观察鸡从设备中出来时的状态，以确保昏迷；若设备出现异常，如停止运转或速度变慢，应及时采取其他应急措施。

8.6 致昏设备上必须装有测量、显示、记录其重要运行参数的仪器，且使操作人员能清楚看到；出现异常时应能及时报警。

9 刺杀、放血

9.1 致昏后的肉鸡必须在10s内完成刺杀，25s内完成放血。

9.2 操作人员必须经过专门的技术培训后上岗，操作熟练、迅速，切割部位准确无误。

9.3 每只鸡必须割断气管、食管和静脉血管。

9.4 未经致昏的鸡不应刺杀。

10 其他

10.1 所有的鸡在进入烫毛池之前均应死亡。

10.2 兽医根据宰后检验的结果来判断其他可能存在的不符合肉鸡福利要求的迹象，并应反馈到养殖场。

10.3 除满足上述肉鸡福利屠宰有关的基本要求和具体技术要求外，其他应符合GB/T 19478和NY/T 1174的规定。

附录1 肉鸡电击致昏僵直期、抽搐期和复苏期的特征及应急处理

1.1 电击致昏后各阶段及其特征

肉鸡被有效电击致昏是一个可逆过程，包括僵直期、抽搐期和复苏期。一般情况下，肉鸡离开电击致昏设备0s～20s为僵直期；25s～45s为抽搐期；60s后为复苏期。各阶段特征如下：

僵直期：颈部拱起，腿部伸展，身体持续的颤抖，翅膀贴近身体收紧，眼睛睁大，呼吸停止。僵直期后，肌肉会完全放松，但也会出现一些不太明显的现象，如腿部的蹬踢、

翅膀的运动，但没有扇翅现象。

抽搐期：肌肉逐渐松弛，四肢无规律抽搐。

复苏期：出现正位反射，呼吸恢复节律，瞳孔回复正常。

1.2 电击无效现象

可能会在放血时出现鸡扇动翅膀；当接近烫毛装置入口时，鸡眼部会出现反射活动，或恢复呼吸，或颈部肌肉拉紧。以上任何一种现象都是鸡复苏的早期表现，必须立即对其进行宰杀。

1.3 设备维修

生产中，即使已对致昏设备进行正确的设置、维修和操作，也还可能会出现有一些鸡不被有效致昏的现象。但这一比例应低于1%，如果高于1%，应立刻中断生产并进行维修。

第二节 白羽肉鸡屠宰加工车间环境控制技术规程

本标准参照采用国际食品法规委员会 CAC/RCP 1－1969.Rev.1（1979）《国际推荐实践规范 食品卫生基本原则》制定。

1 主题内容与适用范围

本标准规定了白羽肉鸡加工车间的设计与设施、车间的卫生管理、个人卫生与健康的要求。

本标准适用于白羽肉鸡屠宰和生产分割鸡肉的车间。

2 引用标准

GB 5749 生活饮用水卫生标准

GB 2722 鲜猪肉卫生标准

GB 2707 食品安全国家标准鲜（冻）畜禽产品

GB 2723 鲜牛肉、鲜羊肉、鲜兔肉卫生标准

GB 2760 食品添加剂使用卫生标准

GB 7718 食品标签通用标准

3 术语

3.1 屠体指肉禽经屠宰、放血后的躯体。

3.2 鸡肉制品指以肉鸡为主要原料，经酱、卤、熏、烤、腌、蒸煮等任何一种或多种加工方法而制成的生或熟肉制品。

3.3 有条件可食肉指必须经过高温、冷冻或其他有效方法处理，达到卫生要求，人食无害的肉。

3.4 化制指将不符合卫生要求（不可食用）的屠体或其病变组织、器官、内脏等，经过干法或湿法处理，达到对人、畜无害的处理过程。

4 车间设计与设施的卫生

4.1 选址：屠宰加工车间应建在地势较高，干燥，水源充足，交通方便，无有害气体、灰砂及其他污染源，便于排放污水的地区。

4.2 屠宰加工车间不得建在居民稠密的地区，肉制品加工车间经当地城市规划、卫生部门批准，可建在城镇适当地点。

4.3 布局：

4.3.1 生产作业区应与生活区分开设置。

4.2.2 运送活畜与成品出厂不得共用一个大门，厂内不得共用一个通道。

4.3.3 为防止交叉污染、原料、辅料、生肉、熟肉和成品的存放场所（库）必须分开设置。

4.3.4 各生产车间的设置位置和工艺流程必须符合卫生要求。加工车间一般应按饲养、屠宰、分割、加工、冷藏的顺序合理设置。

4.3.5 化制间、锅炉房与贮煤场所、污水与污物处理设施应与分割肉车间和肉制品车间、间隔一定距离，并位于主风向的下风口处。锅炉房必须设有消烟除尘设施。

4.3.6 生产冷库应与分割肉和肉制品车间直接相连。

4.4 车间与设施。

4.4.1 车间与设施必须结构合理、坚固、便于清洗和消毒。

4.4.2 车间与设施应与生产能力相适应。厂房高度应能满足生产作业、设备安装与维修、采光与通风的需要。

4.4.3 车间与设施必须设有防止蚊、蝇、鼠及其他害虫侵入或隐匿的设施，以及防烟雾、灰尘的设施。

4.4.4 车间地面：应使用防水、防滑、不吸潮、可冲洗、耐腐蚀、无毒的材料；坡度应为1‰～2‰（屠宰车间应在2‰以上）；表面无裂缝、无局部积水，易于清洗和消毒；明地沟应呈弧形，排水口须设网罩。

4.4.5 车间墙壁与墙柱：应使用防水、不吸潮、可冲洗、无毒、淡色的材料；墙裙应贴或涂刷不低于2m的浅色瓷砖或涂料；顶角、墙角、地角呈弧形，便于清洗。

4.4.6 车间天花板：应表面涂层光滑，不易脱落，防止污物积聚。

4.4.7 车间门窗：应装配严密，使用不变形的材料制作。所有门、窗及其他开口必须安装易于清洗和拆卸的纱门、纱窗或压缩空气幕，并经常维修，保持清洁，内窗台须下斜45度或采用无窗台结构。

4.4.8 车间楼梯及其他辅助设施：应便于清洗、消毒，避免引起食品污染。

4.4.9 屠宰车间必须设有兽医卫生检验设施，包括同步检验、内脏检验、化验室等。

4.4.10 待宰车间的圈舍容量一般应为日屠宰量的一倍。圈舍内应防寒、隔热、通风。车间内应设有健畜圈和兽医工作室。

4.4.11 待宰区应设肉畜装卸台和待宰车间的圈舍容量一般应为日屠宰量的一倍。圈舍内应防寒、隔热、通风。车间内应设有健畜圈和兽医工作室车辆清洗、消毒等设施，并应设有良好的污水排放系统。

4.4.12 生产冷库一般应设有预冷间（0℃～4℃）、冻结间（-28℃以下），所有冷库（包括肉制品车间的冷藏室）应安装温度自动记录仪或温湿度计。

4.5 供水。

4.5.1 生产供水：车间应有足够的供水设备，水质必须符合 GB 5749 的规定。如需配备贮水设施，应有防污染措施，并定期清洗、消毒。使用循环水时必须经过处理，达到上述规定。

4.5.2 制冰供水：应符合 GB 5749 的规定，制冰及贮存过程中应防止污染。

4.5.3 其他供水：用于制汽、制冷、消防和其他类似用途而不与食品接触的非饮用水，应使用完全独立、有鉴别颜色的管道输送，并不得与生产（饮用）水系统交叉联结或倒吸于生产（饮用）水系统中。

4.6 卫生设施：

4.6.1 废弃物临时存放设施。应在远离生产车间的适当地点，设置废弃物临时存放设施。其设施应采用便于清洗、消毒的材料制作；结构应严密，能防止害虫进入，并能避免废弃物污染厂区和道路。

4.6.2 废水、废气处理系统：必须设有废水、废气处理系统，保持良好状态。废水、废气的排放应符合国家环境保护的规定。厂内不得排放有害气体和煤烟。生产车间的下水道口须设地漏、铁篦。废气排放口应在车间外的适当地点。

4.6.3 更衣室、淋浴室、厕所：必须设有与职工人数相适应的更衣室、淋浴室、厕所。更衣室内须有个人衣物存放柜、鞋架（箱），车间内的厕所应与操作间的走廊相连，其门、窗不得直接开向操作间；便池必须是水冲式；粪便排泄管不得与车间内的污水排放管混用。

4.6.4 洗手、清洗、消毒设施：

4.6.4.1 生产车间进口处及车间内的适当地点，应设热水和冷水洗手设施，并备有洗手剂。

4.6.4.2 分割鸡肉和熟肉制品车间内，必须设非手动式的洗手设施。如使用一次性纸巾，应设有废纸巾贮存箱（桶）。

4.6.4.3 车间内应设有工器具、容器和固定设备的清洗、消毒设施，并应有充足的冷、热水源。这些设施应采用无毒、耐腐蚀、易清洗的材料制作，固定设备的清洗设施应配有食用级的软管。

4.6.4.4 车库、车棚内应设有车辆清洗设施。

4.6.4.5 活禽进口处及病畜隔离间、急宰间、化制车间的门口，必须设车轮、鞋靴消毒池。

4.6.4.6 肉制品车间应设清洗和消毒室。室内备有热水消毒或其他有效的消毒设施，供工器具、容器消毒用。

4.7 设备和工器具：

4.7.1 接触肉品的设备、工器具和容器，应使用无毒、无气味、不吸水、耐腐蚀、经得起反复清洗与消毒的材料制作；其表面应平滑、无凹坑和裂缝。禁止使用竹木的工器具和容器。

4.7.2 固定设备的安装位置应便于彻底清洗、消毒。

4.7.3 盛装废弃物的容器不得与盛装肉品的容器混用。废弃物容器应选用金属或其他不渗水的材料制作。不同的容器应有明显的标志。

4.8 照明：车间内应有充足的自然光线或人工照明。照明灯具的光泽不应改变被加工物的本色，亮度应能满足兽医检验人员和生产操作人员的工作需要。吊挂在肉品上方的灯具，必须装有安全防护罩，以防灯具破碎而污染肉品。车库、车棚等场所应有照明设施。

4.9 通风和温控装置：车间内应有良好的通风、排气装置，及时排除污染的空气和水蒸气，空气流动的方向必须从净化区流向污染区。通风口应装有纱网或其他保护性的耐腐蚀材料制作的网罩。纱网或网罩应便于装卸和清洗。

分割肉和肉制品加工车间及其成品冷却间、成品库应有降温或调节温度的设施。

5 车间的卫生管理

5.1 实施细节培训：

5.1.1 车间应根据本规范的要求，制定卫生实施细则。

5.1.2 车间和车间都应配备经培训合格的专职卫生管理人员，按规定的权限和责任负责监督全体职工执行本规范的有关规定。

5.2 维修、保养：厂间、机械设备、设施、给排水系统，必须保持良好状态。正常情况下，每年至少进行一次全面检修；发现问题应及时检修。

5.3 清洗、消毒：

5.3.1 生产车间内的设备、工器具、操作台应经常清洗，以及进行必要的消毒。

5.3.2 设备、工器具、操作台用洗涤剂或消毒剂处理后，必须再用饮用水彻底冲洗干净，除去残留物后方可接触肉品。

5.3.3 每班工作结束后或在必要时，必须彻底清洗加工场地的地面、墙壁、排水沟，必要时进行消毒。

5.3.4 更衣室、淋浴室、厕所、工间休息室等公共场所，应经常清扫、清洗、消毒，保持清洁。

5.4 废弃物处理：

5.4.1 车间通道及周围场地不得堆放杂物。

5.4.2 生产车间和其他工作场地的废弃物必须随时清除，并及时用不渗水的专用车辆，运到指定地点加以处理。废弃物容器、专用车辆和废弃物临时存放场应及时清洗、消毒。

5.5 除虫灭害：

5.5.1 车间内外应定期、随时灭鼠。

5.5.2 车间内使用杀虫剂时，应按卫生部门的规定采取妥善措施，不得污染肉与肉制品。

使用杀虫剂后应将受污染的设备、工器具和容器彻底清洗，除去残留药物。

5.6 危险品的管理：

工厂必须设置专用的危险品库房和贮藏柜，存放杀虫剂和一切有毒、有害物品。这些物品必须贴有醒目的《有毒》的标记。车间应制定各种危险品的使用规则，使用危险品须经专门管理部门批准，并在指定的专门人员的严格监督下使用，不得污染肉品。

5.7 厂区禁止饲养非屠宰动物（科研和检测用的实验动物除外）。

6 个人卫生与健康

6.1 卫生教育：车间应对新参加工作及临时参加工作的人员进行卫生安全教育，定期对全厂职工进行《食品卫生法》、本规范及其他有关卫生规定的宣传教育，做到教育有计划、考核有标准，卫生培训制度化和规范化。

6.2 健康检查：生产人员及有关人员每年至少进行一次健康检查，必要时进行临时检查。新参加或临时参加工作的人员，必须经健康检查，取得健康合格证方可上岗工作。车间应建立职工健康档案。

6.3 健康要求：凡患下列病症之一者，不得从事屠宰和肉品加工的工作。

6.3.1 痢疾、伤寒、病毒性肝炎等消化道传染病（包括病源携带者）。

6.3.2 活动性肺结核。

6.3.3 化脓性或渗出性皮肤病。

6.3.4 其他有碍食品卫生的疾病。

6.4 受伤处理：凡受刀伤或有他外伤的生产人员，应立即采取妥善措施包扎防护，否则不得从事屠宰或接触肉品的工作。

6.5 洗手要求：生产人员遇有下述情况之一时必须洗手、消毒，车间应有监督措施。

6.5.1 开始工作之前。

6.5.2 上厕所之后。

6.5.3 处理被污染的原材料之后。

6.5.4 从事与生产无关的其他活动之后。

6.5.5 分割肉和熟肉制品加工人员离开加工场所再次返回前应洗手、消毒。

6.6 个人卫生：

6.6.1 生产人员应保持良好的个人卫生，勤洗澡、勤换衣、勤理发，不得留长指甲和涂指甲油。

6.6.2 生产人员不得将与生产无关的个人用品和饰物带入车间；进车间必须穿戴工作服（暗扣或无纽扣、无口袋）、工作帽、工作鞋，头发不得外露；工作服和工作帽必须每天更换，接触直接入口食品的加工人员，必须戴口罩。

6.6.3 生产人员离开车间时，必须脱掉工作服、帽、鞋。

6.7 非生产人员经获准进入生产车间时，必须遵守6.6.2条的规定。

第三节 白羽肉鸡屠宰和肉类制品加工设备鉴定细则

1 总则

1.1 开展设备鉴定的目的是通过组织专家和同行评审，确认产品符合相应的标准和规范，具有较先进的技术水平。

1.2 本细则是为保证鉴定工作的有效实施而编制的，是开展技术鉴定工作的指导性文件。

1.3 本细则适用于屠宰、肉类食品加工等设备生产企业开展技术鉴定工作的全过程。

1.4 鉴定的产品包括：白羽肉鸡屠宰设备、肉类食品加工设备及相关辅助设备。

1.5 根据本细则的要求和鉴定工作的需要而制定的相关管理文件和技术文件可作为本细则的附件，适用于鉴定工作。

2 鉴定组织管理机构

设备鉴定工作的组织管理机构由鉴定管理委员会、鉴定专家委员会组成。

2.1 管理方式：设备鉴定工作采用归口管理的方式，统一由相关部门负责。

2.2 鉴定管理委员会：

2.2.1 设备鉴定管理委员会由中国畜牧兽医学会、兽医食品卫生学分会和其他行业管理机构、研究机构、企业以及地方相关行业主管部门的技术人员组成。

2.2.2 鉴定管理委员会的职责：

2.2.2.1 审核发布白羽肉鸡屠宰和肉类制品加工设备《鉴定大纲》。

2.2.2.2 审核监督白羽肉鸡屠宰和肉类制品加工设备鉴定专家委员会提交的鉴定报告。

2.2.2.3 负责监督鉴定过程，调处鉴定争议和对鉴定工作的申诉。

2.2.2.4 监督白羽肉鸡屠宰和肉类制品加工设备鉴定证书的颁发、公告等。

2.2.2.5 负责组织抽检或监督复审工作。

2.3 鉴定专家委员会：设备鉴定专家委员会由管理机构聘请行业研究机构、检测机构、高等院校、技术服务机构、生产企业、行业组织等专家组成，负责鉴定的技术工作。

2.3.1 鉴定专家委员会成员应具备下列条件：

2.3.1.1 具有高级以上技术职称及同等专业水平的，从事相关专业领域工作满8年的。

2.3.1.2 对被鉴定设备所属专业有丰富的理论知识和实践经验，熟悉国内外该领域技术发展的状况。

2.3.1.3 具有良好的科学道德和职业道德，做出能客观、公正评价。

2.3.2 鉴定专家委员会的职责：

2.3.1.1 审核提出申请的鉴定材料。

2.3.1.2 对产品进行现场审核，对被鉴定设备做出客观、公正评价，撰写鉴定报告。

2.4 鉴定工作小组：根据鉴定工作的需要，从鉴定管理委员会和专家委员会中选派成员组成鉴定工作小组，负责某一鉴定项目的具体实施。

2.4.1 鉴定工作小组的职责。

2.4.1.1 接受鉴定管理委员会的领导，按照《鉴定大纲》要求开展鉴定工作。

2.4.1.2 坚持实事求是、科学严谨的态度进行审查和评价。

2.4.1.3 提出鉴定报告。对结论持有异议的问题要在报告中注明，全体成员要在鉴定技术文件上签字。鉴定工作小组负责人对鉴定结论要负责任，每个成员有权充分发表个人意见。

2.4.1.4 参加鉴定的有关人员，要采取合理措施保护其在鉴定工作中知悉的商业秘密，未经权利人许可，不得披露、使用、允许他人使用或转让该商业秘密。

2.4.2 鉴定工作小组成员为三至五人，原则上为单数。

3 鉴定程序及要求

3.1 申请鉴定的产品应符合以下要求。

3.1.1 属定型产品，能正常或稳定地进行批量生产，各项技术指标稳定。

3.1.2 符合国家有关标准或技术规范的要求。

3.1.3 列入白羽肉鸡屠宰和肉类制品加工设备鉴定产品种类目录。

3.1.4 新产品和科技创新成果。

3.2 申请鉴定的企业需填写并提交以下材料或其复印件：

3.2.1 白羽肉鸡屠宰和肉类制品加工设备鉴定申请表（附件1）。

3.2.2 企业法人营业执照复印件（境外企业提供主管机关的登记注册证明）。

3.2.3 产品标准的文本。

3.2.4 产品使用说明书。

3.2.5 法定产品检验机构出具的产品质量报告。

3.2.6 属于新产品或新科技创新成果鉴定的设备，应提交设计任务书或项目主管部门下达的计划书、合同、技术查新报告等鉴定所需要的技术文件。

3.3 鉴定的受理：鉴定管理委员会对企业的申报材料进行审查，并在10个工作日内做出是否受理的答复。

3.3.1 材料齐全并符合评审要求的，通知申报单位做好评审前的准备工作。

3.3.2 材料不全的，通知申报单位补充材料。

3.3.3 材料不符合评审要求的，通知申报单位暂不受理。

3.4 鉴定的实施：

3.4.1 根据《鉴定大纲》的要求，组织专家进行初审并填写初审意见，确定鉴定工作组成员和现场评审时间。

3.4.2 组织鉴定工作组进行实地调查和评估。

3.4.3 抽取样品送检测机构检测。

3.4.4 根据现场评审报告和检测报告，形成评审意见，将评审意见上报鉴定委员会核准。

3.5 鉴定结果：对通过评审要求的设备生产企业颁发《白羽肉鸡屠宰及肉类食品加工设备鉴定证书》，并授权使用鉴定标志，建立鉴定档案，进行公告。

4 鉴定后的监督复审

4.1 对获得《白羽肉鸡屠宰及肉类食品加工设备鉴定证书》和标志的企业，中心每两年对其进行一次监督复审，获证企业在鉴定证书有效期满三个月前向中心申请复审，复审按照初审程序实施。

4.2 对企业进行监督复审时，应通过现场检查判断企业的现实情况与首次通过鉴定时相比，是否发生了产品技术指标不稳定或下降。

4.3　对弄虚作假、冒用或混用鉴定证书的企业中心随时复审。

4.4　根据鉴定情况、用户反馈情况、复审抽检情况，以及相关机构监督检查情况，为通过鉴定的产品和企业建立信用档案，并作为向用户公示的内容，定期通报。

5　证书和标志的管理

《白羽肉鸡屠宰及肉类食品加工设备鉴定证书》及标志的使用应该符合《白羽肉鸡屠宰及肉食品加工设备鉴定证书和标志的管理办法》。

附件1

白羽肉鸡屠宰和肉类制品加工设备鉴定申请表

单位名称				
单位地址				
电子邮箱				
邮政编码		联系人		
联系电话		传真		
产品名称	年产量	主要销售区域		产品执行标准
自我声明	1. 本单位自愿申请开展设备技术鉴定工作； 2. 本单位承担与设备技术鉴定工作有关的费用； 3. 本单位保证仅在通过鉴定合格的产品上使用《白羽肉鸡屠宰及肉类食品加工设备鉴定证书》和标志； 4. 本单位保证按照《实施细则》的要求配合开展鉴定工作。 申请单位签章 　　年　　月　　日			
受理单位意见	受理单位公章 　　年　　月　　日			

第四节 白羽肉鸡屠宰加工设备通用细则

1 范围

本细则规定了白羽肉鸡屠宰加工设备的设计制造，验收的基本要求，试验方法，检验规则及标牌包装，运输贮存的要求。

本细则适用于白羽肉鸡屠宰加工设备（以下简称设备）。

2 规范性引用文件

下列文件对于本细则的应用是必不可少的。凡是注日期的引用文件，仅注日期的版本适用于本细则，凡是不注日期的引用文件，其最新版本（包括所有的修改单）适用于本细则。

GB/T 191－2008　包装储运图示标志

GB 1173－1995　铸造铝合金

GB/T 2828.1－2012　计数抽样检验程序　第一部分：按接收质量限（AQL）检索的逐批检验抽样计划

GB/T 3766　液压系统通用技术条件

GB/T 3767　声学声压法测定噪声源声功率级反射面上方近似自由场的工程法

GB/T 3768－1996　声学声压法测定噪声源声功率级反射面上方采用包络测量表面的简易法

GB 4706.1－2005　家用和类似用途电器的安全　第一部分：通用要求

GB 4806.1　食品用橡胶制品卫生标准

GB 5226.1　机械电气安全机械电气设备　第一部分：通用技术条件

GB/T 6576　机床润滑系统

GB/T 7932　气动系统通用技术条件

GB/T 7935　液压元件通用技术条件

GB/T 8196　机械安全防护装置固定式和活动式防护装置设计与制造一般要求

GB 9687　食品包装用聚乙烯成型品卫生标准

GB 9688　食品包装用聚丙烯成型品卫生标准

GB 9689　食品包装用聚苯乙烯成型品卫生标准

GB 4806.7－2016　食品安全国家标准食品接触用塑料材料及制品

GB 9691　食品包装用聚乙烯树脂卫生标准

GB/T 13306　标牌

GB/T 13384　机电产品包装通用技术条件

GB/T 14211　机械密封试验方法

GB/T 14253－2008　轻工机械通用技术条件

GB/T 16769－2008　金属切削机床噪声声压级测量方法

第六章　屠宰加工

GB 17888.2　机械安全进入机械的固定设施　第二部分：工作平台和通道
GB 17888.3　机械安全进入机械的固定设施　第三部分：楼梯、阶梯和护栏
GB/T 20878－2007　不锈钢和耐热钢牌号及化学成分
JB/T 4127.1　机械密封技术条件
JB/T 4127.2　机械密封分类方法
GB/T 27519－2011　辽宁白羽肉鸡屠宰加工设备通用要求
JB/T 4127.3　机械密封产品验收技术条件
JB/T 7277－2014　操作件技术条件
SB/T 228－2017　食品机械通用技术条件表面涂漆

3　术语和定义

下列术语和定义适用于本文件
3.1　产品：经辽宁白羽肉鸡屠宰加工设备加工的肉类及可食用副产物。
3.2　产品接触面：加工过程中直接与产品接触的设备表面。
3.3　非产品接触面：加工过程中不与产品直接接触的设备表面。
3.4　使用寿命：设备在规定的使用条件下完成规定功能的工作总时间（设备的性能和精度的保持时间、发生失效前的工作时间或工作次数）。
注：改写 GB/T 14253－2008，定义 3.4。
3.5　使用性能：与设备使用直接有关，并由设备设计决定的功能指标和特性。
注：改写 GB/T 14253－2008，定义 3.6。
3.6　运行性能：设备在使用过程中的运行特性和运行适应能力，如设备的工作效率（或生产效率）、能量消耗、设备对环境条件的适应能力等各项技术指标。
注：改写 GB/T 14253－2008，定义 3.6。
3.7　可靠性：设备在规定的时间和条件下完成规定功能的能力。
注：改写 GB/T 14253－2008，定义 3.7。

4　材料要求

4.1　设备材料的一般要求：
4.1.1　所用的材料应能耐受工作环境的温度、压力、潮湿的条件；耐受化学清洁剂、紫外线或其他消毒剂的腐蚀作用。
4.1.2　所用的材料、材料表面的涂层或电镀层，其表面应光滑、易清洗消毒、耐腐蚀、耐磨损、不易碎、无破损、无裂缝及无脱落。
4.1.3　产品接触面所用的材料还应符合下列条件：
4.1.3.1　无毒。
4.1.3.2　不得污染产品或对产品有负面影响。
4.1.3.3　无吸附性（除非无法避免）。
4.1.3.4　不得直接或间接地进入产品，造成产品中含有掺杂物。
4.1.3.5　不应因相互作用而产生有害或超过食品安全国家标准中规定数量而有害于人体健康的物质。

4.1.3.6 不得影响产品的色泽、气味及其品质。

4.1.3.7 符合食品卫生，易于清洗及消毒。

4.1.4 非产品接触表面应由耐腐蚀材料制成，允许采用表面涂覆过耐腐蚀的材料。如经表面涂覆，其涂层应黏附牢固。非产品接触表面应具有较好的抗吸收、抗渗透的能力，具有耐久性和可洗净性。

4.2 产品接触面的材料：

4.2.1 以下材料不得用于产品接触面：

4.2.1.1 含有锑、砷、镉、铅、汞等重金属物质的材料。

4.2.1.2 含硒超过0.5%的材料。

4.2.1.3 石棉和含有石棉的材料。

4.2.1.4 木质材料。

4.2.1.5 皮革。

4.2.1.6 没有经表面涂层处理（如氧化处理）的铝及其合金。

4.2.1.7 电镀铝、电镀锌及涂漆。

4.2.1.8 对产品可能产生污染的其他材料。

4.2.2 推荐采用 GB/T 20878—2007 中规定的 06Cr19Ni10、06Cr17Ni12M02 等牌号不锈钢，不得采用可能生锈的金属材料制作产品接触面。

4.2.3 形状复杂的产品接触面零部件允许采用 GB 1173—1995 中的 ZL 104 或与之在性能上相近的铝合金，应经表面涂层处理（如氧化处理），具有一定的抗腐蚀能力。

4.2.4 允许采用具有耐腐蚀作用和符合条件的其他金属或合金材料。铜、铜合金及电镀锌不得用于产品接触面，但可用于非产品接触面的其他零部件。

4.2.5 橡胶和塑料应具有耐热、耐酸碱、耐油性，并能保持固有形态、色泽、韧性、弹性、尺寸等特性。橡胶制品应符合 GB 806.1 的有关规定，塑料制品应符合 GB 9687、GB 9688、GB 9689、GB 9690、GB 9691 的有关规定。

4.2.6 碳、青玉、石英、氟石、尖晶石、瓷在正常的工作环境下，清洗、消毒、杀菌过程中不应改变其固有形态。

4.2.7 焊接材料应与被焊接材料性能相近。

4.2.8 纤维材料在工作环境下应不具有挥发性或其他可能污染空气和产品品质的物质；具有吸附性的纤维材料只能用于过滤装置。

4.2.9 粘接材料在工作环境下应能保证黏接面具有足够的强度、紧密度、热稳定性，耐潮湿。

5 设备要求

5.1 型号和参数：设备应有型号，型号和主要参数应确切、合理、简明，并符合有关规定。

5.2 造型和布局：设备造型设计应力求美观、匀称、和谐，整机（成套设备）应协调一致；布局合理，便于调整维修；操作方便，利于观察工作区域。

5.3 结构与性能：

5.3.1 设备应具备相关技术文件所规定的结构和使用性能，并且结构合理，运行性能良好，使用性能可靠。

5.3.2 设备应满足使用环境、工作条件、产品质量的要求。

5.4 设备表面：

5.4.1 产品接触面的表面粗糙度 Ra 值金属制品不得大于 3.2；塑料和橡胶制品一般不得大于 8μm；非产品接触面的表面粗糙度 Ra 值不得大于 25μm。

5.4.2 产品接触面应无凹陷、疵点、裂纹、裂缝等缺陷。

5.4.3 镀层和涂层表面的表面粗糙度最大 Ra 值为 50μm；应无分层、凹陷、脱落、碎片、气泡和变形。

5.4.4 同一表面，既有产品接触面又有非产品接触面，按产品接触面要求。

5.5 设备连接：

5.5.1 产品接触面上的连接处应保证平滑，不应有滞留产品的凹陷及死角，装配后易于清洗。

5.5.2 产品接触面上永久连接处应连续焊接，焊接紧密、牢固。焊口应平滑，无凹坑、气孔、夹渣等缺陷，经磨光、喷砂或抛光处理，其表面粗糙度 Ra 值不得大于 3.2μm。

5.5.3 产品接触面上粘接的橡胶件、塑料件等应连续粘接，保证在正常工作条件下不脱落。

5.5.4 螺纹连接处应尽量避免螺纹表面外露。

5.6 外观质量：

5.6.1 设备外观不应有图样规定以外的凸起、凹陷、粗糙和其他损伤等缺陷。

5.6.2 外露件与外露结合面的边缘应整齐，不应有明显的错位，其错位量应不大于表 6-1 的规定；设备的门、盖与设备应贴合良好，其贴合缝隙值应不大于表 6-1 的规定，电气、仪表等的柜、箱的组件和附件的门、盖周边与相关件的缝隙应均匀，其缝隙不均匀值应不大于表 6-1 的规定。

表 6-1　　　　　　　　　　　　错位量及缝隙值　　　　　　　　　　　　单位为 mm

结合面边缘及门、盖边长尺寸	≤500	>500～1250	>1250～3150	>3150
错位量	2	3	3.5	4.5
贴合缝隙值或缝隙不均匀值	1.5	2	2.5	—

5.6.3 装配后的沉孔螺钉应不突出于零件表面，也不应有明显的偏心；紧固螺栓尾端应突出于螺母端面，突出值一般为 0.2 倍～0.3 倍栓径；外露轴端应突出于包容件的端面，突出值一般为倒棱值。

5.6.4 非防腐材料制成的手轮轮缘和操作手柄应有防锈层。

5.6.5 电气、气路、液压、润滑和冷却等管道外露部分应布置紧凑，排列整齐，必要时采取固定措施；管子不应出现扭曲、折叠等现象。

5.6.6 镀件、发蓝件和发黑件等的色调应均匀一致，保护层不应有脱落现象。

5.6.7 涂漆表面质量应符合 SB/T 228 的有关规定。

5.6.8 喷砂、拉丝、抛光等的表面应均匀一致。

5.7 轴承：

5.7.1 任何与产品接触的轴承都应为非润滑型。

5.7.2 若润滑型轴承应穿过产品接触面时，该轴承应有可靠的密封装置并有防污措施以防止产品被污染。

5.7.3 当温升对使用性能和使用寿命有影响时，应有控制温升的定量指标；对主要轴承部位的稳定温度和温升应不超过表6－2的规定。

表6－2 轴承温度温升控制值

轴承型式	稳定温度/℃	温升/℃
滑动轴承	≤70	≤35
滚动轴承	≤80	≤40

5.8 电气、液压、气动和润滑系统：

5.8.1 电气系统应符合GB 5226.1的有关规定。

5.8.2 液压系统应符合GB/T 3766的有关规定，所选用的液压元件应符合GB/T 7935的有关规定。

5.8.3 气动系统应符合GT 7932的有关规定。

5.8.4 运动件润滑部位应润滑良好，油箱应设有油标，润滑系统应参照GB/T 6576的有关规定；润滑油可能与产品接触时，应采用食品级润滑油。

5.8.5 电器部分应无与带电部件直接或间接接触导致电击危险。

5.8.6 液压、气动、润滑系统或有关部位应无漏油、漏水（或渗透）和漏气等现象；机械密封应符合JB/T 4127.1、JB/T 4127.2、JB/T 4127.3的规定。

5.9 卫生：

5.9.1 设备应易清洗消毒。设备的产品接触面可拆卸部分要确保易清洗检查，且便于移动；不可拆卸的部分应易清洗检查。

5.9.2 产品接触面应能满足所要求的卫生处理或消毒条件；对部件的主要部位的清洁度应有限量值，其限量值应确切、合理。

5.9.3 对工作时可能产生的有害气体、液体、油雾等，应有排除装置，并应符合国家环境保护的有关规定。

5.9.4 产品接触面上任何等于或小于135°的内角，应加工成圆角；圆角半径一般应不小于6.5mm。

5.9.5 所有的设备、支持物和构架应防止积水、有害物和灰尘积聚，且便于清洁、检查、保养和维护。

5.10 安全：

5.10.1 凡有可能对人身或设备造成伤害的部位应采取相应的安全措施。设备的外表面应光滑，无棱角、毛刺，对运动时有可能松脱的零部件应设有防松脱装置；紧急制动按钮应采用醒目的黄色，位置应明显，有足够的尺寸，并标记其复位方向。

5.10.2 设备的齿轮、皮带、链条、摩擦轮、运动刀刃等运动部件应按照GB/T 8196的规定设置防护装置，并设置安全标志或安全颜色。

5.10.3 压力系统应有显示压力、真空度、温度的各种仪表及防止超压、超温等的安全防护装置，并应符合有关标准的规定。

5.10.4 安装到设备上的电机、电热元件、显示仪表等均应符合相关国家标准规定的安全要求。

5.10.5 电器、设备应分别符合 GB 4706.1、GB 5226.1 的有关规定。

5.10.6 大型成套产品的工作平台、通道、楼梯、阶梯和护栏应符合 GB 7888.2 和 GB 17888.3 的有关规定。

5.10.7 操纵件结构应先进合理。其技术要求应符合 JB/T 7277 的有关规定，经常使用的手轮、手柄的操纵力应均匀，其操纵力可参照表 6-3 的相应数值。

表 6-3　　　　　　　　　　　操纵力推荐值　　　　　　　　　　　　操纵力/N

操纵方式	按钮	操纵杆	手轮	踏板
用手指	5	10	10	—
用手掌	10	—	—	—
用手掌和手臂	—	60 (150)	40 (150)	—
用双手	—	90 (200)	60 (250)	—
用脚	—	—	—	120 (200)

注：表中括号内数值适用于不常用的操纵杆

5.10.8 应具有表明转向、操纵、润滑、油位、安全等的标志或指示牌，标志或指示牌应醒目、清晰、持久。

5.11 成（配）套性：

5.11.1 应配齐保证设备基本性能要求的附件和专用工具，附件和专用工具应附有合格证；对扩大使用性能的特殊附件应根据供需双方协议供应，一般应有随机供应的附件和专用工具的目录表及相应的标记。

5.11.2 成套设备（生产线）中各设备功能和生产能力应匹配，相互协调。

5.12 使用寿命及可靠性。

5.12.1 设备的使用寿命或可靠性定量指标应符合国家对机械产品和设备的有关规定。在遵守使用规则的条件下，设备从开始工作到第一次大修的时间应合理；整机寿命应符合国家对机械产品和设备的有关规定。

5.12.2 对影响设备精度和性能的主要零部件的可靠性指标应确切、合理；对影响整机寿命的主要零部件应采取有效措施；对易磨损的重要件应采取耐磨措施。

5.12.3 设备运转应平稳，启动应灵活，动作应可靠。

5.13 节能降耗：设备应充分考虑节约能源和降低消耗，成套设备（生产线）应在满足工艺、卫生和安全的前提下做到节水、节电、减少排放。

5.14 噪声：运转时不应有不正常的响声，单台设备空载时的噪声声压级一般应不超过 85dB（A）；或符合声功率级的有关规定。

5.15 使用信息：成套设备应编制操作和维护手册，操作和维护手册应包括以下内容：

5.15.1 设备及辅助设备的安装指南。

5.15.2 设备及电气的操作及维护说明。

5.15.3 推荐使用的维护方法。

5.15.4 安全使用要求。

5.15.5 设备清扫、冲洗、消毒和检查的常规程序。

6 试验方法

6.1 试验前的要求：

6.1.1 试验前应根据不同设备的特点，将设备安装调整好，一般应自然调平，或能保证正常工作的正确位置。

6.1.2 试验时应按整机进行，一般应不拆卸设备，但对运行性能、精度无影响的零部件可除外。

6.2 一般要求的检验：用定值或变值量具检验设备的型号和参数、造型和布局、结构与性能、设备表面、设备连接和外观。

6.3 空运转试验：

6.3.1 试验时一般使设备主运动机构从最低速起，由低速到高速依次运转。在每级速度的运转时间应不少于10min；达到额定转速时，其最高速运转时间一般应不少于1h。

6.3.2 轴承达到稳定温度后，用点温计测轴承位置的温升和温度。

6.3.3 运动过程应符合以下试验要求：

6.3.3.1 在规定速度下检验主运动的启动、停止（包括制动、反转和点动等）动作的灵活、可靠性。

6.3.3.2 检验自动化机构（包括自动循环机构）的调整和动作的灵活可靠程度，指示或显示装置的准确性。

6.3.3.3 检验有转位、定位机构的动作的灵活可靠程度。

6.3.3.4 检验调整机构、指示和显示装置或其他附属装置的灵活可靠程度。

6.3.3.5 检验操纵机构的可能性。

6.3.3.6 检验有刻度装置的反向空程量，应符合有关技术文件的规定；用测力计检验手柄等操纵件的操纵力。

6.3.4 当运转稳定后，用功率表测量主传动系统的空运转功率。

6.3.5 噪声声压级的测量可参照GB/T 16759规定的方法和仪器进行。在测量产品空载的噪声时应符合5.14的规定，噪声声功率级的测量，应根据噪声类别不同选用其测量方法，对于测量辐射稳态的、非稳态的宽带噪声或窄带噪声的声源，可按GB/T 3767的规定进行；对测量辐射宽带、窄带、离散频率等的稳态噪声的声可按GB/T 3768的规定进行。

6.3.6 液压、气动、润滑等系统和机械密封的试验应根据产品的特点按GB/T 3766、GB/T 7932、GB/T 6576、GB/T 14211等的规定进行。

6.3.7 电器、设备安全性的试验应按照GB 706.1、GB 5226.1的规定进行。

6.4 负荷试验：检验设备在最大负荷条件下运转是否正常，有关性能是否可靠。试验时应根据设备的特点，考核其在最大负荷下运转是否平稳，性能是否可靠，刚度是否良好；高速时是否产生冲击、振动，低速时是否异常，各运动中是否产生不均匀现象等。

6.5 精度检验：按照设备标准要求检验其精度。凡温度变化有影响的精度项目，在负荷试验前后均应检验其精度，对不要求做负荷试验的设备，应在空运转试验后进行。记入检测报告或合格证中的数据应是最后一次精度检验的结果。

6.6 振动试验：对某些转动零件的静、动平衡试验及某些转动部位或整机的振动试验应根据有关标准规定进行。

6.7 刚度试验：对需要进行静、动刚度试验的设备应按有关标准进行。

6.8 使用性能试验：

6.8.1 检验在不同的生产能力下，加工不同规格产品的工作质量。

6.8.2 在规定的生产能力和质量条件下，检验所有联动机构和有关电气、液压、气动、润滑等系统及安全卫生防护的可靠性。

6.8.3 设备在各种可能条件下的使用性能试验，当不可能在制造厂进行时，允许在用户厂进行抽检。

6.9 压力试验：设备进行压力试验时应根据有关规定进行。

6.10 使用寿命及可靠性试验：可靠性试验应按标准规定进行。使用寿命试验必要时也可在用户厂进行。

7 检验规则

7.1 出厂检验：

7.1.1 每台设备应经制造厂检验合格，并附有合格证明书或合格证后方能出厂。在特殊情况下，按制造厂与用户协议书规定也可在用户厂进行。

7.1.2 出厂检验一般包括5.4、5.5、5.6、5.11.1、5.12.3和6.3的内容。

7.2 型式检验：

7.2.1 当有下列情况之一时，应进行型式检验：

7.2.1.1 新设备试制、定型鉴定时。

7.2.1.2 结构、材料、工艺有较大改变，可能影响设备性能时。

7.2.1.3 需要对设备质量全面考核评审时。

7.2.1.4 在正常生产的条件下，设备积累到一定产量（数量）时，应周期性进行检验。

7.2.1.5 国家质量监督机构提出型式检验的要求时。

7.2.2 型式检验一般包括下列内容：

7.2.2.1 一般要求的检验。

7.2.2.2 成（配）套性（附件和专用工具）。

7.2.2.3 空运转试验。

7.2.2.4 负荷试验。

7.2.2.5 精度检验。

7.2.2.6 使用性能试验。

7.2.2.7 使用寿命及可靠性试验。

7.2.2.8 卫生、安全检验。

7.2.2.9 其他。

7.3 抽样方法：

7.3.1 应根据设备的生产批量大小及复杂程度确定样本的大小，抽样的设备应能真实地反映出企业在一段时期内设备质量的实际水平。一般成品检验的样本，可在生产厂检验合格入库（或用户）的产品中随机抽取一台，特殊情况下也可抽取两台。抽两台时，一台作为检验的主要考核样本，另一台可作为某一项检验有争议时的待检台。对大批量小型设备也可参照 GB/T 2828.1 等抽样方法。

7.3.2 生产过程质量检验的样本，可由检验合格入库的零部件中随机抽取，特殊情况下也可从整机中拆检。

7.4 判定方法：

7.4.1 型式检验中若有不合格项目，则加倍抽取该设备对不合格项进行检验，若仍有不合格则判定该批次型式检验不合格。

7.4.2 用户对设备有特殊要求时，可按协议制造和检验。

8 标牌

8.1 在设备适当而明显的位置应固定设备标牌，标牌的型号、尺寸和技术要求应符合 GB/T 13306 的有关规定。

8.2 设备标牌应包括下列基本内容：

8.2.1 制造商名称、地址。

8.2.2 设备名称、型号及商标。

8.2.3 主要参数（或其他技术特性）。

8.2.4 制造日期或出厂日期。

9 包装、运输

9.1 包装应符合 GB/T 1338 的有关规定。

9.2 包装标志应符合 GB/T 191 的有关规定。

9.3 随机文件应齐全，包括合格证明书或合格证、使用说明书或设备操作和维护手册及装箱单，文件内容应确切。

9.4 包装后的设备在运输过程中应符合铁路、陆路、水路等交通部门的有关规定。对特殊要求的设备，应规定其运输要求。

10 贮存

10.1 设备应贮存在干燥、通风的场所。若露天存放时，应有防雨雪淋、日晒和积水的措施。

10.2 设备应平稳存放，不得与有毒、有害、有腐蚀的物品存放在一起。

10.3 设备贮存期间应定期检查防锈情况，在规定的贮存期内，不得发生锈蚀现象。

第五节　白羽肉鸡胴体分割分级操作技术规程

1　范围

本标准规定了原料鸡、分割环境要求、人员要求、屠宰工艺、分割、产品检验、贮藏、包装、标志、运输的要求。

本标准适用于白羽肉鸡屠宰加工企业对白羽肉鸡胴体分割、分级。

2　规范性引用文件

下列文件中的条款通过本标准的引用而成为本标准的条款。凡是注明日期的引用文件，其随后所有修改单（不包括勘误的内容）或修订版均不适用于本标准。凡是不注明日期的引用文件，其最新版本适用于本标准。

GB/T 191　包装储运图示标志

GB/T 6388　运输包装收发货标志

GB 7718　预包装食品标签通则

GB 9687　食品包装用聚乙烯成形品

GB 11680　食品包装用原纸卫生标准

GB 12694　肉类加工厂卫生规范

GB/T 19478　肉鸡屠宰操作规程

GB/T 20799　鲜冻肉运输条件

NY 5034　无公害食品禽肉及禽副产

3　术语和定义

下列术语和定义适用于本标准。

3.1　鸡屠体：活体屠宰、放血、去除羽毛、脚角质层、趾壳和喙壳后的鸡体。

3.2　鸡胴体：经过放血、去毛、去内脏（不包括肺、肾）、去头等工序后肉鸡的整个躯体。

4　原料鸡要求

4.1　原料鸡应来自非疫区，健康状况良好，并有当地畜禽防疫机构出具的检疫合格证明。

4.2　宰前应停饲12h以上，但要保证饮水充分。

5　分割环境要求

肉鸡屠宰分割厂区、厂房及环境应符合GB 12694的规定。

6 人员要求

屠宰加工操作人员的卫生应符合 GB 12694 的规定。

7 屠宰工艺

7.1 屠宰包括挂鸡、刺杀放血、浸烫、脱毛、去嗉囊、摘取内脏、冷却等工艺，其操作按 GB/T19478 规定执行。

7.2 修整：

7.2.1 摘取胸腺、甲状腺、甲状旁腺及残留气管。

7.2.2 修割整齐，冲洗干净，胴体无可见出血点，无溃疡，无排泄物残留、无骨折。

8 分割

8.1 白条鸡类：

8.1.1 带头带爪白条鸡：屠体去除所有内脏，保留头、爪。

8.1.2 带头去爪白条鸡：屠体去除所有内脏，沿跗关节处切去爪，保留头。

8.1.3 去头带爪白条鸡：屠体去除所有内脏，在第一颈椎骨与寰椎骨交界处连皮将头去掉，保留爪。

8.1.4 净膛鸡：屠体去除所有内脏，齐肩胛骨处去颈和头，颈根不得高于肩胛骨，按 8.1.2 的方法切去爪。

8.1.5 半净膛鸡：将符合卫生质量标准要求的心、肝、肫（肌胃）和颈装入净膛鸡胸腹腔内。

8.2 翅类：

8.2.1 整翅：切开肱骨与喙状骨连接处，切断筋腱，不得划破关节面和伤残里脊。

8.2.2 翅根（第一节翅）：沿肘关节处切断，由肩关节至肘关节段。

8.2.3 翅中（第二节翅）：切断肘关节，由肘关节至腕关节段。

8.2.4 翅尖（第三节翅）：切断腕关节，由腕关节至翅尖段。

8.2.5 上半翅（V 形翅）：由肩关节至腕关节段，即第一节和第二节翅。

8.2.6 下半翅：由肘关节至翅尖段，即第二节和第三节翅。

8.3 胸肉类：

8.3.1 带皮大胸肉：沿胸骨两侧划开，切断肩关节，将翅根连胸肉向尾部撕下，剪去翅，修净多余的脂肪、肌膜，使胸皮肉相称、无瘀血、无熟烫。

8.3.2 去皮大胸肉：将带皮大胸肉的皮除去。

8.3.3 小胸肉（胸里脊）：在鸡锁骨和喙状骨之间取下胸里脊，要求条形完整，无破损，无污染。

8.3.4 带里脊大胸肉：包括去皮大胸肉和小胸肉。

8.4 腿肉类：

8.4.1 全腿：沿腹股沟将皮划开，将大腿向背侧方向掰开，切断髋关节和部分肌腱，在跗关节处切去鸡爪，使腿型完整，边缘整齐，腿皮覆盖良好。

8.4.2 大腿：将全腿沿膝关节切断，为髋关节和膝关节之间的部分。

8.4.3 小腿：将全腿沿膝关节切断，为膝关节和跗关节间的部分。
8.4.4 去骨带皮鸡腿：沿胫骨到股骨内侧划开，切断膝关节，剔除股骨、胫骨和腓骨，修割多余的皮、软骨、肌腱。
8.4.5 去骨去皮鸡腿：将去骨带皮鸡腿上的皮去掉。
8.5 副产品：
8.5.1 心：去除心包膜、血管、脂肪和心内血块。
8.5.2 肝：去除胆囊，修净结缔组织。
8.5.3 肫（肌胃）：去除腺胃、肠管、表面脂肪。在一侧切开，去除内容物，剥去角质膜。
8.5.4 骨架：去除腿、翅、胸内和皮肤后的胸椎和肋骨部分。
8.5.5 鸡爪：沿附关节切断，除去趾壳。
8.5.6 鸡头：在第一颈椎骨与寰椎骨交界处切断，去掉食道和气管。
8.5.7 鸡脖：包括鸡头和鸡脖部分。
8.5.8 带头鸡脖：包括鸡头和鸡脖部分。
8.5.9 鸡睾丸：摘取公鸡双侧睾丸。

9 产品检验

分割鸡产品的检验应符合 NY 5034 的要求。

10 产品分级

按照胴体性状、肌肉品质指标将白羽肉鸡产品分为三级。采用百分制评分法进行分级，各项指标标准和分数见表 6-4。

表 6-4　　　　　　　　白羽肉鸡产品质量分级等级表

	项目	一级 标准	一级 评分	二级 标准	二级 评分	三级 标准	三级 评分
胴体性状	全净膛率（%）	78	4	74	3	72	2
	胸肌率（%）	10.0	4	9.0	3	8.0	2
	腿肌率（%）	15.0	4	13.0	4	11.0	2
鸡肉品质	吸水力（%）	66	6	62	8	60	3
	嫩度（kg/cm²）	4.5～5.0	10	3.5～4.5 和 5.0～5.5 以上	8	3.5 以下 和 5.5 以上	6
	肌纤维直径（μm）	38	14	42	11	50	8
	肌苷酸含量（mg/g）	2.30	14	1.90	11	1.60	8
	肌内脂肪含量（%）	3.2	14	2.7	5	2.4	8

11 抽样方法

在待测白羽肉鸡群体（群体数量不少于 30 只公鸡、30 只母鸡）中随机抽取 6 只公鸡、6只母鸡，测定值均为公母均值。

12 测试方法

12.1 白羽肉鸡活鸡应来自非疫区，并经检疫、检验合格。屠宰后的产品应符合GB 16869的要求。

12.2 白羽肉鸡平均活重应达到1300g以上。

13 测试方法

13.1 系水力：屠宰后1h内的新鲜屠体，用取样器在胸大肌上取质量约0.5g的肉样，置于两层医用纱布之间，上下各垫18层滤纸，加压35kg，保持5min。原肌肉含水量的测定按GB/T 14772执行。系水力按式（1）计算：

$$X = \frac{m_1 A - (m_1 - m_2)}{m_1 A} \times 100\% \quad \cdots\cdots\cdots\cdots\cdots\cdots\cdots\cdots\cdots\cdots\cdots\cdots\cdots\cdots\cdots\cdots\cdots\cdots (1)$$

式中：

X——样品系水力（%）；

m_1——加压前肉样质量，单位为克（g）；

m_2——加压后肉样质量，单位为克（g）；

A——原肌肉含水量（%）。

13.2 嫩度：取屠宰后0℃～4℃成熟24h的胸肉，经蒸煮袋密封包装后在80℃～82℃水中加热30～40min，使肌肉块中心温度达到74℃以上（中心温度用热电藕测温仪监测），冷却30min，取直径为1cm的肉柱，分别在近龙骨端、中端、远龙骨端取样，用嫩度计测定后取3个点的平均值。

13.3 肌纤维直径：屠宰后1h内的新鲜屠体，在胸大肌顺纤维方向取宽约1cm、长约2cm、深约1cm的肌肉束，于固定液中浸泡，置于4℃冰箱中保存。采用石蜡和冰冻切片的制作方法，做成肌肉组织切片。用图像分析仪或光学显微镜观察测定肌纤维直径。

13.4 肌苷酸含量：

13.4.1 测定方法：使用高效液相色谱测定方法测定。

13.4.2 主要试剂：所用试剂除特别说明外均为分析纯级。

13.4.2.1 洗脱液：

主要成分：0.05mol/L磷酸三乙胺、5%甲醇溶液。

配制方法：取磷酸3.5mL，加入200mL二次蒸馏水和7.2mL三乙胺（99%纯度），摇匀，混合后加二次蒸馏水至1000mL，用三乙胺调pH为6.5后，取出950mL加入50mL色谱纯甲醇，混匀，经0.5pm滤膜过滤，置超声波水浴中脱气30min，备用。

13.4.2.2 标准液：

储备液：分别称取二磷酸腺苷标准品（ADP-Na$_2$，净含量90.2%）11.1mg、单磷酸腺苷标准品（AMP·H$_2$O，净含量95.1%）10.5mg、肌苷酸标准品（IMP-Na$_2$，净含量65.3%）15.3mg、肌苷标准品（HxR，净含量100%）10mg、次黄嘌呤标准品（Hx，净含量100%）10mg于10mL容量瓶中，加二次蒸馏水稀释到刻度。此五种溶液分别含ADP，AMP，IMP，HxR，Hx1.00mg/mL。

混合标准工作液：分别吸取 ADP，AMP，IMP，HxR 储备液 1mL，Hx 储备液 0.1mL 于 10mL 容量瓶中，加二次蒸馏水定容至刻度。此溶液含 ADP，AMP，IMP，HxR0.1mg/mL，含 Hx0.04mg/mL。

13.4.3　样品制备：准确称取剪碎的胸肌肉样 5g 左右，放入 50mL 匀浆管中，加 15mL5％高氯酸溶液，用高速组织匀浆机打成浆状，用 15mL5％高氯酸冲洗匀浆管，合并匀浆液。在 3500r/min 离心 10min。吸取上清液通过中速滤纸滤于 100mL 烧杯中，沉淀再用 15mL 高氯酸液振荡 5min 后离心，合并滤液。用 5mol/L 和 0.5mol/L 的氢氧化钠调 pH 为 6.5，转至 100mL 容量瓶中，用二次蒸馏水定容，摇匀。用孔径为 0.5μm 的滤膜过滤后用于 HPLC 分析。

13.4.4　检测：分离柱为内径 8mm、柱长 100mm、填料为 C_{18} 粒度 5μm 的不锈钢柱。洗脱液流量 1mL/min，检测器波长 254nm，进样量 10μL。先注入标准液，从色谱图上得到标准液每一组分保留时间和峰面积。再注入样品液，得到各自峰面积。样品浓度按式（2）计算。

$$C_i = C_s \times \frac{A_i}{A_s} \cdots\cdots\cdots\cdots\cdots\cdots\cdots\cdots\cdots\cdots\cdots\cdots\cdots\cdots\cdots\cdots\cdots\cdots\cdots\cdots\cdots\cdots (2)$$

式中：

C_i——样品肌苷酸含量，单位为毫克每毫升（mg/mL）；

C_s——标样浓度，单位为毫克每毫升（mg/mL）；

A_i——标样峰面积；

A_s——样品峰面积。

13.5　肌内脂肪含量。

取胸肌样品 15g 左右，样品肌内脂肪含量（按肌肉干样计算）的测定按 GB/T 14772 执行。

14　分级判别规则

将各项指标的分数累加后查表 6-5，即得该白羽肉鸡产品的综合评定等级，60 分以下为等外。

表 6-5　　　　　　　　　　白羽肉鸡产品综合评定等级分数表

等级	一级	二级	三级
分数	90 分以上	75 分～89 分	60 分～74 分

15　贮藏

生鲜产品应在 -1℃～-4℃贮存，冷冻产品应在 -18℃以下贮存。

16　包装、标志、运输

16.1　包装：分割鸡产品的包装应符合 GB 9687 和 GB 11680 的规定。

16.2　标志：产品标志应符合 GB 7718 的规定，箱外标志应符合 GB/T 6388 和 GB/T 191 的规定，箱外两侧标明产品名称、生产日期、规格、等级、重量、贮存条件和企业名称。

16.3 运输：产品运输应符合 GB/T 20799 的规定。

第六节 白羽肉鸡鲜、冻鸡肉加工技术规程

第一部分 范围、规范性引用文件及术语定义

1 范围

本标准规定了白羽肉鸡鲜、冻鸡肉加工生产流程、宰后检验及处理技术要求。
本标准适用于白羽肉鸡屠宰加工企业对鲜、冻鸡肉的加工。

2 规范性引用文件

下列文件中的条款通过本标准的引用而成为本标准的条款。凡是注明日期的引用文件，其随后所有修改单（不包括勘误的内容）或修订版均不适用于本标准。凡是不注明日期的引用文件，其最新版本适用于本标准。

GB/T 191　包装储运图示标志
GB/T 6388　运输包装收发货标志
GB 7718　预包装食品标签通则
GB 9687　食品包装用聚乙烯成形品
GB 11680　食品包装用原纸卫生标准
GB 12694　肉类加工厂卫生规范
GB/T 19478　肉鸡屠宰操作规程
GB/T 20799　鲜冻肉运输条件
NY 5034　无公害食品禽肉及禽副产品
DB14 T 1474－2017　绿色食品 白羽鸡肉生产技术规程
SN/T 0419－2011　出入境鲜冻家禽肉类检验检疫规程
商务部出口商品技术指南（鲜、冻鸡肉）2005

3 胴体

经过放血、去毛、去内脏等一系列工序后所呈现的肉鸡之整个躯体。

4 副产品

除胴体外，包括头、爪在内的，加工后宜于人类食用的产品。

5 预冷

在规定时间内，通过冰水或其他卫生的方法，将胴体中心温度降至 4℃ 以下的过程。预冷时间 30min 以上。

6 毛鸡验收（宰前检疫）

为判定原料鸡是否适合人类食用，在原料鸡放血致死前进行的检验。

7 宰后检验

为判定肉鸡是否适合人类食用，在原料鸡宰后，对其头、胴体、内脏和其他部位进行的检验。

8 无害化处理

将经检验确定为不适合人类食用或不符合兽医卫生要求的鸡只、屠体、胴体、内脏或鸡只的其他部分进行高温、焚烧或深埋等处理的方法或过程。

9 清洗

指用符合饮用的流动水除去残屑、污物和其他可能污染食品的不良物质的加工工序。

10 消毒

指用符合食品卫生要求的物理的或化学的方法有效杀灭微生物，但不影响食品品质或其安全的加工工序。

第二部分 生产流程描述

1 原料采购

1.1 工艺流程：
毛鸡收购→抓鸡→运鸡。
1.2 操作规范：
1.2.1 毛鸡收购：毛鸡采购员及时通知毛鸡宰杀计划，使养鸡户预先做到以下事项。
1.2.1.1 毛鸡宰前 2 小时停止供食。
1.2.1.2 同时撤走鸡舍内所有饲料槽。
1.2.1.3 毛鸡宰前 1 小时断水，确保嗉囊重量≤0.6×毛鸡重量。
1.2.2 抓鸡和运鸡：从养鸡场抓鸡送至加工厂的屠宰过程中，必须注意减少对鸡的碰伤、死亡、失重及其他损耗，以免影响养鸡场的效益和宰后肉品的品质。抓鸡时尽量避免阳光，减少鸡的损伤。根据送鸡数量，组织足够人员，缩短抓鸡时间，每车抓鸡时间控制在 1 小时以内。
1.2.3 运容器：一般运鸡周转箱、鸡笼（严禁使用铁笼）尺寸长 80 厘米×宽 60 厘米×高 35 厘米，冬天每笼可装 12~16 只，夏天每笼 8~12 只。屠宰场应有待宰棚，夏天有风扇和喷淋水设置以便给鸡体降温，寒冷的冬季，运鸡卡车应加遮风篷布，避免鸡只冻死。

2 挂毛鸡（脏区工艺）

2.1 工艺流程：

毛鸡验收→卸车→放笼→一次挂鸡→电麻→放血→沥血→浸烫→打毛→处理病残→刷笼→码笼→装笼。

2.2 操作规范：

2.2.1 毛鸡验收： 宰前兽医以车为单位必须检查两证：《动物检疫合格证明》、《饲养日志》；每车随机抽样5~10只检查鸡嗉囊，分析判断停食时间；根据鸡的精神状况及呼吸状况判断有无病鸡，对挑出的病死鸡进行无害化处理；检查挂鸡操作情况及挂鸡台的卫生是否符合要求；检查车辆鸡笼等工具的卫生消毒是否彻底；做好相应的记录。

2.2.2 卸车： 鸡车靠近卸鸡台时，卸笼人员应协助司机及时平稳地将毛鸡车停靠到位，两位拖笼工右手持钩子钩住最底层鸡笼，左手扶住笼子，防止歪斜共同配合安稳地将鸡笼输送至传送带前。

2.2.3 放笼： 两名抬笼工应从上至下用双手将鸡笼轻搬轻放在传送带上，保持单层输送，鸡笼置中（不歪斜），笼距适当，并注意在拐角处的调整，避免卡笼。地面掉落鸡只应及时双手捧起放入笼内，抓鸡时要轻抓轻放，避免野蛮抓鸡，防止导致鸡体损伤。不同车次与养鸡户的鸡笼，通过时间间隔和指令下达进行区分标识。

2.2.4 一次挂鸡： 挂鸡工应面向链条均匀排开站立在指定位置上，按链条上的挂牌标识相应挂鸡，挂鸡要及时，而且要稳、准、快。操作时：伸一只手入笼内，以食指和中指卡住鸡爪关节处，另一只手按住鸡翅，把毛鸡抓出笼外，并顺势同样手法操作抓住另一鸡爪，将鸡迅速挂上链条，同时稍用力向下拉紧卡牢。挂鸡过程中应准确鉴别，剔除笼内死鸡，病残鸡及体重小于1250g的小鸡，并将其放入身后专用容器内。最末一位挂鸡工应负责将笼内鸡全部抓出，挂鸡时禁止出现挂单腿或一个链钩挂两只或两只链钩挂一只鸡的现象，排头挂鸡工应及时将链钩挂满。挂鸡间尽量保持较暗光线。

注：所有抓鸡行为必须轻柔，力度适当，绝对禁止粗暴、虐待及用力过大摔碰的现象。

2.2.5 电麻： 活鸡电麻前倒挂一段时间，让鸡稍事安静。一般电流不超过120mA，电压为8~14V，根据鸡只大小随时调节电压确保电击晕效果达到99%以上。宰前抽查5只检验通过电击的鸡只大小，随时调节电压确保电击的鸡只：无颈部倾斜、头部活动、舌头没有伸出或移动、有节奏的呼吸、眨眼或眼球移动等有知觉现象，且摘下后能在3min内自然苏醒，方可批量宰杀。

2.2.6 放血： 宰杀工应按时到岗，及时宰杀，按要求标准站位，宰杀时左手握住鸡头，右手执刀，右手拇指、食指、中指捏住刀背，于下颌骨处颈部单侧下刀（在鸡耳朵上方1cm处下刀），下刀时要稳、准确保证血管断，但气管、食管完好。宰杀工具要轮换消毒。

2.2.7 沥血： 鸡只进入浸烫之前在暗室空挂沥血，空挂沥血时间宜在3~5min，放血不良率不得超过0.2‰。

2.2.8 浸烫： 设备操作工须按时对设备试行查看，在宰杀前烫锅内加水，水位以浸没挂钩为易，打开鼓风机，浸烫水温58℃~62℃，浸烫时间约90s，达到要求正常后开链宰杀，保持每只鸡的 1.5L 的换水量。浸烫水不停翻腾，水温相对均匀，防止鸡只烫生或烫熟。烫生的鸡只，其翅部和尾部残毛较多。水温偏高，易烫熟鸡胸部肌肉，其肉色会发白，影响产品品质。

2.2.9 打毛：当鸡进入打毛机时，打开喷淋水管（水管主要用于冲鸡体上的鸡毛及黄皮），打毛机的间隙调节和打毛的时间应根据杀鸡的速度和鸡只大小而定，在调节打毛机时应检查断翅率及断爪率，以便采取相应措施。

2.2.10 鸡粪及小弱病残鸡处理：及时清理指定鸡粪，放于专用盛接容器，集中倒入专用粪车。及时收集每车剔下的死鸡、病残鸡，经品管部人员核实确认后做无害化处理，处理方式包括焚烧、深埋等。

2.2.11 刷笼（清洗消毒）：刷笼工应提前开机试运行、检查水量。刷笼时应及时在拐弯处和刷笼入口调整鸡笼前行状态，避免卡笼，在每车刷笼结束时应及时将笼全部通过刷笼机，且将每车过滤出的杂物及时收集清除，要求将笼用水冲刷干净，转出挂鸡间，并用 200~300ppm 的次氯酸钠消毒液喷淋消毒。笼内有鸡应及时捡出，避免通过刷笼机，对捡出鸡要及时收集送至打毛间处理，并随时用扫帚保持刷笼机周围地面的卫生清洁。

2.2.12 码笼：码笼应及时，码放整齐，笼口向上，每 8~9 只笼码成一垛，码笼过程应快、稳、轻。

2.2.13 装笼：装笼人员应用铁钩钩住鸡笼最下层笼棱，及时搬运至车厢内排列整齐，并保持每垛 8~9 只笼，配合码笼工连续作业，准确装笼装车，运笼中应快、稳、轻，禁止倒笼、摔笼。

3 掏脏（脏区工艺）

3.1 工艺流程：
二次挂鸡→净毛→开嗉→掏嗉→开膛→掏脏→去脏→掏肺→复检胴体过磅。

3.2 操作规范：

3.2.1 二次挂鸡：所谓二次挂鸡就是把脱过毛的鸡从出鸡槽转挂到掏脏链条。操作如下：右手抓住鸡的左腿，同时食指与中指钩住右腿，左手抓住鸡脖，把鸡挂在掏脏链条上（要求：掏脏链条上的鸡应挂鸡头下方 1~2cm 处）。

3.2.2 净毛：当鸡从打毛机出来后，可能会有残留的长毛和毛根。长毛多集中在翅尖和鸡尾上，长毛直接用手摘下。毛根多数也在鸡尾上，左手捏住鸡尾，右手用毛夹夹下毛根。另有一小部分鸡体上有黄皮（大多在鸡肋部和腿内侧），设有专人搓净黄皮。残毛、黄皮较多的鸡只应摘下线，待本车鸡挂完，利用空钩返回上道工序，重新摘小毛。注意头部刀口处残毛及腿关节处（尤其是有炎症的）残毛。

3.2.3 开嗉：左手捏住右翅上方的鸡脖皮，右手持剪刀在鸡嗉上方 4~5cm 处下刀（与鸡脖保持 30 度的倾斜度），剪开长度约 1~1.5cm 的嗉子口。一次性剪断食管，但不准剪破嗉子。

3.2.4 掏嗉：左手抓住鸡右翅，右手持钩子自嗉子口深入到鸡的一对锁骨中间，顺时针旋转把嗉子掏出，注意动作要朝上提。

3.2.5 开膛：左手抓住鸡的左腿，右手持刀在鸡肛上方 1cm 处深入 2~3cm 后沿鸡肛上边向右开 3cm 的口，然后从第一刀入刀处向左开 2cm 的口，开完后刀口呈八字形，把法氏囊摘下，鸡肛自然下垂，注意不能割伤腿肉，割破软骨、割伤内脏等。

3.2.6 掏脏：左手扶住鸡胸使鸡体保持平稳，右手持钩沿鸡背伸向体腔顶部，然后一次性把心、肝、肫、肠、板油等内脏掏出，将内脏向外翻出，使鸡内脏自然下垂并完全落于胴体下，掏脏工具每3只鸡一消毒（注意不要用力过猛，防止内脏掉入槽中或地上）。

3.2.7 肫分离：左手分别抓住鸡体，右手拿住鸡肫用力撕下，使其鸡肫脱离鸡体，然后通过滑槽进入副产（注意不能把鸡肛去掉）。

3.2.8 剪肛：左手捏住鸡肛，右手持剪，在鸡肛上方1cm处剪下，要求不能剪伤鸡腿。

3.2.9 掏肺：左手扶住鸡胸使鸡体保持平稳，右手持钩沿鸡背伸向体腔顶部，然后一次性把肺掏出。

3.2.10 复检：两手分别伸入两只鸡的体腔内，检查是否有残留的心、肝、腺胃等，且观察开嗉部位，避免遗留的嗉子进入后区；同时复检人员还应检查体表是否有鸡毛及黄皮等杂质。

胴体分级：根据分级规格进行准确分级 380～780g，781～1000g，380g 以下，1000g 以上。并且将放血不良，高温鸡，皮炎鸡准确地分出。

3.2.11 胴体过磅：

3.2.11.1 过磅：首先由摘鸡人员两手分别抓住两只鸡的鸡脖处，把掏完内脏的鸡从链条上摘下放在盒子里（每盒20只），过磅计量，由专人进行数据记录，确保记磅人员记完数据，然后把盒子移走，再过下一盒。

3.2.11.2 挂鸡：将过完磅的胴体再挂回链条：用手抓住鸡腿（鸡脖），把鸡的膝关节（鸡脖）挂在链条上，挂鸡要牢固、均匀。

第三部分 宰后检验及处理

宰后检验一般分成3道程序，首先对脱毛净膛前的屠体逐只进行体表检验。然后，取出的内脏应与肉尸相连，作同步对照检验，重点检验有无内脏病变禽。最后，掏出内脏并充分清洗，在进入冷却之前，应逐只对禽体作腹腔检验，检验内腔有无病变及脏器残留。

1 体表检验

仔细观察禽皮肤上有无出血、水肿、肿瘤、创伤和传染病病变，应特别注意肉鸡胸部易发生的胸囊肿。同时，应观察头部、关节和各天然孔的情况，以及放血程度。放血良好的光禽其皮肤为白色或淡黄色，带有光泽，看不到皮下血管；放血不良的光禽皮肤呈红色，表皮血管充血。鸡常患有葡萄球菌、大肠杆菌、霉形体病，引起鸡体的关节炎和筋腱肿胀。病变也能发生在小腿、趾和翅等部位。

2 内脏检验

2.1 肝脏、心脏：观察外表的大小、色泽、形状、有无坏死小点或肿块，心脏包膜是否增厚，胆囊是否有变化或破裂。同时用手感触摸肝脏是否有硬结变化。

2.2 脾脏：是否充血、肿大，色泽是否深暗，有无灰白色结节等。

2.3 心脏：是否充血、出血（包括心包膜和浆膜出血）、炎症，心肌色泽是否正常。

2.4 胃：必要时抽查，可行剖检，剥去肌胃的角质层检查有无出血溃疡，肌层内有无寄生虫，剖开腺胃观察腺胃乳头是否有出血溃疡等病变。

2.5 肠管：观察整个肠管的浆膜面，有无出血、小结节和肿胀等，必要时剖开肠黏膜观察有无充血、出血、坏死病灶或寄生虫等。

3 胸腹腔检验

净膛后的禽胴体做胸腹腔检验较为方便，必要时，借助扩张器和手电筒照射，检查肺、肾和腔内有无病变、杂质及残留脏器，对不符合的禽肉（含瘦小的），剔出单独加工处理。

4 副产品加工（脏区工艺）

4.1 内脏分离：
4.1.1 工艺流程：摘心→分肝。
4.1.2 操作规范：
4.1.2.1 摘心：将鸡心握在手心，另一只手握鸡肝，左右分离，将分离后的鸡心放入专门容器里。
4.1.2.2 肝、胆分离：一手握肝，另一手拇指和食指摘胆、脾、肺等（分离后的肝无胆、皮、油等）。避免肝脏的破损，不要用力过大。

4.2 鸡肫加工：
4.2.1 工艺流程：抹肫油→剪肫→打肫油→剪腺胃→翻肫→剥肫皮→洗肫沥水→计量包装。
4.2.2 操作规范：抹肫油，将鸡肫表面的大块肫油去除干净。
4.2.2.1 剪肫：左手握住鸡肫，拇指和食指捏住腺胃，右手握剪刀，先将嗉子与腺胃连接处剪开，再将肫和腺胃从中间剪开。
4.2.2.2 打肫油：打油人员将剪好的鸡肫倒入打油机内，把残留在鸡肫上的油打净，打油时，应不断往机器内加水，以缩短打油时间，防止将肫损坏，打油时间约为1～2分钟。
4.2.2.3 剪腺胃：将打完油的鸡肫倒入分离槽中，剪腺胃人员左手拿肫，右手持剪，将腺胃剪下，注意不能将肫剪坏。
4.2.2.4 翻肫：将剪完腺胃的肫向外翻开，鸡内金完全外露，使肫摆开后呈蝴蝶形以便拨肫皮。
4.2.2.5 拨肫皮：将肫放在拨肫皮机器上，内金面贴在滚轴剥离，动作迅速，鸡肫完好将鸡内金去掉，注意鸡内金不能戴肫肉，操作过程中不准许带手套以免剥肫机夹住手套导致手部受伤。
4.2.2.6 计量包装：把洗好鸡肫分别按客户要求计量包装。

4.3 其他内脏产品加工：
4.3.1 鸡肝：盘冻，将分离后鸡肝转运到鸡肝加工处洗好、沥水，根据客户要求分别计量摆盘。鸡肝光滑面朝上放在盒子里。

4.3.2 鸡心：盘冻，将分离后鸡心转运到鸡心加工处洗好、去除心膜，沥水，根据客户要求分别计量摆盘，摆盘时用力颠几下计量好的鸡心，使心尖朝上。

注：摆好的肝或心表面要平整，并且不能有异物。

4.3.3 脾脏、腺胃：脾脏用清水冲洗后，摘去所带的油。脾脏、腺胃先控水，去除异物，按要求计量包装。

5 预冷（净区工艺）

5.1 预冷降温：一般采用螺旋推进方式预冷，分前后两道工序。前预冷温度一般在8℃～15℃之间，预冷时间占整个预冷时间的1/3～1/2；NaClO的浓度为50～100ppm。后预冷水温控制在4℃以下，整个预冷时间不低于30min。预冷后胴体温度在4℃以下。

5.2 预冷机操作规范：每天开机前，先用水将预冷槽冲洗干净，然后关闭排水阀，将进水阀开到最大，水阀开启一半注水，当水注满槽时，开启螺旋机和鼓风机。进鸡后，调节进水阀，保持每只鸡补水量约1L。保持各预冷槽水温正常，生产中若出现紧急情况，应立即关闭所有设备，及时通知上道工序停产。生产结束时，最后对预冷机进行彻底清洗消毒。

6 分级、包装链条（净区工艺）

6.1 工艺流程：挂鸡→淋水→去板油→分级。

6.2 操作规程：

6.2.1 后区挂鸡：把从预冷池进入挂鸡池的胴体鸡将脖子挂在链条上，注意挂鸡过程中不得挂鸡爪、翅。挂鸡过程中根据前区链条速度随时调整后区链条速度挂满钩，尽量避免空钩。

6.2.2 淋水：设自动喷淋器对鸡体进行冲洗。注意链条停转时及时关闭喷水阀门。

6.2.3 去板油：左手抓住鸡的胴体右手迅速将鸡体腹部两侧的板油完全撕下，每只鸡带油不得超过3克。撕油过程中不得把鸡头扯断。

6.2.4 分级：分级人员根据分鸡人员数量确定所摘鸡只（若分鸡人员为10个，第一个分级人员就应该放9只摘一只。以此类推）。分级过程中不得少摘、多摘。按顺序摘鸡不得挑拣。将所摘鸡只根据规格放入指定铁盒内。不得有混级现象。

7 白条鸡加工（净区工艺）

7.1 工艺流程：复检→盘腿→装袋（擦水）→封口→调称→摆盘。

7.2 操作规范：

7.2.1 复检：看鸡体是否带鸡毛，肺残留。

7.2.2 盘腿：将鸡只胸部朝上，放在海绵垫上，双手握住鸡爪，向前弯曲并拢，将鸡爪盘入体腔内。盘腿过程中爪上不得带有黄皮。

7.2.3 装袋：装袋前先将鸡体表面的水分擦净，将盘腿的鸡只双手捧起，头朝下，胸部朝前，鸡脖向右弯曲盘在右侧鸡翅内，将鸡装进漏斗（将有刀口一侧盘在翅下盖住刀口）。另外一人将包装袋正面朝前，将袋子口套在漏斗下沿。让鸡滑入包装袋。装袋过程中注意清除胴体上残留的鸡毛杂质（装袋后的鸡背朝彩面）。

7.2.4 扎口：先将皮筋粘在离袋口3cm处，右手捏住皮筋，左手抓住袋口，旋转4～5圈。

7.2.5 调称：将产品按规格要求进行称量。调称过程中不得混级，不得有超重、短重现象。

7.2.6 摆盘：将调好的成品彩面朝上，整齐地摆在大盘内，将包装袋口剪至长约2～3cm。做好标识（重量、只数、案号），分类码垛等待入库。

8 西装鸡加工（净区工艺）

8.1 工艺流程：开锯→复检→装袋→封口→调称→摆盘。

8.2 操作规范：

8.2.1 开锯：操作之前，开锯人员双手必须带钢丝防护手套，以免操作过程中切割锯伤手。开锯时，开锯人员左手握住鸡爪，右手抓鸡背胸部朝上，双手平行向前推，将鸡爪由关节处锯开，不得将鸡腿一侧的软骨切坏，不得露出红骨髓。然后右手上翻前推将鸡脖锯断，去脖时标准与锁骨平齐。最后右手下翻前推，将鸡只胸部由正中锯开，不得偏锯。

8.2.2 复检：看产品是否有鸡毛，残留的鸡肺。

8.2.3 装袋：将盘腿的鸡只双手捧起，腿朝上，胸部朝前，将鸡装进漏斗。另外一人将包装袋正面朝前，将袋子口套在漏斗下沿。让鸡滑入包装袋。装袋过程中注意清除胴体上残留的鸡毛杂质。

8.2.4 封口：先将皮筋粘在离袋口3cm处，右手捏皮筋，左手抓住袋口，旋转4～5圈。

8.2.5 调称：将产品按规格要求进行称量。调称过程中不得混级，不得有超重、短重现象。

8.2.6 摆盘：将调好的成品开锯面朝上，整齐地摆在大盘内，将包装袋口剪至长约2cm～3cm。做好标识（品名、重量、只数、案号）分类码垛等待入库。

9 中装鸡加工（净区工艺）

9.1 工艺流程：分级→装袋→封口→调称→摆盘。

9.2 操作规范：

9.2.1 分级。

9.2.2 割爪。左手抓住鸡爪，右手持刀在鸡爪关节处把鸡爪割下。

9.2.3 装袋：将盘腿的鸡只双手捧起，头朝下，胸部朝前，鸡脖向右弯曲盘在右侧鸡翅内，将鸡装进漏斗（将有刀口一侧盘在翅下盖住刀口）。另外一人将包装袋正面朝前，将袋子口套在漏斗下沿。让鸡滑入包装袋。装袋过程中注意清除胴体上残留的鸡毛杂质。

9.2.4 封口：先将皮筋粘在离袋口3cm处，右手捏皮筋，左手抓住袋口，旋转4～5圈。

9.2.5 调称：将产品按规格要求进行称量。调称过程中不得混级，不得有超重、短重现象。

9.2.6 摆盘：将调好的成品正面朝上，整齐地摆在大盘内，将包装袋口剪至长约

2cm～3cm。做好标识（重量、只数、案号），分类码垛等待入库。

10 直腿大包装加工（净区工艺）

10.1 工艺流程：调称→摆盘。

10.2 操作规范：

10.2.1 调称：将产品按规格要求进行称量。调称过程中不得混级，不得有超重、短重现象。

10.2.2 摆盘：将箱套平整的放入大盒内，将调好的成品背面朝上，整齐地摆在大盘内。做好标识（重量、只数、案号），分类码垛等待入库。摆盘过程中注意清除胴体上残留的鸡毛、黄皮等杂质。

11 真空封口（净区工艺）

11.1 摆袋抽空：从转运车捏紧袋口，双手取下本机器包装的产品，理平袋口，拇指与食指捏紧包装袋两侧边缝，平放到平台上，置于绝缘胶带的烫封痕迹上，使封口位置符合工艺要求。

11.2 换袋：将抽空时出现的漏气、破袋的进行换袋。

12 鲜品入库（库台）

12.1 工艺流程：入库前准备→鲜品记数→入速冻库。

12.2 操作规范：

12.2.1 入库前准备：冰鲜库负责人包装前首先查看冰鲜计划，根据发货时间安排相应的包装顺序，保证及时发货，并查看所盖箱子上的标识是否有误。

12.2.2 鲜品记数：由入库统计员点完每车产品数后，附上随车小票认真核对每车产品数与随车单是否一致，方可入库。

12.2.3 入速冻库：

12.2.3.1 入库工负责将计数后的产品及时入库，严禁将产品长时间滞留在穿堂内，同时在入库时发现塌盘、变形产品需整理后再入库，待入库产品不得超过15min入库。

12.2.3.2 每天入库工接班时必须检查设备是否正常，如液压车、速冻门、速冻库制冷是否正常等。

12.2.3.3 入库工必须熟知每个速冻库入库吨位。

12.2.3.4 对于包装倒出的空库，需将血水、冰、霜等混合物清理干净后方可入库，入库时需根据每种产品的降温要求在库内合理摆放，以便缩短降温时间，单冻产品、品牌类产品优先入库。

12.2.3.5 对于本班生产的冰鲜产品，需当班及时入冰鲜库冻，入库工要合理安排库位随入随冻，流水作业，冻后的货物要按商家分开排列，以便按顺序包装发货。入库工速冻冰鲜时，要严格控制其温度，温度控制在±2℃不得冻过或冻浅，并做好相应的库温及产品温度检测记录。

13 单冻包装

13.1 工艺流程：磕盘→装袋→过秤→封口→装箱、封箱。

13.2 操作规范：

13.2.1 磕盘：由1名工人把冻好的产品连速冻盘一起从车上抽下来倒扣在带漏眼的池子里，把产品上的膜拿掉放入专用筐中。

13.2.2 装袋：撑袋工将相应内袋撑起，由装袋工将其产品装入袋中，随时检查内袋是否吻合。注意，粘连在一起的产品要用手掰开。

13.2.3 过称：把装好的产品按工艺要求称重，做到称重准确、快。

13.2.4 封口：把称好的袋装产品用热合封口机封口，封口平整、无倾斜现象、无破袋、速度快。

13.2.5 装箱、封箱：把封好的产品按照工艺要求摆在箱内。注意，装箱要平整，不得有鼓箱现象。

14 主产包装

14.1 工艺流程：出库准备→产品过金探→装箱。

14.2 操作要点：

14.2.1 出库准备：出库工应提前15min到岗，产品送到相应包装组包装。将倒出的带盘空车及时送到清洗间清洗，注意不得将通道堵死与摆放混乱。

14.2.2 包装：

14.2.2.1 包装组员工到岗后做好准备工作，检查所用设备打包机是否正常，同时将纸箱从封箱组拿到本组工作区并放在木托上，严禁纸箱落地、产品落地。

14.2.2.2 产品过金探：磕盘工将本组所包产品从盘中拾起轻放在探测仪运送带上，产品过去后，由装箱工将产品按工艺要求装入箱中，端盘时轻拿轻放，减少产品破袋，防止产品落地，如有产品落地及时拣起放入落地产品桶内。

14.2.2.3 如有产品三次不能通过金属探测仪，将产品交于主管，查明原因解冻处理。

14.2.2.4 装箱中对于破袋或有污染、整形不好的产品应挑出回化，各员工在工作中应做到自检互检，以保证产品质量。

14.2.2.5 封箱工在保证及时封箱的同时还要检验产品用箱及清点箱内产品数量，发现问题及时调整。

14.2.2.6 打包工要保证打包及时，同时还要对打包质量、打包带的松紧度及打包的部位严格控制，按工艺要求操作。

15 成品冷藏

15.1 码垛：码垛工工作前先做好木垛摆放的准备工作，横竖成行。

15.2 检查包装物：码垛工根据产品检验纸箱有无污染、破损后，将各种产品码放在相应的木垛上，严禁码混，同时对于每种产品的高度，需根据冷藏库的要求来做。每垛产品加标识卡注明品名、规格、每天出入库数量及库存数量、检验状态及检验员编号等。

15.3 入库产品的质量保证：

15.3.1 码垛时必须脚踩纸壳，绝不允许用脚踩产品。

15.3.2 搬运时轻搬轻放尽量避免破损。

15.3.3 提高入库效率防止产品回温。

15.3.4 库门口两边产品离墙距离 50cm，避免产品回温。

15.3.5 产品离地 10cm，离墙 30cm 以便于检查。

15.4 入库摆放：入库人员必须熟悉产品规格，对不同规格、不同生产日期的要分门别类单独存放。

15.5 盘点库存：每天入库完毕后要盘清入库数量及库存，若入库数量和库存不一致要看是否发错货，是否混垛现象，直到查明原因，账、物、卡一致。若发现不一致，可进行倒垛，直到查明原因所在，确认无误后方可与成品记数人员对账。

15.6 销售发货：采用冷藏或保温车运输，根据发货计划进行发货，装车前必须检查车厢内卫生、异味、蝇虫等情况，需要冷藏运输的车厢温度符合要求后方可装车，发货人员必须按照先进先出的原则，按批次快速准时的发货。

15.7 装车速度：10t 以下：1h；10~20t：1.5~2h；20~30t：不超过 3h。

第七节 速冻调理白羽肉鸡产品加工技术规程

本标准适用于白羽肉鸡速冻加工并在冻结条件下销售的各种食品。

本标准参照食品法典委员会 CAC/RCP 8－1976《速冻食品的加工和管理国际推荐法规》制定。

1 原料与准备

1.1 原料应是质量优良，符合卫生要求。

1.2 原料可在能保持其质量的温度和相对湿度条件下贮藏一段时期。

1.3 熟食品速冻前应在适合卫生加工要求的冷却设备内尽快冷却，不得保存在高于 10℃和低于 60℃的环境中。

2 速冻

2.1 冷却后的食品应立即速冻。

2.2 食品在冻结时应以最快的速度通过食品的最大冰晶区（大部分食品是－1℃~－5℃）。

2.3 食品冻结终了温度应是－18℃。

2.4 速冻加工后的食品在运送到冷藏库时，应采取有效的措施，使温升保持在最低限度。

2.5 包装速冻食品应在温度能受控制的环境中进行。

3 贮存

3.1 冷藏库的室内温度应保持在-18℃或更低（视不同的产品而异）。温度波动要求控制在2℃以内。

3.2 冷藏库的室内温度要定时核查、记录。最好采用自动记温仪。

3.3 冷藏库的室内空气流动速度以使库内得到均匀的温度为宜。

3.4 冷藏库内产品的堆码不应阻碍空气循环。产品与冷藏库墙、顶棚和地面的间隔不小于10cm。

3.5 冷藏库内贮存的产品应实行先进先出制。

4 运输与分配

4.1 运输产品的厢体必须保持-18℃或更低的温度。厢体在装载前必须预冷到10℃或更低的温度，并装有能在运输中记录产品温度的仪表。

4.2 产品从冷藏库运出后，运输途中允许温度升到-15℃，但交货后应尽快降至-18℃。

4.3 产品装卸或进出冷藏库要迅速。

4.4 采用冷藏车运输时，应设有车厢外面能直接观察的温度记录仪，经常检查厢内温度。

4.5 产品运送到销售点时，最高温度不得高于-12℃。销售点无降温设备时，应尽快出售。

5 零售

5.1 产品应在低温陈列柜中出售。

5.2 低温陈列柜上货后要保持-15℃，柜内应配有温度计。

5.3 低温陈列柜内产品的温度允许短时间升高，但不得高于-12℃。

5.4 低温陈列柜的敞开放货区不应受日光直射，不受强烈的人工光线照射和不正对加热器。低温陈列柜的敞开部分在非营业时间要上盖，在非营业时间除霜。

5.5 低温陈列柜内堆放产品不得超出装载线。

5.6 包装的与不包装的产品应分开存放和陈列。

5.7 未经速冻的食品不能与速冻食品放在同一个低温陈列柜内。

5.8 低温陈列柜内的产品要按先进先出的原则销售。

6 包装和标志

6.1 包装应按下列要求设计。

6.1.1 保护产品的色、香、味。

6.1.2 保护产品不受微生物和其他污染。

6.1.3 尽可能地防止干耗、热辐射和过量热的传入。

6.2 包装在贮存、运输直至最后出售时，应保持完好。

6.3 速冻食品的标签应符合GB 7718-87《食品标签通用标准》的要求。

7 卫生

速冻食品从加工、贮存、运输直至销售应始终保持良好的卫生条件，符合中华人民共和国食品卫生法要求。

8 测定速冻食品温度的方法

8.1 目的：

8.1.1 用相应的仪表测得被测处的准确温度；选择一些有代表性的测量部位，测得本批产品的平均温度，以及其内部温度变化的情况。

8.1.2 测量产品的温度。

8.1.2.1 测量产品内部的温度。

8.1.2.2 测量产品的表面温度。

8.2 温度测量仪器的要求：

8.2.1 仪器的"半值期"应不超过 0.5min。

8.2.2 仪器在－30℃～30℃范围内的精确度要求在±0.5℃以内。

8.2.3 仪器对 0.5℃的变化有反应。

8.2.4 测量值的精确度应不受环境温度的影响。

8.2.5 仪器的刻度标记应小于 1℃，并能读出 0.5℃。

8.2.6 测量仪器的敏感元件的结构应能保证与产品有良好的热接触。

8.2.7 电器部分应防潮。

8.3 测量温度的仪器：

8.3.1 玻璃管温度表的要求：

8.3.1.1 总长度应为 25cm。

8.3.1.2 测量产品内部温度时用圆径尖头；测量产品表面温度时用椭圆的。

8.3.1.3 用酒精温度表。

8.3.2 圆盘温度计的要求。

8.3.2.1 敏感元件的总长度应为 15cm。

8.3.2.2 测量产品内部温度时用不锈钢制作呈尖头状，测量产品表面温度时采用平头状（厚度不大于 0.5cm）。

8.3.2.3 表盘用塑料膜密封。

8.3.3 电阻（或热电偶）温度计使用电阻（或热电偶）作敏感元件，探针的总长度应为 15cm 左右。

8.3.4 敏感元件的要求：

8.3.4.1 用不锈钢制作敏感元件——探针式或探片式。

8.3.4.2 采用带有补偿电阻的导线。

8.3.5 在产品中打洞的器件：应使用易清洗的尖头金属器件，如探针、钻等。

8.4 产品内部温度的测量：

8.4.1 由直接测量产品内的温度取得。

8.4.2 产品内部温度应在其最大表面中心下面 2.5cm 处测量。当产品（或包装产品）有一边的厚度小于 5cm 时，测量点应处于此厚度的中间。

8.4.3 打洞：所测产品（或包装）用经过预冷的探针或钻打孔，孔洞的深度最少要有 2.5cm，孔径大小应以能插入探针为宜。

8.4.4 预冷：

8.4.4.1 任选一"预冷包裹"（简称"包裹"）用来预冷探针或手钻，以及敏感元件。严禁把热的探针、手钻或敏感元件插到要测试的产品中。

8.4.4.2 应把敏感元件插在"包裹"的中心停留 3min。在准备放入要测试的产品之前，不得把敏感元件从"包裹"里拔出。

8.4.4.3 若产品与"包裹"彼此有良好的接触，则可把敏感元件放在产品与"包裹"之间进行预冷。

8.4.5 测量产品内部温度：

8.4.5.1 敏感元件从"包裹"中拔出后应立即插入要测试的产品内。

8.4.5.2 敏感元件应插到被测产品的中心。

8.4.5.3 待温度稳定后记录此时的温度值。

8.4.5.4 测完产品温度后的敏感元件应放回"包裹"中，以备再用。

8.5 产品表面温度的测量按 8.4 条规定，预冷敏感元件：

8.5.1 对于大箱内的产品，用尖刀割开箱子的一边，把敏感元件插到箱内第一层和第二层产品之间，使其与敏感元件有良好的接触。

8.5.2 在测量箱内上边产品的表面温度时，要保证敏感元件与产品表面有良好的接触。

8.5.3 待温度稳定后，记录被测产品的温度值。

8.5.4 检查多箱产品时，要待下一个被测试箱子准备妥后方能把敏感元件从被测试的箱子内拔出。

8.5.5 产品放在低温陈列柜内，也应按 8.5.1 至 8.5.5 的步骤进行。

8.6 取样：

8.6.1 测量产品的选取要参考产品过去的检查记录，考虑被取样品测试所取得的结果有代表性。

8.6.2 冷库内若货箱是紧密地堆在一起时，则应测量最外边的货箱内靠外侧的货包和本批货物中心货箱的内部温度值。它们分别被称为本批产品的外部温度和中心温度。两者的差异视为本批货物的温度梯度，要进行多次测量，以记录本批货物温度状况的可靠数据。

8.6.3 冷藏车或冷藏集装箱内：

8.6.3.1 运输中要测量靠近所有门洞边上产品的上部和下部温度。

8.6.3.2 卸货时要测量靠近所有门洞边上产品的上部和下部温度；后角处产品的上部（尽可能离冷却设备最远处）温度；货堆的中心温度；货堆上部表面的中心（尽可能离冷却设备最远处）温度；货堆上部表面的边角（尽可能离冷却设备最远处）温度。其他要进行测量温度的点，由检查负责人决定。

8.6.4 低温陈列柜内。最少要从柜的最上层、柜的中部和下部各检测一包。测温时，低温陈列柜在除霜，应在检测记录中注明。

9 速冻调理鸡肉产品加工

9.1 工艺流程如图6-1所示。

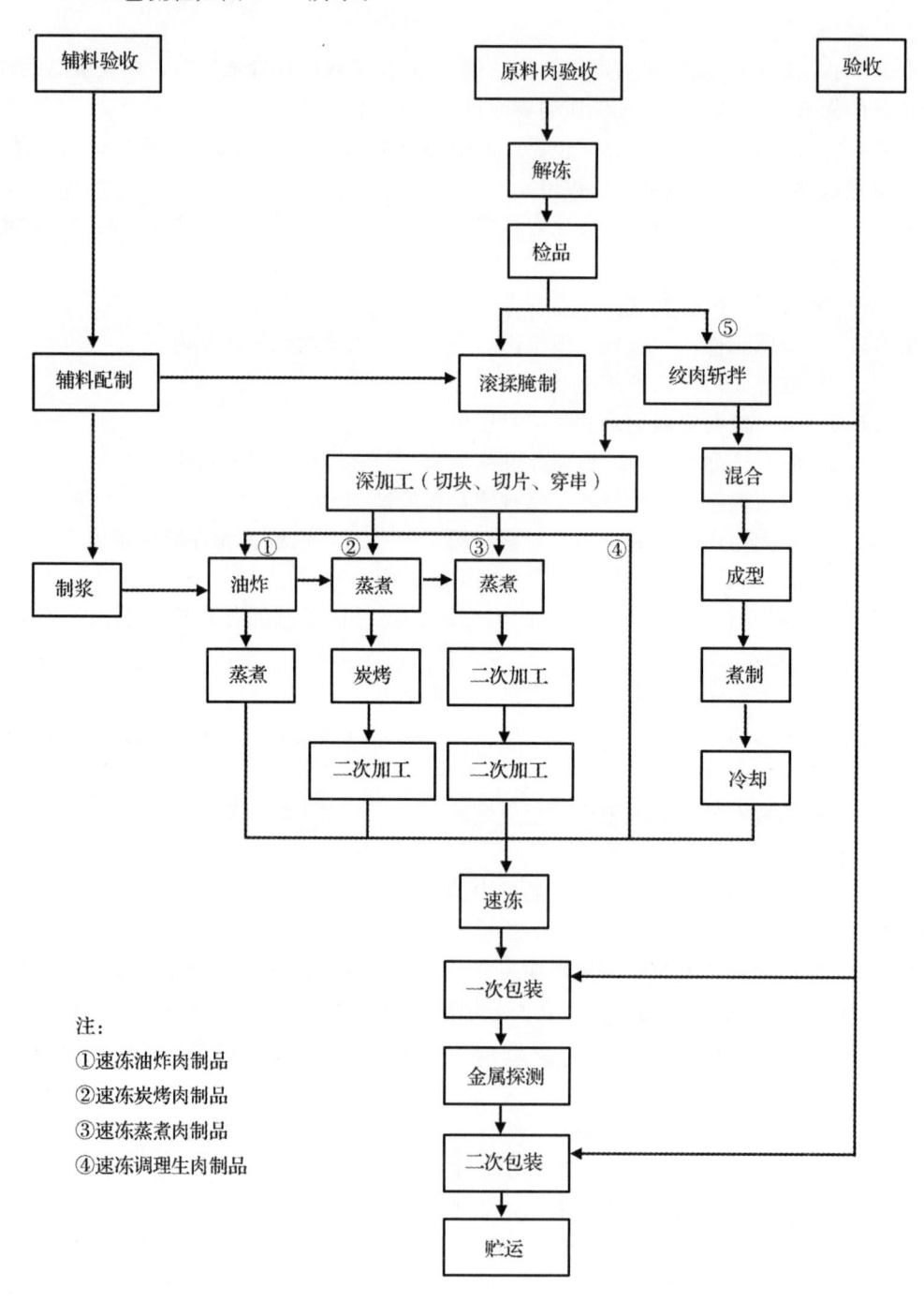

```
辅料验收                原料肉验收           验收
   ↓                       ↓
                         解冻
                          ↓
                         检品
                          ↓               ⑤
辅料配制 ————————→  滚揉腌制      绞肉斩拌
   ↓                       ↓               ↓
                   深加工(切块、切片、穿串)  混合
                                            ↓
   ↓        ①      ②      ③      ④      成型
  制浆 →  油炸    蒸煮    蒸煮                 ↓
          ↓       ↓       ↓                煮制
         蒸煮    炭烤   二次加工               ↓
          ↓       ↓       ↓                冷却
        二次加工 二次加工
                          ↓
                         速冻
                          ↓
                        一次包装
                          ↓
                        金属探测
                          ↓
                        二次包装
                          ↓
                         贮运
```

注:
① 速冻油炸肉制品
② 速冻炭烤肉制品
③ 速冻蒸煮肉制品
④ 速冻调理生肉制品

图6-1 工艺流程

9.2 油炸品的原料：

9.2.1 无骨整肉类：包括鸡胸肉，鸡腿肉，小胸。

9.2.2 无骨分割肉类；去皮胸肉块，去皮胸肉条，带皮腿肉块，去皮腿肉快。

9.2.3 带骨肉类：带骨上腿排，全腿，琵琶腿切开。

9.2.4 组合肉类：带皮大胸肉＋翅根，胸骨＋大胸＋小胸。

9.2.5 馅料类：原料主要为去皮胸肉块，带皮腿肉块。油炸鸡肉制品可以根据客户的需要提供不同形状及规格的产品。

9.3 油炸品适合调理的口味。包括：原味、蒜味、辣味、黑胡椒味。基本配料：盐、糖，I＋G，鸡肉香精、白胡椒、黑胡椒、蒜味树脂精油、辣椒精油、黑椒树脂油、淀粉。

9.4 油炸粉的主要成份：

9.4.1 预裹粉：主要成分为玉米粉、小麦淀粉、玉米淀粉、木薯淀粉、蛋白粉、小麦粉和膨化剂、色素、油脂等；裹预裹粉的目的主要是使外层裹粉与肉表面粘接好些，在油炸过程中不易脱壳或脱落。

9.4.2 浆粉：主要为面粉、淀粉糖类、胶类、调味料、膨化剂。

9.4.3 外层粉：主要为面粉、玉米粉、米粉、奶粉、调味料、膨化剂。

9.5 裹粉上浆的方式：

9.5.1 直接上浆：以粉调浆，分薄浆和稠浆；上薄浆将使比较脆的产品有一层保护层，保持产品内部的汁液不过分流失，油炸时间较短，产品口感汁液丰富；上稠浆可以充分保护内部的肉类，适合于较大块的肉及需要较长时间加热的产品，同时裹稠浆的产品的出品率较高。

9.5.2 浆粉浆：其产品特点是表面比较平滑，外壳较酥脆，同时吸油少。

9.5.3 粉浆粉：其产品特点为表面可以成鳞片状，外观较好，口感硬脆及松脆；同时吸油量较大，在加工时可与浆粉浆交替使用。

9.5.4 粉水粉：较粉浆粉的产品裹层薄，也可以产生鳞片感。

9.5.5 浆粉：减少预裹粉，但浆中必需调入可与肉附和的材料。

9.5.6 单层粉：调味浓厚，裹层很薄，着重于调味及色泽，需长时间油炸的产品调味最好置于腌料中，表面较酥脆。通常内层浆负责粘着，外层粉或浆负责色泽、酥脆等问题，根据不同情况选择不同的裹粉或浆的方式。

9.6 油炸工艺的设置：

9.6.1 直接油炸，适用于块形较小的原料。

9.6.2 炸—蒸，适合于较大重量的原料及带骨原料，采用此种工艺的产品表面湿度大，对粉的要求高。

9.6.3 炸—热风烤，适合于较大重量及带骨的原料，其产品表面较干，如时间过长，会影响内部肉的品质。另外，油炸的温度应控制在180℃左右为宜。

10 油炸油品质对产品的影响

通常情况下，油的酸价越高，油的颜色就越深，成品的色泽也越深；油炸鸡肉制品的炸油主要有大豆色拉油，浅度氢化大豆油（外国的油炸鸡生产厂家早已普及使用），棕榈油（24℃的为宜），精制棉油，鸡油，可单独或混合使用（推荐组合大豆油80％＋棕榈油

20%）。油炸油必须每天过滤净化，使用煎炸油净化助滤剂来吸附脱除油中的游离脂肪酸、色素、羰基物、极性物、聚合物及极微小的颗粒杂质。

第八节　白羽肉鸡羽毛羽绒水浸取液 pH 值的测定

1　范围

本标准规定了白羽肉鸡羽毛羽绒水浸取液 pH 值的测定方法。

2　规范性引用文件

下列文件对于本标准的应用是必不可少的。凡是注日期的引用文件，仅所注日期的版本适用于本文件。凡是不注日期的引用文件，其最新版本（包括所有的修改单）适用于本文件。

DB 21/T 2626－2016　羽毛羽绒水浸取液 pH 值的测定
GB/T 6682－2008　分析实验室用水规格和试验方法
GB/T 8170－2008　数值修约规则

3　术语和定义

下列术语和定义适用于本标准。
pH 值：水浸取液中氢离子浓度的负对数。

4　测试原理

在 25℃±2℃温度下，用带有玻璃电极的 pH 计测定羽毛羽绒水浸液的 pH 值。

5　试剂

除非另有说明，本方法所用试剂均为分析纯。

5.1　根据 GB/T 6682－2008 分析实验室用水规格和试验方法，蒸馏水或去离子水，至少满足 GB/T 6682 三级水的要求，pH 值在 5.0～7.5 之间。

5.2　缓冲溶液，用于测定前校准 pH 计，制备时参见附录 A，与待测溶液的 pH 值相近。推荐使用的缓冲溶液 pH 值在 4、7 和 9 左右。

6　仪器与耗材

6.1　天平：精度 0.01g。
6.2　pH 计：配备玻璃电极，测量精度至少精确到 0.1。
6.3　具塞玻璃或聚丙烯烧瓶：250mL，化学性质稳定。
6.4　烧杯：150mL，化学性质稳定。
6.5　量筒：100mL，化学性质稳定。
6.6　容量瓶：1L，A 级。

7 试样制备

7.1 抽样要求。按 GB/T 10288－2003 中规定抽取样品、匀样和缩样。

7.2 试样准备：每个待测样品准备 3 个平行试样，每个称取（1±0.01g）。

7.3 样品制备过程应避免污染和用手直接接触样品，戴上塑料手套。

8 测量步骤

8.1 水浸取液的制备：在室温下制备三个平行样的水浸取液；在具塞烧瓶中加入一份试样和 100mL 蒸馏水或去离子水，充分摇动片刻，并用玻璃棒搅拌使其完全湿润，盖上瓶塞，于室温下放置 1 小时并不时用手振荡或玻璃棒搅拌一下。

注：室温一般控制在 10℃～30℃范围内。

8.2 pH 计的校准：在 25℃的温度下用两种或三种缓冲液校准 pH 计。把玻璃电极浸没到同一浸取液中数次，直到 pH 示值稳定（数据变化不超过 0.01）。

8.3 水浸取液 pH 值的测量：不去除试样的情况下将第一份浸取液倒入 100mL 的烧杯中。将水温调到 25℃±2℃后，迅速把电极浸没到液面下至少 10mm 的深度，用玻璃棒轻轻搅拌溶液直到 pH 示值稳定（数据变化不超过 0.01）。分别按照测试第一份试样的步骤测试第二、第三份试样。记录第二份浸取液和第三份浸取液的 pH 值作为测置值。

9 计算

如果两份试样的 pH 测量值之间差异（精确到 0.1，值大于 0.2），则另取该样品重新进行测试，直到得到两个有效的测量值，计算其平均值，作为样品的测试值。根据 GB/T 8170－2008 数值修约规则，结果保留一位小数。

10 试验报告

试验报告应包括下列信息：

10.1 样品描述。

10.2 试验是按本标准进行的。

10.3 使用的浸取介质及其 pH 值。

10.4 浸取液的温度。

10.5 pH 平均值，精确到 0.1。

10.6 任何对结果可能产生影响的因素，包括妨碍试样润湿的现象等。

10.7 测定日期。

附录 A
标准缓冲液的制备

A.1 概要

所有试剂均为分析纯，配制缓冲液溶液的水至少满足 GB/T 6682 三级水的要求，每月至少更换一次。

A.2 邻苯二甲酸氢钾缓冲液，0.05 mol/L（pH4.0）

称取 10.21g 邻苯二甲酸氢钾（$KHC_8H_4O_4$）放入 1L 容量瓶中，用去离子水或蒸馏水溶解后定容至刻度。该溶液 20℃的 pH 值为 4.00，25℃时为 4.01。

A.3 磷酸二氢钾和磷酸氢二钠缓冲液，0.08mol/L（pH6.9）

称取 3.9g 磷酸二氢钾（KH_2PO_4）和 3.54g 磷酸氢二钠（Na_2HPO_4），放入 1L 容量瓶中，用去离子水或蒸馏水溶解后定容至刻度。该溶液 20℃的 pH 值为 6.87，25℃时为 6.86。

A.4 四硼酸钠缓冲液，0.01mol/L（pH9.2）

称取 3.80g 四硼酸钠十水合物（$Na_2B_4O_7 \cdot 10H_2O$），放入 1L 容量瓶中，用去离子水或蒸馏水溶解后定容至刻度。该溶液 20℃的 pH 为 9.23，25℃时为 9.18。

第九节 白羽肉鸡羽绒羽毛检验操作规程

1 范围

本标准规定了白羽肉鸡羽绒羽毛检验的术语和定义、抽样及试样处理、检验和试验报告的要求。本标准适用于白羽肉鸡羽绒羽毛及其制品填充料的检验。

2 规范性引用文件

下列文件对于本标准的应用是必不可少的。凡是注日期的引用文件，仅注日期的版本适用于本标准。凡是不注日期的引用文件，其最新版本（包括所有的修改单）适用于本标准。

GB/T 10288－2016 羽绒羽毛检验方法
GB/T 601 化学试剂标准滴定溶液的制备
GB/T 6529 纺织品调湿和试验用标准大气
GB/T 6682 分析实验室用水规格和试验方法

GB/T 8170 数值修约规则与极限数值的表示和判定
GB/T 17685 羽绒羽毛
GSB 16－2763 羽绒羽毛标准样照

3 术语和定义

GB/T 17685界定的，以及下列术语和定义适用于本标准。

3.1 水分率：羽绒羽毛中所含水分质量占羽绒羽毛原干重的百分率。

3.2 回潮率：羽绒羽毛中所含水分质量占羽绒羽毛绝干重的百分率。

4 抽样及试样处理

4.1 抽样方式：可选择以下方式之一抽取，试样应具有代表性。

4.1.1 从尚未打包好的包装中抽取。

4.1.2 从已打包的临时包中抽取。

4.1.3 从羽绒羽毛制品中抽取。

4.2 抽样数量：大货（包括羽绒羽毛包装和羽绒羽毛制品包装）的抽样数量应符合表6－6的规定。

表6－6　　　　　　　　大货的抽样数量

货物数量（箱、包、件）	开包数（每包取样点≥3）	单个样品质量/g	样品总质量/g
1	1	135	405
2～8	2	70	420
9～25	3	45	450
26～90	5	30	450
91～280	8	20	480
281～500	9	20	540
501～1200	11	20	660
1201～3200	15	15	675
>3200	19	15	855

4.3 抽样要求：

4.3.1 羽毛绒抽样方法：从单个包装的上、中、下三个部位分别取样。

4.3.2 羽毛绒制品抽样方法：单个样品标称充绒量500g及以上的羽绒制品等大件产品，应至少从三个部位分别取样；其他羽绒制品应取全部填充物作为试验样品。

4.3.3 抽样用容器：水分率/回潮率检验试样应放置在清洁、完好、密封容器中；其他检验项目试样放置在普通样袋中即可。

4.4 试验用大气条件和样品平衡：成分分析、种类鉴定和蓬松度试验应在恒温恒湿条件下进行，试验用大气条件按GB/T 6529规定执行。样品需平衡24h及以上。其他检验项目可在室温或实际条件下进行。

4.5 试样处理：

4.5.1 仪器和设备：混样槽，长（150～200cm）×宽（80～100cm），深度（20～30cm），底面离地面高度（55～65cm）。用木质或不锈钢等抗静电材质制成。

4.5.2 匀样和缩样：

4.5.2.1 将全部样品置于混样槽中，采用"先拌后铺"的方法，先用手将样品均匀，铺绒方法左起右落，右起左落，交叉逐层铺平，然后用四角对分法反复缩至100g。在样品中心到边缘的中间圆形取样区，选择均匀分布的5点用手指夹取取样。取样时，注意应从顶部取到底部。若发现缩样后的样品仍不均匀，则反复缩样至规定的试样质量。

4.5.2.2 根据指定检验项目，按表6－7规定，分别称取相应质量的试样。

4.5.2.3 剩余样品用作留样。

4.5.3 各检验项目所需试样数量。

各检验项目所需的试样数量应符合表6－7的规定。

表6－7　　　　　　　　各检验项目所需试样数量

检验项目		单份试样质量/g	试样份数
成分分析	绒子含量≥50%	≥2	3（2份用于检验，1份条用）
	绒子含量<50%	≥3	3（2份用于检验，1份备用）
	纯毛片	≥30	3（2份用于检验，1份备用）
蓬松度	30±0.1（前处理：40）	1	
耗氧量	10±0.1	2	
浊度	10±0.1	2	
残脂率	绒子含量≥50%	2～3	2
	绒子含M<50%	4～5	2
气味	10±0.1	2	
酸度（pH值）	1±0.01（样品准备：5）	2	
水分率/回潮率	绒子含量≥50%	≥25	2
	绒子含量<50%	≥5	2

注：表中"绒子含量"均为标称值

4.6 留样：在通风、干燥、防虫的条件下至少保存半年。留样应注明标签，水洗和未水洗分开放置。

5 检验

5.1 成分分析：

5.1.1 仪器和设备：

5.1.1.1 分拣箱：顶部透明，箱内应保证充足的照明，易于操作。箱体尺寸：底部60cm×40cm，前高25cm，后高40cm。

5.1.1.2 设备：分析天平，精确度 0.0001g。

5.1.1.3 不锈钢直尺，长度 15cm 及以上，精度为 1.0mm。

5.1.1.4 可用于盛放和称量各分离成分的容器，如烧杯等。

5.1.1.5 镊子。

5.1.2 要求：

5.1.2.1 成分分析包括绒子、绒丝、羽丝、长毛片、大毛片、杂质的分离。

5.1.2.2 成分分析分两步进行：

初步分拣，需要分离出白羽肉鸡包含绒子/绒丝/羽丝的混合物、长毛片、大毛片、杂质。

第二步分拣，从肉鸡包含绒子/绒丝/羽丝的混合物中分离出绒子、绒丝和羽丝。如第二步分拣时仍存在水禽羽毛、杂质等其他成分，则需进一步分离。样品如为纯毛片，不需要进行第二步分拣。

5.1.2.3 试样比照 GSB 16－2763 的规定进行归类分离。

5.1.3 试样制备：按表 6－7 规定，称取三份试样。放置在 4.4 规定的大气条件下，调湿 24h 后精确称重，记录初始质量，精确到 0.0001g。

5.1.4 初步分拣：

5.1.4.1 初步分拣操作方法。

将白羽肉鸡检验试样及七个烧杯置于分拣箱内。用镊子挑出各类毛片，再用拇指和食指轻拂毛片，去除附着的其他成分。将完整的肉鸡羽毛、长毛片、大毛片、包含绒子/绒丝/羽丝的混合物、杂质等七种成分分别置于不同容器中。

5.1.4.2 初步分拣的计算：

分拣后分别称量并记录各容器中内容物的质量，精确到 0.0001g。

将七个容器中的内容物质量相加，得出分拣后的总质量。

以式（1）白羽肉鸡羽毛含量为例，分别计算初步分拣所得的各种成分占分拣后总质量的百分比，计算结果用％表示，按 GB/T 8170 修约至 0.1。

$$白羽肉鸡羽毛含量（％）= \frac{mF}{mL} \times 100 \quad \cdots\cdots\cdots\cdots\cdots\cdots\cdots 式（1）$$

式中：

mF：肉鸡羽毛质量，单位为克（g）。

mL：初步分拣后所得的各种成分总质量，单位为克（g）。

第十节 饲料用白羽肉鸡水解羽毛粉加工技术操作规程

1 范围

本标准参考中华人民共和国农业行业标准《NY 915－2004－T 饲料用水解羽毛粉》制定。

本标准规定了饲料用水解白羽肉鸡羽毛粉的技术指标、试验方法、检验规则及产品的标签、包装、运输和贮存的要求。水解羽毛粉是动物性蛋白饲料。

2 术语和定义

2.1 饲料用水解羽毛粉：白羽肉鸡屠体脱毛的羽毛及做羽绒制品筛选后的毛梗，经清洗、高温高压水解处理、干燥和粉碎制成的粉粒状物质。

2.2 胃蛋白酶－胰蛋白复合酶蛋白质消化率：水解羽毛粉在一定的底物浓度、pH、温度、动态时间和振荡频率条件下，经胃蛋白酶和胰蛋白复合酶体外消化，可消化蛋白质与试样中总粗蛋白质的质量分数。

3 原料要求

3.1 要求原料羽毛色泽新鲜一致，与屠体分离后的羽毛应尽快加工处理。

3.2 原料中不得添加非羽毛以外的其他物质；被有害金属、沙石等杂质污染的原料不允许再加工成水解羽毛粉。

3.3 原料要用3%的甲醛溶液浸泡30min，以杀灭致病菌。

3.4 原料在加工处理前要用洁净水漂洗干净。

4 感官要求

感官要求如表6－8所示。

表6－8　　　　　　　　　　感官要求

项目	指标
性状	干燥粉粒状
色泽	淡黄色、褐色、深褐色、黑色
气味	具有水解羽毛粉正常气体，无异味

5 技术要求

技术要求如表6－9所示。

表6－9　　　　　　　　　技术要求　　　　　　　　单位为百分数（%）

项目	指标 一级	指标 二级
粉碎粒度	通过的标准筛孔径不大于3mm	
未水解的羽毛粉	≤10	
水分	≤10.0	
粗脂肪	≤5.0	
胱氨酸	≥3.0	
粗蛋白质	≥80.0	≥75.0
粗灰分	≤4.0	≤6.0
沙分	≤2.0	≤3.0
胃蛋白酶－胰蛋白复合酶消化率	≥80.0	≥70.0

6 其他要求

在生物显微镜下观察，蛋白质加工水解程度较好的羽毛粉为半透明颗粒状，颜色以黄色为主，夹有灰色、褐色或黑色颗粒。未完全水解的羽毛粉，羽干、羽枝和羽根明显可见。

7 卫生要求

白羽肉鸡原料羽毛或水解羽毛粉不得检出沙门氏菌；每百克水解羽毛粉中大肠菌群（MPN/100g）的允许量小于 1×10^4，每千克水解羽毛粉中砷的允许量不大于 2mg。

8 试验方法

8.1 性状、色泽、杂质：目测。

8.2 气味：嗅觉检验。

8.3 粉碎粒度：按 GB/T 5917 规定方法测定。

8.4 未水解的羽毛粉：按 GB/T 14698 用显微镜方法检查。

8.5 水分：按 GB/T 6435 规定的方法测定。

8.6 粗脂肪：按 GB/T 6433 规定的方法测定。

8.7 胱氨酸：按 GB/T 15399 规定的方法测定。

8.8 粗蛋白质：按 GB/T 6432 规定的方法测定．

8.9 粗灰分：按 GB/T 6438 规定的方法测定。

8.10 沙分：按 SC/T 3501 规定的方法测定。

8.11 胃蛋白酶－胰蛋白复合酶消化率：按附录 A 规定的方法测定。

8.12 沙门氏菌：按 GB/T 13091 规定的方法测定。

8.13 大肠菌群：按 NY/T 555 规定的方法测定。

8.14 饲料中总砷：按 GB/T 13079 规定的方法测定。

9 检验规则

9.1 出厂检验：每批产品经生产企业或正式质检部门要求进行检验，本标准规定所有项目为出厂检验项目，合格后方可出厂，并出具检验合格证。

9.2 以一次投料生产的产品量为一批。

9.3 使用单位有权按照本标准的规定对所收到的饲料用水解羽毛粉产品进行验收。

9.4 抽样方法：产品的抽样按 GB/T 14699.1 规定执行。将采取的样品装于清洁、干燥、密封的玻璃瓶中，标签上注明生产厂名称、批号、产品名称及抽样日期，以备用。密封的样品可保存 3 个月。

9.5 检验结果中，有一项指标不符合本标准要求，允许复检一次，复检的结果有一项指标不符合本标准要求时，则整批为不合格产品。

9.6 添加非羽毛原料物质的水解羽毛粉产品均判为不合格产品。

10 标签、包装、贮存和运输

10.1 标签：应符合 GB 10648 的有关规定。

10.2 包装：

10.2.1 包装袋上应标明产品名称、质量等级、粗蛋白质含量及可消化蛋白质含量、生产日期、生产厂址、生产许可证批准号及执行的标准编号。

10.2.2 以聚乙烯薄膜袋为内包装，以塑料编织袋或麻袋为外包装，缝口牢固。

10.3 运输：运输时，应有通风、防雨淋等措施，不得与有害、有毒物质混装、混运。

10.4 贮存：在干燥、阴凉和通风的仓库内存放，应有防虫蛀措施，保质期夏季为3个月，冬季为6个月。

附录 A

水解羽毛粉胃蛋白酶－胰蛋白复合酶消化率测定方法

A.1 原理

水解羽毛粉体外消化试验是在一定的底物样品浓度、pH、温度、动态时间和振荡频率条件下，经胃蛋白酶和胰蛋白复合酶体外消化，计算可消化的蛋白质与试样中粗蛋白质的质量分数。

A.2 试剂和溶液

A.2.1 盐酸与氯化钠缓冲溶液（pH2.0）。

$c(HCl/NaCl)=0.1mol/L$，量取 8.5mL 浓盐酸加 3.2g 氯化钠溶于 1000mL 蒸馏水中。

A.2.2 磷酸二氢钠与磷酸氢二钠缓冲溶液（pH7.0）。

$c(NaH_2PO_4/Na_2HPO_4)=0.1mol/L$，A液为 5.38g 磷酸二氢钠（$NaH_2PO_4 \cdot 2H_2O$）溶于 250mL 蒸馏水中；B液为 8.66g 磷酸氢二钠（$Na_2HPO_4 \cdot H_2O$）溶于 500mL 蒸馏水中；A和B溶液混合后，加蒸馏水定容至 1000mL。

A.2.3 胃蛋白酶。

规格 EC3.4.231，P－7000，比活力为 1∶10000，或相似规格的其他胃蛋白酶。

A.2.4 胰蛋白复合酶溶液。

胰蛋白复合酶（规格 U.S.P.，P－1500，或相似规格的其他胰蛋白复合酶）1.6g 加 8.5mL 磷酸二氢钠与磷酸氢二钠缓冲溶液（A2.2）。

A.2.5 盐酸溶液。

$c(HCl)=1mol/L$，取 83.3mL 浓盐酸溶于 1L 蒸馏水中。

A.2.6 氢氧化钠溶液。

$c(NaOH)=1mol/L$，40g 氢氧化钠溶于 1L 蒸馏水中。

A.3 仪器设备

A.3.1 水浴恒温振荡器。

A.3.2　Whatman 滤纸。

A.3.3　Parfilm 封口膜。

A.3.4　三角瓶（100mL）。

A.4　试样的制备

按 GB/T 14699.1 方法采取能代表产品质量的样品，混合粉碎并通过孔径 0.90mm 标准筛。

A.5　分析步骤

A.5.1　胃蛋白酶处理。

称取 1g 试样（精确至 0.0001g）于 100mL 三角瓶内，加 20mL 的缓冲溶液（A.2.1），再加 0.1g 的胃蛋白酶（A.2.3），做平行样并带空白对照，再溶液 pH 为 2.0 厌氧的条件下，用 Parfilm 膜封三角瓶口，将三角瓶置于 39℃的水浴恒温振荡器内振荡 6h，振荡频率为 60r/min。

A.5.2　胰蛋白复合酶处理。

在胃蛋白酶处理后的三角瓶内，加 20mL 磷酸缓冲溶液（A.2.2），再加 2.5mL 的胰蛋白复合酶溶液（A.2.4）；用氢氧化钠溶液或盐酸溶液，调瓶内的溶液 pH 为 6.8；在厌氧的条件下用 Parfilm 膜封瓶口，置于 39℃的水浴恒温振荡器内振荡 18h，振荡频率为 60r/min。

A.5.3　用 Whatman 滤纸过滤三角瓶内的试样残渣；将滤纸和试样残渣在 105℃条件下，烘干 4h 后，测定残渣的粗蛋白质含量，同时，测定试样的粗蛋白质含量。

A.5.4　结果计算：

胃蛋白酶—胰蛋白复合酶消化率按式（1）计算：

$$\omega(\%) = \frac{m_1 - m_2}{m_1} \times 100 \quad \cdots\cdots \text{式（1）}$$

式中：ω——胃蛋白酶—胰蛋白复合酶消化率，单位为百分率（%）。

m_1——试样中粗蛋白质质量，单位为克（g）。

m_2——胃蛋白酶—胰蛋白复合酶处理后的试样残渣的粗蛋白质质量，单位为克（g）。

A.5.5　重复性。

每个试样取 2 个平行样测试，取其算术平均值，结果表示至小数点后 2 位。测定结果 2 个平行样相对误差不超过 5%。

第十一节　白羽肉鸡屠宰工序操作技术规程

1　范围

本标准参考《中华人民共和国国家标准肉鸡屠宰操作规程 GB/T 19478—2004》制定。本规标准定了白羽肉鸡屠宰各工序的操作规程。

2 术语

2.1 肉鸡：一般为6～8周龄，毛重在1.5～2.5kg的肉用品种鸡。

2.2 鸡屠体：经过屠宰、放血、脱毛后的鸡体，包括内脏。

2.3 鸡胴体（整鸡）：经过放血、去毛、去内脏（不包括肺、肾）、去头等工序后肉鸡的整个躯体。

3 宰前要求

3.1 待宰鸡应来自非疫区，健康状况良好，并有当地农牧部分畜禽防疫机构出具的检疫合格证明。

3.2 按家禽防疫条例，由质检人员严格把关，确认健康无病的鸡群，方可进入侯宰圈，分批侯宰。

3.3 鸡在宰前必须断食休息8～12h之间，宰前3h停水。

4 屠宰操作要求

4.1 挂鸡：轻抓轻挂，将鸡的双腿同时挂在挂钩上；对于死鸡、病弱、瘦小鸡只不得挂上线；鸡体表面和肛门四周粪便污染严重的鸡只集中处理，最后上挂；挂鸡间与屠宰间要分开。

4.2 麻电：挂鸡上传送带后，自动麻电，电压8～14V，要求麻昏不致死。

4.3 刺杀放血：在下颌后的颈部，横切一刀，将颈部的气管、血管和食管一齐切断，放血时间为3～5min。

4.4 浸烫。

4.4.1 浸烫水温一般以60℃～62℃为适宜，58℃～62℃，浸烫时间60～90s。

4.4.2 烫池中应设有温度显示装置，浸烫时采用流动水或经常换水，一般要求每烫一批需调换一次，保持池水清洁。

4.5 脱毛：

4.5.1 鸡出烫毛池后，要经过至少两道打毛机进行脱毛。第一台去除屠体上的微毛及体表黄衣，在第二台打毛机后设专业人去除屠体表面残留的毛及毛根。

4.5.2 脱毛后要用清水冲洗鸡屠体，要求体表不得有粪便污染。

4.6 摘取内脏：取出内脏后，要用一定压力的清水冲洗体腔，并冲去机械或器具上的污染物；落地或粪污、胆污的肉尸，必须冲洗干净，另行处理。

4.7 冷却：预冷却水控制在5℃以下，终冷却水温度控制在0℃～2℃，冷却水温度控制在4℃以下，补充冷却水，冷却总时间控制在30～40min；冷却后的鸡屠体中心温度降至4℃。

4.8 全鸡整理：

4.8.1 摘除胸腺、甲状腺、甲状旁腺和残留气管。

4.8.2 修割整齐、冲洗干净，要求无肿瘤、无溃疡、无出血点、无骨折、无血污、无杂质、无残毛等。

5 分割加工

5.1 鸡全翅：从臂骨与喙状骨结合处紧贴肩胛骨下刀，割断筋腱，不得划破关节面和伤残里脊。

5.2 鸡胸：紧贴胸骨两侧用刀划开，切断肩关节，紧握翅根连同胸肉向尾部方向撕下，剪下翅。修净多余脂肪、鸡膜。

5.3 鸡全腿：从背部到尾部居中和两腿与腹部之间割一刀，从坐骨开始，切断髋关节，取下鸡腿。

第十二节 白羽肉鸡屠宰加工卫生规范

1 范围

本标准参考中华人民共和国国家环境保护标准《屠宰与肉类加工废水治理工程技术规范》（HJ2004－2010）、《黄羽肉鸡屠宰厂设计建设规范》和中华人民共和国国家标准《食品安全国家标准畜禽屠宰加工卫生规范》（GB 12694－2016）制定。

本标准规定了白羽肉鸡屠宰加工过程中肉鸡验收、屠宰、分割、包装、贮存和运输等环节的场所、设施设备、人员的基本要求和卫生控制操作的管理准则。本标准适用于规模以上肉鸡屠宰加工企业。

2 术语和定义

GB 14881－2013 中的术语和定义适用于本标准。

2.1 规模以上肉鸡屠宰加工企业：实际肉鸡年屠宰量在 200 万羽以上的企业。

2.2 肉类：供人类食用的，或已被判定为安全的、适合人类食用的白羽肉鸡的所有部分，包括白羽肉鸡胴体、分割肉和食用副产品。

2.3 胴体：经过放血、去毛、去内脏（不包括肺、肾）、去头等工序后肉鸡的整个躯体。

2.4 食用副产品：肉鸡屠宰、加工后，所得内脏、脂、血液、骨、皮、头、爪等可食用的产品。

2.5 非食用副产品：肉鸡屠宰、加工后，所得毛皮、毛等不可食用的产品。

2.6 宰前检查：在白羽肉鸡屠宰前，综合判定肉鸡是否健康和适合人类食用，对肉鸡群体和个体进行的检查。

2.7 宰后检查：在肉鸡屠宰后，综合判定肉鸡是否健康和适合人类食用，对其头、胴体、内脏和其他部分进行的检查。

2.8 非清洁区：待宰、致昏、放血、烫毛、脱毛等处理的区域。

2.9 清洁区：胴体加工、修整、冷却、分割、暂存、包装等处理的区域。

3 选址及厂区环境

3.1 一般要求应符合 GB 14881－2013 中第 3 章的相关规定。

3.2 选址：

3.2.1 卫生防护距离应符合 GB 18078.1 及动物防疫要求。

3.2.2 厂址周围应有良好的环境卫生条件。厂区应远离受污染的水体，并应避开产生有害气体、烟雾、粉尘等污染源的工业企业或其他产生污染源的地区或场所。

3.2.3 厂址必须具备符合要求的水源和电源，应结合工艺要求因地制宜地确定，并应符合屠宰企业设置规划的要求。

3.3 厂区环境：

3.3.1 厂区主要道路应硬化（如混凝土或沥青路面等），路面平整、易冲洗，不积水。

3.3.2 厂区应设有废弃物、垃圾暂存或处理设施，废弃物应及时清除或处理，避免对厂区环境造成污染。厂区内不应堆放废弃设备和其他杂物。

3.3.3 废弃物存放和处理排放应符合国家环保要求。

3.3.4 厂区内禁止饲养与屠宰加工无关的动物。

4 厂房和车间

4.1 设计和布局：

4.1.1 厂区应划分为生产区和非生产区。活肉鸡、废弃物运送与成品出厂不得共用一个大门，场内不得共用一个通道。

4.1.2 生产区各车间的布局与设施应满足生产工艺流程和卫生要求。车间清洁区与非清洁区应分隔。

4.1.3 屠宰车间、分割车间的建筑面积与建筑设施应与生产规模相适应。车间内各加工区应按生产工艺流程划分明确，人流、物流互不干扰，并符合工艺、卫生及检疫检验要求。

4.1.4 屠宰企业应设有待宰圈（区）、隔离间、急宰间、实验（化验）室、官方兽医室、化学品存放间和无害化处理间。屠宰企业的厂区应设有肉鸡和产品运输车辆和工具清洗、消毒的专门区域。

4.1.5 对于没有设立无害化处理间的屠宰企业，应委托具有资质的专业无害化处理场实施无害化处理。

4.1.6 应分别设立专门的可食用和非食用副产品加工处理间。食用副产品加工车间的面积应与屠宰加工能力相适应，设施设备应符合卫生要求，工艺布局应做到不同加工处理区分隔，避免交叉污染。

4.2 建筑内部结构与材料：应符合 GB 14881－2013 中 4.2 的规定。

4.3 车间温度控制：

4.3.1 应按照产品工艺要求将车间温度控制在规定范围内。预冷设施温度控制在 0℃～4℃；分割车间温度控制在 12℃以下；冻结间温度控制在 －28℃以下；冷藏储存库温度控制在 －18℃以下。

4.3.2 有温度要求的工序或场所应安装温度显示装置，并对温度进行监控，必要时配备湿度计。温度计和湿度计应定期校准。

5 设施与设备

5.1 供水要求：

5.1.1 屠宰与分割车间生产用水应符合 GB 5749 的要求，企业应对用水质量进行控制。

5.1.2 屠宰与分割车间根据生产工艺流程的需要，应在用水位置分别设置冷、热水管。清洗用热水温度不宜低于40℃，消毒用热水温度不应低于82℃。

5.1.3 急宰间及无害化处理间应设有冷、热水管。

5.1.4 加工用水的管道应有防虹吸或防回流装置，供水管网上的出水口不应直接插入污水液面。

5.2 排水要求：

5.2.1 屠宰与分割车间地面不应积水，车间内排水流向应从清洁区流向非清洁区。

5.2.2 应在明沟排水口处设置不易腐蚀材质格栅，并有防鼠、防臭的设施。

5.2.3 生产废水应集中处理，排放应符合国家有关规定。

5.3 清洁消毒设施：

5.3.1 更衣室、洗手和卫生间清洁消毒设施。

5.3.1.1 应在车间入口处、卫生间及车间内适当的地点设置与生产能力相适应的，配有适宜温度的洗手设施及消毒、干手设施。洗手设施应采用非手动式开关，排水应直接接入下水管道。

5.3.1.2 应设有与生产能力相适应并与车间相接的更衣室、卫生间、淋浴间，其设施和布局不应对产品造成潜在的污染风险。

5.3.1.3 不同清洁程度要求的区域应设有单独的更衣室，个人衣物与工作服应分开存放。

5.3.1.4 淋浴间、卫生间的结构、设施与内部材质应易于保持清洁消毒。卫生间内应设置排气通风设施和防蝇防虫设施，保持清洁卫生。卫生间不得与屠宰加工、包装或贮存等区域直接连通。卫生间的门应能自动关闭，门、窗不应直接开向车间。

5.3.2 厂区、车间清洗消毒设施：

5.3.2.1 厂区运输肉鸡车辆出入口处应设置与门同宽，长4m、深0.3m以上的消毒池；生产车间入口及车间内必要处，应设置换鞋（穿戴鞋套）设施或工作鞋靴消毒设施，其规格尺寸应能满足消毒需要。

5.3.2.2 隔离间、无害化处理车间的门口应设车轮、鞋靴消毒设施。

5.4 设备和器具：

5.4.1 应配备与生产能力相适应的生产设备，并按工艺流程有序排列，避免引起交叉污染。

5.4.2 接触肉类的设备、器具和容器，应使用无毒、无味、不吸水、耐腐蚀、不易变形、不易脱落、可反复清洗与消毒的材料制作，在正常生产条件下不会与肉类、清洁剂和消毒剂发生反应，并应保持完好无损；不应使用竹木工（器）具和容器。

5.4.3 加工设备的安装位置应便于维护和清洗消毒，防止加工过程中交叉污染。

5.4.4 废弃物容器应选用金属或其他不渗水的材料制作。盛装废弃物的容器与盛装肉类的容器不得混用。不同用途的容器应有明显的标志或颜色差异。

5.4.5 在肉鸡屠宰、检验过程使用的某些器具、设备，如宰杀、检验和开胸刀具、检疫检验盛放内脏的托盘等，每次使用后，应使用82℃以上的热水进行清洗消毒。

5.4.6 根据生产需要，应对车间设施、设备及时进行清洗消毒。生产过程中，应对器具、操作台和接触食品的加工表面定期进行清洗消毒，清洗消毒时应采取适当措施防止对产品造成污染。

5.5 通风设施：

5.5.1 车间内应有良好的通风、排气装置，及时排除污染的空气和水蒸气。空气流动的方向应从清洁区流向非清洁区。

5.5.2 通风口应装有纱网或其他保护性的耐腐蚀材料制作的网罩，防止虫害侵入。纱网或网罩应便于装卸、清洗、维修或更换。

5.6 照明设施：

5.6.1 车间内应有适宜的自然光线或人工照明。照明灯具的光泽不应改变加工物的本色，亮度应能满足检疫检验人员和生产操作人员的工作需要。

5.6.2 在暴露肉类的上方安装的灯具，应使用安全型照明设施或采取防护设施，以防灯具破碎而污染肉类。

5.7 仓储设施：

5.7.1 储存库的温度应符合被储存产品的特定要求。

5.7.2 储存库内应保持清洁、整齐、通风。有防霉、防鼠、防虫设施。

5.7.3 应对冷藏储存库的温度进行监控，必要时配备湿度计；温度计和湿度计应定期校准。

5.8 废弃物存放与无害化处理设施：

5.8.1 应在远离车间的适当地点设置废弃物临时存放设施，其设施应采用便于清洗、消毒的材料制作；结构应严密，能防止虫害进入，并能避免废弃物污染厂区和道路或感染操作人员。车间内存放废弃物的设施和容器应有清晰、明显标识。

5.8.2 无害化处理的设备配置应符合国家相关法律法规、标准和规程的要求，满足无害化处理的需要。

6 检疫检验

6.1 基本要求：

6.1.1 企业应具有与生产能力相适应的检验部门。应具备检验所需要的检测方法和相关标准资料，并建立完整的内部管理制度，以确保检验结果的准确性；检验要有原始记录。实验（化验）室应配备满足检验需要的设施设备。委托社会检验机构承担检测工作的，该检验机构应具有相应的资质。委托检测应满足企业日常检验工作的需要。

6.1.2 产品加工、检验和维护食品安全控制体系运行所需要的计量仪器、设施设备应按规定进行计量检定，使用前应进行校准。

6.2 宰前检查：

6.2.1 供宰白羽肉鸡应附有动物检疫证明，并佩戴符合要求的肉鸡标识。

6.2.2 供宰白羽肉鸡应按国家相关法律法规、标准和规程进行宰前检查。应按照有关程序，对入场肉鸡进行临床健康检查，观察活肉鸡的外表，如肉鸡的行为、体态、身体状况、体表、排泄物及气味等。对有异常情况的肉鸡应隔离观察，测量体温，并做进一步检查。必要时，按照要求抽样进行实验室检测。

6.2.3 对判定为不适宜正常屠宰的肉鸡，应按照有关规定处理。

6.2.4 肉鸡临宰前应停食静养。

6.2.5 应将宰前检查的信息及时反馈给饲养场和宰后检查人员，并做好宰前检查记录。

6.3 宰后检查：

6.3.1 宰后对肉鸡头部、爪、胴体和内脏的检查应按照国家相关法律法规、标准和规程执行。

6.3.2 在肉鸡屠宰车间的适当位置应设有专门的可疑病害胴体的留置轨道，用于对可疑病害胴体的进一步检验和判断。应设立独立低温空间或区域，用于暂存可疑病害胴体或组织。

6.3.3 车间内应留有足够的空间以便于实施宰后检查。

6.3.4 按照国家规定需进行实验室检测的，应进行实验室抽样检测。

6.3.5 应利用宰前和宰后检查信息，综合判定检疫检验结果。

6.3.6 判定废弃的应做明晰标记并处理，防止与其他肉类混淆，造成交叉污染。

6.3.7 为确保能充分完成宰后检查或其他紧急情况，官方兽医有权减慢或停止屠宰加工。

6.4 无害化处理：

6.4.1 经检疫检验发现的患有传染性疾病、寄生虫病、中毒性疾病或有害物质残留的肉鸡及其组织，应使用专门的封闭不漏水的容器并用专用车辆及时运送，并在官方兽医监督下进行无害化处理。对于患有可疑疫病的应按照有关检疫检验规程操作，确认后应进行无害化处理。

6.4.2 其他经判定需无害化处理的肉鸡及其组织应在官方兽医的监督下，进行无害化处理。

6.4.3 企业应制定相应的防护措施，防止无害化处理过程中造成的人员危害，以及产品交叉污染和环境污染。

7 屠宰和加工的卫生控制

7.1 企业应执行政府主管部门制定的残留物质监控、非法添加物和病原微生物监控规定，并在此基础上制定本企业的所有肉类的残留物质监控计划、非法添加物和病原微生物监控计划。

7.2 应在适当位置设置检查岗位，检查胴体及产品卫生情况。

7.3 应采取适当措施，避免可疑病害肉鸡胴体、组织、体液（如胆汁等）、肠胃内容物污染其他肉类、设备和场地。已经污染的设备和场地应进行清洗和消毒后，方可重新屠宰加工正常白羽肉鸡。

7.4 被脓液、渗出物、病理组织、体液、胃肠内容物等污染物污染的胴体或产品，应按有关规定修整、剔除或废弃。

7.5 加工过程中使用的器具（如盛放产品的容器、清洗用的水管等）不应落地或与不清洁的表面接触，避免对产品造成交叉污染；当产品落地时，应采取适当措施消除污染。

7.6 按照工艺要求，屠宰后胴体和食用副产品需要进行预冷的，应立即预冷。冷却后，肉鸡的中心温度应保持在4℃以下，内脏产品中心温度应保持在3℃以下。加工、分割、去骨等操作应尽可能迅速。生产冷冻产品时，应在48h内使肉的中心温度达到−15℃以下后方可进入冷藏储存库。

7.7 屠宰间面积充足，应保证操作符合要求。

7.8 对有毒有害物品的贮存和使用应严格管理，确保厂区、车间和化验室使用的洗涤剂、消毒剂、杀虫剂、燃油、润滑油、化学试剂，以及其他在加工过程中必须使用的有毒有害物品得到有效控制，避免对肉类造成污染。

8 包装、贮存与运输

8.1 包装：

8.1.1 应符合GB 14881—2013中8.5的规定。

8.1.2 包装材料应符合相关标准，不应含有有毒、有害物质，不应改变肉的感官特性。

8.1.3 肉类的包装材料不应重复使用，除非是用易清洗、耐腐蚀的材料制成，并且在使用前经过清洗和消毒。

8.1.4 内、外包装材料应分别存放，包装材料库应保持干燥、通风和清洁卫生。

8.1.5 产品包装间的温度应符合产品特定的要求。

8.2 贮存和运输：

8.2.1 应符合GB 14881—2013中第10章的相关规定。

8.2.2 储存库内成品与墙壁应有适宜的距离，不应直接接触地面，与天花板保持一定的距离，应按不同种类、批次分垛存放，并加以标识。

8.2.3 储存库内不应存放有碍卫生的物品，同一库内不应存放可能造成相互污染或者串味的产品。储存库应定期消毒。

8.2.4 冷藏储存库应定期除霜。

8.2.5 肉类运输应使用专用的运输工具，不应运输禽、应无害化处理的禽产品或其他可能污染肉类的物品。

8.2.6 包装肉与裸装肉避免同车运输，如无法避免，应采取物理性隔离防护措施。

8.2.7 运输工具应根据产品特点配备制冷、保温等设施。运输过程中应保持适宜的温度。

8.2.8 运输工具应及时清洗消毒，保持清洁卫生。

9 产品追溯与召回管理

9.1 产品追溯：应建立完善的可追溯体系，确保肉类及其产品存在不可接受的食品安全风险时，能进行追溯。

9.2 产品召回：

9.2.1 白羽肉鸡屠宰加工企业应根据相关法律法规建立产品召回制度，当发现出厂产品属于不安全食品时，应进行召回，并报告官方兽医。

9.2.2 对召回后产品的处理，应符合 GB 14881－2013 中第 11 章的相关规定。

10 人员要求

10.1 应符合国家相关法规要求。

10.2 从事肉类直接接触包装或未包装的肉类、肉类设备和器具、肉类接触面的操作人员，应经体检合格，取得所在区域医疗机构出具的健康证后方可上岗，每年应进行一次健康检查，必要时做临时健康检查。凡患有影响食品安全的疾病者，应调离食品生产岗位。

10.3 从事肉类生产加工、检疫检验和管理的人员应保持个人清洁，不应将与生产无关的物品带入车间；工作时不应戴首饰、手表，不应化妆；进入车间时应洗手、消毒并穿着工作服、帽、鞋，离开车间时应将其换下。

10.4 不同卫生要求的区域或岗位的人员应穿戴不同颜色或标志的工作服、帽。不同加工区域的人员不应串岗。

10.5 企业应配备相应数量的检疫检验人员。从事屠宰、分割、加工、检验和卫生控制的人员应经过专业培训并经考核合格后方可上岗。

11 卫生管理

11.1 管理体系：

11.1.1 企业应当建立并实施以危害分析和预防控制措施为核心的食品安全控制体系。

11.1.2 鼓励企业建立并实施危害分析与关键控制点（HACCP）体系。

11.1.3 企业最高管理者应明确企业的卫生质量方针和目标，配备相应的组织机构，提供足够的资源，确保食品安全控制体系的有效实施。

11.2 卫生管理要求：

11.2.1 企业应制定书面的卫生管理要求，明确执行人的职责，确定执行频率，实施有效的监控和相应的纠正预防措施。

11.2.2 直接或间接接触肉类（包括原料、半成品、成品）的水和冰应符合卫生要求。

11.2.3 接触肉类的器具、手套和内外包装材料等应保持清洁、卫生和安全。

11.2.4 人员卫生、员工操作和设施的设计应确保肉类免受交叉污染。

11.2.5 供操作人员洗手消毒的设施和卫生间设施应保持清洁并定期维护。

11.2.6 应防止化学、物理和生物等污染物对肉类、肉类包装材料和肉类接触面造成污染。

11.2.7 应正确标注、存放和使用各类有毒化学物质。

11.2.8 应防止因员工健康状况不佳对肉类、肉类包装材料和肉类接触面造成污染。

11.2.9 应预防和消除鼠害、虫害和鸟类危害。

12 记录和文件管理

12.1 应建立记录制度并有效实施,包括白羽肉鸡入场验收、宰前检查、宰后检查、无害化处理、消毒、贮存等环节,以及屠宰加工设备、设施、运输车辆和器具的维护,记录内容应保持完整、真实,确保对产品从白羽肉鸡进厂到产品出厂的所有环节都可进行有效追溯。

12.2 企业应记录召回的产品名称、批次、规格、数量、发生召回的原因、后续整改方案及召回处理情况等内容。

12.3 企业应做好人员入职、培训等记录。

12.4 对反映产品卫生质量情况的有关记录,企业应制定并执行质量记录管理程序,对质量记录的标记、收集、编目、归档、存储、保管和处理做出相应规定。

12.5 所有记录应准确、规范并具有可追溯性,保存期限不得少于肉类保质期满后 6 个月,没有明确保质期的,保存期限不得少于 2 年。

12.6 企业应建立食品安全控制体系所要求的程序文件。

第十三节 白羽肉鸡屠宰加工卫生辅助设施设备管理规范

1 范围

本标准参考中华人民共和国国家环境保护标准《畜禽屠宰加工卫生规范》 (GB 12694－2016)和《黄羽肉鸡屠宰厂设计建设规范》制定。

本标准规定了白羽肉鸡屠宰加工厂房和车间、设施与设备、屠宰和加工卫生控制的基本要求和管理准则。本标准适用于白羽肉鸡屠宰加工卫生辅助设施设备管理。

2 厂房和车间

2.1 设计和布局:

2.1.1 厂区应划分为生产区和非生产区。活禽、废弃物运送与成品出厂不得共用一个大门,场内不得共用一个通道。

2.1.2 生产区各车间的布局与设施应满足生产工艺流程和卫生要求。车间清洁区与非清洁区应分隔。

2.1.3 屠宰车间、分割车间的建筑面积与建筑设施应与生产规模相适应。车间内各加工区应按生产工艺流程划分明确,人流、物流互不干扰,并符合工艺、卫生及检疫检验要求。

2.1.4 屠宰企业应设有待宰圈(区)、隔离间、急宰间、实验(化验)室、官方兽医室、化学品存放间和无害化处理间。屠宰企业的厂区应设有禽及产品运输车辆和工具清洗、消毒的专门区域。

2.1.5 对于没有设立无害化处理间的屠宰企业,应委托具有资质的专业无害化处理场实施无害化处理。

2.1.6 应分别设立专门的可食用和非食用副产品加工处理间。食用副产品加工车间的面积应与屠宰加工能力相适应，设施设备应符合卫生要求，工艺布局应做到不同加工处理区分隔，避免交叉污染。

2.2 车间温度控制：

2.2.1 应按照产品工艺要求将车间温度控制在规定范围内。预冷设施温度控制在0℃－4℃；分割车间温度控制在12℃以下；冻结间温度控制在－28℃以下；冷藏储存库温度控制在－18℃以下。

2.2.2 有温度要求的工序或场所应安装温度显示装置，并对温度进行监控，必要时配备湿度计。温度计和湿度计应定期校准。

3 设施与设备

3.1 供水要求：

3.1.1 屠宰与分割车间生产用水应符合 GB 5749 的要求，企业应对用水质量进行控制。

3.1.2 屠宰与分割车间根据生产工艺流程的需要，应在用水位置分别设置冷、热水管。清洗用热水温度不宜低于10℃，消毒用热水温度不应低于82℃。

3.1.3 急宰间及无害化处理间应设有冷、热水管。

3.1.4 加工用水的管道应有防虹吸或防回流装置，供水管网上的出水口不应直接插入污水液面。

3.2 排水要求：

3.2.1 屠宰与分割车间地面不应积水，车间内排水流向应从清洁区流向非清洁区。

3.2.2 应在明沟排水口处设置不易腐蚀材质格栅，并有防鼠、防臭的设施。

3.2.3 生产废水应集中处理，排放应符合国家有关规定。

3.3 清洁消毒设施：

3.3.1 更衣室、洗手和卫生间清洁消毒设施：

3.3.1.1 应在车间入口处、卫生间及车间内适当的地点设置与生产能力相适应的，配有适宜温度的洗手设施及消毒、干手设施。洗手设施应采用非手动式开关，排水应直接接入下水管道。

3.3.1.2 应设有与生产能力相适应并与车间相接的更衣室、卫生间、淋浴间，其设施和布局不应对产品造成潜在的污染风险。

3.3.1.3 不同清洁程度要求的区域应设有单独的更衣室，个人衣物与工作服应分开存放。

3.3.1.4 淋浴间、卫生间的结构、设施与内部材质应易于保持清洁消毒。卫生间内应设置排气通风设施和防蝇防虫设施，保持清洁卫生。卫生间不得与屠宰加工、包装或贮存等区域直接连通。卫生间的门应能自动关闭，门、窗不应直接开向车间。

3.3.2 厂区、车间清洗消毒设施：

3.3.2.1 厂区运输白羽肉鸡车辆出入口处应设置与门同宽，长4m，深0.3m以上的消毒池；生产车间入口及车间内必要处，应设置换鞋（穿戴鞋套）设施或工作鞋靴消毒设施，其规格尺寸应能满足消毒需要。

3.3.2.2 隔离间、无害化处理车间的门口应设车轮、鞋靴消毒设施。

3.4 仓储设施：

3.4.1 储存库的温度应符合被储存产品的特定要求。

3.4.2 储存库内应保持清洁、整齐、通风。有防霉、防鼠、防虫设施。

3.4.3 应对冷藏储存库的温度进行监控，必要时配备温度计；温度计和湿度计应定期校准。

3.5 废弃物存放与无害化处理设施：

3.5.1 应在远离车间的适当地点设置废弃物临时存放设施，其设施应采用便于清洗、消毒的材料制作；结构应严密，能防止虫害进入，并能避免废弃物污染厂区和道路或感染操作人员。车间内存放废弃物的设施和容器应有清洗、明显标识。

3.5.2 无害化处理的设备配置应符合国家相关法律法规、标准和规程的要求，满足无害化处理的需要。

4 屠宰和加工的卫生控制

4.1 企业应执行政府主管部门制定的残留物质监控、非法添加物和病原微生物监控规定，并在此基础上制定本企业的所有肉类的残留物质监控计划、非法添加物和病原微生物监控计划。

4.2 应在适当位置设置检查岗位，检查胴体及产品卫生情况。

4.3 应采取适当措施，避免可疑病害禽胴体、组织、体液、肠胃内容物污染其他肉类、设备和场地。已经污染的设备和场地应进行清洗和消毒后，方可重新屠宰加工正常禽。

4.4 被脓液、渗出物、病理组织、体液、胃肠内容物等污染物污染的胴体或产品，应按有关规定修整、剔除或废弃。

4.5 加工过程中使用的器具（如盛放产品的容器、清洗用的水管等）不应落地或与不清洁的表面接触，避免对产品造成交叉污染；当产品落地时，应采取适当措施消除污染。

4.6 按照工艺要求，屠宰后胴体和食用副产品需要进行预冷的，应立即预冷。冷却后，禽肉中心温度应保持在4℃以下，内脏产品中心温度应保持在3℃以下。加工、分割、去骨等操作应尽可能迅速。生产冷冻产品时，应在12h内使肉的中心温度达到−15℃以下后方可进入冷藏储存库。

4.7 屠宰间面积充足，应保证操作符合要求。

4.8 对有毒有害物品的贮存和使用应严格管理，确保厂区、车间和化验室使用的洗涤剂、消毒剂、杀虫剂、燃油、润滑油、化学试剂，以及其他在加工过程中必须使用的有毒有害物品得到有效控制，避免对肉类造成污染。

第十四节　白羽肉鸡屠宰加工废水处理技术规程

1　适用范围

本标准参考《肉类加工工业水污染物排放标准》GB 13457－92 和《屠宰与肉类加工废水治理工程技术规范》HJ 2004－2010 制定。

本标准规定了白羽肉鸡屠宰加工消毒、污染物与污染负荷及总体要求。本标准适用于白羽肉鸡屠宰加工废水处理技术。

2　术语和定义

下列术语和定义适用于本规程。

2.1　屠宰场指宰杀禽及进行初级加工的场所。

2.2　肉类加工厂指用于禽肉类食品生产、加工的场所。

2.3　屠宰过程指屠宰时进行的圈栏冲洗、宰前淋洗、宰后烫毛、开腔、解体、内脏洗涤及车间冲洗等过程。

2.4　屠宰废水指屠宰过程中产生的废水，主要含有血污、油脂、碎肉、羽毛、未消化的食物及粪便、尿液等。

2.5　肉类加工过程指肉类加工时进行的洗肉、加工、冷冻等过程。

2.6　肉类加工废水指肉类加工过程中产生的废水，主要含有碎肉、脂肪、血液、蛋白质、油脂等。

2.7　废水再用指废水经过深度处理后实现废水资源化利用。

2.8　恶臭污染物指一切刺激嗅觉器官引起人们不愉快及损害生活环境的气体物质。

3　消毒

3.1　屠宰场与肉类加工厂废水必须进行消毒处理。

3.2　一般采用二氧化氯或次氯酸钠进行消毒，消毒接触时间不应小于30min，有效浓度不应小于50mg/L。

3.3　兼顾考虑废水脱色处理与消毒。

4　污染物与污染负荷

4.1　污染物：屠宰与肉类加工废水中含有的主要污染物包括COD_{Cr}、BOD_5、SS、氨氮及动植物油等。

4.2　废水量：单位屠宰动物废水产生量（禽类），如表6－10所示。

表6－10　　　　　单位屠宰动物废水产生量（禽类）　　　　　单位：m³/百只

屠宰动物类型	鸡	鸭	鹅
屠宰单位动物废水产生量	1.0～1.5	2.0～3.0	2.0～3.0

4.3 污泥与固体废物应合理处理（见表6－11）。

表6－11　　　　　　　污泥与固体废物合理处理

	悬浮物			生化需氧量（BOD$_5$）			化学需氧量（COD$_{Cr}$）			动植物油			氨氮			pH值	大肠菌群数（个/L）			排水量 m^3/t（活屠重）m^3/t（原料肉）		
	一级	二级	三级	一级	二级	三级	一级	二级	三级	一级	二级	三级	一级	二级	三级	一至三级	一级	二级	三级	一级	二级	三级
排放浓度 mg/L	60	100	350	25	50	300	80	120	500	15	20	60	15	20		6.0～8.5	5000	10000		5.8		
排放总量 kg/t（原料肉）	0.35	0.6	2.0	0.15	0.3	1.7	0.45	0.7	2.9	0.09	0.12	0.35	0.09	0.12								

5　总体要求

5.1　屠宰辽宁白羽肉鸡加工废水治理工程的建设应符合当地有关规划，合理确定近期与远期、处理与利用的关系。

5.2　屠宰辽宁白羽肉鸡行业应积极采用节能减排及清洁生产技术，不断改进生产工艺，降低污染物产生量和排放量，防止环境污染。

5.3　出水直接向周边水域排放时，应按国家和地方有关规定设置规范化排污口。排放水质应满足国家、行业、地方有关排放标准规定及项目环境影响评价审批文件有关要求。

5.4　应根据屠宰场和肉类加工厂的类型、建设规模、当地自然地理环境条件、排水去向及排放标准等因素确定废水处理工艺路线及处理目标，力求经济合理、技术先进可靠、运行稳定。

5.5　主要废水处理设施应按不少于两格或两组并联设计，主要设备应考虑备用。

5.6　废水处理构筑物应设检修排空设施，排空废水应经处理达标后外排。

5.7　屠宰白羽肉鸡加工废水处理工艺应包含消毒及除臭单元。

5.8　建议有条件的地方可进行屠宰与肉类加工废水深度处理，实现废水资源化利用。

5.9　废水处理厂（站）应按照《污染源自动监控管理办法》和地方环保部门有关规定安装废水在线监测设备。

第十五节　白羽肉鸡屠宰加工卫生管理规程

1　适用范围

本标准适用于白羽肉鸡屠宰加工卫生管理。

2　白羽肉鸡屠宰加工卫生管理

2.1　管理体系：

2.1.1 企业应当建立并实施以危害分析和预防控制措施为核心的食品安全控制体系。
2.1.2 鼓励企业建立并实施危害分析与关键控制点（HACCP）体系。
2.1.3 企业最高管理者应明确企业的卫生质量方针和目标，配备相应的组织机构，提供足够的资源，确保食品安全控制体系的有效实施。

2.2 卫生管理要求：

2.2.1 企业应制定书面的卫生管理要求，明确执行人的职责，确定执行频率，实施有效的监控和相应的纠正预防措施。
2.2.2 直接或间接接触肉类（包括原料、半成品、成品）的水和冰应符合卫生要求。
2.2.3 接触肉类的器具、手套和内外包装材料等应保持清洁、卫生和安全。
2.2.4 人员卫生、员工操作和设施的设计应确保肉类免受交叉污染。
2.2.5 供操作人员洗手消毒的设施和卫生间设施应保持清洁并定期维护。
2.2.6 应防止化学、物理和生物等污染物对肉类、肉类包装材料和肉类接触面造成污染。
2.2.7 应正确标注、存放和使用各类有毒化学物质。
2.2.8 应防止因员工健康状况不佳对肉类、肉类包装材料和肉类接触面造成污染。
2.2.9 应预防和消除鼠害、虫害和鸟类危害。

3 记录和文件管理

3.1 应建立记录制度并有效实施，包括禽入场验收、宰前检查、宰后检查、无害化处理、消毒、贮存等环节，以及屠宰加工设备、设施、运输车辆和器具的维护，保持记录内容应完整、真实，确保对产品从禽进厂到产品出厂的所有环节都可进行有效追溯。
3.2 企业应记录召回的产品名称、批次、规格、数量、发生召回的原因、后续整改方案及召回处理情况等内容。
3.3 企业应做好人员入职、培训等记录。
3.4 对反映产品卫生质量情况的有关记录，企业应制定并执行质量记录管理程序，对质量记录的标记、收集、编目、归档、存储、保管和处理做出相应规定。
3.5 所有记录应准确、规范并具有可追溯性，保存期限不得少于肉类保质期满后 6 个月，没有明确保质期的，保存期限不得少于 2 年。
3.6 企业应建立食品安全控制体系所要求的程序文件。

第十六节　白羽肉鸡屠宰检疫技术规范

1 范围

本标准规定了白羽肉鸡屠宰检疫的宰前检疫及检疫后的处理、宰后检疫及检疫后的处理和检疫记录的保存等方面的技术要求。

本标准适用于白羽肉鸡的屠宰检疫。

2 规范性引用文件

下列文件对于本标准的应用是必不可少的。凡是注日期的引用文件，仅所注日期的版本适用于本标准。凡是不注日期的引用文件，其最新版本（包括所有的修改单）适用于本标准。

NY 467—2001 畜禽屠宰卫生检疫规范

《病死及病害动物无害化处理技术规范》（农医发〔2017〕25 号）

3 术语和定义

下列术语和定义适用于本标准。

3.1 白羽肉鸡：人工养殖的白羽肉鸡，属家禽。

3.2 屠体：经过屠宰、放血、脱毛后的禽体。

3.3 急宰：在待宰或运输中出现的除一类疫病以外的某些疫病、普通病和其他病损的家禽，为了防止传染或避免自然死亡而强制进行的紧急宰杀。

3.4 同步检疫：在屠宰中，对同一家禽的屠体、内脏实行同时、等速、对照的现场检疫。

3.5 同群肉鸡：以自然小群为单位，与疑似染疫家禽在同一环境中的家禽。

3.6 同批产品：同时、同地加工的同一生长禽群的产品。

4 宰前检疫

4.1 家禽入厂时应查验并收缴动物检疫合格证明。

4.2 核对种类和数量，了解运输途中病、死情况。进行群体检疫，对发现的可疑病禽，进行个体临床检查，剔出可疑病禽。检查方法应按 NY 467 的要求执行，必要时应进行实验室检验。

4.3 由兽医填写"动物屠宰检疫处理记录"，并将收缴的动物检疫合格证明按规定归档保存。

4.4 在待宰期间，应随时对待宰家禽进行临床观察。宰前应再做一次群体检疫，剔出患病家禽。

5 宰前检疫后的处理

5.1 宰前检疫合格的家禽由官方兽医出具"动物准宰通知单"，待宰家禽凭"动物准宰通知单"进入屠宰线。

5.2 宰前检疫发现疑似高致病性禽流感、鸡新城疫等一类动物疫病时，应立即按规定向当地兽医行政管理部门报告疫情，针对不同的动物疫病，采取相应防疫措施。病禽应按《病死及病害动物无害化处理技术规范》处理。同群家禽用密闭运输工具运到动物卫生监督机构指定的地点，用不放血的方法全部扑杀，尸体按《病死及病害动物无害化处理技术规范》处理。病禽存放处和屠宰场所实行彻底消毒。

5.3 宰前检疫发现鸡白痢、马立克氏病、禽霍乱、禽伤寒、禽痘等二类动物疫病时，病禽按《病死及病害动物无害化处理技术规范》处理。同群家禽急宰，内脏按《病死及病害动物无害化处理技术规范》中的4.1处理。病禽存放处和屠宰场所实行严格消毒，针对不同的动物疫病，采取相应防疫措施。

5.4 除5.2和5.3所列疫病外，患有其他疫病的家禽应实行急宰，剔除的病变部分销毁，其余部分按《病死及病害动物无害化处理技术规范》中的4.2规定的方法处理。

5.5 凡判为急宰的家禽，将其宰前检疫后的处理结果填写在"动物屠宰检疫处理记录"中，以供对同群家禽宰后检疫时综合判定、处理。

5.6 按照5.2、5.3和5.4处理的家禽应将其宰前检疫后的处理结果填写在"动物屠宰检疫处理记录"中。

6 宰后检疫

6.1 操作要求：

6.1.1 家禽屠宰后应立即进行内脏摘除。

6.1.2 家禽内脏和屠体应实行同步检疫，综合判定，必要时应进行实验室检验。

6.1.3 家禽皮肤、内脏和体腔应逐只进行视检，必要时应进行触检或切开检查，注意屠体的质地、颜色和气味的异常变化，特别应注意区分因屠宰操作不当可能引起的异常变化。宰后检疫过程中发现异常屠体和内脏，应进行实验室检验。

6.2 屠体检疫：视检皮肤色泽，观察皮肤有无病变、关节有无水肿，检查头部和各天然孔有无异常。

6.3 内脏检疫：视检腺胃、肌胃有无异常，必要时切开检查腺胃乳头，观察有无出血、溃疡，必要时撕去肌胃角质膜，视检有无出血和溃疡；视检肝脏表面、色泽、大小有无异常，胆囊有无变化；心脏有无心膜增厚；脾脏是否充血肿大，有无结节；肠系膜有无变化，必要时切开肠管，观察肠黏膜有无出血点、溃疡等病变，特别注意盲肠有无坏死灶、出血和溃疡。

6.4 体腔检疫：视检体腔内有无异常，观察肾脏有无病变。

6.5 检疫记录：根据检疫结果，由官方兽医填写"动物屠宰检疫处理记录"。

7 宰后检疫后的处理

7.1 检疫合格的家禽产品：检疫合格的家禽产品由官方兽医签发检疫合格证明。

7.2 发现疫病的家禽产品：

7.2.1 发现疑似高致病性禽流感、鸡新城疫时，按以下步骤处理：

7.2.1.1 立即停止生产。

7.2.1.2 生产车间彻底清洗、严格消毒。

7.2.1.3 立即向当地兽医行政管理部门报告。

7.2.1.4 病禽屠体、内脏及其他副产品应按《病死及病害动物无害化处理技术规范》中的4.1处理。

7.2.1.5 同批产品及副产品应按《病死及病害动物无害化处理技术规范》中的4.2处理。

7.2.2 发现马立克氏病等二类动物疫病时，按下列步骤处理：

7.2.2.1 执行7.2.1中7.2.1.1～7.2.1.4处理方法。

7.2.2.2　同批产品及副产品应按《病死及病害动物无害化处理技术规范》中的 4.3 处理，其余可按正常产品出场（厂）。

7.2.3　发现鸡球虫病时，按下列规定处理：

7.2.3.1　病变严重，且肌肉有退行性变化者，屠体和内脏做工业用或销毁；肌肉无变化者剔除病变部分做工业用或销毁，其余部分高温处理后出场（厂）。

7.2.3.2　病变轻微，剔除病变部分做工业用或销毁，其余部分不受限制出场（厂）。

7.2.4　发现患有其他疫病时，应按《病死及病害动物无害化处理技术规范》中的4.3 处理。

7.2.5　发现肿瘤时，全尸做工业用或销毁。

7.2.6　发现普通病、中毒和局部病理损伤时，按下列规定处理：

7.2.6.1　有下列情形之一者，全尸做工业用或销毁：过度消瘦、大面积坏疽、中毒、全身肌肉和脂肪变性、全身性出血的家禽。

7.2.6.2　局部有下列病变之一者，剔除病变部分做工业用或销毁，其余部分高温处理：创伤、化脓、炎症、硬变、坏死、寄生虫损害、严重的瘀血、出血、异色、异味及其他有碍卫生的部分。

7.2.6.3　需做无害化处理的应在动物卫生监督机构监督下，在厂内处理。

7.3　检疫处理记录：根据检疫结果，由兽医填写"动物屠宰检疫处理记录"。

8　检疫记录的保存

官方兽医登记记录，应分类保存两年以上。

第十七节　白羽肉鸡产品质量分级标准

1　范围

本标准规定了白羽肉鸡产品质量分级的要求、质量指标及评分标准、抽样方法、测试方法和分级判别规则。

2　规范性引用文件

下列文件中的条款通过本标准的引用而成为本标准的条款。凡是注日期的引用文件，其随后所有的修改单（不包括勘误的内容）或修订版均不适用于本标准，鼓励根据本标准达成协议的各方研究是否可使用这些文件的最新版本。凡是不注日期的引用文件，其最新版本适用于本标准。

NY/T 330－1997　肉用仔鸡加工技术规程

GB 5009.6－2016　食品中脂肪的测定

GB 2707－2016　鲜（冻）畜、禽产品

GB/T 5009.3－2016　食品中水分的测定

3 术语和定义

下列术语和定义适用于本标准。

3.1 活重：宰前禁食（不停水）12h 的活体体重。

3.2 全净膛重：去胸、腹腔内肺和肾以外的全部器官的屠体重量。

3.3 全净膛率：全净膛重占活重的比例，用百分数表示。

3.4 胸肌率：两侧胸肌重占活重的比例，用百分数表示。

3.5 腿肌率：两侧腿肌重占活重的比例，用百分数表示。

4 要求

4.1 白羽肉鸡活鸡应来自非疫区，并经检疫、检验合格。屠宰后的产品应符合 GB 2707—2016 的要求。

4.2 白羽肉鸡平均活重应达到 2000g 以上。

4.3 按照体型外貌、胴体性状、肌肉品质、感官评定四类指标将白羽肉鸡产品分为三级。采用百分制评分法进行分级，各项指标标准和分数见表 6-11。

表 6-11　　　　　　　　白羽肉鸡产品质量分级等级表

项目		一级		二级		三级	
		标准	评分	标准	评分	标准	评分
体型外貌		羽毛紧凑完整，光泽度好，冠色红润	4	羽毛基本紧凑完整，光泽度较好，冠色较红润	3	羽毛有缺损，光泽度稍差，冠色稍差	2
胴体性状	全净膛率/（%）	79	4	74	3	72	2
	胸肌率/（%）	10.0	4	9.0	3	8.0	2
	腿肌率/（%）	15.0	4	13.0	3	11.0	2
肌肉品质	系水力/（%）	65	6	62	4	60	3
	嫩度/（kg/cm^3）	4.5~5.0	10	3.5~4.5 和 5.0~5.5	8	3.5 以下和 5.5 以上	6
	肌纤维直径/μm	37	14	42	11	50	8
	肌苷酸含量/（mg/g）	2.30	14	1.90	11	1.60	8
	肌内脂肪含量/（%）	3.3	14	2.7	11	2.4	8

续表

感官评定	生鲜肉评定：鸡胴体皮紧而有弹性，毛孔细小，肌肉丰满，皮肤浅黄，光滑滋润，尾部和背部布满皮下脂肪，胸部两侧有条形脂肪；肌肉外表微干或微湿润，不沾手，指压后的凹陷立即恢复，具有鲜鸡肉的正常气味，采用5分制	4.5	8	3.5	5	3.0	3
	品尝评定：煮熟后的鸡肉和肉汤，在气味、香味、多汁性、口感、嫩度各方面综合评定，采用5分制	4.5	18	3.5	14	3.0	10

注：表中所列标准均为下限值

5 抽样方法

在待测白羽肉鸡群体（群体数量不少于30只公鸡、30只母鸡）中随机抽取6只公鸡、6只母鸡，其中随机取3只公鸡、3只母鸡作为体型外貌、胴体性状和肌肉品质的分析，剩余6只作为感官评定使用。测定值均为公母均值。

6 测试方法

6.1 系水力：屠宰后1h内的新鲜屠体，用取样器在胸大肌上取质量约0.5g的肉样，置于两层医用纱布之间，上下各垫18层滤纸，加压35kg，保持5min。原肌肉含水量的测定按GB 5009.3－2016。系水力按式（1）计算：

$$X = \frac{m_1 A - (m_1 - m_2)}{m_1 A} \times 100\% \quad \cdots\cdots\cdots\cdots\cdots\cdots\cdots\cdots\cdots\cdots\cdots\cdots\cdots\cdots\cdots\cdots\cdots\cdots\cdots (1)$$

式中：

X——样品系水力（％）。

m_1——加压前肉样质量，单位为克（g）。

m_2——加压后肉样质量，单位为克（g）。

A——原肌肉含水量（％）。

6.2 嫩度：取屠宰后0℃～4℃成熟24h的胸肉，经蒸煮袋密封包装后在80℃～82℃水中加热30～40min，使肌肉块中心温度达到74℃以上（中心温度用热电耦测温仪监测），冷却30min，取直径为1cm的肉柱，分别在近龙骨端、中端、远龙骨端取样，用嫩度计测定后取3个点的平均值。

6.3 肌纤维直径：屠宰后1h内的新鲜屠体，在胸大肌顺纤维方向取宽约1cm、长约2cm、深约1cm的肌肉束，于固定液中浸泡，置于4℃冰箱中保存。采用石蜡和冰冻切片制作方法做成肌肉组织切片。用图像分析仪或光学显微镜观察测定肌纤维直径。

6.4 肌苷酸含量：

6.4.1 测定方法：使用高效液相色谱测定方法测定。

6.4.2 主要试剂：所用试剂除特别说明外均为分析纯级。

6.4.2.1 洗脱液：

主要成分：0.05mol/L磷酸三乙胺、5%甲醇溶液。

配制方法：取磷酸3.5mL，加入200mL二次蒸馏水和7.2mL三乙胺（99%纯度），摇匀。混合后加二次蒸馏水至1000mL，用三乙胺调pH为6.5后，取出950mL加入50mL色谱纯甲醇，混匀，经0.5μm滤膜过滤，置超声波水浴中脱气30min，备用。

6.4.2.2 标准液：

储备液：分别称取二磷酸腺苷标准品（ADP－Na_2，净含量90.2%）11.1mg、单磷酸腺苷标准品（AMP·H_2O，净含量95.1%）10.5mg、肌苷酸标准品（IMP－Na_2，净含量65.3%）15.3mg、肌苷标准品（HxR，净含量100%）10mg、次黄嘌呤标准品（Hx，净含量100%）10mg于10mL容量瓶中，加二次蒸馏水稀释到刻度。此五种溶液分别含ADP、AMP、IMP、HxR、Hx1.00mg/mL。

混合标准工作液：分别吸取ADP、AMP、IMP、HxR储备液1mL，Hx储备液0.1mL于10mL容量瓶中，加二次蒸馏水定容至刻度。此溶液含ADP、AMP、IMP、HxR0.1mg/mL，含Hx0.04mg/mL。

6.4.3 样品制备：准确称取剪碎的胸肌肉样5g左右，放入50mL匀浆管中，加15mL5%高氯酸溶液，用高速组织匀浆机打成浆状，用15mL5%高氯酸冲洗匀浆管，合并匀浆液。在3500r/min离心10min。吸取上清液通过中速滤纸滤于100mL烧杯中，沉淀再用15mL高氯酸液振荡5min后离心，合并滤液。用5mol/L和0.5mol/L的氢氧化钠调pH为6.5，转至100mL容量瓶中，用二次蒸馏水定容，摇匀。用孔径为0.5μm的滤膜过滤后用于HPLC分析。

6.4.4 检测：分离柱为内径8mm、柱长100mm、填料为C_{18}（粒度5μm）的不锈钢柱。洗脱液流量1mL/min，检测器波长254nm，进样量10μL。先注入标准液，从色谱图上得到标准液每一组分保留时间和峰面积。再注入样品液，得到各自峰面积。样品浓度按式（2）计算：

$$Ci = Cs \times \frac{Ai}{As} \quad \cdots\cdots\cdots\cdots\cdots\cdots\cdots\cdots\cdots\cdots\cdots\cdots\cdots\cdots\cdots\cdots\cdots\cdots\cdots\cdots\cdots\cdots\cdots\cdots\cdots\cdots\cdots (2)$$

式中：

Ci——样品肌苷酸含量，单位为毫克每毫升（mg/mL）。

Cs——标样浓度，单位为毫克每毫升（mg/mL）。

Ai——标样峰面积。

As——样品峰面积。

6.5 肌内脂肪含量：取胸肌样品15g左右，样品肌内脂肪含量（按肌肉干样计算）的测定按GB 5009.6－2016执行。

6.6 感官评定：感官评定主要通过人的视觉、嗅觉、味觉和触觉来检验肉品质量，包括生肉和熟肉的评定两部分。

生肉评定：评定肉品应符合 GB 2707—2016 的要求，且必须为鲜肉品。

熟肉评定：参照白羽肉鸡白切性的评定方法进行。白切鸡的制作方法：首先活鸡的屠宰加工应符合 NY/T 330 的要求，净膛鸡整体外观没有残缺。浸鸡：要求水沸腾后把鸡放入，煮鸡的水温控制在接近沸腾但不翻滚（水温保持在 80℃～85℃），浸泡时间依鸡的大小而定，一般 15～20min，以斩成件的鸡骨髓呈红色，但没有血水渗出为准。供品尝的样品应始终是同一部位或同种肌肉，品尝在室内进行。品尝时鸡肉不蘸调味料，品尝人员只允许用清水漱口。

7 分级判别规则

将各项指标的分数累加后查表 6—12，即得该白羽肉鸡产品的综合评定等级 60 分以下为等外。

表 6—12　　　　　　　　白羽肉鸡产品综合评定等级分数表

等级	一级	二级	三级
分数	90 分以上	75～89 分	60～74 分

第十八节　白羽肉鸡肉质评定操作技术规程

1 范围

本标准规定了肉色，肉的嫩度，系水力，pH 值的测定方法。

本标准适用于白羽肉鸡肉质的评定。

2 规范性引用文件

下列文件中的条款通过本标准的引用而成为本标准的条款。凡是注日期的引用文件，其随后所有的修改单（不包括勘误的内容）或修订版均不适用于本标准，鼓励根据本规程达成协议的各方研究是否可以使用这些文件的最新版本。凡是不注日期的引用文件，其最新版本适用于本标准。

GB/T 5009.3—2016　食品中水分的测定方法

NY/T 1180—2016　肉嫩度的测定（剪切力测定法）

3 术语和定义

下列术语和定义适用于本标准。

系水力：指肌肉在加压，切碎，加热，冷冻等特定条件下，保持其原有水分和添加水分的能力。衡量吸水力的指标有多种，主要包括压力法失水率、离心失水率、滴水损失、熟肉率等。

4 肉色评定

胴体冷却后，在 660Lux 的光线强度下（避免光线直射），对照肉色等级图片判断眼肌横截面处颜色的等级。

5 肉嫩度的测定

5.1 取样：从宰后成熟胴体中取厚度为5cm的胸肌肌肉一段。

5.2 操作步骤及结果计算：按NY/T 1180－2016规定的方法执行。

6 系水力的测定

6.1 压力法失水率：

6.1.1 取样：取样部位参照5.1执行，采用双片刀垂直于肌纤维方向切取1.0cm厚的肉片，平置在洁净的橡皮片上，用直径为2.523cm的锋利圆形取样器（圆面积约为5cm^2），切取中心部位样品一块。

6.1.2 测定：立即将上述取得的样品置于感应量为0.001g的天平上称重。称重后将肉样置于两层纱布间，纱布上下各垫多层定性中速滤纸，以水分不透出，全部吸尽度，再夹于两层硬塑料板间，置于改良的土壤允许膨胀压缩仪器平台上加压至35kg，保持5min，撤除压力后立即从纱布中剥除肉样称重。同时按6.1.1的方法另取两个样，重复本步骤。

6.1.3 肉样含水量的测定：在同一部位另采肉样50g，按GB/T 5009.3－2016规定的方法测定肉样含水量。

6.1.4 压力法失水率的计算按式（1）计算：

$$X_1 = \frac{m_1 A - (m_1 - m_2)}{m_1 A} \times 100\% \quad \cdots\cdots\cdots\cdots\cdots\cdots\cdots\cdots\cdots\cdots\cdots\cdots\cdots\cdots\cdots (1)$$

式中：

X_1——压力法失水率（%）。

A——原肌肉中的含水量（%）。

m_1——加压（离心）前肉样重（g）。

m_2——加压（离心）后的肉样重（g）。

6.1.5 压力法失水率的确定：将得到的3个数值取算术平均值即为肉样的压力法失水率。

6.1.6 允许差：同一肉样，同一部位的测定值允许的相对偏差应小于等于20%。

6.2 离心法失水率：

6.2.1 取样：取样部位参照5.1执行，切取2cm厚的肉片，取肉中心部位10g左右。

6.2.2 测定：立即将上述取得的样品放置于感应量为0.001g的天平上称重。称重后用棉布将肉样包裹好，放入50mL的聚碳酸酯试管（内有吸收棉），4℃，9000r/min，离心10min，取出样品，剥去棉布，称肉样重。同时按6.2.1的方法另取两个肉样，重复本步骤。

6.2.3 肉样含水量的测定同6.1.3。

6.2.4 计算同6.1.4。

6.2.5 离心法失水率的确定同6.1.5。

6.2.6 允许差：同一肉样，同一部位的测定值允许的相对偏差应小于等于20%。

6.3 滴水损失：

6.3.1 在屠宰后45～60min内取样，将肉样切成2cm厚的肉片，修成长5cm，宽3cm的长条，称重。

6.3.2 用细铁丝钩住肉样的一端，使肉样垂直向下，悬挂于塑料袋中（肉样不得与塑料袋壁接触），扎紧袋口后吊挂于冰箱中，0℃～4℃，24h，取出用滤纸吸去肉样表面的水分，称重。

6.3.3 重复6.3.1，6.3.2步骤两次。

6.3.4 计算按式（2）计算。

$$X_2 = \frac{m_3 - m_4}{m_3} \times 100\% \quad \cdots\cdots\cdots\cdots\cdots\cdots\cdots\cdots\cdots\cdots\cdots\cdots\cdots\cdots\cdots (2)$$

式中：

X_2——滴水损失（%）。

m_3——吊挂前肉样重（g）。

m_4——吊挂后肉样重（g）。

6.3.5 肉样滴水损失的确定：将得到的3个数值取算术平均数即为肉样的滴水损失。

6.3.6 允许差：同一肉样，同一部位的测定值允许的相对偏差应小于等于20%。

6.4 熟肉率：

6.4.1 样品的处理：取胸肌30～50g，去除肌膜和附着脂肪，用感应量为0.1g的天平称重，置于铝蒸锅的蒸屉上用沸水在1500W的电炉上蒸煮30min，取出后于0℃～4℃冷却2h后，称重。

6.4.2 计算按式（3）。

$$X_3 = \frac{m_6}{m_5} \times 100\% \cdots\cdots\cdots\cdots\cdots\cdots\cdots\cdots\cdots\cdots\cdots\cdots\cdots\cdots\cdots\cdots\cdots\cdots (3)$$

式中：

X_3——熟肉率（%）。

m_5——蒸煮前的肉样重（g）。

m_6——蒸煮后的肉样重（g）。

7 肉中pH值的测定

7.1 取样：至少取有代表性的样品200g，立即测定pH。

7.2 均质化样品的分析：

7.2.1 pH计的校正：采用精确到0.01pH单位的pH计，用两种pH跨度涵盖待测样品pH范围的标准缓冲液，在测定温度下，用磁力搅拌器不断搅拌，校正pH计。如果pH计没有温度校正探头时，缓冲溶液温度及样品测定温度应控制于20℃±2℃。

7.2.2 样品的处理：

7.2.2.1 将样品用均质机或孔径不超过4mm的碎肉机将样品粉碎，粉碎时应将肉样的温度控制于25℃以下，采用碎肉机粉碎肉样时，至少应将肉样进行两次粉碎。

7.2.2.2 称取均质好的10g肉样，尸僵后肉样中应加入溶液Ⅰ100mL，尸僵前肉中

pH 的测定，应加入溶液Ⅱ100mL，于转速达到 2000r/min 的均质机中均质。将均质完的样品倒入 200mL 的烧杯中。溶液Ⅰ：称取 7.5g 氯化钾溶于 1000mL 的容量瓶中，加水至刻度。溶液Ⅱ：每升蒸馏水中加入 925mg 的碘乙酸，溶解后，以 1.0mol/L 氢氧化钠溶液调 pH 至 7.0。

7.2.3 测定：在磁力搅拌条件下，将校正好的 pH 电极浸入均质好的肉样中，同时将温度校正到与被测肉样温度一致，待 pH 计示数稳定后，读取 pH 值，同一试样进行 3 次测定。

7.2.4 电极的清洗：用脱脂棉先后蘸乙醚和乙醇擦拭电极，最后用水冲洗并将电极浸在饱和的氯化钾溶液中保存。

7.2.5 数据处理：取 3 次测定的算术平均值作为结果，pH 结果精确到 0.1。

7.2.6 允许差：同一试样的 3 次测定 pH 之差不得超过 0.15。

7.3 非均质化样品的分析：

7.3.1 pH 计的校正同 7.2.1。

7.3.2 测定：

7.3.2.1 取足够样品进行 pH 值的多点测定，在每个测定点上打孔，孔径略大于 pH 值电极。配有专门用于固体酸度测定探头的 pH 计，无须该步骤，可将固体酸度测定探头直接插入样品中。

7.3.2.2 将 pH 计的温度校正系统校正到被测样品的温度，使用无温度校正系统的 pH 计时应参照 7.2.1 条中的规定（鲜肉的直接测定必须有温度校正系统）。

7.3.2.3 插入 pH 电极待示数稳定后，读取 pH 值。同一点进行 3 次测定。

7.3.3 电极的清洗同 7.2.4。

7.3.4 结果处理：将每个点测得的 3 个值取算术平均值作为该点的 pH 值，pH 结果精确到 0.1。对于同一样上多点的 pH 值，应同时绘制草图标示出各点的位置及其 pH 值。

7.3.5 允许差：同一样，同一点的 3 次测定 pH 之差不得超过 0.15。

第十九节　白羽肉鸡屠宰加工安全生产管理规范

1 范围

本标准规定了白羽肉鸡屠宰加工过程中的设备、卫生质量及检疫检验的要求。

本标准适用于白羽肉鸡屠宰加工企业组织生产，进行质量管理水平评价。

2 规范性饮用文件

下列文件中的条款通过本标准的引用而成为本标准的条款，凡是注日期的引用文件，其随后所有的修改单（不包括勘误的内容）或修订版均不适用于本标准，鼓励根据本标准达成协议的各方研究是否可使用这些文件的最新版本。凡是不注日期的引用文件，其最新版本适用于本标准。

GB/T 4456－2008　包装用聚乙烯吹塑薄膜

GB 5749－2006　生活饮用水卫生标准

GB/T 6543－2008　运输包装用单瓦楞纸箱和双瓦楞纸箱

GB 7718－2011　预包装食品标签通则

GB 14881－2013　食品企业通用卫生规范

NY 467－2001　畜禽屠宰卫生检疫规范

农医发〔2017〕25 号《病死及病害动物无害化处理技术规范》

GB 16869－2005　鲜、冻禽产品

NY/T 330－1997　肉用仔鸡加工技术规程

JJF 1070－2015　定量包装商品净含量计量检验规则

3　术语和定义

下列术语和定义适用于本标准。

3.1　初级生产：从肉鸡饲养、抓捕、运输到屠宰前的整个过程。

3.2　原料鸡：宜于人类食用的、健康的活体肉鸡。

3.3　胴体：经过放血、去毛、去内脏（不包括肺、肾）、去头等工序后肉鸡的整个躯体。

3.4　副产品：除胴体外，加工后宜于人类食用的部分。

3.5　冷却：在 1h 内，通过冰水或其他办法，将胴体中心温度降至 10℃以下的过程。

4　厂区、厂房要求

4.1　企业的厂区设施应符合下列要求：

4.1.1　屠宰场厂址的选择应远离污染源，远离居民区 500m 以上，厂区外围设有围墙。

4.1.2　原料鸡与成品应分设出入口，并在运输原料鸡车辆出入口处设置车轮消毒池，消毒池应与门同宽，长度超过车轮周长。

4.1.3　分开设置生产区和生活区，各区应有相关的办公配套设施。

4.1.4　厂区内运输原料鸡与成品的通道不得交叉。

4.2　企业的厂房及设施应符合下列要求：

4.2.1　厂房面积和设备能力应与生产能力相适应。

4.2.2　厂内应设有原料鸡接收场所（待宰间）、挂鸡间、放血间、浸烫脱毛间、内脏摘除间、预冷间、副产品处理间、速冻间和包装间。

4.2.3　厂内应设置专门存放、运输病死鸡及其他不可食用鸡肉的密闭容器，该容器应用不渗透材料制成，设计上易于清洗，无渗透。

4.2.4　厂内应设置专门存放内、外包装材料的库房，库内保持干燥、通风良好，清洁卫生。

4.2.5　车间内鸡体吊挂传送链、钩及其他相配套的加工设备和设施应无毒、无害，并易于清洗、消毒。

4.2.6　屠宰加工生产线上应设置专门供检验员实施宰后检验的设施。

4.2.7　屠宰车间内应设置专门存放清洗、消毒化学用品的区域，并加有明显标识。

4.2.8 厂内应设置符合《病死及病害动物无害化处理技术规范》（农医发〔2017〕25号）要求的无害化处理设施。

4.2.9 厂内应设置清洗、消毒运输原料鸡车辆和工具的专门区域，并加有明显标识。

4.2.10 运输原料鸡的车辆及容器出厂前应彻底清洗、消毒。

4.3 工厂设计与设施卫生要求：

4.3.1 厂房建筑应坚固耐用，易于维修，便于清洗和消毒，并具有良好的保温和防火性能。

4.3.2 车间的墙裙高度应不低于2m，放血处的墙裙不低于3m，墙裙应采用无毒、无害，易于清洗、浅色明亮的建筑材料。

4.3.3 厂内的地沟设计应光滑，易于清洗、消毒，并设有防止固体废弃物进入、异味溢出、鼠类进入的装置。

4.3.4 厂内的更衣室、卫生间、淋浴间等其他设施的设计应符合GB 14881的规定。

5 检疫检验的要求

5.1 屠宰场内的宰前和宰后检疫应由动物防疫监督机构派驻或派出的动物检疫员实施。

5.2 宰前检疫与检验：

5.2.1 原料鸡入厂前，应持有由饲养地动物防疫监督机构出具的动物检疫合格证明。

5.2.2 原料鸡在宰前8~12h应断食，并充分给水至宰前3h。

5.2.3 检疫员首先查验、收缴检疫合格证明，应对原料鸡进行群体和个体检疫，检疫方法按NY 467-2001规定进行。

5.2.4 核对、检查、了解初级生产的相关信息，如肉鸡的饲养情况、使用药物种类、疫病防治情况、疫苗种类和接种时间，饲料添加剂类型、药物使用期及休药期等。

5.2.5 经宰前检疫发现病鸡后应根据疾病的性质按《中华人民共和国动物防疫法》和《病死及病害动物无害化处理技术规范》（农医发〔2017〕25号）的相应规定进行处理。

5.2.6 做好宰前检疫记录，对收缴的检疫合格证明和动物及动物产品运载工具消毒证明应当保存2年。

5.3 宰后的检疫与检验：

5.3.1 检疫员应对每只鸡体表、内脏和体腔实施同步检疫，必要时进行触检或切开检查。经宰后检疫判定的可疑品，应进一步进行细致的临床检查和实验室诊断。

5.3.2 宰后检疫发现病鸡后应根据疾病的性质按《中华人民共和国动物防疫法》和《病死及病害动物无害化处理技术规范》（农医发〔2017〕25号）的相应规定进行处理。

5.3.3 在处理病害鸡肉和其他废弃物时，应使用密闭的容器。

5.3.4 做好宰后检疫和无害化处理记录，记录应至少保存2年。

5.3.5 检验过程中所用器具每次使用后均应进行清洗、消毒。

6 生产过程要求

6.1 从原料鸡放血到产品包装、入冷库的时间不得超过2h，先加工、先包装的产品先入库。

6.2 挂鸡与放血：

6.2.1 放血及沥血间的设备要求。

6.2.1.1 应设置麻电设备。宗教习俗有相关要求的除外。

6.2.1.2 应设置不可渗透、易于清洗、消毒的接血槽。

6.2.1.3 应设置用于清洗、消毒放血刀具的设备。

6.2.1.4 室内的光照度宜保持在50LUX以下。

6.2.1.5 沥血间生产中应保持黑暗。

6.2.2 卫生质量要求：

6.2.2.1 轻抓轻挂原料鸡，防治机械性损伤，将鸡的双腿同时挂在挂钩上。

6.2.2.2 麻电设备电压控制应保持在8～14V。

6.2.2.3 进入屠宰间的鸡在致昏后应立即放血，按照宗教习惯放血的例外。

6.2.2.4 放血时应准确切断颈动脉，沥血时间应保持在3～5min。

6.2.2.5 放血刀具在生产中应按规定的频率清洗、消毒。

6.2.2.6 制定清洁程序，生产中器具应保持清洁并维护良好。

6.2.2.7 待宰间、放血间、沥血间生产后应彻底清洗、消毒。

6.3 浸烫、脱毛：

6.3.1 设备要求：

6.3.1.1 有与生产能力相适应的浸烫池，并设有自动温控设施。

6.3.1.2 浸烫池的设计和构造应能够使鸡体在池内逆水流方向移动。

6.3.1.3 应设有至少两次脱毛的设备，并设有鸡体脱钩后自动的链条清洗设备。

6.3.1.4 浸烫、脱毛间应设有良好的通风设施。

6.3.1.5 脱毛机应具有防止羽毛飞溅的挡板。

6.3.1.6 浸烫、脱毛间应设有与生产能力相适宜的羽毛输送设备或设施。

6.3.1.7 浸烫、脱毛间与去内脏间之间应有能自动关闭的门。

6.3.2 卫生质量要求：

6.3.2.1 浸烫应采用流动水，浸烫时水量应充足，并保持清洁卫生。

6.3.2.2 浸烫水温宜保持在60℃±2℃，时间控制在60～90s。

6.3.2.3 浸烫后脱毛应快速、完全。

6.3.2.4 脱毛时应用温度适宜的热水喷淋鸡体。

6.3.2.5 合理调整脱毛机，不得出现皮肤撕裂、翅骨折的现象。

6.3.2.6 脱毛后应用清水冲洗鸡体，确保冲净鸡体表面的污物。

6.3.2.7 每班生产后应用压力喷射水对脱毛胶质进行冲洗。

6.3.2.8 脱毛后应有专门的人员去除鸡体表的残毛、黄皮、脚皮和趾壳等。

6.4 内脏摘除：

6.4.1 设备与操作要求：

6.4.1.1 摘除内脏的所有操作应在内脏摘除间进行。

6.4.1.2 开膛时，开口的大小以能伸进手掌、机械手或其他工具为宜，应避免刀具伤及内脏。

6.4.1.3 利用自动去脏机或专用工具取出内脏时，应避免器具伤及消化道。

6.4.1.4 利用机械或人工去除肛门时，应避免消化道内容物污染胴体。

6.4.1.5 去头、去颈、去爪应符合 NY/T 330—1997 规定的要求。

6.4.2 卫生质量要求：

6.4.2.1 割开颈部皮肤、分离皮肤时应避免割破肌肉。

6.4.2.2 完整去除嗉囊和食道，被嗉囊内容物、胆汁和粪便等污染的胴体应从生产线摘下单独清洗、处理。

6.4.2.3 摘除内脏的器具每使用一次或人手每动作一次均应经过清洗，再进行后续的操作。

6.4.2.4 放血、摘除内脏的器具至少每小时用 82℃ 以上的热水清洗、消毒一次。

6.4.2.5 放血、摘除内脏所用的器具不得接触地面、墙面。

6.4.2.6 用于生产中操作人员的手、鞋、靴消毒的消毒池内的消毒液应保持有效的浓度。

6.4.2.7 放血、摘除内脏、冷却加工三个不同区域的卫生清洁工具应专用，并在适宜的地方单独保存。

6.5 冲洗：

6.5.1 设备要求：

6.5.1.1 内脏摘除间应设置专门冲洗鸡体腔、体表的压力冲洗设备，且系统水压不小于 $3kg/cm^2$。

6.5.1.2 用于冲洗鸡体腔、体表的压力冲洗设备应便于清洗、消毒。

6.5.2 卫生质量要求：

6.5.2.1 摘除内脏后的鸡体腔、体表均应经过压力喷射水充分清洗。

6.5.2.2 人工冲洗鸡体腔的器械每一次操作后均应清洗或消毒。

6.6 冷却：

6.6.1 设备要求：

6.6.1.1 冷却设备的能力应与生产能力相适应。

6.6.1.2 冷却设备中至少包括预冷和冷却两个冷水池。

6.6.1.3 冷却池应安装计量冷却水用量的装置。

6.6.1.4 冷却设备的设计与构造能够使鸡体在冷却池内逆水流方向移动。

6.6.1.5 供水系统应符合 GB 5749—2006 要求，并设置生产用水过滤装置。

6.6.1.6 预冷及冷却池均应设置促使水温均匀、稳定的附属装置。

6.6.1.7 预冷设施应设有消毒液自动添加控制装置。

6.6.2 卫生质量要求：

6.6.2.1 预冷胴体应采用流动水，并保持清洁。

6.6.2.2 胴体冷却池中冷却水的温度应保持在 4℃ 以下。

6.6.2.3 冷却胴体时应准确计量冷却水用量，每只鸡的换水量不低于 2.5L。

6.6.2.4 冷却时间不低于 30min，冷却后胴体的中心温度应达到 4℃ 以下。

6.6.2.5 合理控制消毒液用量，使用次氯酸钠消毒时，预冷水中消毒液浓度宜保持在 50～100mg/kg。

6.6.2.6 胴体出冷却池后，应充分沥掉胴体体表及体腔的游离水。

6.6.2.7 制定并有效执行冷却系统监控程序，应记录并保存各种监控结果。

6.6.2.8 生产前、中、后应对冷却设备进行卫生清洁工作，专人负责检查，并做记录。

6.6.2.9 温度计、压力计、流量计及称重磅应定期进行检定、校准。

6.7 副产品处理：

6.7.1 设备要求：

6.7.1.1 副产品处理间应有专用的冷却设备，分设内脏整理间和冷却加工间。

6.7.1.2 副产品处理间应设有与胴体加工间一样的清洗、消毒设备。

6.7.2 卫生质量要求：副产品处理所用器具应至少每2小时清洁一次。

6.8 冷冻、冷藏：

6.8.1 设备要求：

6.8.1.1 速冻间的温度应保持在－28℃以下。

6.8.1.2 贮存冷冻产品的冷藏库温度应保持在－18℃以下。

6.8.1.3 贮存鲜肉产品的保鲜库应保持在5℃以下。

6.8.1.4 冷藏库、保鲜库应设置供码放产品所使用的货架或垫板。

6.8.1.5 速冻间、冷藏库、保鲜库应设有温度显示和记录装置，并定期校准。

6.8.2 卫生质量要求：

6.8.2.1 冷冻产品的中心温度应达到－18℃以下，鲜肉产品的中心温度应保持在4℃以下。

6.8.2.2 产品进入冷藏库应分品种、规格、生产日期、批次，分别码放在垫板上。

6.8.2.3 产品贮存应离墙、离地码放，产品出库时应遵循先入先出的原则。

6.8.2.4 冷藏库应定期除霜，并设有防虫、防鼠装置，保持库内清洁、无异味。

7 包装、标识、运输要求

7.1 鸡肉产品的包装应符合下列要求：

7.1.1 与鸡肉直接接触的塑料薄膜应符合GB/T 4456－2008的规定。

7.1.2 包装箱应符合GB/T 6543－2008的规定。

7.1.3 包装材料所含有的成分不会对鸡肉造成潜在污染。

7.1.4 包装材料应有足够的强度，保证在运输和搬运过程中不破损。

7.2 标签：鸡肉产品的包装标签应符合GB 7718－2011的规定。

7.3 运输鸡肉产品的工具应符合下列要求：

7.3.1 运输工具应密闭，易于清洗、消毒，长途运输车辆应具有制冷功能。

7.3.2 运输工具在每次装货前均应经过清洗、消毒。

7.3.3 运输工具不得运输其他可能污染鸡肉的物品。

7.3.4 包装的肉同未包装的肉分车运输，或者采用必要的物理性防护措施。

8 质量检验要求

8.1 感官性状应符合 GB 16869—2005 的规定。

8.2 理化、微生物指标应符合 GB 16869—2005 的规定。

8.3 产品净含量按 JJF 1070—2015 规定的方法检验。

9 人员健康、卫生管理及培训要求

9.1 肉鸡屠宰加工的从业人员上岗前应接受健康合格检查，取得健康合格证后方可上岗。

9.2 经健康检查合格后的人员每年至少应进行一次健康检查，必要时做临时检查，如发现患有活动性肺结核、传染性肝炎、肠道传染病及其带菌或带毒者、渗出性皮肤病、疥疮者和皮肤化脓感染者应立即调离生产岗位。

9.3 人员卫生管理与其他要求应符合 GB 14881—2013 的规定。

9.4 肉鸡屠宰加工企业应定期对从业人员进行卫生等相关知识培训。

10 质量管理体系要求

10.1 企业应建立质量管理体系，并形成相应的文件和记录。

10.2 企业应建立与生产规模相适应的质量管理机构，并规定其职责和权限。

第二十节 白羽肉鸡屠宰操作规程

1 范围

本标准规定了白羽肉鸡屠宰各工序对操作的要求。

2 规范性引用文件

下列文件中的条款，通过本规范的引用而成为本标准的条款。凡是注日期的引用文件，其随后所有的修改单（不包括勘误的内容）或修订版均不适用于本标准。鼓励根据本标准达成协议的各方研究是否可使用这些文件的最新版本，凡是不注日期的引用文件，其最新版本适用于本标准。

GB 12694 肉类加工厂卫生规范

《病死及病害动物无害化处理技术规范》（农医发〔2017〕25 号）

3 术语和定义

下列术语和定义适用于本标准。

3.1 肉鸡：一般为 6~8 周龄，毛重在 1.5~2.5kg 的肉用品种鸡。

3.2 鸡屠体：经过屠宰、放血、脱毛后的鸡体，包括内脏。

3.3 鸡胴体（整鸡）：去除内脏后的鸡屠体。

4 宰前要求

4.1 待宰鸡应来自非疫区，健康状况良好，并有当地农牧部门畜禽防疫机构出具的检疫合格证明。

4.2 按家畜家禽防疫条例，由质检人员严格把关，确认健康无病的鸡群，方可进入候宰圈，分批候宰。

4.3 鸡在宰前必须断食休息8～12h，并应充分给水。

5 屠宰操作要求

5.1 挂鸡：

5.1.1 轻抓轻挂，将鸡的双腿同时挂在挂钩上。

5.1.2 死鸡、病弱、瘦小鸡只不得挂上线。

5.1.3 鸡体表面和肛门四周粪便污染严重的鸡只集中处理，最后上挂。

5.1.4 挂鸡间与屠宰间要分开。

5.2 麻电：挂鸡上传送带后，自动麻电，电压8～14V，要求麻昏不致死。

5.3 刺杀放血：在下颌后的颈部，横切一刀，将颈部的气管、血管和食管一齐切断，放血时间为3～5min。

5.4 浸烫：

5.4.1 浸烫水温一般为58℃～62℃，浸烫时间60～90s。

5.4.2 烫池中应设有温度显示装置。浸烫时采用流动水或经常换水，一般要求每烫一批需调换一次。保持池水清洁。

5.5 脱毛：

5.5.1 鸡出烫毛池后，要经过至少二道打毛机进行脱毛。第一台去除屠体上的微毛及体表黄衣，在第二台打毛机脱毛后设专人去除屠体表面残留的毛及毛根。

5.5.2 脱毛后要用清水冲洗鸡屠体，要求体表不得有粪污。

5.6 去嗉囊：割开嗉囊处表面皮肤，将嗉囊拉出割除。

5.7 摘取内脏：

5.7.1 切肛：从肛门周围伸入旋转环形刀切成半圆形或用剪刀斜剪成半圆形，刀口长约3cm，要求切肛部位准确。

5.7.2 开腹皮：用刀具或自动开腹机从肛门孔向前划开3～4cm，不得超过胸骨，不得划破内脏。

5.7.3 用自动摘脏机或专用工具从肛门剪口处伸入腹腔，将肠管、心、肝、胎全部拉出，并拉出食管，消化内容物、胆汁不得污染胴体，损伤的肠管不得悬挂在鸡胴体表面。

5.7.4 取出内脏后，要用一定压力的清水冲洗体腔，并冲去机械或器具上的污染物。

5.7.5 落地或粪污、胆污的肉尸，必须冲洗干净，另行处理。

5.8 冷却：

5.8.1 预冷却水控制在12℃以下。

5.8.2 终冷却水温度控制在4℃以下，勤换冷却水，冷却总时间不低于30min。

5.8.3 鸡胴体在冷却槽中逆水流方向移动。

5.8.4 冷却后的鸡屠体中心温度降至4℃以下。

5.9 全鸡整理：

5.9.1 摘取胸腺、甲状腺、甲状旁腺及残留气管。

5.9.2 修割整齐、冲洗干净，要求无肿瘤、无溃疡、无毛囊炎、无严重创伤、无出血点、无骨折、无血污、无杂质、无残毛、无青黑跗关节等。

5.10 分割加工：

5.10.1 鸡全翅：从臂骨与喙状骨结合处紧贴肩胛骨下刀，割断筋腱，不得划破骨关节和伤残里脊。

5.10.2 鸡胸：紧贴胸骨两侧用刀划开，切断肩关节，紧握翅根连同胸肉向尾部方向撕下，剪下翅。修净多余脂肪、鸡膜。使胸皮与胸大小相称，无瘀血、无熟烫。

5.10.3 鸡小胸（胸里脊）：在锁骨与喙状骨间取下胸里脊，要求条形完整，无破碎，无污染。

5.10.4 鸡全腿：从背部到尾部居中和两腿与腹部之间割一刀。从坐骨开始，切断髋关节，取下鸡腿，皮与肉大小相称，剔除骨折、畸形腿。

6 其他要求

6.1 刺杀、放血、摘取内脏、修整各工序都要设立检验点、配备专职检验人员，按附录A的规定严格检验。

6.2 人工挂鸡上传送链，从挂鸡到分割等各道工序，应在链条上进行操作，从宰杀到成品进入冷冻间的时间不得超过2h。

6.3 经检验不符合食用条件的肉品和副产品，应按GB 12694的规定处理。

6.4 经检验不合格的肉品和副产品，应按GB 12694的规定处理。

6.5 对于患有传染性疾病、寄生虫病和中毒性疾病的肉尸及其产品（内脏、血液）应按《病死及病害动物无害化处理技术规范》的有关规定进行相应处理。

附录 A

屠宰加工过程的检验

A.1 宰后检验。

A.1.1 同一屠体上的胴体、内脏、爪应编为同一号码。

A.1.2 屠体应进行下列各项检验：

A.1.2.1 头部检验。

检验头部有无肿胀、色泽有无异常，检视口腔及咽喉黏膜有无出血、溃疡和色泽变化。

A.1.2.2 胴体检验。

A.1.2.2.1 检查胴体表面、脂肪、肌肉、皮肤及其他组织有无病理变化。

A.1.2.2.2 剖检淋巴结，观察鸡翅、鸡腿有无异常。

A.1.2.3 内脏检验。

A.1.2.3.1 气囊：观察有无异常，必要时剖开检验。

A.1.2.3.2 心脏：检查有无病理变化，注意有无渗出物。

A.1.2.3.3 肝脏：触检其弹性，检查有无肿胀、坏死，并剖检肝门淋巴结，必要时切开胆囊及肝脏。

A.1.2.3.4 脾脏：观察有无肿胀、出血点，触检弹性。

A.1.3 经检验后胴体、内脏和爪，应按不同处理情况分别加盖不同印记。

A.1.3.1 如宰后发现恶性传染病，应立即停止工作，封锁现场，采取防范措施，将可能被污染的场所，所有屠宰用的工具和工作服（鞋、帽）等进行严格消毒。在保证消灭一切传染源后，方可恢复屠宰，患鸡粪便、胃肠内容物，以及流出的污水、残渣等应经消毒后移出场外。

A.1.3.2 宰后发现各种恶性传染病时，其同群未宰鸡的处理办法同宰前。

A.1.3.3 发现疑似恶性传染病时，应将病变部分密封，送至化验室进行化验。

A.1.3.4 检验人员应将宰后检验结果及处理情况详细记录，以备统计查考。

第二十一节　白羽肉鸡产品包装储存运输管理规范

1 目的

为确保白羽肉鸡产品包装、仓储、运输符合相关食品卫生要求，避免食品在储存运输过程中受到污染，特制定本标准。

2 范围

本标准适用于白羽肉鸡包装储存运输所有环节管理。

3 职责

3.1 采购部负责包装材料的采购控制。

3.2 仓储部负责库房管理。

3.3 销售部负责产品运输。

4 程序

4.1 包装：

4.1.1 采购部应严格按照集团关于采购验证的有关要求，对包装材料进行采购，质检部对包装材料进行进货检验，确保用于食品包装的材料必须符合国家法律法规及强制性标准的要求。

4.1.2 定量包装产品的净含量应当符合相应的产品标准及《定量包装商品计量监督规定》。食品标签标识符合国家法律法规、食品标签标准和相关产品标准中的要求。

4.2 存储：

4.2.1 仓储部负责编制库房管理制度，规范库房的管理，按规定码放，对有贮存期限要求的物品，要明确标识有效期，保证先入先出。

4.2.2 库房应配置适当的设备，以保持安全适宜的贮存环境。要有防鼠设置，应防尘、防潮。

4.3 运输：运输车辆应保持清洁卫生，必要时应进行消毒，不得将成品与污染物同车运输。搬运过程中注意保护好产品，防止丢失或损坏，不得破坏包装，防止跌落、磕碰、挤压。

第二十二节 白羽肉鸡屠宰加工车间操作工自检管理规范

1 目的

为了保证产品质量和自检记录的真实性，提高操作工人的自检意识、检验水平及工作责任心，减少质量损失，满足客户要求，特制定《自检管理规范》。

2 适用范围

本标准适用于白羽肉鸡屠宰加工车间操作工自检的管理。

3 职责

3.1 技质部和车间负责对操作工的自检执行进行监督和检查。

3.2 操作工负责填写《自检记录表》。

3.3 检验员负责指导、监督操作工人填写《自检记录表》。

4 加工过程的自检要求

4.1 《自检记录表》的检验依据为：操作规范和产品分级标准。

4.2 首件检验：为每班开始加工时或停机后重新开始加工时；更换品种或调整更换工装、刀具后的第一件产品的检验，自检合格后方可进行批量加工，否则必须调整直至合格。

4.3 过程检验：根据《自检记录表》中内容，按每小时检验一次的频率进行记录，如检验发生异常，立即上报，由检验员或技质部判定是否要对已加工的产品进行隔离全检，若需要，则全检合格后方可流转。

4.4 末件检验：为同一品种加工结束或下班前加工的最后一个产品的检验，发现异常的处理与过程检验一致。

4.5 自检记录：要求数据一定要真实，并对其真实性负责，字迹清晰，不可缺项，每班次每批产品《自检记录表》填写1份，每班次第1件产品必须首检，检验员有权利和义务对操作工的自检记录作指导和监督。

5 奖惩规定

5.1 对能够按照自检要求规定进行检验和记录并发现上道工序不良的员工,每月给予 20~100 元的奖励,并作为评定先进、优秀员工的重要依据。

5.2 现场检查考核:操作工必须按照集团的《自检管理规定》进行检验和记录,确保加工产品质量符合要求,自检必须做到真实有效,对记录作假、记录与实物不符、漏检、未按规定频率进行检验的一经查实,第一次违规者给予警告;第二次违规者罚款 10 元/次;第三次违规者罚款 20 元/次;三次以上违规者罚款 30 元/次;对情节严重屡教不改者按集团相关规定进行处理,如经考核培训后,连续三个月未出现违规行为,将给予 50~100 元奖励。

5.3 对按要求进行自检,但由于突发事件或设备异常等情况导致的个别废品损失,将视情况给予从轻处理(减轻操作工的责任),否则由于未自检而发生的质量事故,严肃追究操作工的责任并承担相应的损失后果。

6 追溯

操作工对自己加工的产品质量必须负责,对后道工序发现的产品质量问题要求追溯到责任人,需要返工的按照返工要求进行返工,返工后的零件必须经过检验员判定后方可流转。

第二十三节　白羽肉鸡档案管理工作规范

1 目的

为了规范白羽肉鸡屠宰加工、生产管理公司档案管理工作,保证档案的完整性及保密性,理顺工作程序,明确工作职责,杜绝资料流失,特制定本制度。

2 档案管理机构及其职责

2.1 公司档案工作实行二级管理,一级管理是指公司综合管理部的统筹管理;二级管理是指各部门的档案资料管理工作。

2.2 综合管理部档案管理员负责公司所有档案资料的统一收集管理,各部门的档案管理员负责本部门档案资料的使用管理。

2.3 档案管理人员要严格执行公司档案管理规定,认真细致地做好档案保管和利用工作,充分发挥档案资料的作用。

2.4 综合管理部档案管理员有责任对二级档案管理工作进行监督和指导,每年对二级档案管理进行一次检查验收。

3 归档制度

3.1 凡是反映公司战略发展、生产经营、企业管理及工程建设等活动,具有查考利用价值的文件资料均属归档范围。

3.2 凡属归档范围的文件资料,均由公司集中统一管理,任何个人不得擅自留存。

3.3 归档的文件资料,原则上必须是原件,原件用于报批不能归档或相关部门保留的,综合部保存复印件。

3.4 凡公司业务活动中收到的文件、函件承办后均要及时归档;以公司名义发出的文件、函件要留底稿及正文备查。

3.5 业务活动中涉及金融财税方面的资料,由财务部保存原件;属于人事方面的资料,由人力资源部保存原件;属于生产车间方面的,由生产部保存原件。以上部门应将涉外事务的复印件报综合管理部备案。

3.6 由公司对外签订的经济合同,应保留三份原件,综合管理部保存一份,财务部和合同执行(或签订)部门各保存一份。特殊情况只有一份原件时,由综合部保存原件。

3.7 在归档范围内的其他资料,由经办人整理后连同有关资料移交综合管理部档案室。部门需要使用的可复印或复制,归档范围外的由各部门自行保管。

4 档案保管制度

4.1 公司综合管理部设存放档案的专门库房,各部门应根据保存档案数量,设置存放档案的箱柜,并具备防火、防潮、防虫等安全条件。

4.2 归档资料要进行登记,编制归档目录。

4.3 档案管理员要科学地编制分类法,根据分类法,编制分类目录;根据需要编制专题目录,完善检索工具,以便于查找。

4.4 档案要分类、分卷装订成册,保管要有条理,主次分明,存放科学。

4.5 库存档案必须图物相符,帐物相符。

4.6 档案管理人员要熟悉所管理的档案资料,了解利用者的需求,掌握利用规律。

4.7 根据有关规定及公司实际情况,确定档案保存期限,每年年终据此进行整理、剔除。

4.8 经确定需销毁的档案,由档案管理员编造销毁清册,经公司领导及有关人员会审批准后销毁。销毁的档案清单由档案员永久保存。

4.9 严格遵守档案安全保密制度,做好档案流失的防护工作。

4.10 凡公司工作人员调离岗位前必须做好资料移交工作,方可办理调动手续。

5 档案借阅制度

5.1 档案属于公司机密,未经许可不得外借、外传。外单位人员未经公司领导批准不得借阅。

5.2 借阅档案资料,须经档案保管部门负责人批准。阅档必须在办公室指定的地方,不得携带外出。需要借出档案的,需经档案保管部门负责人批准。

5.3 借阅档案,必须履行登记、签收手续。

5.4 借出档案材料的时间不得超过一周,必要时可以续借。过期由档案管理员催还。需要长期借出的,须经分管副总经理批准。

5.5 借出档案时,应在借出的档案位置上,放一代替卡,标明卷号、借阅时间、借阅单位或借阅人，以便查阅和催还。

  5.6 借阅档案资料者必须妥善保管档案资料，不得任意转借或复印、不得拆封、损污文件，归还时保证档案材料完整无损，否则，追究当事人责任。

  5.7 借出档案材料，因保管不慎丢失时，要及时追查，并报告主管部门及时处理。

  5.8 重要档案、机密档案不得借阅，必须借阅的要经分管副总经理同意，必须外借的，由总经理审批。

6　留存

  二级档案应根据资料的性质和部门需要，每三年移交一次，必须保留的尽量留复印件，其余资料交综合管理部统一保存。

第七章　市场销售

第一节　白羽肉鸡的禽肉冷链运输管理技术规范

1　范围

本标准规定了白羽肉鸡禽肉的冷却冷冻处理、包装及标识、贮存、装卸载、运输、节能要求以及人员的基本要求。

本标准适用于白羽肉鸡的禽肉冷链运输管理技术。

2　术语和定义

2.1　冷却禽肉：经冷却加工，并在运输和销售中始终保持低温（中心温度0℃～4℃）而不冻结的禽肉。

2.2　冷链：根据产品特性，为保持其品质而采用的配有相应设施设备、从生产到消费各环节始终使产品处于低温状态的物流网络。

3　冷却冷冻处理

3.1　禽肉冷却处理：

3.1.1　禽肉宰后冷却处理：

3.1.1.1　鸡胴体：冷却水的温度控制在0℃～4℃，冷却时间控制在30min以上，冷却后鸡胴体中心温度达到4℃以下。

3.1.1.2　其他禽肉：其他禽肉胴体的冷却操作要求参照上述过程的控制要求执行。

3.1.2　禽产品的冷分割：冷却后的禽产品应在良好卫生条件和车间温度低于12℃的环境中进行分割，分割后肉的中心温度不高于10℃。

3.2　禽肉冷冻处理：

3.2.1　鸡胴体及其分割产品应在12h内使其肌肉深层中心温度降至－18℃以下。

3.2.2　其他禽肉产品的冻结参照上述要求执行。

4　包装及标识

4.1　包装：

4.1.1　冷却禽肉应在良好卫生条件和包装间温度不超过12℃的环境中进行包装。

4.1.2　冷冻禽肉应在良好卫生条件和包装间温度不超过5℃的环境中进行包装。

4.1.3 内包装材料应符合 GB/T 4456、GB 9687、GB 9688 和 GB 9689 等标准的相关规定，薄膜不得重复使用。外包装材料应符合 GB/T 6543 的规定。

4.1.4 运输包装应能满足禽肉安全运输的要求。

4.2 标识：

4.2.1 预包装禽肉的标签应符合 GB 7718 的规定。

4.2.2 运输包装的收发货标志和图示应符合 GB 6388 和 GB/T 191 的规定，至少应有"温度极限"标识。

5 贮存

5.1 贮存库应根据产品要求配备相应的制冷设备，温（湿）度测量装置、监控装置等应定期维护、校准。

5.2 临时贮藏的冷却禽肉应贮存于 0℃～4℃、相对湿度 75%～84% 的冷却间。

5.3 冷冻禽肉应贮存于 −18℃ 以下、相对湿度 95% 以上的冷冻间，冷冻间温度昼夜波动不得超过 ±1℃。

5.4 禽肉应按产品大类分区存放，产品贮存应遵循先进先出的原则。

5.5 禽肉和副产品混合贮存时，应该分别密闭包装并分区存放。

5.6 应详细记录禽肉的出入库时间、数量、贮存温度等信息。

5.7 供特定宗教信仰人员使用的禽肉产品在满足上述要求的同时，还应满足其特定贮存要求，清真产品应存在经过认可的专用库内，不得与其他禽肉产品混贮。

6 装卸载

6.1 装卸载设施设备要求：

6.1.1 应根据企业实际需求配备电瓶叉车、货架、托盘等装卸载设施设备。

6.1.2 装卸载设施设备应保持清洁卫生，并定期消毒。

6.1.3 宜配备封闭式站台进行装卸载活动。

6.2 禽肉装车摆放要求：

6.2.1 同一运输车厢内不得摆放不同温度要求的禽肉或其他产品。

6.2.2 清真禽肉产品应专车运输。

6.2.3 冷却禽肉进入车厢内应采取一定装置和措施防止过度挤压。包装好的禽肉应摆放整齐有序。

6.3 作业管理要求：

6.3.1 企业应制定装卸载监管制度，做到票物相符，做好相关记录并存档。装载前应查验检疫证明、检疫证是否齐全，片胴体是否加盖检疫合格验讫印章，并核对数量是否一致；卸载前应检查产品色泽是否新鲜，包装是否完整，生产日期是否清晰并确保禽肉在保质期范围内。

6.3.2 本环节中应保证冷却禽肉脱离冷链时间不超过 30min，冷冻禽肉脱离冷链时间不超过 15min。

7 运输

7.1 运输前准备：

7.1.1 应检查禽肉温度是否符合规定要求，冷却禽肉中心温度应在0℃～4℃，冷冻禽肉中心温度应低于－18℃。

7.1.2 应检查车厢温度，在温度高于产品温度时，应提前制冷，将温度降低到相应的温度。运输冷却禽肉时车厢温度应低于7℃，运输冷冻禽肉时车厢温度应低于－15℃。

7.2 运输工具：

7.2.1 应采用冷藏车、保温车、冷藏集装箱、冷藏船、冷藏火车（专列）和附带保温箱的运输设备。保温集装箱应符合GB/T 450的规定。

7.2.2 运输工具应配备温湿度传感器和温湿度自动记录仪，实时监测和记录温湿度。

7.2.3 所有的运输装置都应处于良好的技术状态，如顶部的通风孔要处于工作状态，车厢排水应良好，并设有确保空气循环的货垫等。

7.3 运输条件：

7.3.1 运输参数应符合6.2和6.3的规定。

7.3.2 运输过程温度应与运输产品所需温度环境相匹配。

7.4 监测与记录：

7.4.1 企业应建立产品运输跟踪系统，做好记录并存档。

7.4.2 运输过程中应定时监测和记录车厢内温湿度值，如超出允许的波动范围应按相关规定及时处理。

8 节能要求

在禽肉冷却、冷冻、贮存、冷链运输中宜选用节能设备，并采用节能方法和技术。

9 人员

9.1 设备操作人员应经培训，持证上岗。

9.2 患有痢疾、伤寒、病毒性肝炎等消化道传染病的人员，以及患有活动性肺结核、化脓性或者渗出性皮肤病等有碍食品安全的疾病的人员，不得直接接触食品及其包装物。

第二节 白羽肉鸡产品追溯制度

第一部分 产品质量可追溯性控制程序

1 目的

以适宜的方法标识产品，确定产品的类别及检验状态，有需要时实现追溯。

2 范围

本制度适用于白羽肉鸡产品接收、生产、交付使用的全过程，若顾客另有规定时，按顾客的规定处理。

3 职责

3.1 生产部门负责产品标识与追溯的归口管理。
3.2 综合管理部负责检验状态的标识。
3.3 仓储人员负责对物资进货与贮存的标识。
3.4 各生产环节人员负责实施生产过程辖区内产品的标识与追溯。
3.5 出厂包装人员负责对成品的标识与追溯。
3.6 销售人员负责对客户所有信息进行记录。

4 定义

4.1 标识：利用标签、颜色等方式让操作人员清楚了解产品的规格和检验状态。
4.2 产品标识：是识别产品特定特性或状态的标志或标记，包括生产产品和运作过程中的采购产品、中间产品、最终产品和到交付客户使用的产品。
4.3 产品的状态标识：在产品实现，以及生产和服务运作过程中，为了区别不同状态的产品，对产品的测量状态（待检、合格、不合格、待判定）及加工状态（已加工、待加工）所做的标识。

5 工作程序

5.1 产品标识及产品的状态标识。
5.1.1 内容：
产品属性：品名、规格型号、编号、加工日期、数量等。
检验和测试状态：待验、合格、不合格等，检验测试人员、检验测试日期、批次等。
加工状态：原材料、外购品、在制品、半成品、成品等。
5.1.2 标识的方式：可采用挂牌、贴签、分区域等方式，并配合表格记录。
5.1.3 公司可追溯的标识分为三个环节进行，原材料的标识统一称为"原材料批号"；过程加工的标识统一称为"生产批号"；成品标识统一称为"出厂批次号"。
5.2 采购品的标识：
5.2.1 原材料、外购产品到公司后，采购人员或需采购部门相关人员根据供方的送货单进行清点收货，进行初步验货。
5.2.2 验货根据各部门对产品具体的标准要求和方法实施检验和试验；验货后检验合格的入库在指定区域存放，分区域存放无法达到识别要求时，配合进行产品标识，标识内容包括：批次号、物料编号、物料名称、入库数量、入库日期、生产厂家等。不合格品按《不合格品控制程序》执行，做好退货或者交换产品的工作准备，必要时进行"不合格"标识，分区域存放、处理。
5.2.3 仓储人员根据检验结果对产品进行入库处理。

5.3 生产过程中的标识。

5.3.1 生产过程半成品标识：按《生产作业指导书》和《产品检验指导书》要求进行生产人员代号标识及相关生产质量控制表格的填写；生产中相关配件上均标明生产人员编号（用黑色记号笔写在相应位置），严格遵守生产规程要求，如果下道工序人员发现产品没有编号应及时返回。

5.3.2 产品生产时填写的相关表格输入电脑，做成产品出厂原始记录，便于查询。

5.3.3 各个工序的检验和测试状态及加工状态，可通过放置于不同区域反映出来，必要时配合进行产品标识。对于经检验为返工/返修的产品，直接返回上道工序，或放入返工/返修区标明情况。对于经检验为不合格的废品，放置于不合格区。

5.3.4 生产完工的产品送至测试区，测试后需返工的产品放入指定区域写明情况，返工之后的产品，重新检验。

5.3.5 当计量检测设备失准导致不合格品流入下道工序或流出厂时，发现部门必须立即通知生产部相关人员，转回上道工序或按发货批次进行追回、检验和返工/返修。

5.3.6 生产部门生产过程中，各种标识资料必须随产品一起交接，确保追溯时的准确性。

5.4 成品标识。

5.4.1 成品的产品标识是规格型号、编号、加工日期、数量等。

5.4.2 最终检验、测试不合格的成品，应放置于有不合格标识的区域。

5.4.3 包装人员在装箱以后在箱外进行标识（含顾客名、品名、规格、数量等），顾客要求的特定产品要照订单要求执行。

5.4.4 产品出厂时封装好相关资料，并将产品出厂时间填写到原始记录表中。

5.5 标识的保护。

5.5.1 产品标识应清晰牢固，不因产品流转中诸因素（如搬运、移置、管理不善或雨淋等）的影响而损坏或消失，保持其可追溯性。

5.5.2 在产品实现和生产运作过程中，产品在未出厂前，各有关部门必须对所用的各种标识认真保护，严禁涂抹、撕毁，保证标识整洁、醒目、完好地保持原有状态，防止误用产品或不合格品流入下道工序。

5.5.3 各有关部门按规定做好标识，无状态标识的产品不得使用、转序或出厂；发现标识不清或无状态标识的产品立即向标识的责任部门报告，产品暂停流转，直到重新正确标识后方能流转。

6 产品的可追溯

6.1 公司产品（服务）的追溯要求可以追溯到生产历史，根据产品名称、型号/规格、客户名称、生产日期，以及各工序的相关作业人员和工序质量、检验记录、入库有关记录等。

6.2 当顾客要求或公司产品出现批量不合格时，销售部应当会同工程部、生产部等有关人员查阅产品各种记录进行分析和处理。

6.3 对让步接收、紧急放行、特别处理产品，流转部门进行书面记录、标识中注明如"让步接收"等字样，以便进行追溯性验证。

6.4 用户使用产品时，根据用户安装位置，填写指导安装记录（本公司人员参与情况下），表格包括安装产品编号，安装地点，使用环境（井下、室内、野外等），产品安装时间。

第二部分　不合格品控制程序

1 目的

及时发现质量管理体系中的不合格品，采取纠正和预防措施，防止不合格产品非预期使用和交付，提高体系运行的符合性、有效性。

2 范围

本标准适用于白羽肉鸡外购产品、原材料的进货检验/验证及产品生产全过程和销售服务中出现的不合格品的控制。

3 定义

不合格品是指未满足质量要求的产品或服务。

让步是指对使用或放行不符合规定要求的产品的许可，通常仅限于在商定的时间或数量内，对含有不合格特性的产品的交付。

4 职责

4.1 采购人员和需采购部门相关人员负责采购不合格品的标识、隔离及处置。

4.2 生产部质检人员负责对生产过程中出现不合格品的鉴别、对标识和隔离进行监督、对过程中重复发生的批量不合格品进行评审并及时作处置决定。

4.3 销售人员负责已交付产品出现不合格的处理，特殊情况可申请其他部门协助。

5 工作程序

5.1 不合格品的鉴别、标识和隔离：

5.1.1 不合格品（包括原材料、成品）的标识方法为指定区域或配合产品标识。

5.1.2 原材料进本厂后，检验人员按照检验标准进行检验。发现不合格品，及时通知采购人员，进行退货或换货处理，供应商选择参见《供应商评审制度》。

5.1.3 成品、半成品及工程现场出现的不合格品或不合格项由最终检验人员进行标识、隔离，并对不合格品（项）处理情况进行记录和处置。

成品、半成品出现的不合格品由生产相关人员判断是否可修复，能修复的以修复为主，不能修复的判断原材料是否可用，可用的重新启用，不可用的进行分区域摆放标识；已交付产品出现的不合格品由销售人员判断是否可修复，能修复的以修复为主，不能修复的返厂送往相关部门，相关部门按上述标准处理。

成品、半成品及工程现场出现的不合格项（如违反操作规定、现场卫生脏乱差等）由检验人员对不合格品项当场处理（如规范操作、组织人员进行卫生清扫等）并进行记录。

5.2 服务质量不合格的控制：

5.2.1 对因服务不规范所发生的顾客投诉或电话回访中反馈的顾客意见、信息，以一般问题或严重问题进行登记识别。

5.2.1.1 一般问题包括：不能文明用语、待客户不热情、简化服务程序等行为。

5.2.1.2 严重问题包括：因服务质量的投诉电话、与客户吵架、服务不规范等。

5.2.2 对服务质量的不合格，由相关人员进行记录并报发生部门主管人员或总经理办公会议。

5.2.3 一般问题由发生部门主管人员主持评审，严重问题由总经理办公会议主持评审，并将评审意见进行记录。

5.2.3.1 属一般问题的，由部门主管人员或责任人向客户赔礼道歉，说明原因，取得客户谅解。

5.2.3.2 属严重问题的，由部门主管人员根据评审意见提出纠正措施报总经理办公会议批准后实施改进。

5.2.3.3 对严重问题的处理，必须在取得客户谅解的基础上，以最佳方式解决。

5.3 不合格品的处置：

5.3.1 根据对不合格品的检验、评审等决定不合格品的处置方式：

5.3.1.1 拒收（退货或换货）、让步接收。

5.3.1.2 返修、返工、废品处理。

5.3.1.3 顾客让步接收：顾客的让步接收需得到顾客的书面认可。

5.3.1.4 测量仪器精度引起的不合格，需对测量仪器进行校验或重新购买并经检定合格。

5.3.2 不合格服务的处置：

5.3.2.1 不合格服务的处置方式：警告、处罚、待岗培训、换岗、劝退。

5.3.2.2 工作差错的处置方式：返工、报废、警告、处罚、换岗、劝退。

第三部分　纠正及预防措施控制程序

1　目的

对产生不合格的根本原因进行分析调查，采取有效的纠正措施以防止不合格的再发生，并对潜在不合格采取预防措施，以防止不合格发生，并达到持续改进的目的。

2　范围

本标准适用于白羽肉鸡在生产活动过程、检验测试过程、顾客反馈、投诉、管理评审和质量体系审核，以及数据分析中发生不合格时采取纠正措施和对潜在的不符合项采取预防措施的控制。

3　定义

3.1 纠正措施：指针对已发生的问题进行改善以防止再发生。

3.2 预防措施：指针对潜在的问题作预先的改善以防止发生。

4 职责

4.1 销售部负责收集整理顾客反馈信息，及时向主管领导报告；综合管理部负责电话回访。

4.2 各相关部门负责对不合格品采取纠正措施并予验证。

4.3 各相关责任部门负责本部门潜在不合格的提出，并具体实施预防措施。

4.4 各相关部门的主管领导负责纠正措施的跟踪及实施过程中的监督和协调。

4.5 各部门对本部门使用的测量仪器交由专人定期组织校验。

5 工作程序

5.1 纠正和预防措施的信息输入及实施：

5.1.1 当原材料、外购产品、服务过程等出现批量不合格品或不合格品影响严重时，采购人员与需采购部门相关人员给出不合格品处理意见，采购人员执行后按《供应商评审制度》处理后续事项。

5.1.2 生产过程中出现的不合格品，按照《不合格品控制程序》处理，如遇影响比较大的不合格出现时（如影响供货期、批量不合格等），需以报告的形式分析产生不合格的原因，并给出预防与纠正措施。

5.1.3 销售部利用本公司的销售网络收集市场变化的动态和顾客需求的动向，及时掌握市场信息、顾客的反馈信息（包括顾客的投诉、抱怨信息）。

5.1.3.1 一般销售人员可自行解决的问题，由项目销售人员协调解决，做好售后服务。

5.1.3.2 需要其他部门协助解决的问题，由项目销售人员牵头，报销售部负责人协调组织相关部门协助解决。例如，产品质量出现问题，首先须排除是否为人为因素造成产品损坏，与客户协调解决方案，如确实需要进行返厂处理，返厂后按照《不合格品控制程序》处理。

5.1.3.3 重大问题由项目销售人员无法协调解决的，也报销售部负责人协助解决，也可申报总经理办公会议协助解决。

5.1.3.4 每一次纠正措施由项目销售人员做好记录备查。

5.1.4 各部门根据本公司的发展能力、生产设施与环境情况、人力资源情况等，对本部门潜在的可能造成不合格品的因素制订《预防措施》，报总经理办公会议。

5.2 纠正及措施的验证：实施纠正措施的部门应对纠正措施的实施效果负责。综合管理部根据责任部门的纠正措施，进行跟踪、验证。